"十四五"时期国家重点出版物出版专项规划项目
材料研究与应用丛书

固体物理教程

费维栋　郑晓航　赵　瑜　编

内容简介

本书着重讲解了固体物理的基础知识，内容包括晶体结构与晶体衍射、晶格振动与声子、金属自由电子理论、能带理论、电子间的相互作用及密度泛函理论、半导体和固体的磁性。

本书可作为材料科学与工程学科硕士研究生或博士研究生的固体物理学教材，也可供相关研究人员参考。

图书在版编目(CIP)数据

固体物理教程/费维栋，郑晓航，赵瑜编. —哈尔滨：哈尔滨工业大学出版社，2024.10. —(材料研究与应用丛书). —ISBN 978-7-5767-1701-3

Ⅰ. O48

中国国家版本馆 CIP 数据核字第 20240ZY741 号

策划编辑 许雅莹
责任编辑 王 丹 左仕琦
封面设计 刘 乐
出版发行 哈尔滨工业大学出版社
社 址 哈尔滨市南岗区复华四道街 10 号 邮编 150006
传 真 0451-86414749
网 址 http://hitpress.hit.edu.cn
印 刷 哈尔滨市石桥印务有限公司
开 本 787 mm×1 092 mm 1/16 印张 15.5 字数 339 千字
版 次 2024 年 10 月第 1 版 2024 年 10 月第 1 次印刷
书 号 ISBN 978-7-5767-1701-3
定 价 48.00 元

前　言

固体物理学是材料科学与工程学科硕士研究生的一门重要学科基础课。随学科交叉和融合，固体物理学不仅是物理学的一个重要分支，而且已成为材料科学、电子材料与技术等领域的重要基础之一。固体物理学在材料科学与工程等学科研究生人才培养过程中发挥着越来越重要的作用，亟须材料科学与工程一级学科少学时硕士研究生固体物理学课程的配套教材。为此，编者在多年讲授研究生固体物理课程教案的基础上编写了本书。

针对材料科学与工程学科硕士研究生的特点，本书对目前固体物理学教材的内容进行了适当取舍。全书共7章，内容包括晶体结构与晶体衍射、晶格振动与声子、金属自由电子理论、能带理论、电子间的相互作用及密度泛函理论、半导体和固体的磁性。考虑到本科阶段对晶体结合和晶体缺陷的知识已经有很好的基础，本书略去了晶体结合和晶体缺陷的相关内容，晶体结构一章主要讲述学习本书内容必需的晶体结构的倒格子等基础知识。近年来，基于第一性原理计算的材料设计与分析日益受到重视，与通用固体物理学教材相比，本书增加了密度泛函理论和能带计算等内容。受学时的限制，本书没有包括电介质、超导电性和相变等内容。

本书第1、2、3和7章由费维栋编写，第4和5章由郑晓航编写，第6章由赵瑜编写，全书由费维栋统稿。

本书得到了黑龙江省教育厅和哈尔滨工业大学研究生院研究生精品课程的资助，编写过程得到了哈尔滨工业大学材料科学与工程学院和材料物理与化学系的支持，编者对此表示感谢。

尽管在编写过程中，编者力求概念准确、逻辑严谨、叙述清晰，便于读者自学，但由于编者的水平有限，不妥之处在所难免，恳请读者批评指正。

编　者

2024年7月

目　　录

第1章　晶体结构与晶体衍射

晶体结构是组成晶体的原子(或分子、离子)规则排列所形成的空间结构,晶体结构的重要特征是长程有序性和对称性。深入理解晶体结构及其对称性对阐述固体物理性质具有重要意义。

本章的主要内容包括以下几个方面:布拉菲点阵、对称群的基本概念、晶体的结构、倒格子和晶体衍射。

1.1　布拉菲点阵

晶体是基本单元(简称基元)在空间规则排列形成的,基元可以是原子、离子或分子。如果将基元抽象为一个点(称为阵点或格点),这些格点具有完全相同的环境,在无限大空间规则排列,就形成了布拉菲(Bravais)点阵或布拉菲格子。图 1.1 所示为 C_{60} 晶体结构示意图,图中的基元是 C_{60} 分子。如果将每个 C_{60} 分子都用其质心所在的点表示,这些格点在无限大空间中规则排列形成了图中最右边的布拉菲格子。

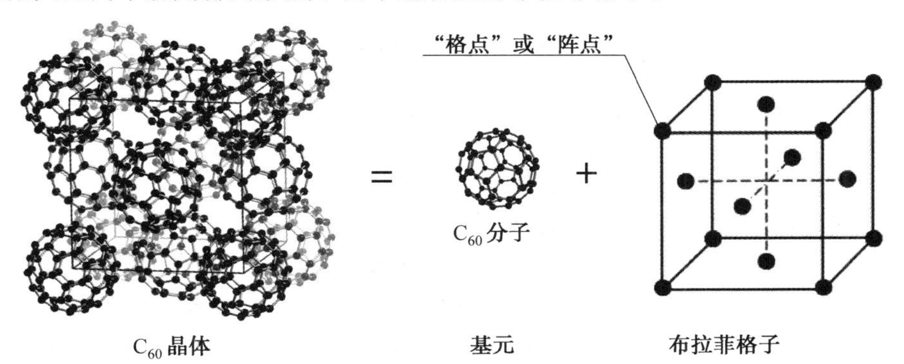

图 1.1　C_{60}晶体、基元和相应的布拉菲格子

布拉菲格子仅仅是晶体基元抽象点的集合,表达了晶体的周期性和对称性。只有在布拉菲阵点上加上基元才是实际晶体结构。如图 1.2 所示,三维布拉菲格子中存在这样的平行六面体结构单元,所有阵点可以通过平移这个结构单元而得到,称这个结构单元为单胞。图 1.2 中还示出了晶体的坐标系 $O-a_1, a_2, a_3$(坐标轴与单胞中三个不共面的棱重合)。显然,所有布拉菲格点的位置矢量都可用式(1.1)表示。

$$\boldsymbol{R}_n = n_1\boldsymbol{a}_1 + n_2\boldsymbol{a}_2 + n_3\boldsymbol{a}_3 \tag{1.1}$$

式中,n_1,n_2 和 n_3 是整数;$\boldsymbol{a}_1$,$\boldsymbol{a}_2$ 和 $\boldsymbol{a}_3$ 称为基本矢量(基矢);$\boldsymbol{R}_n$ 称为晶格矢量(简称格矢)。

将晶体平移 $\boldsymbol{R}_n$,平移前后晶体完全重合,这就是晶体的平移周期性。所以,$\boldsymbol{R}_n$ 也称为晶体的平移矢量。

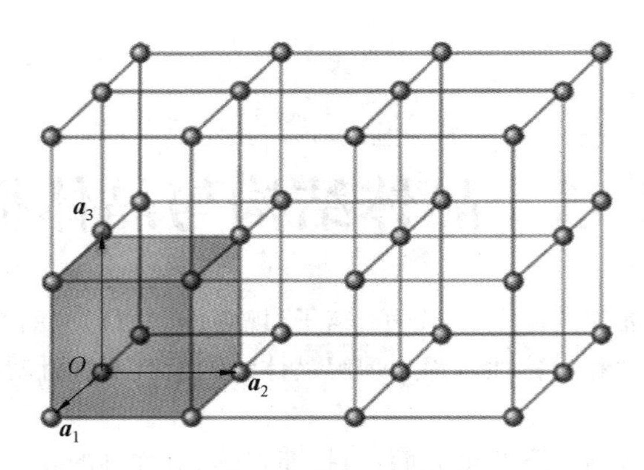

图 1.2 三维布拉菲格子和单胞示意图

如果不对单胞的选取规则加以规定，单胞的选取不是唯一的，这一点在二维布拉菲格子中看得更为清楚，如图 1.3 所示。原则上讲，图 1.3 中的平行四边形均可作为单胞。为了避免单胞选择的不唯一性，通常用晶体的对称性、单胞棱边和单胞的体积对单胞的选择加以规定（见 1.4 节），这样选取的单胞称为布拉菲单胞。

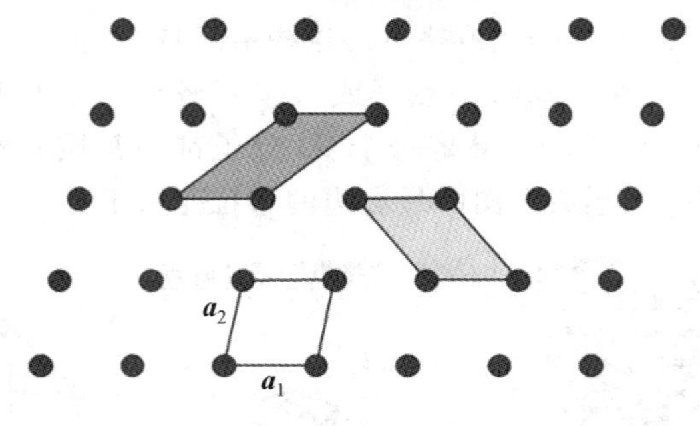

图 1.3 二维布拉菲格子和单胞示意图

二维布拉菲格子的格矢可以用式(1.2)表示。

$$\boldsymbol{R}_n = n_1 \boldsymbol{a}_1 + n_2 \boldsymbol{a}_2 \tag{1.2}$$

图 1.4 所示为三维布拉菲格子的一个单胞示意图。6 个单胞参数表征单胞的几何特征，其中包括：单胞的棱长（a_1，a_2，和 a_3），即晶体坐标系三个轴的长度单位；单胞三个坐标轴的夹角（α，β 和 γ）。关于晶体坐标记法一般有 $O-a_1, a_2, a_3$ 和 $O-a, b, c$ 两种记法。本书为了公式书写方便一般采用前者，在讨论布拉菲单胞时（见 1.4 节）采用后者。

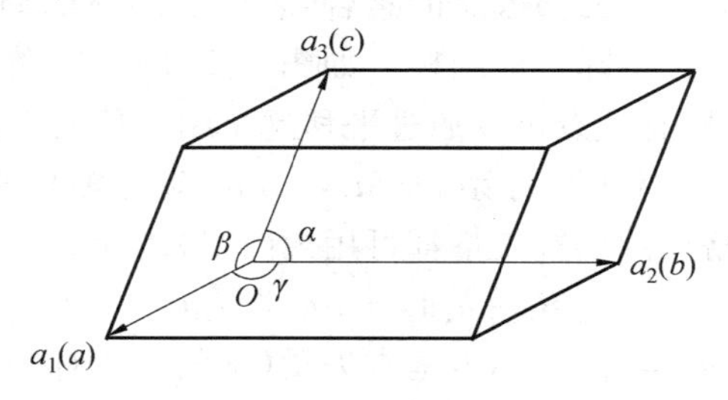

图 1.4 单胞和单胞参数示意图

1.2 晶向指数和晶面指数

布拉菲点阵可以看成是由一系列平行的阵点列组成的,也可以看作是由一系列平行的阵点平面组成的,前者一般称为晶向,后者称为晶面。晶向描述了在某个方向上阵点的排列情况,而晶面则反映了阵点在某个平面上的排列情况。晶向用晶向指数描述,晶面由晶面指数(也称密勒(Miller)指数)描述。

1.2.1 晶向指数

布拉菲格子中所有相互平行的阵点列是完全等价的,如图 1.5(a)中虚线示出的阵点列。这些相互平行的阵点列(直线)被定义为晶向。晶向的最重要几何特征是其取向,一般用晶向指数来描述,记为[uvw],且 u、v、w 为互质整数。

晶向指数的求法如下:

在某一晶向的阵点列中任选两个阵点,其坐标分别为(x_1, y_1, z_1)和(x_2, y_2, z_2),则

$$u:v:w=(x_2-x_1):(y_2-y_1):(z_2-z_1) \tag{1.3}$$

式中,u,v,w 是互质整数。

图 1.5(b)示出了一个特殊的单胞,其中 $a_1=a_2=a_3$,且 $\alpha=\beta=\gamma=90°$,称这种布拉菲格子为立方晶格。图中给出了若干个晶向。对于立方晶格,[100]、[010]、[001]晶向上阵点排列情况完全相同,称这种阵点排列情况完全相同的晶向为一个晶形,用<100>表示。与此类似,有<110>和<111>晶形等。

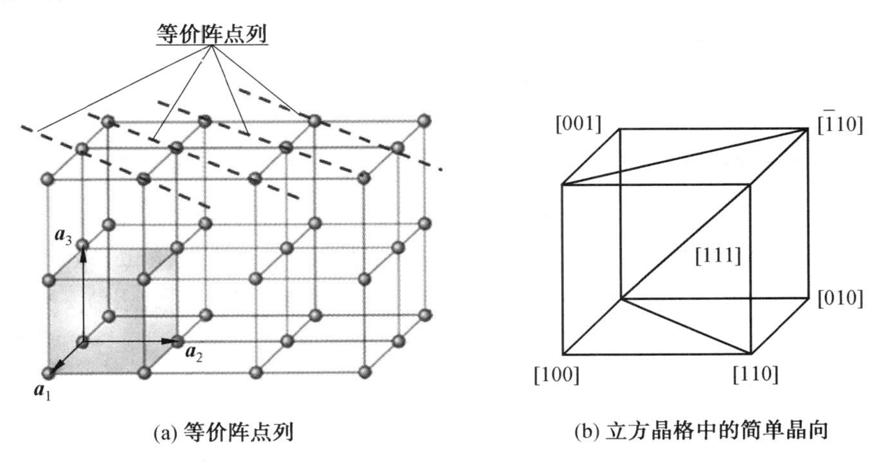

(a) 等价阵点列　　(b) 立方晶格中的简单晶向

图 1.5 等价阵点列和立方晶格中的简单晶向示意图

1.2.2 晶面指数

在布拉菲点阵中,相互平行的阵点平面上阵点的排列方式完全相同,称这些相互平行的阵点平面为晶面,如图 1.6(a)所示。为了可以用有理数表示晶面的取向,密勒提出用不过原点的晶面与坐标轴截距来表征晶面指数。考虑到晶面与某个坐标轴平行时截距为

无穷大，为了避免无穷大的困难，密勒建议用晶面截距的倒数表示晶面指数。晶面指数被定义为：不过原点晶面与坐标轴截距倒数的互质整数比，记为($h\ k\ l$)。图1.6(b)示出了立方晶格中几个简单的晶面，从图中可以发现，(100)、(010)和(001)晶面上的阵点排列完全相同，称这些晶面为一个晶形，记为{100}。与此类似，可以定义{110}晶形、{111}晶形等。

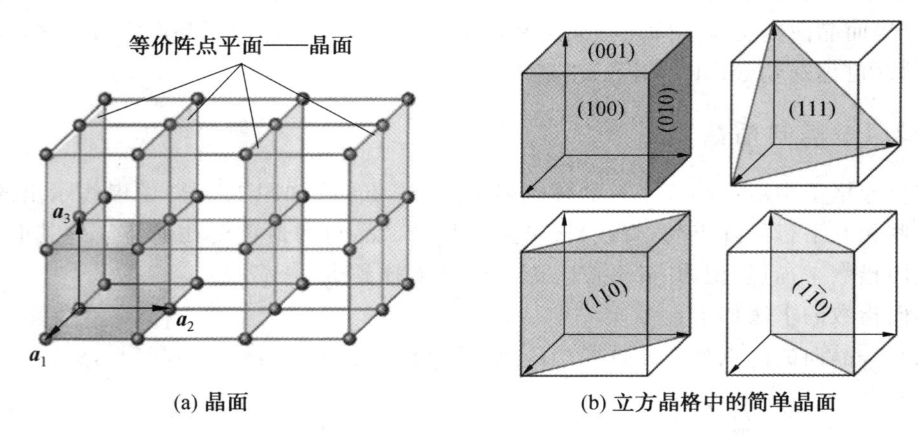

(a) 晶面　(b) 立方晶格中的简单晶面

图1.6　晶面和立方晶格中的简单晶面示意图

1.3　群论的基本概念

对称性是晶体的重要属性。晶体的许多性质受其对称性的约束。另外，利用对称性可以大幅度简化许多有关晶体性质的计算。群论是描述晶体对称性非常有力的工具。本节简要介绍群论的基本概念。

1.3.1　群的定义

首先考虑一个包含若干元素的集合，定义集合中元素之间的合成法则(或运算法则)为"乘法"。这个乘法可以是普通意义上的乘法，也可以是某种操作(operation)。例如，A代表绕z轴旋转α角，B代表绕z轴旋转β角，则AB(或$A\cdot B$)$=C$代表绕z轴旋转β角后再绕z轴旋转α角。

满足以下四个性质的集合称为群。

(1)封闭性。

如果A和B是群$G=\{E,A,B,C,\cdots\}$中的两个任意元素，那么

$$AB\in G \tag{1.4}$$

式中，$\in$表示"属于"。

式(1.4)表示A与B的"乘积"属于群G。

(2)乘法(合成法则)满足结合律。

若A、B和C都是群G中的元素，则一定有

$$A(BC)=(AB)C \tag{1.5}$$

(3)存在单位元素。

对群 G 中的任意元素 A,有

$$EA=AE=A \tag{1.6}$$

称 E 为单位元素。

(4)存在逆。

对群 G 中的任意元素 A,存在一个唯一的元素 B,使得

$$AB=BA=E \tag{1.7}$$

称 B 是 A 的逆,或 A 是 B 的逆,A 的逆也可以写作 A^{-1}。

下面举一个简单例子。如果定义运算法则(群论中通常称为“乘法”)为常规意义上的加法,整数集 Z,即$\{\cdots,-3,-2,-1,0,1,2,3,\cdots\}$就是一个群。首先,群 Z 具有封闭性,对于整数集中的任意两个元素 a 和 b,它们的和 $a+b$ 仍然是整数集中的一个元素。其次,群 Z 的合成法则满足结合律,因为加法满足结合律,对于整数集中的任意三个元素 a、b 和 c,都有$(a+b)+c=a+(b+c)$。另外,群 Z 存在单位元素,群 Z 的单位元素是 0,因为对于整数集中的任何元素 a,都有 $a+0=0+a=a$。最后,群 Z 中任意元素的逆都是它的相反数,因为 $a+(-a)=(-a)+a=0$。

1.3.2 置换群(D_3群)

这里利用一个简单的例子,进一步分析群的特征。图 1.7 所示为一个等边三角形,A 是等边三角形(Δ123)的中心,点 1、点 2 和点 3 分别为三角形的顶点。假定元素 R_1、R_2 和 R_3分别代表绕 A 逆时针旋转 0、$2\pi/3$、$4\pi/3$、R_4、R_5 和 R_6 分别代表绕 P_1、P_2 和 P_3 轴旋转 π。用顶点的变化关系很容易表示上述六个操作。例如,R_2操作完成后,顶点发生了如下变化:1→2,2→3,3→1。可以将 R_2表示为

$$R_2=\begin{pmatrix}1 & 2 & 3\\ 2 & 3 & 1\end{pmatrix} \tag{1.8}$$

同理,有

$$\begin{gathered}R_1=\begin{pmatrix}1 & 2 & 3\\ 1 & 2 & 3\end{pmatrix},\quad R_3=\begin{pmatrix}1 & 2 & 3\\ 3 & 1 & 2\end{pmatrix},\\ R_4=\begin{pmatrix}1 & 2 & 3\\ 2 & 1 & 3\end{pmatrix},\quad R_5=\begin{pmatrix}1 & 2 & 3\\ 1 & 3 & 2\end{pmatrix},\quad R_6=\begin{pmatrix}1 & 2 & 3\\ 3 & 2 & 1\end{pmatrix}\end{gathered} \tag{1.9}$$

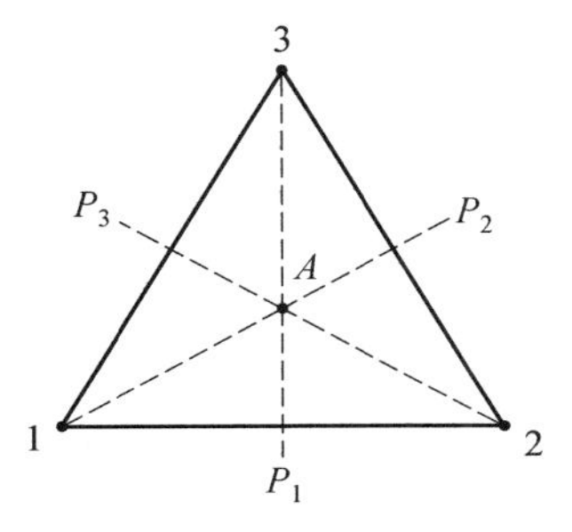

图 1.7 等边三角形对称轴

下面来说明 $G=\{R_1,R_2,R_3,R_4,R_5,R_6\}$ 是一个群。首先，集合中的单位元素是 R_1，相当于对三角形没有做任何操作。接下来证明封闭性，为此，以 R_4R_2 和 R_2R_4 为例说明元素的乘积属于群。

$$\begin{aligned}R_4R_2&=\begin{pmatrix}1&2&3\\2&1&3\end{pmatrix}\begin{pmatrix}1&2&3\\2&3&1\end{pmatrix}\\&=\begin{pmatrix}2&3&1\\1&3&2\end{pmatrix}\begin{pmatrix}1&2&3\\2&3&1\end{pmatrix}=\begin{pmatrix}1&2&3\\1&3&2\end{pmatrix}=R_5\end{aligned}\tag{1.10}$$

$$\begin{aligned}R_2R_4&=\begin{pmatrix}1&2&3\\2&3&1\end{pmatrix}\begin{pmatrix}1&2&3\\2&1&3\end{pmatrix}\\&=\begin{pmatrix}2&1&3\\3&2&1\end{pmatrix}\begin{pmatrix}1&2&3\\2&1&3\end{pmatrix}=\begin{pmatrix}1&2&3\\3&2&1\end{pmatrix}=R_6\end{aligned}\tag{1.11}$$

仿照式(1.10)和式(1.11)可以得到 G 中所有元素的乘积。D_3 群的乘法表如表 1.1 所示。表 1.1 表明任何两个元素的乘积均在 G 内，表明集合 G 是封闭的。

表 1.1 D_3 群的乘法表

D_3	R_1	R_2	R_3	R_4	R_5	R_6
R_1	R_1	R_2	R_3	R_4	R_5	R_6
R_2	R_2	R_3	R_1	R_6	R_4	R_5
R_3	R_3	R_1	R_2	R_5	R_6	R_4
R_4	R_4	R_5	R_6	R_1	R_2	R_3
R_5	R_5	R_6	R_4	R_3	R_1	R_2
R_6	R_6	R_4	R_5	R_2	R_3	R_1

比较式(1.10)和式(1.11)可以发现，一般情况下，群中两个元素的乘法不满足交换律，即 $AB\neq BA(A,B\in G)$。如果对于 G 中的任意两个元素 A 和 B 都有 $AB=BA$，则称群 G 是阿贝尔群(Abelian group)。

从表 1.1 中还可以看出，对任何一个元素 R_i 均可以找到一个元素 R_j，使得 $R_iR_j=R_1=E$，表明每个元素都存在逆元素。

依据群的定义，可以得出结论：$G=\{R_1,R_2,R_3,R_4,R_5,R_6\}$ 是一个群，记为 D_3 群。这个群共有 6 个元素，即该群是 6 阶群。

1.3.3 群的基本性质

1. 子群

如果集合 H 的所有元素都在群 G 中，且在与 G 相同的乘法下构成一个群，则称 H 是 G 的子群。单位元素和 G 本身是 G 的平庸子群，一般将非平庸子群称为真子群。

在 D_3 群中，$\{R_1,R_2,R_3\}$、$\{R_1,R_4\}$、$\{R_1,R_5\}$、$\{R_1,R_6\}$ 都是 D_3 群的真子群。

2. 有限群的生成元

如果群的阶是有限的，则称群为有限群。一个有限群 G 可以通过一小组具有某种关系的群元素之间的乘积获得群 G 中的所有元素，这一小组群元素就是群 G 的生成元。

有一个元素 A 通过自乘可以生成一个循环群，此时只要求 $A^n=E$，这个循环群的生成元就是 A。D_3 群的生成元是 $\{R_2, R_5\}$。

3. 群的阶和群元的阶

前已述及，群的阶就是群中元素的个数。有限群中，群元素经过 n 次自乘后一定等于单位元(E)，n 则是该元素的阶。例如，如果群 G 中某一个元素 A 有

$$A^n = E \tag{1.12}$$

则元素 A 的阶是 n。

D_3 群中，R_4，R_5，R_6 都是 2 阶的；而 R_2 和 R_3 则是 3 阶的。

4. 拉格朗日(Lagrange)定理

如果群 G 的阶为 g，其子群 H 的阶为 h，则 g/h 一定是整数。

D_3 群的阶为 6，其真子群的阶只可能是 2 或 3。例如，D_3 群中可以找到 1 个 3 阶子群和 3 个 2 阶子群。

5. 共轭元素和类

若群 G 中存在元素 C 使群中两个元素 A 和 B 满足

$$A = CBC^{-1} \tag{1.13}$$

则称 A 元素与 B 元素共轭。

互为共轭的元素的完全集合称作类。

在 D_3 群中存在如下 3 类元素：

$$\{R_1 = E\}、\{R_2, R_3\} 和 \{R_4, R_5, R_6\}$$

1.4 晶体的点对称性与布拉菲单胞

需要明确的是，本章讨论的晶体是无缺陷的无限大理想晶体。晶体对称性是指对晶体实施某种操作，操作前后晶体完全相互重合的性质。如果对称操作过程中至少有一点保持不变，则称这种对称性是点对称性，相应的对称操作为点对称操作。本节简要介绍晶体的点对称性和布拉菲单胞的选取和种类。

1.4.1 点对称性

1. 旋转对称

若将晶体以某一直线为轴旋转 $2\pi/n$ 后，与未操作晶体完全重合，则称这个操作为 n 次旋转对称操作，相应的对称性称为 n 次旋转对称性。由于晶体平移周期性的限制，n 只能取 1、2、3、4、6。为方便起见，2、3、4 和 6 次旋转对称轴分别用符号 ⬮、▲、■ 和 ⬣ 表示。当 $n=1$ 时，对应晶体旋转 360°，这与晶体完全不动是一样的，因此称为单位操作(或平庸操作)。在旋转变换过程中，晶体中的基元不发生手性的变化。旋转对称操作的国际符号为 n。

图 1.8 所示为旋转对称操作示意图，n 次旋转对称操作实际上包含 n 个操作，而且它

们构成一个群。下面以 4 次旋转对称操作为例讨论群的乘法表，4 次旋转对称轴包含以下操作：

$$4,\quad 4^2=2,\quad 4^3=4^{-1},\quad 4^4=1$$

这里，“幂”表示重复操作，例如，4^2 代表连续旋转两个 $2\pi/4$。如果不特殊说明，在讨论晶体对称操作时，对称元素“幂”的意义表示重复操作。

很显然，上述集合中，单位元素是 1 次轴(4^4)，4 和 4^3 互为逆，4^2 和 1 的逆元素是其自身。所以说，4 次旋转对称是一个 4 阶循环群。

6 次轴的群元素包括：

$$6,\quad 6^2=3,\quad 6^3=2,\quad 6^4=3^2,\quad 6^5=6^{-1},\quad 6^6=1$$

其他旋转对称操作可做类似的讨论。可以发现每个旋转对称操作都构成一个循环群。

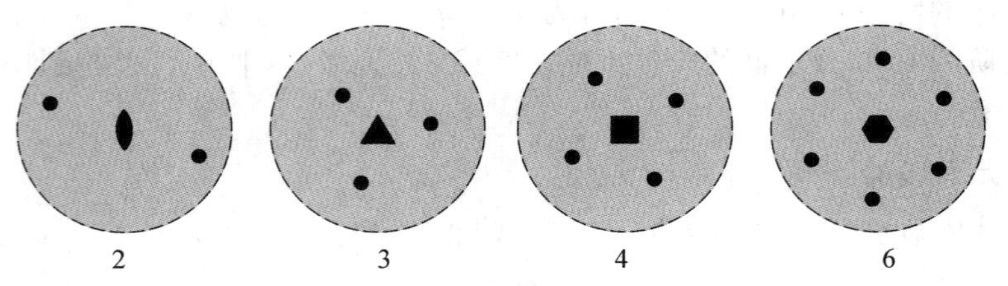

图 1.8　旋转对称操作示意图

2. 反演对称性

反演操作就是将 r 变成 $-r$ 的操作，如果晶体在反演对称操作前后完全重合，则称晶体具有反演对称性。在反演对称操作过程中，坐标原点保持不动，一般称为反演中心或对称中心。另外，在反演对称操作过程中，布拉菲格点上基元中的每个原子都要进行反演操作，所以反演后，基元的手性由右手变为左手(或相反)，用符号 $\bar{1}$ 表示。图 1.9 所示为反演对称操作的示意图。图中，空心圆圈表示右手，带点的圆圈表示左手；“+”表示纸外，“−”表示纸里。很显然，$\{1,\ \bar{1}\}$ 构成一个群。

3. 反映对称性

反映对称性也称镜面对称性。若晶体在某一平面(镜面)中的像与晶体完全相互重合，则称晶体具有反映对称性，晶体对某一平面镜成像的操作称为反映对称操作，用符号 m 表示，如图 1.10 所示。很显然，在反映对称操作过程中，基元的手性要发生变化。$\{1,m\}$ 构成一个群。

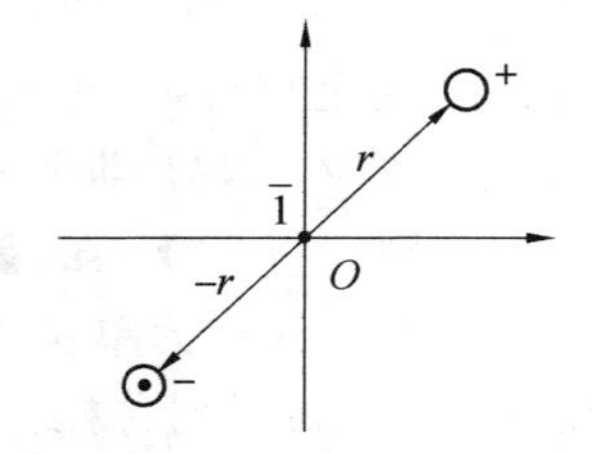

图 1.9　反演对称操作示意图

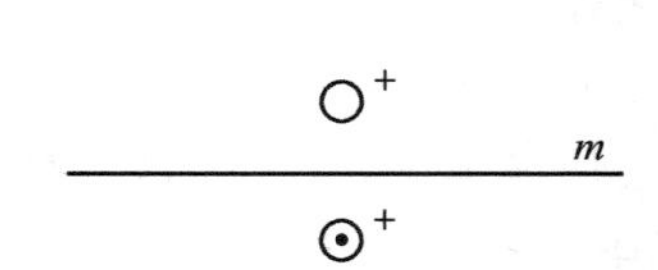

图 1.10　反映对称操作，m 垂直于纸面

4. 旋转一反演对称性

如果一个晶体在旋转一反演复合操作前后完全重合，表明该晶体具有旋转一反演对称性。旋转一反演操作是由旋转和反演两个操作结合起来的一种复合对称操作。其中某一个单独操作可能是晶体的对称操作，也可能不是晶体的对称操作，只是合起来是晶体的对称操作。在旋转一反演对称操作中，先进行反演还是先进行旋转二者是等价的。由于反演的作用，基元的手性要发生变化。

晶体的旋转一反演对称操作有二次旋转一反演($\bar{2}$)、三次旋转一反演($\bar{3}$)、四次旋转一反演($\bar{4}$)和六次旋转一反演($\bar{6}$)4 种。图 1.11 示出了旋转一反演对称操作示意图。很显然，$\bar{2}=m$，$\bar{3}=3+\bar{1}$，$\bar{6}=3+m$。

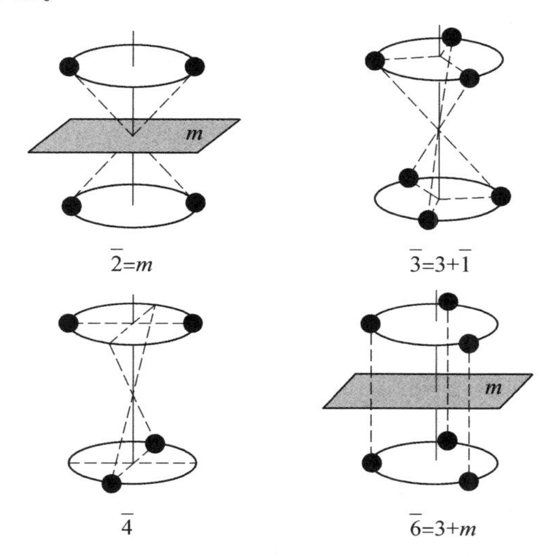

图 1.11 旋转一反演对称操作示意图

1.4.2 二维布拉菲点阵与晶系

二维点阵是研究二维晶体的基础，同时对表征和理解晶体表面的结构也非常重要。本节主要介绍如何选取二维布拉菲单胞，并以二维晶体为例说明如何通过对称群的组合获得晶体的对称性。

1. 二维布拉菲单胞

首先二维布拉菲单胞(平行四边形)对称性尽可能同二维晶体的点对称性一致；其次二维晶体坐标系的两个轴要尽可能垂直；最后，二维布拉菲单胞的面积要尽可能小。

2. 二维布拉菲格子的对称性

二维布拉菲格子至少存在两个对称性，一是单位对称操作 1(平庸对称操作)，二是 2 次旋转对称性。二维情况下，2 次旋转对称性与 2 次旋转反演对称性($\bar{2}$)是等价的。二维格子的对称操作中只有旋转和反映(镜面)对称操作。由于 2 次轴的约束，奇数次对称轴不能单独存在，所以二维布拉菲格子的对称性只有 1、2、4、6 次旋转对称和镜面对称。这 5 个点对称群之间相乘就可以得到二维布拉菲格子的所有点对称群，如表 1.2 所示。

表 1.2 二维布拉菲格子的点对称性

点阵类型单胞参数	镜面(m)配置	对称元素
A $a_1 \neq a_2$,ϕ 角任意	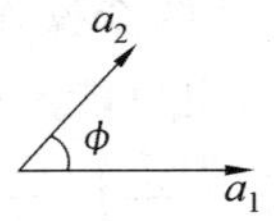	1,2
B $a_1 \neq a_2$,$\phi=90°$	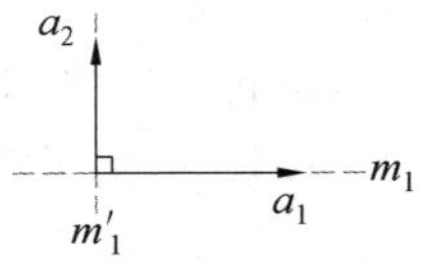	1,2,m_1,m'_1
C $a_1 = a_2 = a$,ϕ 角任意	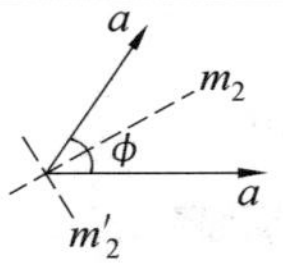	1,2,m_2,m'_2
D $a_1 = a_2 = a$,$\phi=90°$	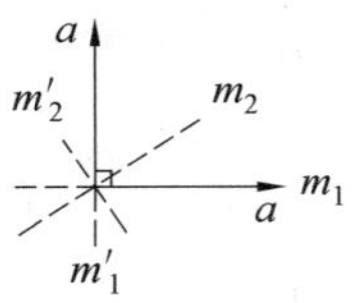	1,2,4,4^3 m_1,m'_1,m_2,m'_2
E $a_1 = a_2 = a$,$\phi=60°$	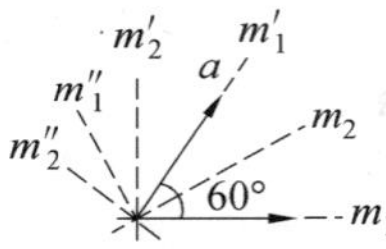	1,2,6,3,3^2,6^5 m_1,m'_1,m''_1,m_2,m'_2,m''_2

注:旋转对称轴过原点且与纸面垂直,镜面垂直于纸面。

表 1.2 中的"C"型点阵的点对称性与"B"型点阵十分相似,为了使单胞能够反映出点对称性,可以将"C"型点阵的单胞取成图 1.12 所示的中心长方的形式。

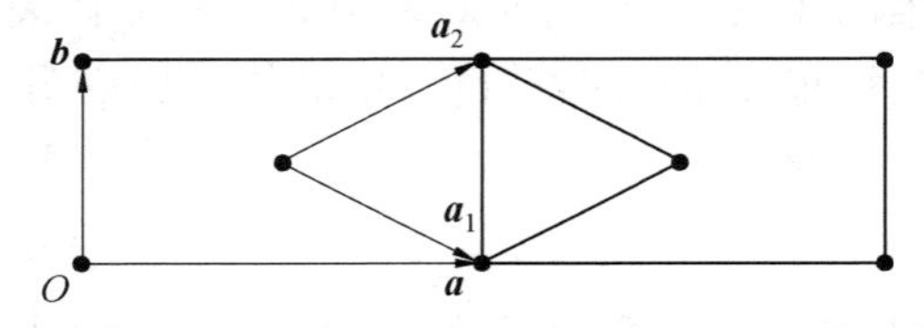

图 1.12 二维晶格中心长方单胞示意图

由此可见,二维布拉菲点阵共有 4 个晶系,10 个点群,5 种布拉菲单胞。表 1.3 示出了相应的晶系、单胞和所属点群(用国际符号给出)。

表 1.3 二维布拉菲格子的布拉菲单胞

晶系	单胞参数	布拉菲单胞	点群(国际符号)
斜方	$a\neq b,\gamma$ 任意		1,2
长方	$a\neq b,\gamma=90°$		1m,2mm
正方	$a=b,\gamma=90°$		4,4mm
六角	$a=b,\gamma=60°$		3,3m,6,6mm

注:六角晶系实线示出的平行四边形是单胞,虚线部分仅仅是为了示出 6 次轴。

1.4.3 三维布拉菲单胞与晶系

与二维布拉菲点阵相似。以下面三条原则选取的晶胞称为布拉菲单胞:

(1)平行六面体晶胞的对称性尽可能同晶体的点对称性一致;

(2)平行六面体的棱要尽可能垂直;

(3)在遵守以上两条的基础上,平行六面体的体积要尽可能小。

单胞参数 a、b 和 c 及它们之间的夹角 α、β 和 γ 意义如图 1.4 所示。可以将布拉菲格子分成如下七种晶系,如表 1.4 所示。(1)立方晶系:$a=b=c,\alpha=\beta=\gamma=90°$。(2)菱方晶系(三角晶系):$a=b=c,\alpha=\beta=\gamma\neq 90°$。(3)六方晶系:$a=b$,$\alpha=\beta=90°$, $\gamma=120°$。(4)四方晶系(正方晶系):$a=b\neq c,\alpha=\beta=\gamma=90°$。(5)正交晶系:$a\neq b\neq c,\alpha=\beta=\gamma=90°$。(6)单斜晶系:$a\neq b\neq c,\alpha=\gamma=90°,\beta\neq 90°$。(7)三斜晶系:$a\neq b\neq c,\alpha\neq\beta\neq\gamma\neq 90°$。

表 1.4 布拉菲晶格

晶系	简单点阵(P)	体心点阵(I)	面心点阵(F)	底心点阵(C)
立方晶系 $a=b=c$, $\alpha=\beta=\gamma=90°$				

续表1.4

晶系	简单点阵(P)	体心点阵(I)	面心点阵(F)	底心点阵(C)
菱方晶系 $a=b=c$, $\alpha=\beta=\gamma\neq 90°$	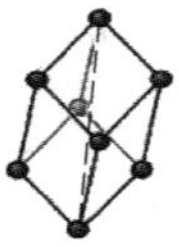			
六方晶系 $a=b$, $\alpha=\beta=90°$, $\gamma=120°$	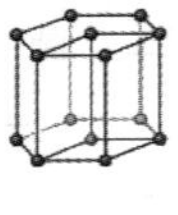			
四方晶系 $a=b\neq c$, $\alpha=\beta=\gamma=90°$	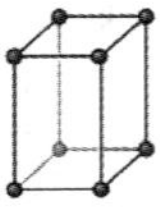	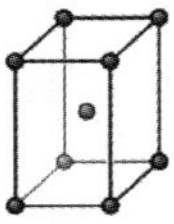		
正交晶系 $a\neq b\neq c$, $\alpha=\beta=\gamma=90°$	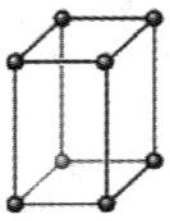	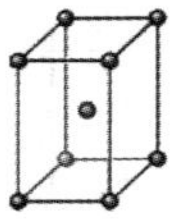	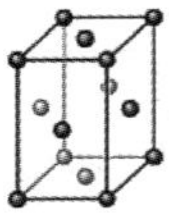	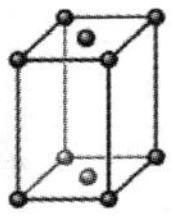
单斜晶系 $a\neq b\neq c$, $\alpha=\gamma=90°$, $\beta\neq 90°$	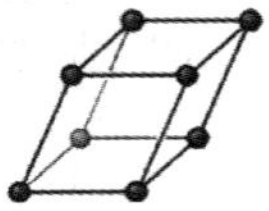			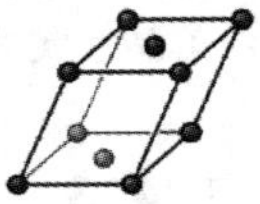
三斜晶系 $a\neq b\neq c$, $\alpha\neq\beta\neq\gamma\neq 90°$	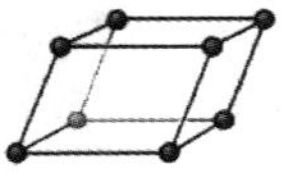			

根据单胞中阵点的位置，可以将布拉菲晶格分成如下四种类型。

(1)简单点阵，也称初级点阵(P 点阵)。

布拉菲单胞只含有一个阵点，因为每个平行六面体顶角上的阵点隶属于八个单胞。

(2)体心点阵(I 点阵)。

布拉菲单胞除顶角上的阵点以外，单胞体心位置还存在一个阵点，体心立方点阵每个单胞中含有两个阵点。

(3)面心点阵(F 点阵)。

布拉菲单胞初级阵点以外，六面体单胞的每个面心上都存在一个阵点，一般用字母"F"表示。由于每个面心上的阵点隶属于两个单胞，所以面心布拉菲单胞含有四个阵点。

(4)侧心或底心点阵(A、B 或 C 心点阵)。

如果除初级阵点以外，在垂直于 $\boldsymbol{a}$(或 $\boldsymbol{b}$ 或 $\boldsymbol{c}$)的面心上还有阵点，则称此点阵为 A(B 或 C)心点阵；每个单胞有两个阵点。C 心点阵也称底心点阵。

通过点对称操作的组合，可以得到三维布拉菲点阵的全部点对称性，即 32 种点群。在点群的国际符号中，一般会给出不止一个对称性符号，这些符号的意义在不同的晶系中也有所不同，如表 1.5 所示。例如，立方晶系的 $4\bar{3}m$，表示 $\boldsymbol{a}$ 方向存在一个 4 次轴，$\boldsymbol{a}+\boldsymbol{b}+\boldsymbol{c}$ 方向存在一个 3 次反演对称轴，垂直于 $\boldsymbol{a}+\boldsymbol{b}$ 方向存在一个镜面对称操作。这三个方向一般称为特征方向，分别表示主对称方向、副对称方向和次对称方向。正交晶系的特征方向是 $\boldsymbol{a}$、$\boldsymbol{b}$ 和 $\boldsymbol{c}$，例如，正交晶系的点群 222，表示在 $\boldsymbol{a}$、$\boldsymbol{b}$ 和 $\boldsymbol{c}$ 三个方向上分别存在一个 2 次轴。

表 1.5　点群国际符号中的特征晶体学方向

晶系	特征晶体学方向		
	第一位	第二位	第三位
三斜	无		
单斜	[010]（唯一性轴 $\boldsymbol{b}$） [001]（唯一性轴 $\boldsymbol{c}$）		
正交	[100]	[010]	[001]
四方	[001]	[100] [010]	[1 $\bar{1}$0] [110]
六方	[001]	[100] [010] [$\bar{1}\bar{1}$0]	[$\bar{1}\bar{1}$0] [120] [2 $\bar{1}$0]
三方 （菱面体坐标）	[111]	[1 $\bar{1}$0] [01 $\bar{1}$] [$\bar{1}$01]	
立方	<100>	<111>	<110>

注：立方晶系特征方向用晶形符号表示所有等价的方向。

三维布拉菲点阵的所有对称点群如表 1.6 所示。表中同时给出了常用的熊夫利斯(Schöenfles)符号。

表 1.6　三维布拉菲点阵的 32 种点群

晶系	点群		对称元素	群元素数目
	国际符号	熊夫利斯符号		
三斜	1 $\bar{1}$	C_1 S_2	E $E\ i$	1 2
单斜	2 m $2/m$	C_2 C_{1h} C_{2h}	$E\ C_2$ $E\ \sigma_h$ $E\ C_2\ i\ \sigma_h$	2 2 4

续表1.6

晶系	点群		对称元素	群元素数目
	国际符号	熊夫利斯符号		
正交	222	D_2	$E\ C_2\ \ 2C_2^1$	4
	$mm2$	C_{2V}	$E\ C_2\ \ 2\sigma_v$	4
	mmm	D_{2h}	$E\ C_2\ \ 2C_2^1\ i\ \sigma_h\ 2\sigma_V$	8
四方	4	C_4	$E\ 2C_4\ C_2$	4
	$\bar{4}$	S_4	$E\ 2S_4\ C_2$	4
	$4/m$	C_{4h}	$E\ 2C_4\ C_2\ i\ 2S_4\ \sigma_h$	8
	422	D_4	$E\ 2C_4\ C_2\ \ 2C_2^1\ \ 2C_2^{11}$	8
	$4mm$	C_{4V}	$E\ 2C_4\ C_2\ \ 2\sigma_V\ \ 2\sigma_d$	8
	$\bar{4}2m$	D_{2d}	$E\ C_2\ \ 2C_2^1\ 2\sigma_d\ 2S_4$	8
	$4/mmm$	D_{4h}	$E\ 2C_4\ C_2\ \ 2C_2^1\ \ 2C_2^{11}\ \ i\ 2S_4\sigma_h\ 2\sigma_V\ 2\sigma_d$	16
三方	3	C_3	$E\ 2C_3$	3
	$\bar{3}$	S_6	$E\ 2C_3\ i\ 2S_6$	6
	32	D_3	$E\ 2C_3\ 3C_2$	6
	$3m$	C_{3V}	$E\ 2C_3\ 3\sigma_V$	6
	$\bar{3}m$	D_{3d}	$E\ 2C_3\ 3C_2\ i\ 2S_6\ 3\sigma_V$	12
六方	6	C_6	$E\ 2C_6\ 2C_3\ C_2$	6
	$\bar{6}$	C_{3h}	$E\ 2C_3\ \sigma_h\ 2S_3$	6
	$6/m$	C_{6h}	$E\ 2C_6\ 2C_3\ C_2\ i\ 2S_3\ 2S_6\ \sigma_h$	12
	622	D_6	$E\ 2C_6\ 2C_3\ C_2\ \ 3C_2^1\ \ 3C_2^{11}$	12
	$6mm$	D_{6V}	$E\ 2C_6\ 2C_3\ C_2\ 3\sigma_V\ 3\sigma_d$	12
	$\bar{6}m2$	D_{3h}	$E\ 2C_3\ 3C_2\ \sigma_h\ 2S_3\ 3\sigma_V$	12
	$6/mmm$	D_{6h}	$E\ 2C_6\ \ 2C_3C_2\ \ 3C_2^1\ \ 3C_2^{11}\ \ i\ 2S_3\ 2S_6\ \sigma_h\ 3\sigma_V\ 3\sigma_d$	24
立方	23	T	$E\ 8C_3\ 3C_2$	12
	$m3$	T_h	$E\ 8C_3\ 3C_2\ i\ 8S_6\ 3\sigma_h$	24
	432	O	$E\ 8C_3\ 3C_2\ 6C_2\ 6C_4$	24
	$\bar{4}3m$	T_h	$E\ 8C_3\ 3C_2\ 6\sigma_a\ 6S_4$	24
	$m3m$	O_h	$E\ 8C_3\ 3C_2\ 6C_2\ 6C_4\ i\ 8S_6\ 3\sigma_h 6\sigma_d\ 6S_4$	48

注:表中的对称元素用的是熊夫利斯符号。其中,E 是单位元素;i 代表反演操作;C_n 是旋转轴;σ 是镜面;S_n 是旋转一反演轴;C_2^1、C_2^{11} 表示旋转轴不是对称性最高的主轴;σ_h 表示垂直于主轴的对称面;σ_V 表示包含主轴的对称面;σ_d 表示含主轴并平分两个垂直的 2 次轴的镜面。

1.4.4 初级原胞与布拉菲单胞的关系

布拉菲点阵及其点对称性对研究晶体物理性质的各向异性非常重要,布拉菲单胞的选取充分考虑了点阵的点群对称性,为描述晶体物理性质的各向异性提供了方便。但是,布拉菲单胞在应用时需要注意以下两点。

首先，布拉菲点阵仅仅是晶体的一种几何抽象，只有在阵点上加上晶体的基本单元，才能构成有物理实在的晶体。另外，在固体物理中，人们必须使用包含组成原子的晶体学初级原胞（简称原胞）。例如，CsCl 对应的布拉菲点阵是简单立方点阵，在固体物理中，使用图 1.13(a)所示的 CsCl 原胞。再比如 $BaTiO_3$ 对应的布拉菲点阵是简单立方，在研究其物性和结构时，则使用图 1.13(b)所示的原胞。

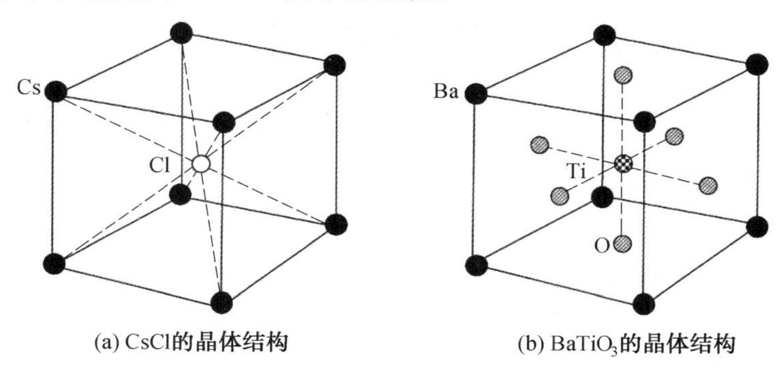

(a) CsCl的晶体结构　　(b) $BaTiO_3$的晶体结构

图 1.13　CsCl 的晶体结构和 $BaTiO_3$ 的晶体结构

另外，分析问题时一般采用体积最小的原胞而不是布拉菲单胞，下面以面心立方和体心立方晶体对此进行说明。假设面心立方和体心立方单胞的参数为 $a=b=c=a$，且 $\boldsymbol{a},\boldsymbol{b},\boldsymbol{c}(x,y,z)$三个方向的单位向量分别为 $\boldsymbol{i},\boldsymbol{j},\boldsymbol{k}$。参照图 1.14(a)可以证明，面心立方原胞基本矢量与布拉菲单胞基本矢量的关系为

$$\begin{cases}\boldsymbol{a}_1=\dfrac{a}{2}(\boldsymbol{j}+\boldsymbol{k})\\[2ex]\boldsymbol{a}_2=\dfrac{a}{2}(\boldsymbol{k}+\boldsymbol{i})\\[2ex]\boldsymbol{a}_3=\dfrac{a}{2}(\boldsymbol{i}+\boldsymbol{j})\end{cases}\tag{1.14}$$

同样，可以证明体心立方原胞与布拉菲单胞基本矢量的关系为

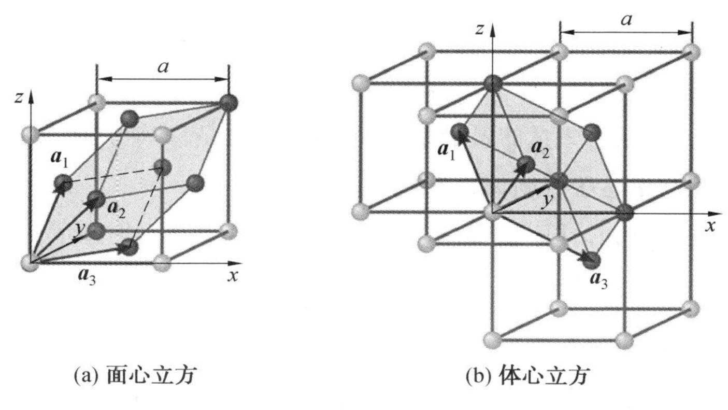

(a) 面心立方　　(b) 体心立方

图 1.14　面心立方和体心立方原胞示意图

$$\begin{cases} \boldsymbol{a}_1=\dfrac{a}{2}(-\boldsymbol{i}+\boldsymbol{j}+\boldsymbol{k}) \\ \boldsymbol{a}_2=\dfrac{a}{2}(\boldsymbol{i}-\boldsymbol{j}+\boldsymbol{k}) \\ \boldsymbol{a}_3=\dfrac{a}{2}(\boldsymbol{i}+\boldsymbol{j}-\boldsymbol{k}) \end{cases} \tag{1.15}$$

1.5 倒格子与布里渊区

前面介绍的布拉菲格子和实际晶体点阵可以称为正格子或正点阵。倒格子是为了处理问题方便而引入的,它本质上是正格子的一种几何变换。本节主要讨论倒格子的定义及基本性质。

1.5.1 倒格子基本矢量

为了构建倒格子,首先定义倒格子的基本矢量。若正格子的基本矢量为 $\boldsymbol{a}_1,\boldsymbol{a}_2,\boldsymbol{a}_3$,与之对应的倒格子基本矢量 $\boldsymbol{b}_1,\boldsymbol{b}_2,\boldsymbol{b}_3$ 定义为

$$\begin{cases} \boldsymbol{b}_1=\dfrac{2\pi(\boldsymbol{a}_2\times\boldsymbol{a}_3)}{V_C} \\ \boldsymbol{b}_2=\dfrac{2\pi(\boldsymbol{a}_3\times\boldsymbol{a}_1)}{V_C} \\ \boldsymbol{b}_3=\dfrac{2\pi(\boldsymbol{a}_1\times\boldsymbol{a}_2)}{V_C} \end{cases} \tag{1.16}$$

式中,$V_C=\boldsymbol{a}_1\cdot(\boldsymbol{a}_2\times\boldsymbol{a}_3)$是正格子单胞的体积。

1. 倒单胞(倒易单胞)

以三个不共面的倒格子基本矢量为棱边,可以构建一个平行六面体,这个六面体就是倒单胞,或称倒易单胞。倒格子基本矢量张开的空间称为倒空间。很容易证明

$$\boldsymbol{a}_i\cdot\boldsymbol{b}_j=2\pi\delta_{ij}=\begin{cases} 2\pi & (i=j) \\ 0 & (i\neq j) \end{cases} \tag{1.17}$$

2. 倒格子

以倒单胞为基本单元在倒空间重复就得到倒点阵或倒格子。由式(1.16)倒格子基本矢量定义可知,倒格子基本矢量的量纲是长度的倒数,这是称其为“倒”格子的原因。

3. 倒单胞体积与正格子原胞体积乘积为$(2\pi)^3$

由倒单胞的定义可知,其体积 V_C^* 为

$$V_C^*=\boldsymbol{b}_1\cdot(\boldsymbol{b}_2\times\boldsymbol{b}_3)=\frac{(2\pi)^3}{V_C^3}(\boldsymbol{a}_2\times\boldsymbol{a}_3)\cdot[(\boldsymbol{a}_3\times\boldsymbol{a}_1)\times(\boldsymbol{a}_1\times\boldsymbol{a}_2)]$$

应用公式 $\boldsymbol{A}\times(\boldsymbol{B}\times\boldsymbol{C})=(\boldsymbol{A}\cdot\boldsymbol{C})\boldsymbol{B}-(\boldsymbol{A}\cdot\boldsymbol{B})\boldsymbol{C}$,可以得到

$$(\boldsymbol{a}_3\times\boldsymbol{a}_1)\times(\boldsymbol{a}_1\times\boldsymbol{a}_2)=[(\boldsymbol{a}_3\times\boldsymbol{a}_1)\cdot\boldsymbol{a}_2]\boldsymbol{a}_1-[(\boldsymbol{a}_3\times\boldsymbol{a}_1)\cdot\boldsymbol{a}_1]\boldsymbol{a}_2=V_C\boldsymbol{a}_1$$

所以

$$V_C^* = \frac{(2\pi)^3}{V_C^3}(\boldsymbol{a}_2 \times \boldsymbol{a}_3) \cdot V_C \boldsymbol{a}_1 = \frac{(2\pi)^3}{V_C^2}(\boldsymbol{a}_2 \times \boldsymbol{a}_3) \cdot \boldsymbol{a}_1$$

则

$$V_C^* = \frac{(2\pi)^3}{V_C} \tag{1.18}$$

1.5.2 倒格矢

倒格矢的定义如下：

$$\boldsymbol{G} = H\boldsymbol{b}_1 + K\boldsymbol{b}_2 + L\boldsymbol{b}_3 \tag{1.19}$$

式中，$\boldsymbol{G}$ 为倒格矢；H,K,L 是整数。

倒格矢也称倒易矢量。倒格矢的起点和终点必定是倒格点，所以，所有 $\boldsymbol{G}$ 的集合（就是所有倒格点的集合）就是倒点阵，或称倒易点阵。

定理一 倒格矢 $\boldsymbol{G}_{hkl} = h\boldsymbol{b}_1 + k\boldsymbol{b}_2 + l\boldsymbol{b}_3$ 与正格子中的晶面(hkl)垂直，且(hkl)面的面间距与 $\boldsymbol{G}$ 的乘积为 2π。

假定晶面 ABC 是(hkl)晶面族中距离原点最近的一个晶面，其与正格子基矢 $\boldsymbol{a}_1,\boldsymbol{a}_2,\boldsymbol{a}_3$坐标轴上的交点分别是 A、B、C。由晶面指数的定义可知，ABC 晶面在三个轴上的截距分别为 $a_1/h,a_2/k,a_3/l$。

欲证明 $\boldsymbol{G}_{hkl} = h\boldsymbol{b}_1 + k\boldsymbol{b}_2 + l\boldsymbol{b}_3$ 与平面 ABC 垂直，只需证明 $\boldsymbol{G}_{hkl}$ 与平面 ABC 上的两个相交矢量 $\boldsymbol{R}_{CA}$ 和 $\boldsymbol{R}_{CB}$ 垂直。由图 1.15 容易得到

$$\boldsymbol{R}_{CA} = \boldsymbol{R}_{OA} - \boldsymbol{R}_{OC} = \frac{\boldsymbol{a}_1}{h} - \frac{\boldsymbol{a}_3}{l}$$

$$\boldsymbol{R}_{CB} = \boldsymbol{R}_{OB} - \boldsymbol{R}_{OC} = \frac{\boldsymbol{a}_2}{k} - \frac{\boldsymbol{a}_3}{l}$$

那么

$$\boldsymbol{G}_{hkl} \cdot \boldsymbol{R}_{CA} = (h\boldsymbol{b}_1 + k\boldsymbol{b}_2 + l\boldsymbol{b}_3) \cdot \left(\frac{\boldsymbol{a}_1}{h} - \frac{\boldsymbol{a}_3}{l}\right) = 0$$

即 $\boldsymbol{G}_{hkl}$ 与矢量 $\boldsymbol{R}_{CA}$ 垂直。同理，$\boldsymbol{G}_{hkl} \cdot \boldsymbol{R}_{CB} = 0$，$\boldsymbol{G}_{hkl}$ 与矢量 $\boldsymbol{R}_{CB}$ 垂直。所以必然有 $\boldsymbol{G}_{hkl}$ 与平面 ABC 垂直，即与晶面(hkl)垂直。

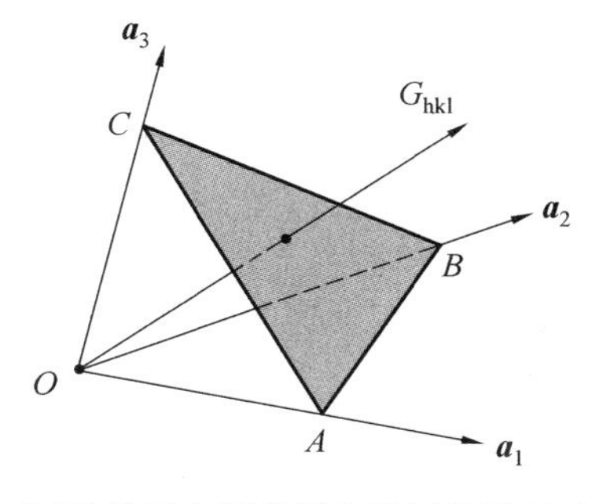

图 1.15 (hkl)晶面中距离原点最近的平面 ABC 示意图

下面证明(hkl)面的面间距与 $\boldsymbol{G}_{hkl}$ 的乘积为 2π。

(hkl)面的面间距就是从原点到平面 ABC 的垂直距离。前面已经证明了 $\boldsymbol{G}_{hkl}$ 与晶面

(hkl)垂直，(hkl)面的面间距就是图 1.15 中矢量 $\boldsymbol{R}_{OA}$ 在 $\boldsymbol{G}_{hkl}$ 上的投影。若用 d_{hkl} 表示(hkl)面的面间距，则有

$$d_{hkl}=\boldsymbol{R}_{OA}\cdot\frac{\boldsymbol{G}_{hkl}}{G_{hkl}}=\frac{\boldsymbol{a}_1}{h}\cdot\frac{(h\boldsymbol{b}_1+k\boldsymbol{b}_2+l\boldsymbol{b}_3)}{G_{hkl}}=\frac{2\pi}{G_{hkl}} \tag{1.20}$$

即

$$G_{hkl}d_{hkl}=2\pi \tag{1.21}$$

式中，倒格矢的长度 G_{hkl} 可由下式求出

$$G_{hkl}^2=\boldsymbol{G}_{hkl}\cdot\boldsymbol{G}_{hkl}=(h\boldsymbol{b}_1+k\boldsymbol{b}_2+l\boldsymbol{b}_3)\cdot(h\boldsymbol{b}_1+k\boldsymbol{b}_2+l\boldsymbol{b}_3) \tag{1.22}$$

利用式(1.21)和式(1.22)可以方便地计算晶面间距。由于 $\boldsymbol{G}_{hkl}$ 与(hkl)面垂直，所以两个晶面$(h_1k_1l_1)$和$(h_2k_2l_2)$的夹角可由式(1.23)得到，即

$$\cos\varphi=\frac{(h_1\boldsymbol{b}_1+k_1\boldsymbol{b}_2+l_1\boldsymbol{b}_3)\cdot(h_2\boldsymbol{b}_1+k_2\boldsymbol{b}_2+l_2\boldsymbol{b}_3)}{G_{h_1k_1l_1}G_{h_2k_2l_2}} \tag{1.23}$$

式中，φ 是晶面$(h_1k_1l_1)$和$(h_2k_2l_2)$的夹角。

定理一表明，倒格矢同晶面有一一对应的关系，所以在晶体的衍射分析中常称一个倒易矢量代表正空间的一个晶面，后面会看到利用倒格矢的概念可以很方便地讨论晶体的衍射条件。

1.5.3 布里渊区

以某一倒格点为坐标原点，则可以将倒格子中所有格点都用倒格矢表示出来。作倒格矢的垂直平分面，倒易格子被这些平面划分为一系列区域，这些区域就是布里渊区。其中最靠近原点的一组垂直平分面所围的闭合区称为第一布里渊区；由最靠近原点和次靠近原点的垂直平分面共同围成的区域为第二布里渊区，依此类推。可以证明，对三维晶格，各布里渊区体积相等，都等于倒格子的单胞体积。

由于布里渊区的边界是倒格矢的垂直平分面，所以布里渊区边界的方程可以写为

$$\boldsymbol{k}\cdot\frac{\boldsymbol{G}}{G}=\frac{G}{2} \tag{1.24}$$

式中，$\boldsymbol{k}$ 是倒空间的矢量，满足式(1.24)的 $\boldsymbol{k}$ 的端点均落在 $\boldsymbol{G}$ 的垂直平分面(即布里渊区的边界)上。

1. 一维晶格的布里渊区

若一维布拉菲格子的晶格常数为 a，其倒格子基矢为 $b=2\pi/a$。倒格矢为

$$G_n=n\frac{2\pi}{a}\quad(n\text{ 为整数}) \tag{1.25}$$

布里渊区的边界就是 $n\pi/a$。所以第一布里渊区为$[-\pi/a,\pi/a]$，第二布里渊区为$[-2\pi/a,-\pi/a]$和$[\pi/a,2\pi/a]$，……，如图 1.16 所示。每个布里渊区的长度都是 $2\pi/a$。

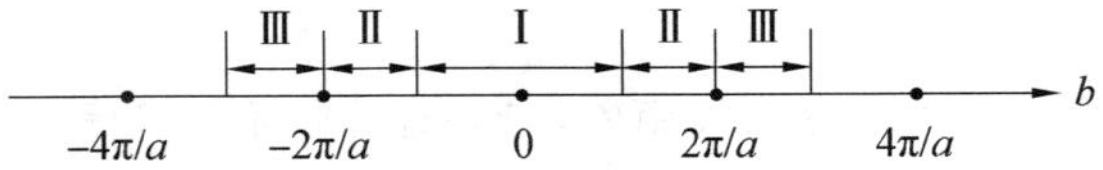

图 1.16 一维布拉菲格子的倒格子及布里渊区，罗马数字是布里渊区序号

2. 二维正方和斜方格子的布里渊区

首先介绍如何确定二维格子的倒格子基本矢量。若二维布拉菲格子的原胞基矢为 $\boldsymbol{a}_1$ 和 $\boldsymbol{a}_2$，为了定义二维格子的倒格子基矢，可以引入一个单位矢量 $\boldsymbol{c}$，其方向垂直于 $\boldsymbol{a}_1$ 和 $\boldsymbol{a}_2$ 所在平面，即 $\boldsymbol{c} /\!/ (\boldsymbol{a}_1 \times \boldsymbol{a}_2)$。可仿照三维倒格子基矢的定义方法，定义二维格子的倒格子基矢如下：

$$\begin{cases} \boldsymbol{b}_1 = 2\pi \dfrac{\boldsymbol{a}_2 \times \boldsymbol{c}}{\boldsymbol{c} \cdot (\boldsymbol{a}_1 \times \boldsymbol{a}_2)} = 2\pi \dfrac{\boldsymbol{a}_2 \times \boldsymbol{c}}{S_C} \\ \boldsymbol{b}_2 = 2\pi \dfrac{\boldsymbol{c} \times \boldsymbol{a}_1}{\boldsymbol{c} \cdot (\boldsymbol{a}_1 \times \boldsymbol{a}_2)} = 2\pi \dfrac{\boldsymbol{c} \times \boldsymbol{a}_1}{S_C} \end{cases} \tag{1.26}$$

式中，S_C 是二维正格子原胞的面积。

假定二维正方格子原胞基矢为

$$\begin{cases} \boldsymbol{a}_1 = a\boldsymbol{i} \\ \boldsymbol{a}_2 = a\boldsymbol{j} \end{cases} \tag{1.27}$$

式中，$\boldsymbol{i}$ 和 $\boldsymbol{j}$ 是 $\boldsymbol{a}_1$ 和 $\boldsymbol{a}_2$ 两个方向的单位矢量。

由倒格子基矢的定义，可以得到二维正方布拉菲格子的倒格子基矢为

$$\begin{cases} \boldsymbol{b}_1 = \dfrac{2\pi}{a}\boldsymbol{i} \\ \boldsymbol{b}_2 = \dfrac{2\pi}{a}\boldsymbol{j} \end{cases} \tag{1.28}$$

可见，二维正方格子的倒格子与正格子的形状相同，也为正方格子。很容易画出二维正方格子的倒格子，如图 1.17 所示。倒空间中，离原点最近的倒格点有四个，相应的倒格矢为 $\boldsymbol{b}_1, -\boldsymbol{b}_1, \boldsymbol{b}_2, -\boldsymbol{b}_2$。第一布里渊区的边界就是这四个倒格矢垂直平分线。

距原点次近邻的四个点所对应的倒格矢为 $(\boldsymbol{b}_1+\boldsymbol{b}_2)$，$-(\boldsymbol{b}_1+\boldsymbol{b}_2)$，$(\boldsymbol{b}_1-\boldsymbol{b}_2)$，$-(\boldsymbol{b}_1-\boldsymbol{b}_2)$。由这四个倒格矢垂直平分线连同第一布里渊区边界共同围成的区域就是第二布里渊区，如图 1.17 所示。

利用相同的方法可以得到其他二维晶格的布里渊区。

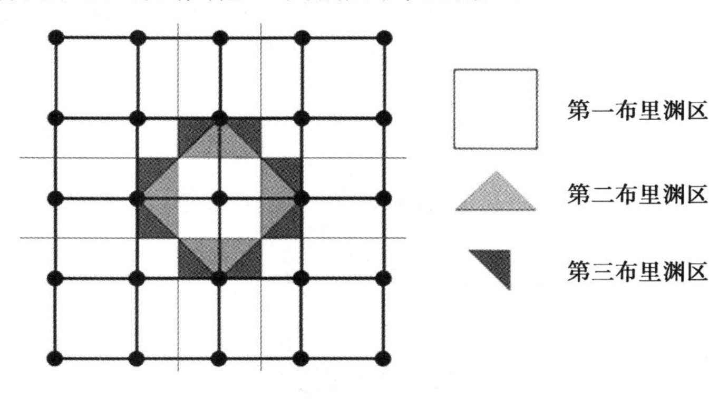

图 1.17　二维正方倒格子的布里渊区

图 1.18 示出了二维斜方倒格子的第一布里渊区。因为次短倒格矢垂直平分线同最短倒格矢垂直平分线相交，第一布里渊区是由距离原点较近的六条垂直平分线共同围成

的区域。

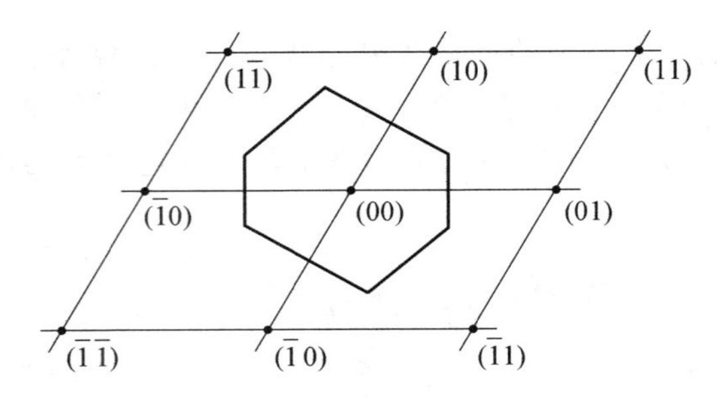

图 1.18 二维斜方倒格子的第一布里渊区

3. 面心立方布拉菲格子的第一布里渊区

面心立方正格子原胞基本矢量如式(1.14)所示。容易证明，面心立方格子与原胞对应的倒格子基本矢量为

$$\begin{cases} \boldsymbol{b}_1 = \dfrac{2\pi}{a}(-\boldsymbol{i}+\boldsymbol{j}+\boldsymbol{k}) \\ \boldsymbol{b}_2 = \dfrac{2\pi}{a}(\boldsymbol{i}-\boldsymbol{j}+\boldsymbol{k}) \\ \boldsymbol{b}_3 = \dfrac{2\pi}{a}(\boldsymbol{i}+\boldsymbol{j}-\boldsymbol{k}) \end{cases} \tag{1.29}$$

比较式(1.29)和式(1.15)可以发现，面心立方的倒格子是体心立方格子。距倒格子原点最近的倒格点有八个，它们在倒空间的坐标为 $2\pi/a(1,1,1)$，$2\pi/a(1,1,-1)$，$2\pi/a(1,-1,1)$，$2\pi/a(-1,1,1)$，$2\pi/a(1,-1,-1)$，$2\pi/a(-1,-1,1)$，$2\pi/a(-1,1,-1)$和$2\pi/a(-1,-1,-1)$。它们的垂直平分面围成一个正八面体，每个面到原点的距离是$\sqrt{3}\pi/a$，正八面体的体积为$(9/2)(2\pi)^3/a$。因为次近邻倒格点的垂直平分面与最近邻倒格点的垂直平分面相交，所以必须考虑距原点次近邻的六个倒格点的垂直平分面。六个次近邻倒格点的坐标为 $2\pi/a(\pm 2,0,0)$，$2\pi/a(0,\pm 2,0)$，$2\pi/a(0,0,\pm 2)$，可以得到它们相应倒格矢的垂直平分面，上述八面体被这六个垂直平分面截去六个顶锥，所形成的十四面体就是面心立方布拉菲格子的第一布里渊区，如图 1.19 所示。

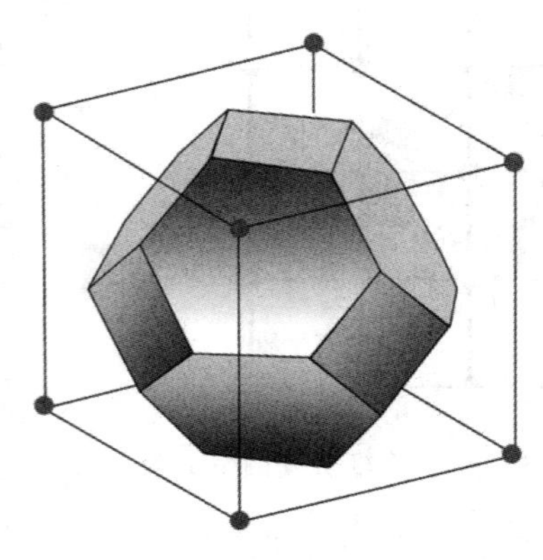

图 1.19 面心立方布拉菲格子的第一布里渊区

4. 体心立方布拉菲格子的第一布里渊区

对于体心立方晶格，正格子原胞基矢如式(1.15)所示，可以得到与原胞对应的倒格子基本矢量为：

$$\begin{cases} \boldsymbol{b}_1=\dfrac{2\pi}{a}(\boldsymbol{j}+\boldsymbol{k}) \\ \boldsymbol{b}_2=\dfrac{2\pi}{a}(\boldsymbol{k}+\boldsymbol{i}) \\ \boldsymbol{b}_3=\dfrac{2\pi}{a}(\boldsymbol{i}+\boldsymbol{j}) \end{cases} \tag{1.30}$$

比较式(1.30)和式(1.15)，可以发现体心立方布拉菲格子的倒格子为面心立方格子。距离倒格子原点最近邻的倒格点有 12 个，这 12 个倒格点的垂直平分面在倒空间中围成一个十二面体，由于次近邻倒格点的垂直平分面并不与这个十二面体相交，所以体心立方布拉菲格子的第一布里渊区是一个正十二面体，如图 1.20 所示。

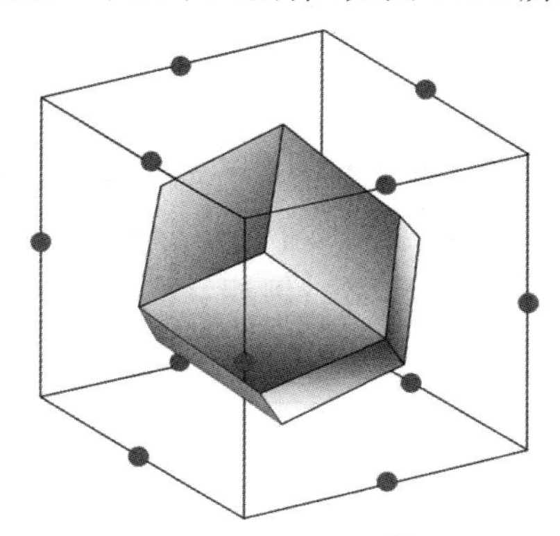

图 1.20 体心立方布拉菲格子的第一布里渊区

1.6 晶体衍射

1912 年，德国物理学家劳厄(M. von Laue)发现了晶体的 X 射线衍射现象，并提出了劳厄方程。随后，布拉格父子(W. H. Bragg，W. L. Bragg)在研究晶体的 X 射线衍射时，建立了晶体衍射的布拉格方程。晶体的 X 射线衍射不仅证明了 X 射线的波动性，同时也证明了组成晶体的基本单元是规则排列的，是目前晶体结构衍射分析的基础，具有重要意义。

晶体的 X 射线衍射可以简单理解为：晶体中原子规则排列，构成了一种空间光栅。由于晶体中的原子间距离比较小(约 10^{-1}nm)，只要射线的波长足够短，发生晶体衍射就是可能的。由于微观粒子具有波粒二象性，也可以像 X 射线一样发生晶体衍射，晶体的电子和中子衍射相继被实验所证实，统称为晶体的布拉格衍射。晶体的布拉格衍射分析已经成为研究晶体结构最重要方法。本节着重分析晶体衍射的条件，所给出的布拉格方程对 X 射线、电子波和中子波都是适用的，只是原子对这三种波的散射机制不同。

1.6.1 布拉格方程

布拉格方程是布拉格父子1913年在研究晶体的X射线衍射时提出的。设想一束平行单色波入射到理想晶体(无限大、无缺陷)上,如图1.21所示。考虑晶体由一组平行的晶面组成,晶面指数为(hkl)。每个晶面都产生镜面反射,所有晶面的镜面反射波相互干涉形成晶体衍射。考虑到固体对X射线折射率十分接近1(对中子和电子波亦是如此),晶面①的反射波1和晶面②的反射波2之间的光程差(Δ)为

$$\Delta=2d_{hkl}\sin\theta \tag{1.31}$$

式中,d_{hkl}是晶面(hkl)的面间距。其他晶面反射波与最上层晶面反射波的光程差是Δ的整数倍。只要Δ是2π的整数倍,所有晶面的反射波相干则产生相长干涉,进而形成晶体衍射。由此可知,晶体衍射极大的条件为

$$2d_{hkl}\sin\theta=n\lambda\quad(n=1,2,3,\cdots) \tag{1.32}$$

式中,n称为衍射级数,$n=1,2,3,\cdots$;λ是射线的波长。这就是著名的布拉格方程。

若令$d_{HKL}=d_{hkl}/n$,则可以证明,$H=nh$,$K=nk$,$L=nL$,式(1.32)可以表示为

$$2d_{HKL}\sin\theta=\lambda \tag{1.33}$$

式中,d_{HKL}称为干涉面间距,其计算公式与面间距的计算公式相同,(HKL)称为干涉面。

式(1.32)也称为布拉格方程,广泛应用于晶体分析中。利用式(1.33)更为方便,可以将(hkl)的n级衍射,统称为(HKL)衍射。例如,(100)面的二级衍射可以称为(200)衍射,(110)的二级衍射可以称为(220)衍射,等等。

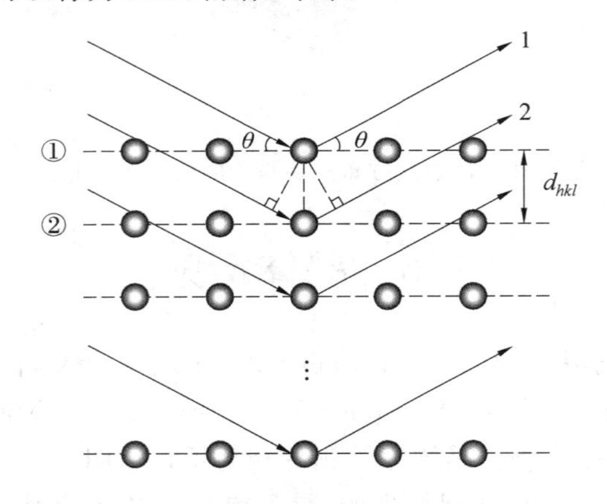

图1.21 晶体的布拉格衍射示意图

下面讨论与布拉格方程对应的入射波矢的条件。定义散射矢量$\boldsymbol{K}$为

$$\boldsymbol{K}=\boldsymbol{k}'-\boldsymbol{k} \tag{1.34}$$

式中,$\boldsymbol{k}$为入射波矢;$\boldsymbol{k}'$为衍射波矢。

由于衍射对应弹性散射,所以,

$$k=k'=\frac{2\pi}{\lambda}$$

下面分析当入射射线满足布拉格方程时,散射矢量$\boldsymbol{K}$的性质。首先分析散射矢量的方向。图1.22示出了散射矢量及波矢量与干涉面(HKL)的关系。从图中可以看出散射

矢量与(HKL)垂直

$$\boldsymbol{K} \perp (HKL) \tag{1.35}$$

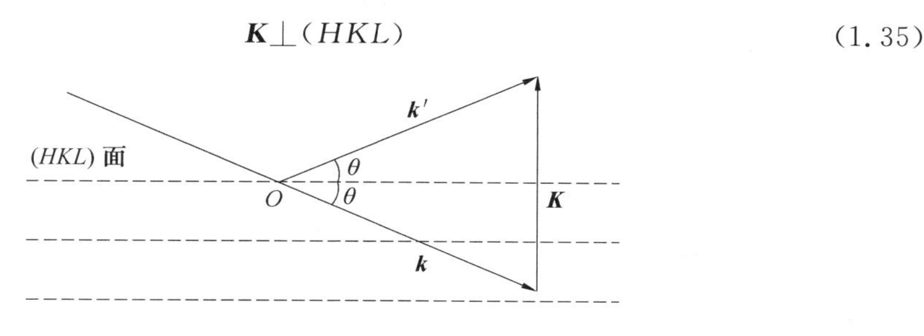

图 1.22 入射波矢、衍射波矢及散射矢量间的几何关系

再来分析散射矢量 $\boldsymbol{K}$ 的长度。由于入射射线满足布拉格方程，利用图 1.22 所示的几何关系，可得

$$K = 2k\sin\theta = 2\pi\frac{2}{\lambda}\sin\theta = \frac{2\pi}{d_{hkl}} \tag{1.36}$$

将倒格矢的性质(定理一)与式(1.35)和式(1.36)给出的散射矢量的性质比较可知，当满足布拉格方程时，散射矢量就是与干涉面(HKL)对应的倒格矢。所以，布拉格方程可以表达成下面的形式：

$$\boldsymbol{k}' - \boldsymbol{k} = \boldsymbol{G} \tag{1.37}$$

或

$$\boldsymbol{k}' = \boldsymbol{G} + \boldsymbol{k} \tag{1.38}$$

式(1.37)或式(1.38)是布拉格方程的另外一种形式。将式(1.38)两边自乘(标量积)，因为倒格矢 $\boldsymbol{G}$ 和 $-\boldsymbol{G}$ 必然同时满足上式，且 $k' = k$，可得

$$2\boldsymbol{k} \cdot \boldsymbol{G} = G^2 \tag{1.39}$$

式(1.39)表明，当入射波矢端点落在倒格矢的垂直平分面(布里渊区边界)时，满足布拉格方程，可以发生晶体衍射。式(1.39)也可称作布拉格方程，它与式(1.33)是等价的。

1.6.2 结构因子与系统消光

一个单胞某个衍射(如(HKL)衍射)的衍射振幅称为结构振幅，记为 F_{HKL}。一个单胞(HKL)衍射的强度称为结构因子，记为 $|F_{HKL}|^2$。下面在给出结构振幅和结构因子计算公式的基础上，讨论系统消光。

如果以原子的散射振幅为出发点计算结构振幅，需要给出单胞内每个原子散射波的位相。图 1.23 示出了距离原点 $\boldsymbol{r}_j$ 处的第 j 个原子散射波与入射波的几何关系。规定原点上原子的散射波位相为零，第 j 个原子散射波的位相为

$$\varphi_j = (\boldsymbol{k}' - \boldsymbol{k}) \cdot \boldsymbol{r}_j \tag{1.40}$$

对于图 1.21 所示的衍射几何，镜面反射对应于散射矢量 $\boldsymbol{K} = \boldsymbol{k}' - \boldsymbol{k}$ 垂直晶面(hkl)，此时，晶面①上所有原子的散射波都是等位相的，所以一个二维原子面的镜面反射总是存在的。一组相互平行的晶面的镜面反射相互干涉时，干涉极大的条件就是布拉格方程。

根据布拉格方程式(1.37)，$\boldsymbol{k}' - \boldsymbol{k} = \boldsymbol{G}$，每个单胞($HKL$)衍射振幅(结构振幅)为

$$F_{HKL} = \sum_j f_j \mathrm{e}^{\mathrm{i}\boldsymbol{G}\cdot\boldsymbol{r}_j} = \sum_j f_j \mathrm{e}^{\mathrm{i}2\pi(x_jH + y_jK + z_jL)} \tag{1.41}$$

式中，$i=\sqrt{-1}$；f_j 是单胞中第 j 个原子的散射振幅，求和遍及单胞中所有原子。一个单胞的衍射强度(结构因子)正比于 $|F_{HKL}|^2$，整个晶体的衍射强度正比于结构因子。

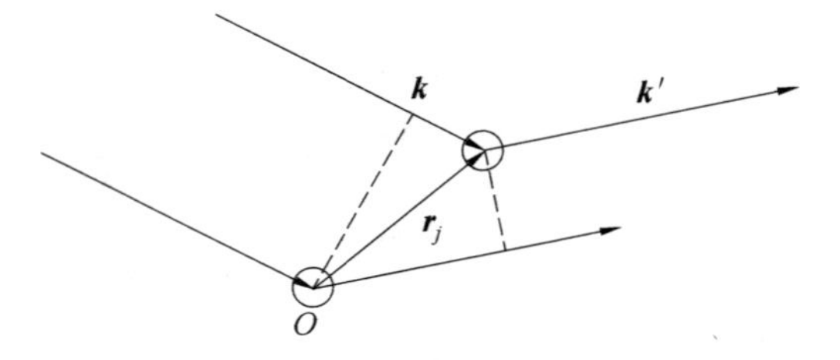

图 1.23 晶胞中两原子散射波的位相差

当 $F_{HKL}=0$ 时，即便是入射波满足布拉格方程，由于衍射强度为零，该衍射线条也不出现，这就是晶体衍射的消光现象。由宏观对称性(对应晶体的点群对称性)引起的消光称为系统消光，由微观对称性(对应于晶体的空间群对称性)引起的消光称为结构消光。这里举例分析系统消光，为了清晰起见，假定晶体是由同种原子组成的。

1. 简单晶体(初级晶体)

同种原子组成的初级晶体每个单胞中只有一个原子，结构振幅不为零，不存在系统消光。

2. 体心晶体

体心晶体中每个单胞中含有两个原子，例如体心立方(BCC)。两个原子的坐标是(0,0,0)和(1/2,1/2,1/2)，若两个原子的散射振幅相等并记为 f，代入式(1.41)可得结构振幅为

$$F_{HKL}=f[1+e^{i\pi(H+K+L)}]=\begin{cases}2f & (\text{当 } H+K+L=\text{偶数})\\ 0 & (\text{当 } H+K+L=\text{奇数})\end{cases} \tag{1.42}$$

显然，当 $H+K+L$ 为奇数时，$F_{HKL}=0$，出现衍射消光。因此，对体心晶体，不出现100,120,… 这样的衍射。

3. 面心晶体

同种原子组成的面心晶体单胞中共有 4 个原子，其坐标是(0,0,0)，(0,1/2,1/2)，(1/2,0,1/2)和(1/2,1/2,0)。若原子的散射振幅为 f，将原子坐标代入式(1.41)，可得

$$F_{HKL}=f[1+e^{i\pi(K+L)}+e^{i\pi(H+L)}+e^{i\pi(H+K)}] \tag{1.43}$$

当 H,K,L 为奇数时，或当 H,K,L 为偶数时，$F_{HKL}=4f$，不消光；

H,K,L 为奇数和偶数的混合时，$F_{HKL}=0$，消光。

例如，面心晶体的 100，110，211，… 等衍射消光，在衍射花样中不能出现。

4. 底心晶体(C 心晶体)

假设晶体由同种原子组成，底心晶体单胞中含有两个原子，其坐标为(0,0,0)和(1/2,1/2,0)。代入式(1.41)可得

$$F_{HKL}=f[1+e^{i\pi(H+K)}] \tag{1.44}$$

当 $H+K$ 为偶数时，不消光；当 $H+K$ 为奇数时，消光。

晶体的衍射消光规律及结构振幅计算在确定结构中有重要应用。在只考虑晶体的点

对称性的情况下，衍射消光现象称为系统消光，系统消光是由顾及晶体的点对称性采用有心阵点单胞造成的，如果每个单胞中只有一个阵点，则不存在系统消光现象。所以，系统消光现象可以用来研究晶体点群对称性。

晶体除了点对称性（宏观对称性）以外，还存在空间对称性（微观对称性）。与点对称操作中一定存在一个不动点不同，空间对称操作不存在不动点。空间对称性包括螺旋轴和滑移面两种。将点对称操作与微观对称操作组合可以得到晶体的全部对称群——230种空间群。微观对称性也引起消光——称为结构消光。

金刚石结构是典型的具有面心立方点对称性和滑移面微观对称性的复式晶格，如图1.24所示。金刚石晶体的衍射消光规律除了满足面心立方晶体的系统消光条件外，还附加了微观对称操作（滑移面）引起的额外结构消光。金刚石晶体单胞中共有8个原子，除了面心立方的4个原子(0,0,0)，(0,1/2,1/2)，(1/2,0,1/2)和(1/2,1/2,0)外，单胞内部还有4个原子，其坐标分别为(1/4,1/4,1/4)，(3/4,3/4,1/4)，(3/4,1/4,3/4)和(1/4,3/4,3/4)。将金刚石的原子坐标代入式(1.41)，分析可得金刚石结构晶体的消光条件为：

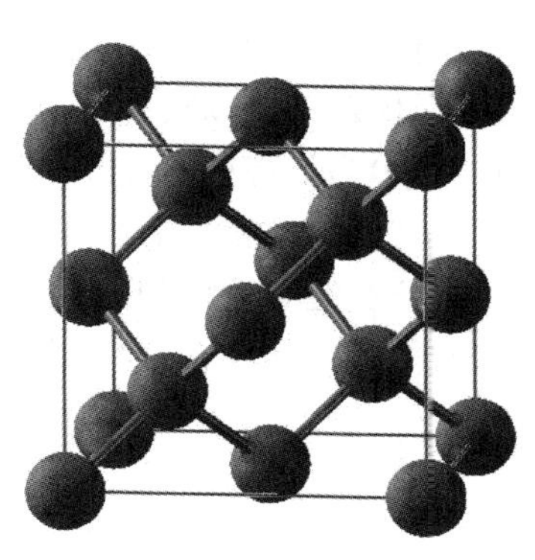

图1.24　金刚石结构示意图

(1)当 H,K,L 全部为奇数时，不消光；

(2)当 H,K,L 全部为偶数，且 $H+K+L$ 是4的倍数时，不消光；

(3)其余消光。

布拉格方程的推导过程中，没有对射线的种类加以限制，所以，布拉格方程对X射线衍射、电子衍射和中子衍射都是适用的。

本章参考文献

[1] 吴代鸣. 固体物理学[M]. 长春：吉林大学出版社，1996.

[2] 张瑞林. 固体与分子经验电子理论[M]. 长春：吉林科学出版社，1993.

[3] PATTERSON J, BAILEY B. Solid-state physics: introduction to the theory[M]. 2nd Edit. Berlin: Springer, 2010.

[4] 陆栋，蒋平，徐至中. 固体物理学[M]. 2版. 上海：上海科学技术出版社，2010.

[5] 方俊鑫，陆栋. 固体物理学(上册)[M]. 上海：上海科学技术出版社，1980.

[6] JURETSCHKE H J. Crystal physics: macroscopic physics of anisotropic solids[M]. Reading: Benjamin, 1974.

[7] ZOLOTOYABKO E. Basic concepts of crystallography[M]. Weinheim: Wiley-VCH, 2011.

[8] 费维栋. 固体物理[M]. 3版. 哈尔滨：哈尔滨工业大学出版社，2020.

第2章　晶格振动与声子

晶体是由大量粒子组成的复杂多粒子体系，这些粒子之间存在复杂的相互作用，直接处理这样一个复杂体系是不可能的。寻求适当的近似处理方案是固体理论的重要前提，目前，固体理论是以玻恩(Born)和奥本海默(Oppenheimer)提出的绝热近似(玻恩—奥本海默近似)为前提的。在绝热近似框架下，人们将离子体系和价电子体系分开来处理，构建了与实际非常符合的固体物理理论体系。

本章在绝热近似和简谐近似前提下分析晶格振动及晶体的热学性质。首先介绍晶格振动的经典力学分析，而后介绍格波的量子化及声子的概念，最后讨论晶体的热学性质。

2.1　绝热近似

从原子和电子角度出发，固体由原子核和电子组成，体系的哈密顿量可以表达为

$$\hat{H}_{TS}=\sum_{n}-\frac{\hbar^2}{2M_n}\nabla_n{}^2+\frac{1}{2}\sum_{n'\neq n}\frac{Z_{n'}Z_ne^2}{4\pi\varepsilon_0|\boldsymbol{R}_{n'}-\boldsymbol{R}_n|}+\sum_{i}-\frac{\hbar^2}{2m}\nabla_i^2-\sum_{i,n}\frac{Z_ne^2}{4\pi\varepsilon_0|\boldsymbol{r}_i-\boldsymbol{R}_n|}+\frac{1}{2}\sum_{i\neq j}\frac{e^2}{4\pi\varepsilon_0|\boldsymbol{r}_j-\boldsymbol{r}_i|}\tag{2.1}$$

式中，$\hbar=h/2\pi$，h 是普朗克(Plank)常数；M_n为第 n 个原子核质量；∇_n^2是关于第 n 个原子核空间坐标的拉普拉斯(Laplace)算符；$\boldsymbol{R}_n$是第 n 个核的位置矢量；Z_n是第 n 个原子核的原子序数；e 是电子电荷的正值；m 是电子质量；$\boldsymbol{r}_i$是第 i 个电子的坐标；∇_i^2是关于第 i 个电子空间坐标的拉普拉斯算符；求和号前面的 1/2 是因为相同的相互作用被计算了两次而加入的。

有了式(2.1)所示的哈密顿算符，似乎只要求解相应的薛定谔(Schrödinger)方程就行了，但是这个方程要从原子结构算起，而且包含了数量非常多的粒子，求解这样的薛定谔方程是不现实的。为了使问题简化，人们首先提出了价电子近似，其目的是将芯电子和价电子分开。

2.1.1　价电子近似

事实上，在大多数情况下，原子核对满壳层的近核电子(称为芯电子)有很强的束缚，它们被束缚在原子核周围，并已形成了稳定的满壳层电子结构，对固体的性质影响很小。而原子核对未满的外壳层电子(称为价电子)束缚较弱，它们可以为整个固体所共有，对固体的性质有重要影响。

基于上述考虑，假定固体由离子和价电子组成。离子就是原子核与其束缚的芯电子组成的带电离子；价电子就是原子外壳层电子，原子核对其束缚较弱。这就是价电子近

似。价电子近似在绝大多数情况下都是很好的近似。在价电子近似下,可以将晶体的总哈密顿量写成式(2.2)的形式。

$$\hat{H}_{TS}=\sum_{n}-\frac{\hbar^2}{2M_n}\nabla_n^2+\frac{1}{2}\sum_{n'\neq n}V_I(\boldsymbol{R}_{n'},\boldsymbol{R}_n)+\\ \sum_{i}-\frac{\hbar^2}{2m}\nabla_i^2+\frac{1}{2}\sum_{i\neq j}\frac{e^2}{4\pi\varepsilon_0|\boldsymbol{r}_j-\boldsymbol{r}_i|}+\sum_{i,n}V_{e-I}(\boldsymbol{r}_i,\boldsymbol{R}_n) \tag{2.2}$$

式中,$V_I(\boldsymbol{R}_{n'},\boldsymbol{R}_n)$是离子间的相互作用势;$V_{e-I}(\boldsymbol{r}_i,\boldsymbol{R}_n)$是离子对价电子的作用势;对电子求和(对 i 求和)遍及所有价电子。

以式(2.2)为哈密顿量的薛定谔方程的求解依然十分困难,尚需要进一步简化处理。

2.1.2 绝热近似

固体中离子的质量远大于价电子的质量,二者的质量比为 $10^4\sim10^5$;而且离子的运动速度远远小于价电子的运动速度;另外,通常情况下,离子的位移局限于其平衡位置附近做振动,而价电子的位移却很大。尽管离子在其平衡位置不停地振动,但快速运动的价电子完全跟得上离子的运动。或者说,快速运动的价电子经过很短时间弛豫,可即时调整到与离子空间结构相应的本征态。所以当研究价电子运动时,可以认为价电子仿佛在“静止”的离子中运动一样。

基于上述分析,玻恩—奥本海默绝热近似认为:可以将固体看作由离子和价电子两个绝热系统组成。当研究离子体系的运动时,价电子相当于平均背景;当研究价电子系统运动时,静止在平衡位置的离子提供平均的外场。按绝热近似,可以将晶体的哈密顿量表达成式(2.3)的形式。

$$\begin{aligned}\hat{H}_{TS}&=\sum_{n}-\frac{\hbar^2}{2M_n}\nabla_n{}^2+\frac{1}{2}\sum_{n'\neq n}V_I(\boldsymbol{R}_{n'},\boldsymbol{R}_n)+\sum_{n}V_e(\boldsymbol{R}_n)+\\&\quad\sum_{i}-\frac{\hbar^2}{2m}\nabla_i^2+\sum_{i}V(\boldsymbol{r}_i)+\frac{1}{8\pi\varepsilon_0}\sum_{i\neq j}\frac{e^2}{|\boldsymbol{r}_j-\boldsymbol{r}_i|}\\&=\hat{H}_I+\hat{H}_e\end{aligned} \tag{2.3}$$

且

$$\begin{cases}\hat{H}_I=\sum_{n}-\frac{\hbar^2}{2M_n}\nabla_n^2+\frac{1}{2}\sum_{n'\neq n}V_I(\boldsymbol{R}_{n'},\boldsymbol{R}_n)+\sum_{n}V_e(\boldsymbol{R}_n)\\ \hat{H}_e=\sum_{i}-\frac{\hbar^2}{2m}\nabla_i^2+\sum_{i}V(\boldsymbol{r}_i)+\frac{1}{8\pi\varepsilon_0}\sum_{i\neq j}\frac{e^2}{|\boldsymbol{r}_j-\boldsymbol{r}_i|}\end{cases} \tag{2.4}$$

式中,$V_e(\boldsymbol{R}_n)$是价电子对离子的平均作用势场;$V(r_i)$是所有离子对第 i 个价电子产生的平均势场;$\hat{H}_I$ 可以理解为离子体系的哈密顿算符;$\hat{H}_e$ 可以理解为价电子体系的哈密顿算符。

总体系的薛定谔方程为

$$\hat{H}_{TS}\psi_{TS}(\boldsymbol{r},\boldsymbol{R})=(\hat{H}_I+\hat{H}_e)\psi_{TS}(\boldsymbol{r},\boldsymbol{R})=E_{TS}\psi_{TS}(\boldsymbol{r},\boldsymbol{R}) \tag{2.5}$$

为了书写简单,式(2.5)中的 $\boldsymbol{r}$ 代表所有价电子的坐标,即 $\boldsymbol{r}=\{\boldsymbol{r}_1,\boldsymbol{r}_2,\cdots,\boldsymbol{r}_j,\cdots\}$;$\boldsymbol{R}$ 代表所有离子的坐标,即 $\boldsymbol{R}=\{\boldsymbol{R}_1,\boldsymbol{R}_2,\cdots,\boldsymbol{R}_n,\cdots\}$。

按绝热近似,可以对式(2.5)分离变量求解,即令 $\psi_{TS}(\boldsymbol{r},\boldsymbol{R})=\psi(\boldsymbol{r})\chi(\boldsymbol{R})$。将 $\psi_{TS}(\boldsymbol{r},\boldsymbol{R})=\psi(\boldsymbol{r})\chi(\boldsymbol{R})$代入式(2.5),等式两边同时除以 $\psi(\boldsymbol{r})\chi(\boldsymbol{R})$可以得到

$$\frac{\hat{H}_I\chi(\boldsymbol{R})}{\chi(\boldsymbol{R})}+\frac{\hat{H}_e\psi(\boldsymbol{r})}{\psi(\boldsymbol{r})}=E_{TS} \tag{2.6}$$

对于给定的晶体结构,式(2.6)左边第一项仅仅是 $\boldsymbol{R}$ 的函数,如果在研究价电子体系的性质时,认为离子是静止在其平衡位置,那么,左边第二项可以看作仅仅是 $\boldsymbol{r}$ 的函数。这样,式(2.6)左边每一项都是常数。可以得到离子体系薛定谔方程:

$$\hat{H}_I\chi(\boldsymbol{R})=E_I\chi(\boldsymbol{R}) \tag{2.7}$$

及价电子体系的薛定谔方程:

$$\hat{H}_e\psi(\boldsymbol{r})=E_e\psi(\boldsymbol{r}) \tag{2.8}$$

玻恩和黄昆①对绝热近似引起的误差做了细致的估计。引进一个小量 η,

$$\eta=\left(\frac{m}{M}\right)^{1/4} \tag{2.9}$$

式中,m 是电子质量;M 是离子的平均质量。

玻恩和黄昆利用微扰理论证明,采用绝热近似时,如果波函数精确到 η 的 2 阶小量,能量可以精确到 η 的 4 阶小量。绝热近似是固体物理的基本近似和出发点,为固体理论的建立奠定了基础。

2.2 简谐近似与晶格振动的经典理论

根据绝热近似,可以将离子体系的运动和价电子体系的运动分开处理。对于离子体系,价电子作为平均背景提供离子之间的键合,可以用离子之间势能函数表达离子间的相互作用。由于不涉及离子的细节,所以在术语上常常不区分"原子"或"离子"。在没有外场的情况下,原子(或离子)在平衡位置附近的振动称为晶格振动。本节主要介绍如何简化离子之间的势能函数(简称势函数),以及利用经典力学处理晶格振动的基本原则。

2.2.1 简谐近似

为了描述晶格振动,给出原子之间相互作用的势能函数是非常重要的。在三维情况下,原子位移是矢量,势能函数的表述比较复杂。为了简化问题的分析,首先以双原子分子为例,分析简谐近似的基本思想。

1. 双原子分子

假定双原子分子中两个原子的相互作用势能函数(V)是原子间距 r 的函数,在温度不是很高的情况下,原子在平衡位置附近做微小振动。由于原子位移很小,可以将势函数

① Born M, Huang K. Dynamical Theory of Crystal Lattices[M]. Oxford: Oxford University Press,1954.

在平衡位置(r_0)附近作泰勒(Taylor)展开：

$$V(r)=V_0+\left[\frac{\mathrm{d}V}{\mathrm{d}r}\right]_{r_0}(r-r_0)+\frac{1}{2}\left[\frac{\mathrm{d}^2V}{\mathrm{d}^2r}\right]_{r_0}(r-r_0)^2+\cdots \tag{2.10}$$

式(2.10)中右边第一项是常数，可以通过势能零点的选取，令其为零。由于平衡位置是势能的极小值，势函数一阶导数为零，所以第二项为零。如果略去高阶小量，原子间的势能函数可以近似表达成

$$V(x)=\frac{1}{2}Kx^2 \tag{2.11}$$

式中，$K=\frac{1}{2}\left[\frac{\mathrm{d}^2V}{\mathrm{d}^2r}\right]_{r_0}$称为力常数；$x=r-r_0$。

原子间的相互作用力为$f(x)=-\frac{\mathrm{d}V}{\mathrm{d}x}=-Kx$，表明式(2.11)就是弹簧的势能函数，所以称为简谐近似。

图2.1示出了简谐近似势函数和实际势函数的示意图，可见，只要原子的位移很小，简谐近似可以较好地反映原子间的相互作用势。

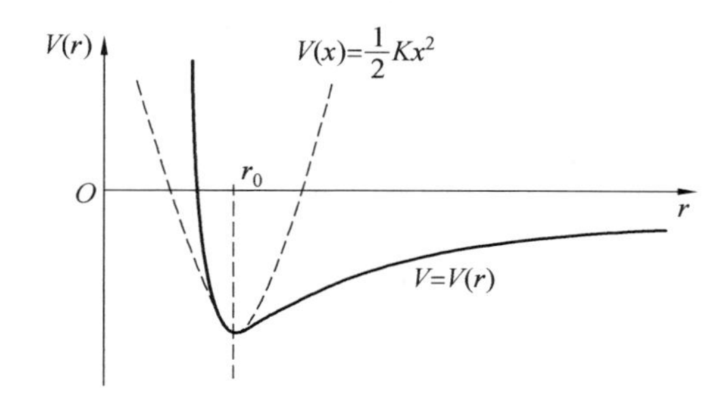

图2.1 原子间相互作用势函数及其简谐近似示意图

2. 一维晶体

下面以一维晶体(原子链)为例，分析晶体中离子相互作用势能函数的简谐近似。假设一维晶体原子(离子)离开平衡位置的位移为$\{x_1,x_2,x_n,\cdots\}$，体系的势能函数为$V(x_1,x_2,x_n,\cdots)$，平衡位置附近的泰勒展开式为：

$$V(x)=V(0)+\sum_n\left[\frac{\partial V}{\partial x_n}\right]_{\{x\}=0}x_n+\frac{1}{2}\sum_{n,n'}\left[\frac{\partial^2 V}{\partial x_n\partial x_{n'}}\right]_{\{x\}=0}x_nx_{n'}+\cdots \tag{2.12}$$

式中，为了书写方便，x代表所有原子的位移，即$x=\{x_1,x_2,x_n,\cdots\}$。

根据前面的分析可知，式(2.12)右边第二项为零。可以通过势能零点的选取，令式(2.12)右边第一项为零。略去高阶小量，可以得到一维晶体势能函数的简谐近似表达式：

$$V(x)=\frac{1}{2}\sum_{n,n'}\left[\frac{\partial^2 V}{\partial x_n\partial x_{n'}}\right]_{\{x\}=0}x_nx_{n'} \tag{2.13}$$

令

$$V_{n,n'}\equiv\left[\frac{\partial^2 V}{\partial x_n\partial x_{n'}}\right]_{\{x\}=0} \tag{2.14}$$

称$V_{n,n'}$为耦合常数或力常数。

式(2.13)可以简写为

$$V(x)=\frac{1}{2}\sum_{n,n'}V_{nn'}x_n x_{n'}$$

简谐近似在处理格波和晶格比热等方面是非常成功的,但是,当研究晶体热膨胀和晶格热传导等问题时,还必须考虑离子之间相互作用的非简谐效应,这将在后面章节中讨论。

2.2.2 一维晶格振动的经典理论

鉴于一维晶格振动易于理解,这里以一维晶体为例讨论处理晶格振动的经典力学理论基本原理,三维晶体的晶格振动放到后面讨论。由于拉格朗日方程处理多体问题时比牛顿(Newton)力学更方便,这里以一维晶格为例,介绍用拉格朗日方程处理晶格振动的一般方法。

首先,介绍多粒子体系的拉格朗日方程。多粒子体系的拉格朗日函数(L)定义为体系动能(T)与势能(V)的差:

$$L=T-V=\sum_{n}\frac{1}{2}M_n\dot{x}_n^2-\frac{1}{2}\sum_{n,n'}V_{n,n'}x_n x_{n'} \tag{2.15}$$

式中,$\dot{x}_n$ 代表 x_n 对时间求导数;M_n 是第 n 个原子的质量。

拉格朗日方程为

$$\frac{\mathrm{d}}{\mathrm{d}t}\frac{\partial L}{\partial \dot{x}_n}=\frac{\partial L}{\partial x_n} \tag{2.16}$$

读者可以利用单个粒子的情况验证拉格朗日方程与牛顿第二定律是等价的。对于一维晶格振动,拉格朗日方程为

$$M_n\ddot{x}_n=-\sum_{n'}V_{n,n'}x_{n'} \tag{2.17}$$

求解方程(2.17)就可以得到晶格振动的原子运动规律。

下面分析 $V_{n,n'}$ 的基本性质。由于势能函数二阶偏导与求偏导数的顺序无关,所以有

$$V_{n,n'}=V_{n',n} \tag{2.18}$$

根据牛顿第二定律可知,式(2.17)右边就是第 n 个原子所受的合力。如果所有原子都被移动了恒定的量,这就相当于晶体的平移。此时,式(2.17)右边的位移就可以移到求和号外边,由于晶格热振动是晶体所受的合外力为零的运动,此时,每个原子所受的合力必须为零。因此

$$\sum_{n'}V_{n,n'}=0 \tag{2.19}$$

2.3 一维晶体的晶格振动

虽然一维晶体(原子链)的晶格振动的实际意义并不大,但是一维晶格振动可以严格求解,对于理解晶格振动的特点非常有帮助。而且,一维晶格振动所得出的某些概念,如格波、色散关系等,对分析三维晶格振动也是非常有意义的。这里主要介绍一维晶格振动的经典力学结果。

2.3.1 一维单原子晶格的振动

1. 振动方程及格波

设想由质量为 M 的原子构成晶格常数为 a 的一维晶体(单原子链),如图 2.2 所示。原子的平衡位置为 $\cdots,(n-1)a,na,(n+1)a,\cdots$,相应的位移为$\cdots,x_{n-1},x_n,x_{n+1},\cdots$。

一维单原子链的势能函数为

$$V=\frac{K}{2}\sum_{m}(x_{\mathrm{m}}-x_{m+1})^2=\cdots\frac{K}{2}(x_{n-1}-x_n)^2+\frac{K}{2}(x_n-x_{n+1})^2\cdots \tag{2.20}$$

由式(2.17)可得第 n 个原子的振动方程为

$$M\ddot{x}_n=-\sum_{m}V_{n,m}x_{\mathrm{m}} \tag{2.21}$$

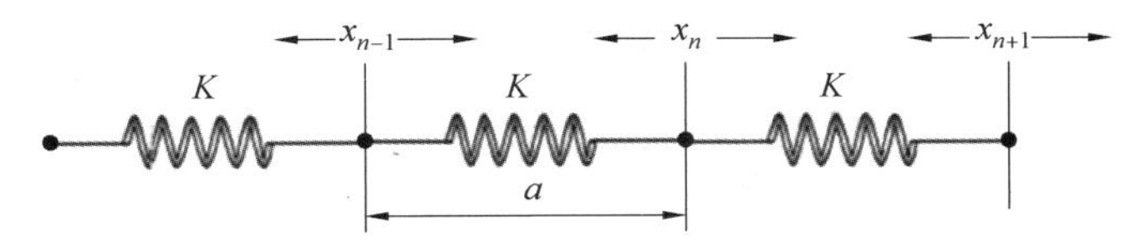

图 2.2 一维单原子链示意图

如果只考虑最近邻相互作用,式(2.21)可以简化为

$$M\ddot{x}_n=-V_{n,n-1}x_{n-1}-V_{n,n}x_n-V_{n,n+1}x_{n+1} \tag{2.22}$$

由式(2.14)可得,$V_{n,n-1}=V_{n,n+1}=K,V_{n,n}=2K$,则

$$M\ddot{x}_n=-K(2x_n-x_{n-1}-x_{n+1}) \tag{2.23}$$

如果忽略边界原子的影响,所有原子振动行为的差别仅仅是位相的不同。以原点的原子为参考,则离开原点越远,位相滞后越大。所以,方程(2.23)的试探解为

$$x_n=A\mathrm{e}^{-\mathrm{i}(\omega t-qna)} \tag{2.24}$$

式(2.24)表明,一维晶格振动以简谐波的形式在晶体中传播,q 是波数,波长 λ 与 q 的关系为

$$\lambda=\frac{2\pi}{q} \tag{2.25}$$

以上分析表明,晶体中的某一个原子不可能孤立地振动,由于原子间的简谐相互作用,原子振动以波的形式存在于晶体之中,称这种波动为格波。简谐近似相当于晶体中两个相邻原子之间以弹簧相连接,当某个原子偏离平衡位置发生位移时,与之相连接的原子在弹性力的作用下也要发生位移,振动便在晶体中传播开来。由于弹簧的弹性势场是保守势场,简谐近似下的格波在晶体中传播是必然的。

2. 色散关系

将式(2.24)代入式(2.23),可以得到

$$\omega^2=\frac{2K}{M}(1+\cos qa) \tag{2.26}$$

即

$$\omega=2\sqrt{\frac{K}{M}}\left|\sin\frac{qa}{2}\right|=\omega_{\mathrm{m}}\left|\sin\frac{qa}{2}\right| \tag{2.27}$$

式中，$\omega_{\mathrm{m}}=2\sqrt{K/m}$是最大频率。

式(2.27)所示的频率与波数之间的关系称为色散关系。一维原子链晶格振动的色散关系显然是一个周期函数。当q改变一个倒格矢G时，即当$q\rightarrow q+G(G=m\cdot 2\pi/a)$时，由式(2.24)可以得到

$$x_n(q+G)=A\mathrm{e}^{-\mathrm{i}[\omega t-(q+G)na]}=x_n(q)\mathrm{e}^{\mathrm{i}(m\cdot 2\pi/a)na}=x_n(q) \tag{2.28}$$

可见，当波矢改变一个倒格矢时，原子的振动规律不变。考虑到沿x轴正向($q>0$)或沿x轴负向($q<0$)的格波频率应该是单值的，所以将q的取值限定在第一布里渊区内，如图2.3所示。

$$-\frac{\pi}{a}\leqslant q<\frac{\pi}{a} \tag{2.29}$$

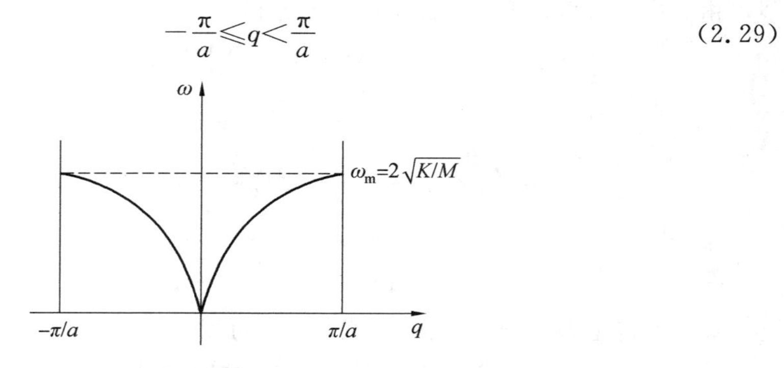

图2.3 一维单原子链晶格振动的色散关系

(1)$q\rightarrow 0$的情况。

由式(2.27)所示的色散关系可以得到，当$q\rightarrow 0$，即格波波长很长时，

$$\omega\rightarrow c\,|q| \tag{2.30}$$

式(2.30)表明，当格波波长很长时，格波与晶体中的弹性波相类似，式(2.30)中的常数c就是弹性波的波速。声波是典型的连续介质中的弹性波，所以一维单原子链中的格波也称为声学格波，或声学模格波。

(2)$q=\pm\pi/a$的情况。

格波的群速度为

$$v_{\mathrm{g}}=\frac{\mathrm{d}\omega}{\mathrm{d}q} \tag{2.31}$$

当$q=\pm\pi/a$(即q落在布里渊区边界)时，

$$v_{\mathrm{g}}=\frac{\mathrm{d}\omega}{\mathrm{d}q}=a\sqrt{\frac{K}{M}}\cos\frac{qa}{2}\bigg|_{q=\pm\pi/a}=0 \tag{2.32}$$

式(2.33)表明，当q落在布里渊区边界时，波的群速度为零，形成驻波。$q=\pm\pi/a$代表传播方向相反的两支格波。由第1章布拉格衍射可知，波矢落在布里渊区边界，意味着满足布拉格衍射条件。此时，两支传播方向相反的格波相互叠加发生布拉格衍射形成驻波，相应的群速度为零。

3. 周期性边界条件及独立格波数

对有限大晶体而言，必须考虑边界原子对晶格振动的影响。如果晶体中的原子数目较多，边界原子对内部原子运动的影响是十分有限的。对此，玻恩和卡门(von Karman)

提出了周期性边界条件,也称玻恩一卡门边界条件。

设想在一维晶体之外还有无穷多个与之一样的晶体,周期性边界条件指出,每个晶体中距离端点相同距离的原子振动的振幅和位相完全相同,即

$$x_n = x_{n+N} \tag{2.33}$$

式中,N 是原胞数(一维单原子链,N 就是原子数)。

将式(2.24)代入式(2.33)得

$$A\mathrm{e}^{-\mathrm{i}(\omega t - qna)} = A\mathrm{e}^{-\mathrm{i}[\omega t - q(N+n)a]}$$

即

$$\mathrm{e}^{\mathrm{i}qNa} = 1$$

所以

$$q = \frac{2\pi}{Na}l = \frac{b}{N}l \quad (l\ 为整数) \tag{2.34}$$

式中,b 是一维晶格的倒格子基本矢量。

由于 q 被限定在第一布里渊区,所以,

$$-\frac{N}{2} \leqslant q < \frac{N}{2} \tag{2.35}$$

q 有 N 个取值,即独立的格波数为 N,独立格波数与晶体的自由度相等。

2.3.2 一维双原子晶格的振动

由质量为 M_1 和 M_2($M_1 > M_2$)两种原子组成的一维双原子晶格示意图如图 2.4 所示,晶格常数为 a,两个相邻的异类原子之间的距离为 $a/2$。假定原子只有最近邻相互作用,同种原子间的相互作用可以忽略,相邻两个不同原子的相互作用力常数为 K。

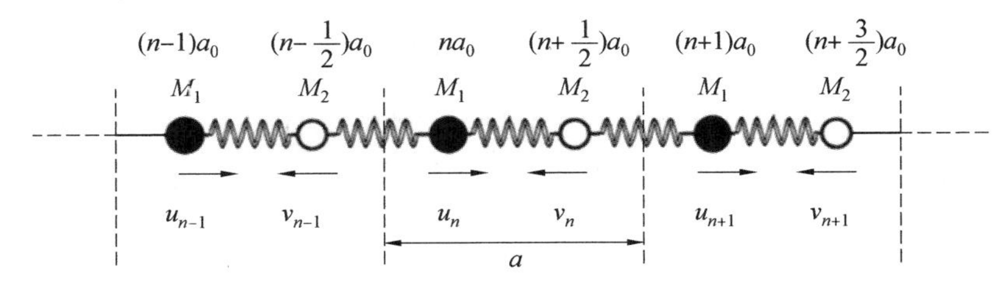

图 2.4 一维双原子晶格示意图

1. 色散关系

仿照一维单原子晶格,可以得到简谐近似下原子的运动方程。也可以通过原子受力分析,直接给出牛顿方程。例如,平衡位置为 na、质量为 M_1 的原子受到右边原子的弹性力(f_{1R})为

$$f_{1R} = -K(u_n - v_n)$$

该原子收到左边原子的弹性力(f_{1L})为

$$f_{1L} = -K(v_{n-1} - u_n)$$

则该原子所受的合力(f_1)为

$$f_1 = f_{1R} - f_{1L} = -K(2u_n - v_n - v_{n-1})$$

同理，可以对平衡位置为$(n+1/2)a$、质量为M_2的原子做同样的受力分析。进而可以得到原子的运动方程为

$$\begin{cases} M_1\ddot{u}_n = -K(2u_n - v_n - v_{n-1}) \\ M_2\ddot{v}_n = -K(2v_n - u_n - u_{n+1}) \end{cases} \tag{2.36}$$

根据一维简单晶格振动方程试探解的讨论，式(2.36)的试探解为

$$\begin{cases} u_n = A\mathrm{e}^{-\mathrm{i}(\omega t - qna)} \\ v_n = B\mathrm{e}^{-\mathrm{i}[\omega t - q(n+1/2)a]} \end{cases} \tag{2.37}$$

将试探解式(2.37)代入运动方程式(2.36)整理得

$$\begin{cases} (2K - M_1\omega^2)A - (2K\cos\frac{qa}{2})B = 0 \\ (2K\cos\frac{qa}{2})A - (2K - M_2\omega^2)B = 0 \end{cases} \tag{2.38}$$

式(2.38)是关于未知数A和B的齐次方程组，有非零解的条件是其系数行列式为零，即

$$\begin{vmatrix} 2K - M_1\omega^2 & -2K\cos\frac{qa}{2} \\ 2K\cos\frac{qa}{2} & -2K + M_2\omega^2 \end{vmatrix} = 0 \tag{2.39}$$

求解关于ω^2的一元二次方程式(2.39)，两个ω^2的解对应两种色散关系，表明一维双原子链有两种类型的格波。求解式(2.39)可得

$$\begin{cases} \omega_+^2 = \frac{K}{M_1M_2}\{(M_1+M_2) + [M_1^2 + M_2^2 + 2M_1M_2\cos(qa)]^{1/2}\} \\ \omega_-^2 = \frac{K}{M_1M_2}\{(M_1+M_2) - [M_1^2 + M_2^2 + 2M_1M_2\cos(qa)]^{1/2}\} \end{cases} \tag{2.40}$$

式(2.40)表明，ω_+和ω_-均为波矢q的周期函数，周期为$2\pi/a$，与一维简单晶体相仿，将q的取值限定在第一布里渊区内，如图2.5所示，其中q的取值范围为

$$-\frac{\pi}{a} \leqslant q < \frac{\pi}{a} \tag{2.41}$$

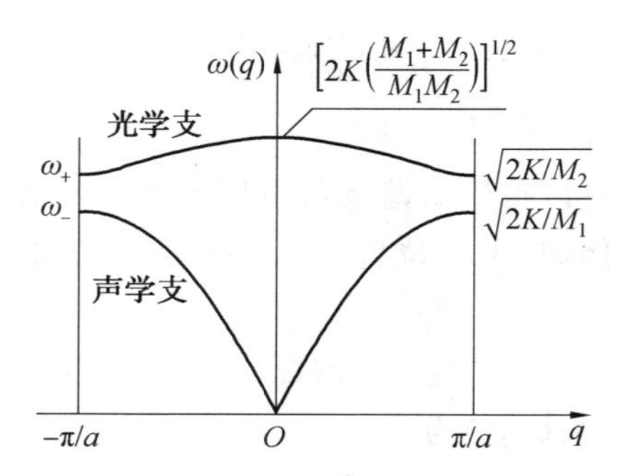

图 2.5 一维双原子复式晶体格波的色散关系

色散关系$\omega_+(q)$称为光学支色散关系，相应的格波称为光学格波；色散关系$\omega_-(q)$称

为声学支色散关系，相应的格波称为声学格波。

2. q 的取值与独立格波数

根据周期性边界条件

$$\begin{cases} u_n = u_{n+N} \\ v_n = v_{n+N} \end{cases} \tag{2.42}$$

式中，N 是原胞数目。

利用式(2.37)和式(2.42)，可以得到

$$e^{iqNa} = 1$$

即

$$q = \frac{2\pi}{Na} l = \frac{b}{N} l \quad (l\text{ 是整数}) \tag{2.43}$$

因为 q 被限定在$[-\pi/a, \pi/a)$区间内，所以，$-N/2 \leqslant l < N/2$，q 的取值共有 N 个，与原胞数目相等。因此，共有 N 个声学格波，N 个光学格波。所以含有 N 个原胞的一维双原子晶格共有 $2N$ 个独立的格波，独立格波的总模式数与晶体的自由度相等。

3. 原子位移特点

(1)光学格波。

下面分析光学格波原子振动的特点。由式(2.40)可以得到

$$\left[2K\left(\frac{1}{M_1} + \frac{1}{M_2}\right)\right]^{1/2} \leqslant \omega_+ \leqslant \left(\frac{2K}{M_2}\right)^{1/2} \tag{2.44}$$

将光学支格波色散关系代入式(2.38)可以求得在光学格波中质量为 M_1 和 M_2 两种原子振动的振幅比值为

$$\left(\frac{A}{B}\right)_+ = \frac{2K\cos(qa/2)}{2K - M_1\omega_+^2} \tag{2.45}$$

利用式(2.44)容易判断 $\omega_+^2 > 2K/M_1$，所以$(A/B)_+ < 0$，即光学格波相邻两异类原子的振动方向相反。图 2.6 示出了光学格波原子振动的示意图。

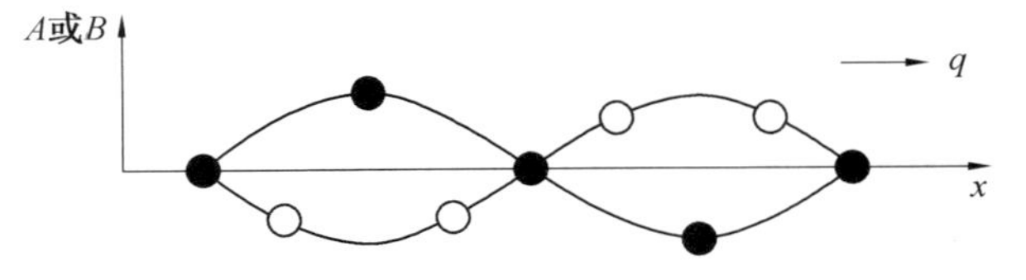

图 2.6 一维双原子链长光学格波中的原子振动示意图

当 q 很小(波长很长)时，即 $q \to 0$ 时，可以得到

$$\left(\frac{A}{B}\right)_+ \to -\frac{M_2}{M_1} \tag{2.46}$$

即

$$M_1 A + M_2 B \to 0 \tag{2.47}$$

式(2.47)表明，在长波极限的条件下，长光学格波振动的特点是原胞的质心倾向于不动，而原胞中两种异类原子做相向运动，如图 2.7(a)所示。

短波极限($q = \pi/a, \lambda = 2a$)的情况下，可以得到

$$\left(\frac{A}{B}\right)_{+}=0 \tag{2.48}$$

式(2.48)表明在短波极限的情况下，光学格波中，重原子不动，轻原子振动，如图2.7(b)所示。

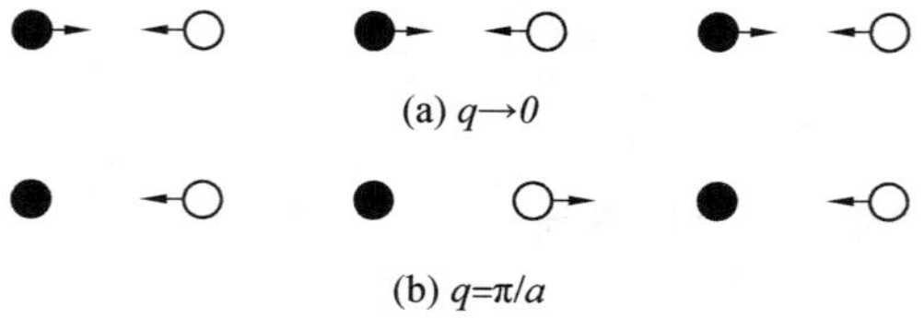

(a) $q\to 0$

(b) $q=\pi/a$

图2.7 一维双原子链光学格波在长波和短波极限的原子位移特点

(2)声学格波。

下面讨论声学格波的原子振动特点。首先，由声学格波的色散关系可以得到声学格波频率的取值范围如下：

$$0\leqslant\omega_{-}\leqslant\left(\frac{2K}{M_1}\right)^{1/2} \tag{2.49}$$

将声学格波的色散关系式(2.40)代入式(2.38)，可以得到声学格波两种原子的振幅比为

$$\left(\frac{A}{B}\right)_{-}=\frac{2K\cos(qa/2)}{2K-M_1\omega_{-}^{2}} \tag{2.50}$$

容易判断出$(A/B)_{-}>0$，即声学格波中相邻异类原子的振幅方向相同，如图2.8所示。

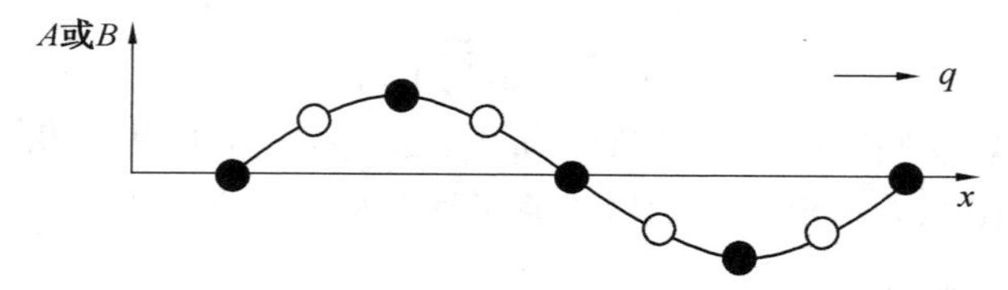

图2.8 一维复式晶格声学格波中原子振动示意图

当$q\to 0$(即波长很长)时，$\omega_{-}\to 0$，如图2.5所示，此时近似有

$$\omega_{-}\to\left(\frac{2K}{M_1+M_2}\right)^{1/2}a|q| \tag{2.51}$$

式(2.51)表明，$q\to 0$(即波长很长)时，$\omega_{-}\propto|q|$，这和连续介质中传播的弹性波的性质十分相似，这是将ω_{-}这支格波命名为声学格波的原因。声学格波中原子振动的示意图如图2.8所示。另外，$q\to 0$(即波长很长)时，有

$$\left(\frac{A}{B}\right)_{-}\to 1 \tag{2.52}$$

式(2.52)表明，长声学格波条件下，原胞中两种原子的振幅趋于相等，反映了原胞的集体振动趋势，即原胞质心的振动趋势，如图2.9(a)所示。

在短波极限的情况下，$q=\pi/a$，$\lambda=2a$，由式(2.40)和式(2.50)可以得到

$$\left(\frac{B}{A}\right)_{-}=0 \tag{2.53}$$

式(2.53)表明在短波极限的情况下，声学格波中，重原子振动，而轻原子不动，如图2.9(b)所示。

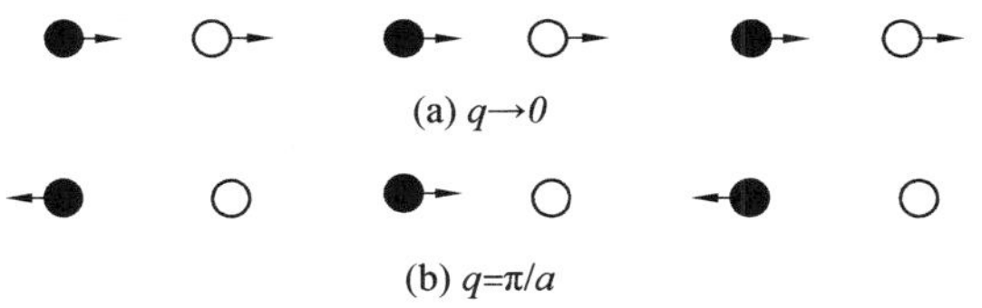

(a) $q \to 0$

(b) $q=\pi/a$

图 2.9　一维双原子链声学格波在长波和短波极限的原子位移特点

2.4　三维晶体的晶格振动

求解三维晶体的晶格振动的运动方程远比一维晶体困难，主要原因是三维晶体的自由度很大；而且原子位移是矢量，导致求解运动方程的复杂程度增加。本节主要介绍处理三维晶格振动的一般原则和格波基本属性，不涉及运动方程的求解过程。

2.4.1　简谐势能函数

首先，对晶体中的原胞和原子进行编号。如图 2.10 所示，晶体(体系)坐标系的原点为“O”，第 n 个原胞的原点为“O_n”。

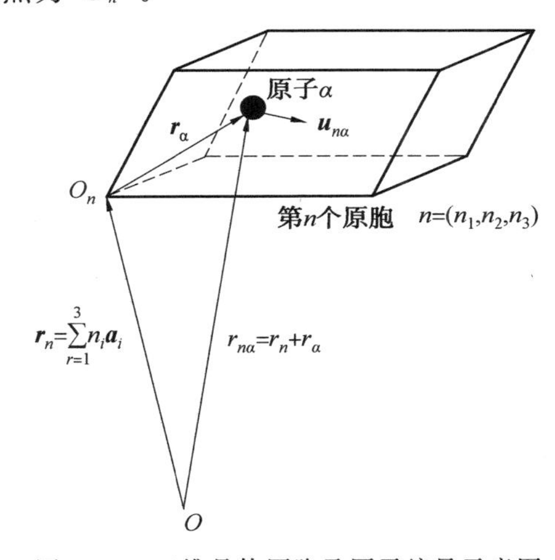

图 2.10　三维晶体原胞及原子编号示意图

第 n 个(或第 m 个)原胞用 $n=(n_1,n_2,n_3)$ 或 $m=(m_1,m_2,m_3)$ 表示，第 n 个(或第 m 个)原胞原点在晶体坐标中的位置矢量为

$$\begin{cases} \boldsymbol{r}_n=n_1\boldsymbol{a}_1+n_2\boldsymbol{a}_2+n_3\boldsymbol{a}_3 \\ \boldsymbol{r}_{\mathrm{m}}=m_1\boldsymbol{a}_1+m_2\boldsymbol{a}_2+m_3\boldsymbol{a}_3 \end{cases} \tag{2.54}$$

原胞中第 α 个(或第 β 个)原子相对原胞原点的平衡位置矢量为 $\boldsymbol{r}_\alpha$，则该原子的平衡位置在晶体坐标系中的坐标为

$$\begin{cases} \boldsymbol{r}_{n\alpha}=\boldsymbol{r}_n+\boldsymbol{r}_\alpha \\ \boldsymbol{r}_{n\beta}=\boldsymbol{r}_n+\boldsymbol{r}_\beta \end{cases} \tag{2.55}$$

原胞中第 α 个(或第 β 个)原子相对于各自平衡位置的位移用 $\boldsymbol{u}_{n\alpha}$(或 $\boldsymbol{u}_{n\beta}$)表示。

矢量在体系坐标系三个轴上的分量用 $i(=1,2,3)$或 $j(=1,2,3)$表示。例如,$\boldsymbol{u}_{n\alpha}$ 在体系坐标系三个轴上的分量记为 $u_{n\alpha i}(i=1,2,3)$。

与式(2.12)所示的一维晶体势函数的泰勒展开相似,可以得到三维晶体中的势函数的泰勒展开式为

$$V=V_0+\sum_{n\alpha i}\left[\frac{\partial V}{\partial u_{n\alpha i}}\right]_0 u_{n\alpha i}+\frac{1}{2}\sum_{n\alpha i,m\beta j}\left[\frac{\partial^2 V}{\partial u_{n\alpha i}\partial u_{m\beta j}}\right]_0 u_{n\alpha i}u_{m\beta j}+\cdots \tag{2.56}$$

式(2.56)右边第一项为常数;因为是在平衡位置处做泰勒展开,而平衡位置是势能的极小值,所以右边第二项为零。可以通过选取势能零点,令 $V_0=0$。略去高阶小量,三维晶体的简谐势能函数为

$$V=\frac{1}{2}\sum_{n\alpha i,m\beta j}\left[\frac{\partial^2 V}{\partial u_{n\alpha i}\partial u_{m\beta j}}\right]_0 u_{n\alpha i}u_{m\beta j} \tag{2.57}$$

式(2.57)为三维晶体简谐近似的一般形式。后文会介绍,在讨论晶体的比热和光学性质等问题时,简谐近似是很好的近似。但研究晶体热膨胀和热传导时,简谐近似是不够的,必须要考虑势能函数的高阶项。

引入下面的记号是方便的:

$$V_{n\alpha i}^{m\beta j}=\left[\frac{\partial^2 V}{\partial u_{n\alpha i}\partial u_{m\beta j}}\right]_0 \tag{2.58}$$

称 $V_{n\alpha i}^{m\beta j}$ 为耦合常数(coupling constant),具有弹簧劲度系数(力常数)的量纲。在简谐近似下,作用在 n 原胞中 α 原子上 i 方向的力($f_{n\alpha i}$)为

$$f_{n\alpha i}=-\sum_{m\beta j}V_{n\alpha i}^{m\beta j}u_{m\beta j} \tag{2.59}$$

实际上,式(2.59)描述了所有原子对 α 原子的作用力。在简单的模型中,通常只包括最近邻原子之间的相互作用。耦合常数必须满足由空间的各向同性、平移不变性和点群对称性引起的若干约束条件。例如,晶体的平移不变性意味着 $V_{n\alpha i}^{m\beta j}$ 只取决于 m 和 n 之间的差,所以

$$V_{n\alpha i}^{m\beta j}=V_{0\alpha i}^{(m-n)\beta j} \tag{2.60}$$

2.4.2 运动方程及色散关系

根据拉格朗日方程或牛顿第二定律,可以得到 n 原胞中 α 原子在 i 方向的运动方程,即

$$M_\alpha\ddot{u}_{n\alpha i}=-\sum_{m\beta j}V_{n\alpha i}^{m\beta j}u_{m\beta j} \tag{2.61}$$

如果晶体含有 N 个原胞,每个原胞中有 s 个原子,式(2.61)给出了描述晶体中原子运动的 $3sN$(晶体的自由度)方程。如果忽略表面原子对内部原子运动状态的影响,在简谐近似下,对具有平移不变性的晶体而言,可以用简谐平面波表示式(2.61)的试探解(可以参考2.3节关于“一维晶格振动”的讨论):

$$u_{n\alpha i}=\frac{1}{\sqrt{M_\alpha}}A_{\alpha i}(q)\mathrm{e}^{\mathrm{i}(q\cdot r_n-\omega t)} \tag{2.62}$$

将式(2.62)代入运动方程式(2.61)可以得到关于 $A_{\alpha i}(\boldsymbol{q})$的方程组：

$$-\omega^2 A_{\alpha i}(\boldsymbol{q})+\sum_{\beta j}\sum_{m}V_{n\alpha i}^{m\beta j}\frac{1}{\sqrt{M_\alpha M_\beta}}\mathrm{e}^{\mathrm{i}q\cdot(\boldsymbol{r}_m-\boldsymbol{r}_n)}A_{\beta j}(\boldsymbol{q})=0 \tag{2.63}$$

令

$$D_{\alpha i}^{\beta j}=\sum_{m}V_{n\alpha i}^{m\beta j}\frac{1}{\sqrt{M_\alpha M_\beta}}\mathrm{e}^{\mathrm{i}q\cdot(\boldsymbol{r}_m-\boldsymbol{r}_n)} \tag{2.64}$$

$D_{\alpha i}^{\beta j}$称为动力学矩阵。正如式(2.60)所示，由于平移不变性，$V_{n\alpha i}^{m\beta j}$仅仅取决于 $m-n$，所以式(2.64)对所有 m 求和后，与 n 无关，即动力学矩阵与原胞编号没有关系。利用动力学矩阵可以将式(2.63)改写为

$$-\omega^2 A_{\alpha i}(\boldsymbol{q})+\sum_{\beta j}D_{\alpha i}^{\beta j}A_{\beta j}(\boldsymbol{q})=0 \tag{2.65}$$

式(2.65)是关于 $A_{\alpha i}(\boldsymbol{q})$的 $3s$(s 为原胞内的原子数)元齐次方程组，有非零解的条件是其系数行列式为零，即

$$\mathrm{Det}\left|\omega^2\boldsymbol{I}-D_{\alpha i}^{\beta j}\right|=0 \tag{2.66}$$

式中，$\boldsymbol{I}$ 是 $3s\times3s$ 单位矩阵。

式(2.66)是关于 ω^2 的 $3s$ 次方程，可以解出 $3s$ 个不同的$\omega^2(\boldsymbol{q})$。所以，三维晶体晶格振动的格波共有 $3s$ 支色散关系，$\omega^2=\omega^2(\boldsymbol{q})$。前面分析指出，声学支格波的长波极限趋于原胞集体运动，三维情况下，这种集体运动共有三种，一种是纵声学波，两种是横声学波。

总结如下：

三维晶格振动格波共有 $3s$ 支色散关系，其中 3 支为声学支，$3(s-1)$为光学支。

可以证明，$\omega(\boldsymbol{q})$是 $\boldsymbol{q}$ 的周期函数，且周期为倒格矢($\boldsymbol{G}$)，则 $\boldsymbol{q}$ 与 $\boldsymbol{q}+\boldsymbol{G}$ 描述完全相同的振动状态，所以，$\boldsymbol{q}$ 限定在第一布里渊区中。

图 2.11 所示为 Si 的色散曲线，其中，LA 和 TA 分别表示纵声学支和横声学支，LO 和 TO 表示纵光学支和横光学支。Si 具有金刚石结构，初级原胞中有 2 个原子，所以有 3 支声学色散关系和 3 支光学色散关系。由于 TA 和 TO 都是频率简并的，故 TA 和 TO 都只有一支色散关系。

2.4.3 周期性边界条件与 q 的取值

分析三维情况下的周期性边界条件。假定晶体在 $\boldsymbol{a}_1$，$\boldsymbol{a}_2$，$\boldsymbol{a}_3$ 方向上的原胞数分别为 N_1，N_2，N_3，晶体原胞总数为 $N=N_1N_2N_3$。设想在晶体周围有无穷多个与所研究晶体完全一致的晶体，如图 2.12 所示。所有晶体在晶体中同一位置(如图 2.12 中每个晶体的 $\boldsymbol{r}_n$处)的原子振动振幅和位相一致。所以，三维晶体晶格振动的周期性边界条件可以表示为

$$\begin{cases}u_{n\alpha i}(\boldsymbol{r}_n)=u_{n\alpha i}(\boldsymbol{r}_n+N_1\boldsymbol{a}_1)\\u_{n\alpha i}(\boldsymbol{r}_n)=u_{n\alpha i}(\boldsymbol{r}_n+N_2\boldsymbol{a}_2)\\u_{n\alpha i}(\boldsymbol{r}_n)=u_{n\alpha i}(\boldsymbol{r}_n+N_3\boldsymbol{a}_3)\end{cases} \tag{2.67}$$

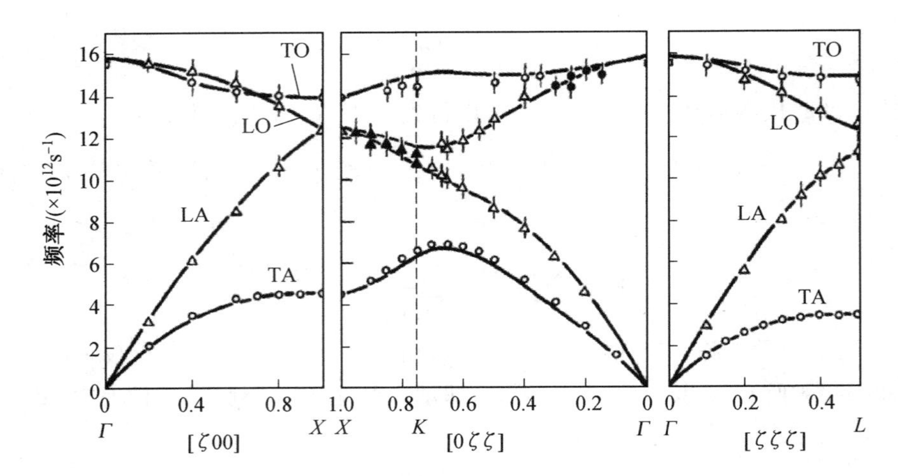

图 2.11 Si 晶体的晶格振动色散关系曲线(Γ 为布里渊区中心)

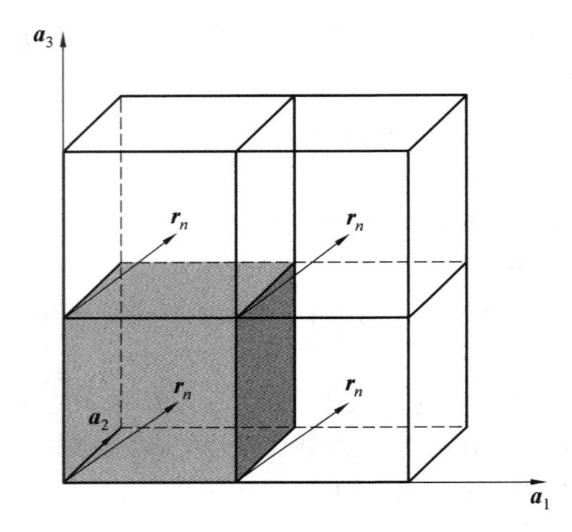

图 2.12 三维晶体周期性边界条件

将 $\boldsymbol{q}$ 在倒空间展开,即

$$\boldsymbol{q}=q_1\boldsymbol{b}_1+q_2\boldsymbol{b}_2+q_3\boldsymbol{b}_3 \tag{2.68}$$

利用式(2.62)、(2.67)、(2.68),可以得到

$$\boldsymbol{q}=\frac{l_1}{N_1}\boldsymbol{b}_1+\frac{l_2}{N_2}\boldsymbol{b}_2+\frac{l_3}{N_3}\boldsymbol{b}_3 \tag{2.69}$$

式中,l_1,l_2 和 l_3 是整数。

与一维情况相同,$\boldsymbol{q}$ 的取值须限定在第一布里渊区内,对于简单立方晶格,可以简单表示为

$$-\frac{N_i}{2}\leqslant l_i<\frac{N_i}{2}\quad(i=1,2,3) \tag{2.70}$$

因此,$\boldsymbol{q}$ 的取值共有 $N=N_1N_2N_3$ 个(与晶体的原胞数相等),每支色散关系对包含 N 个独立的格波(ω,$\boldsymbol{q}$),所以独立格波总数为 $3sN$(与晶体的自由度相等),其中,独立声学格波数目是 $3N$ 个,独立光学格波数目是 $3(s-1)N$。

式(2.69)表明，在 $\boldsymbol{b}_1$，$\boldsymbol{b}_2$ 和 $\boldsymbol{b}_3$ 张开的倒空间中，将所有 $\boldsymbol{q}$ 的分立取值用点(坐标为 $(l_1/N_1, l_2/N_2, l_3/N_3)$)表示出来，容易发现这些点构成了一个“三维格子”，这个“三维格子”的最小重复单元是由 $\boldsymbol{b}_1/N_1$，$\boldsymbol{b}_2/N_2$ 和 $\boldsymbol{b}_3/N_3$ 构成的小单胞，这个小单胞的体积相当于一个 $\boldsymbol{q}$ 点在倒易空间所占的体积，则有

$$V_q = \frac{\boldsymbol{b}_1 \cdot (\boldsymbol{b}_2 \times \boldsymbol{b}_3)}{N} = \frac{(2\pi)^3}{\Omega} \tag{2.71}$$

式中，Ω 是晶体的体积，V_q 是一个 $\boldsymbol{q}$ 点在倒空间所占的体积。则倒空间中 $\boldsymbol{q}$ 点的密度为 $V/(2\pi)^3$。

从另外一个角度看，第一布里渊区含有 N 个 $\boldsymbol{q}$ 点，第一布里渊区体积就是倒原胞的体积，所以第一布里渊区体积除以原胞总数 N 就是一个 $\boldsymbol{q}$ 点所占的体积，即式(2.71)。

2.5 晶格振动量子化——声子

回顾一下量子力学中将一个力学体系量子化的基本思路。

第一步，建立体系哈密顿量(即能量，包括动能和势能两部分)经典力学表达式：

$$H = H(\boldsymbol{P}, \boldsymbol{r})$$

式中，$\boldsymbol{P}$ 为动量。

第二步，将 $\boldsymbol{P}$ 用算符($-\mathrm{i}\hbar\nabla$)替换，就可以得到体系的哈密顿量 $\hat{H}(-\mathrm{i}\hbar\nabla, \boldsymbol{r})$。

第三步，求解体系的薛定谔方程(如果势能函数不显含时间)：

$$\hat{H}\varphi(\boldsymbol{r}) = E\varphi(\boldsymbol{r})$$

式中，$\varphi(\boldsymbol{r})$ 和 E 分别是体系的波函数和能量本征值，上式也称为哈密顿算符的本征方程。本节以一维简单晶格为例，阐述晶格振动量子化的方法。

2.5.1 一维简单晶格振动的量子化

根据式(2.20)可以给出简谐近似条件下，一维简单晶格振动的总能量(H_t)的经典力学表达式为

$$H_t = \sum_n \frac{1}{2}M\left(\frac{\mathrm{d}x_n}{\mathrm{d}t}\right)^2 + \sum_n \frac{1}{2}K(x_n - x_{n+1})^2 \tag{2.72}$$

式中，右边第一项是所有原子的动能之和；第二项为体系的势能，求和遍及整个晶体。

将式(2.72)中的动能项换成动能算符，就可以得到体系的哈密顿算符：

$$\hat{H}_t = \sum_n -\frac{\hbar^2}{2M}\frac{\mathrm{d}^2}{\mathrm{d}x_n^2} + \sum_n \frac{1}{2}K(x_n - x_{n+1})^2 \tag{2.73}$$

直接求解式(2.73)哈密顿算符薛定谔方程几乎是不可能的，其核心困难是势函数项中含有大量的变量交叉项。解决上述困难的方法就是利用坐标变换消去势能求和项中的交叉项，将多体问题转化成单体问题。

式(2.24)给出了一维简单晶体晶格振动经典力学方程的试探解 x_n，其一般解为所有试探解的线性组合，即

$$x_n = \sum_l A_l \mathrm{e}^{-\mathrm{i}(\omega_l t - naq_l)} \tag{2.74}$$

式中，q_l及ω_l分别为

$$q_l = \frac{b}{N} l \quad (l\ \text{为整数})$$

$$\omega_l = 2\sqrt{K/M}\left|\sin\left(\frac{q_l a}{2}\right)\right|$$

引入变换

$$Q_l = \sqrt{NM}\sum_l A_l \mathrm{e}^{-\mathrm{i}\omega_l} \tag{2.75}$$

利用式(2.75)的反傅里叶变换求得 A_l，代入式(2.74)得

$$x_n = \frac{1}{\sqrt{NM}} Q_l \mathrm{e}^{\mathrm{i}naq_l} \tag{2.76}$$

为保证位移是实数，要求 $Q_l^* = Q_{-l}$。当 N 很大时，正交归一化条件为

$$\frac{1}{N}\sum_{l'} \mathrm{e}^{\mathrm{i}na(q_l - q_{l'})} = \delta_{ll'} = \begin{cases} 1 & (l = l') \\ 0 & (l \neq l') \end{cases} \tag{2.77}$$

将式(2.76)代入式(2.73)并利用式(2.77)所示的正交归一化条件，可以得到

$$H_t = \sum_l \left[\frac{1}{2}\left(\frac{\mathrm{d}Q_l}{\mathrm{d}t}\right)^2 + \frac{1}{2}\omega_l^2 Q_l^2\right] \tag{2.78}$$

式(2.78)相当于质量为“1”的 N 个独立的线性谐振子的总能量。也就是说，经过简单的坐标变换（常称为正则变换，Q_l 称为简正坐标）可以将一维简单晶格振动表述为 N 个独立的线性谐振子。

将式(2.78)算符化，即可得到体系的总哈密顿算符 $\hat{H}_t$

$$\hat{H}_t = \sum_l \left(-\frac{\hbar}{2}\nabla_{Q_l}^2 + \frac{1}{2}\omega_l^2 Q_l^2\right)$$

一维情况下，上式可以写为

$$\begin{cases} \hat{H}_t = \sum_l \left(-\frac{\hbar}{2}\frac{\mathrm{d}^2}{\mathrm{d}Q_l^2} + \frac{1}{2}\omega_l^2 Q_l^2\right) = \sum_l \hat{H}_l \\ \hat{H}_l = -\frac{\hbar}{2}\frac{\mathrm{d}^2}{\mathrm{d}Q_l^2} + \frac{1}{2}\omega_l^2 Q_l^2 \end{cases} \tag{2.79}$$

式中，$\hat{H}_l$ 就是以 Q_l 为坐标的一维线性谐振子的哈密顿算符。

体系的薛定谔方程为

$$\left[\sum_l \left(-\frac{\hbar}{2}\frac{\mathrm{d}^2}{\mathrm{d}Q_l^2} + \frac{1}{2}\omega_l^2 Q_l^2\right)\right]\varphi(Q_1, Q_2, \cdots) = E_t \varphi(Q_1, Q_2, \cdots) \tag{2.80}$$

式(2.80)的算符中没有 Q_l 之间的交叉项，因此可以分离变量求解，令

$$\varphi(Q_1, Q_2, \cdots) = \varphi_1(Q_1)\varphi_2(Q_2)\cdots = \prod_l \varphi_l(Q_l) \tag{2.81}$$

将式(2.81)代入式(2.80)后，等式两边同时除以 $\prod_l \varphi_l(Q_l)$ 得到

$$\frac{\hat{H}_1\varphi_1(Q_1)}{\varphi_1(Q_1)} + \frac{\hat{H}_2\varphi_2(Q_1)}{\varphi_2(Q_1)} + \cdots + \frac{\hat{H}_N\varphi_N(Q_N)}{\varphi_N(Q_N)} = E_t \tag{2.82}$$

式(2.82)左边第 l 项仅是 Q_l 的函数,它们的和为常数,所以式(2.82)左边每一项都是常数,可以得到 N 个形式上一样的单粒子薛定谔方程:

$$\left(-\frac{\hbar}{2}\frac{\mathrm{d}^2}{\mathrm{d}Q_l^2}+\frac{1}{2}\omega_l^2 Q_l^2\right)\varphi_l(Q_l)=E_l\varphi_l(Q_l) \tag{2.83}$$

式中,$l=1,2,3,\cdots,N$。

至此,利用坐标变换和分离变量求解薛定谔方程,完成了多粒子体系的单粒子化。按一维线性谐振子的量子理论①可以求得方程(2.83)能量本征值,即频率为 ω_l 格波的能量为

$$E_l=\left(\frac{1}{2}+n_l\right)\hbar\omega_l \quad (n_l=0,1,2,\cdots) \tag{2.84}$$

以上分析表明,晶格振动是量子化的。晶格振动的能量量子($\hbar\omega_l$)称为声子,声子的动量为 $\hbar\boldsymbol{q}_l$。式(2.84)中$(1/2)\hbar\omega_l$ 是晶格振动的零点能。

如果某一频率 ω_l 的格波振动能量是$(1/2+n_l)\hbar\omega_l$,则该格波有 n_l 个声子激发,每个声子的能量为 $\hbar\omega_l$。温度升高,晶格振动加剧,越来越多的声子被激发;温度降低,声子数减少。但是,即便将晶体冷却到 0 K,晶格振动能量依然不为零,而是等于零点能$(1/2)\hbar\omega_l$。

由式(2.76)的反傅里叶变换,可以得到

$$Q_l=\left(\frac{M}{N}\right)\sum_n x_n \mathrm{e}^{-\mathrm{i}naq_l} \tag{2.85}$$

上式表明,简正坐标 Q_l 描述的是晶格振动的集体行为,所以声子是这种集体振动(格波)运动的元激发。声子不是真实的粒子,而是晶格振动(集体运动)量子化的一种表征,不能脱离固体而独立存在。声子是晶格振动集体运动的元激发,是一种准粒子。晶体中存在不同的集体振动,它们都对应相应的元激发一准粒子。

根据上面的分析,可知一维晶格振动的总能量为

$$E_t=\sum_l\left(\frac{1}{2}+n_l\right)\hbar\omega_l \tag{2.86}$$

只要确定了 n_l,就可以确定晶格振动总能量。

对于复杂的三维晶体,同样存在一组简正坐标(只不过相当复杂而已),经过变换以后,可以将体系的哈密顿量表达成 $3sN$ 个独立的线性谐振子之和。对应于声学色散关系的声子常常称为声学声子,对应于光学色散关系的声子则常常称为光学声子。

声子的引入为处理许多问题带来了方便,例如,当研究晶格对电子、中子等的散射问题时,可以形象和方便地理解为中子、电子与声子的碰撞问题。利用中子和声子的散射,可以进行声子谱的测量。有关声子谱的测量,可以参考其他固体物理学教材(见参考文献),此不赘述。

---

① 周世勋.量子力学教程[M].2 版.北京:高等教育出版社,2009.

2.5.2 声子的基本性质

1. 声子的动量

将波动量子化为粒子在物理学中并不罕见。光波在经典电磁理论中是电磁波，在量子力学中则可以用光子描述。晶体中的格波量子化的粒子为声子。声子能量(E_p)和动量($\boldsymbol{p}_p$)分别为

$$\begin{cases}E_p=\hbar\omega \\ \boldsymbol{p}_p=\hbar\boldsymbol{q}\end{cases}$$

波矢 $\boldsymbol{q}$ 代表格波的传播方向，也是声子的运动方向。$\hbar\boldsymbol{q}$ 不是晶体的真实动量，晶体不会因激发一个声子而具有真实的动量，所以，称 $\hbar\boldsymbol{q}$ 为声子的准动量或晶体动量。

2. 声子的统计分布特性

首先，声子没有自旋(自旋量子数为零)，是玻色(Bose)子(玻色子的自旋量子数为整数)。因此遵从玻色子的统计分布规律。其次，声子数不守恒。当晶体温度升高时，晶格振动加剧，晶格振动激发了更多数量的声子；而温度降低，声子数则相应减少。由于声子数不守恒，则在玻色—爱因斯坦(Einstein)统计分布函数中化学势为零(因为化学势是由粒子总数确定的)。

按玻色—爱因斯坦分布，频率为 ω_l 的格波平均声子数 $\bar{n}_l$ 由下式给出：

$$\bar{n}=\frac{1}{e^{\hbar\omega_l/k_BT}-1} \tag{2.87}$$

式中，k_B 是玻尔兹曼(Boltzmann)常数。

将式(2.87)带入式(2.86)可以得到晶格振动的总能量为

$$\begin{cases}E_t=\sum\limits_l\bar{n}_l\hbar\omega_l+\sum\limits_l\frac{1}{2}\hbar\omega_l=\sum\limits_l\frac{\hbar\omega_l}{e^{\hbar\omega_l/k_BT}-1}+E_0 \\ E_0=\sum\limits_l\frac{1}{2}\hbar\omega_l\end{cases} \tag{2.88}$$

式(2.88)的求和要遍及第一布里渊区所有可能的 l 值。

2.6 离子晶体的长光学格波与光波的耦合

按照2.3节关于一维双原子链晶格振动的分析，离子晶体中正离子和负离子的位移方向相反。正、负离子作相反方向运动在晶体中局部产生电偶极矩，可与光波的交变电场发生相互作用。所以离子晶体与波长合适的光波(一般为红外光)可以发生耦合作用。本节主要在黄昆方程的基础上，分析红外光与离子晶体长光学格波的耦合效应。

2.6.1 离子晶体长光学格波的退极化场

长光学格波的波长很长，一个半波长范围内包含了许多原子平面，每个半波长中离子的相对位移方向是一致的，尽管其振幅不同，如图2.13所示。图2.13示意性地画出了一个光学格波波长内的离子位移，图中用虚线标识的是波节平面，即离子位移为零的平面。

由此可见，整个晶体被波节平面分成许多薄层。

纵光学格波中离子位移方向与格波的位移方向相平行，如图 2.13(a)所示。图中左侧半波长内，瞬时极化方向由右向左，所产生的垂直于薄层的退极化场方向由左向右；而右侧半波长内的退极化场也垂直于膜层，但方向由右向左。退极化场有助于离子振动回到平衡位置。

横光学格波离子位移方向与格波的传播方向垂直，如图 2.13(b)所示。退极化场与薄层平行，振动回到平衡位置的恢复力不受退极化场的影响。另外，由于薄层很长，退极化场非常小，可以忽略。

由于纵光学格波中退极化场加速离子回到平衡位置，而横光学格波的退极化场可以忽略，且无加速离子回复到平衡位置的作用，所以纵光学格波频率 ω_{LO} 大于横光学格波频率 ω_{TO}。由于电磁波是横波，所以同长横光学格波振动产生耦合，而与纵光学格波振动则不产生耦合。

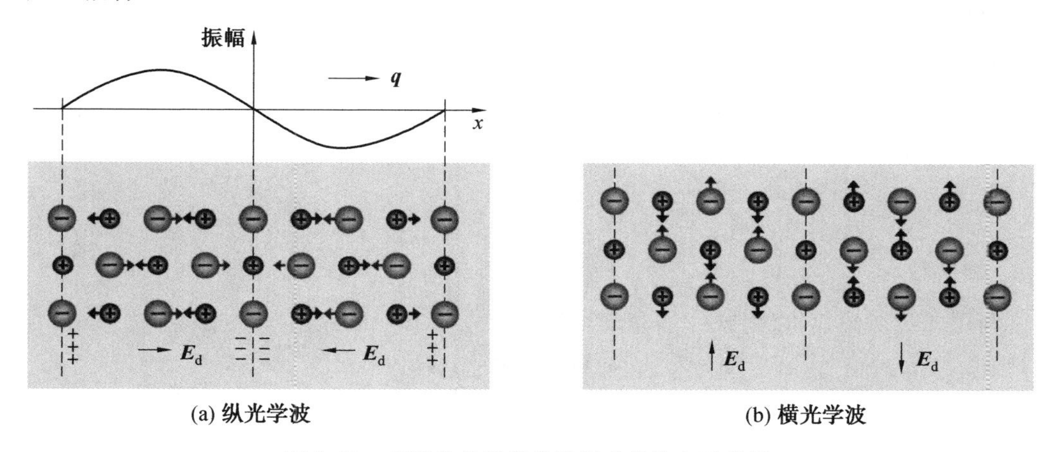

图 2.13 离子晶体长光学波振动的特点示意图

2.6.2 黄昆方程及离子晶体的介电常数

1. 黄昆方程

由于长光学格波中，正、负离子的运动方向相反，引进描述正、负离子相对位移的物理量 $\boldsymbol{W}$，计算式为

$$\boldsymbol{W}=\sqrt{\mu n}(\boldsymbol{u}_{+}-\boldsymbol{u}_{-}) \tag{2.89}$$

式中，$\boldsymbol{u}_{+}$ 和 $\boldsymbol{u}_{-}$ 分别是正离子和负离子离开平衡位置的位移；μ 为原胞的折合质量；n 为单位体积内的原胞数。

与格波相联系的能量有以下三部分。

第一部分，晶格振动能。简谐近似下，晶格振动能量正比于振幅平方，即正比于 W^2。第二部分，电场中电偶极子的能量。由于正、负离子相反位移引起的电偶极矩与 $\boldsymbol{W}$ 成正比，其在电场中的能量正比于 $\boldsymbol{W}\cdot\boldsymbol{E}_e$($\boldsymbol{E}_e$为电场)。第三部分，电场本身的能量正比于 E_e^2。

综上分析，离子晶体单位体积的振动能量为

$$U=-\frac{1}{2}(b_{11}W^2+2b_{12}\boldsymbol{W}\cdot\boldsymbol{E}_e+b_{22}E_e{}^2) \tag{2.90}$$

式中，b_{11}，b_{12}和b_{22}是三个特定参数。

由牛顿定律有

$$\ddot{W}=\frac{\partial^2 W}{\partial t^2}=-\frac{\partial U}{\partial W} \tag{2.91}$$

由热力学可得

$$P=-\frac{\partial U}{\partial E_e} \tag{2.92}$$

将式(2.90)代入式(2.91)和式(2.92)得到

$$\begin{cases}\ddot{W}=b_{11}W+b_{12}E_e\\ P=b_{12}W+b_{22}E_e\end{cases} \tag{2.93}$$

式(2.93)称为黄昆方程，是黄昆在1951年首先提出的。

2. 离子晶体的介电常数

下面基于黄昆方程讨论离子晶体的介电常数。电场$\boldsymbol{E}_e$、$\boldsymbol{W}$和$\boldsymbol{P}$随外加电场的响应特性可由下式表示

$$\begin{cases}\boldsymbol{E}_e=\boldsymbol{E}_0\mathrm{e}^{\mathrm{i}\omega t}\\ \boldsymbol{W}=\boldsymbol{W}_0\mathrm{e}^{\mathrm{i}\omega t}\\ \boldsymbol{P}=\boldsymbol{P}_0\mathrm{e}^{\mathrm{i}\omega t}\end{cases} \tag{2.94}$$

利用式(2.94)，可以将式(2.93)改写为

$$\begin{cases}-\omega^2\boldsymbol{W}=b_{11}\boldsymbol{W}+b_{12}\boldsymbol{E}_e\\ \boldsymbol{P}=b_{12}\boldsymbol{W}+b_{22}\boldsymbol{E}_e\end{cases} \tag{2.95}$$

联立式(2.95)中的两个方程可得

$$\boldsymbol{P}=(b_{22}-\frac{b_{12}^2}{\omega^2+b_{11}})\boldsymbol{E}_e \tag{2.96}$$

因为

$$\boldsymbol{D}=\varepsilon\varepsilon_0\boldsymbol{E}=\boldsymbol{P}+\varepsilon_0\boldsymbol{E}_e \tag{2.97}$$

式中，ε_0是真空介电常数，ε是离子晶体的介电常数。

由式(2.97)可以得到

$$\boldsymbol{P}=\varepsilon_0(\varepsilon-1)\boldsymbol{E}_e \tag{2.98}$$

由式(2.96)和式(2.98)可以得到

$$\varepsilon(\omega)=1+\frac{1}{\varepsilon_0}\left(b_{22}-\frac{b_{12}^2}{\omega^2+b_{11}}\right) \tag{2.99}$$

考虑到横光学格波没有退极化场，在没有外场的情况下，$E_e=0$，由式(2.95)第一式可以得到

$$b_{11}=-\omega_{\mathrm{TO}}^2 \tag{2.100}$$

当外电场为零时，晶体内部的电场就是纵光学格波离子位移引起的退极化场(E_d)，所以，对纵光学格波而言，可得

$$\boldsymbol{E}_d=-\boldsymbol{P}/\varepsilon_0 \tag{2.101}$$

综合式(2.96)、(2.98)、(2.101),可以得到

$$\omega_{\mathrm{LO}}^2=\omega_{\mathrm{TO}}^2+\frac{b_{12}^2}{\varepsilon_0+b_{22}} \tag{2.102}$$

及

$$\varepsilon(\omega)=\frac{\omega_{\mathrm{LO}}^2-\omega^2}{\omega_{\mathrm{TO}}^2-\omega^2}\left(1+\frac{b_{22}}{\varepsilon_0}\right) \tag{2.103}$$

令式(2.103)中的 $\omega\to\infty$,可得离子晶体的高频介电常数 ε_∞

$$\varepsilon_\infty=1+\frac{b_{22}}{\varepsilon_0} \tag{2.104}$$

令式(2.103)中的 $\omega\to 0$,可得离子晶体的静态介电常数 ε_{S}

$$\frac{\varepsilon_{\mathrm{s}}}{\varepsilon_\infty}=\frac{\omega_{\mathrm{LO}}^2}{\omega_{\mathrm{TO}}^2} \tag{2.105}$$

式(2.105)称为 LST(Lyddane-Sachs-Teller)关系。若离子晶体中不只一种长横光学格波和长纵光学格波波,则更一般的 LST 关系可以表示为

$$\frac{\varepsilon_{\mathrm{s}}}{\varepsilon_\infty}=\frac{\prod_i(\omega_{\mathrm{LO}}^i)^2}{\prod_i(\omega_{\mathrm{TO}}^i)^2} \tag{2.106}$$

由式(2.103)和式(2.104),可以得到

$$\varepsilon(\omega)=\frac{\omega_{\mathrm{LO}}^2-\omega^2}{\omega_{\mathrm{TO}}^2-\omega^2}\varepsilon_\infty \tag{2.107}$$

图 2.14 示出了由式(2.107)确定的 $\varepsilon\sim\omega$ 曲线。首先,$\omega=\omega_{\mathrm{TO}}^2$ 是曲线的奇点,奇点对应于电磁波的共振吸收。对实际晶体而言,极化过程中一定会存在介电损耗,即振动方程中应该包括阻尼项。通常介电损耗是与频率相关的。此时,式(2.107)分母中还应包含与频率相关的阻尼项,奇点则自然消除。

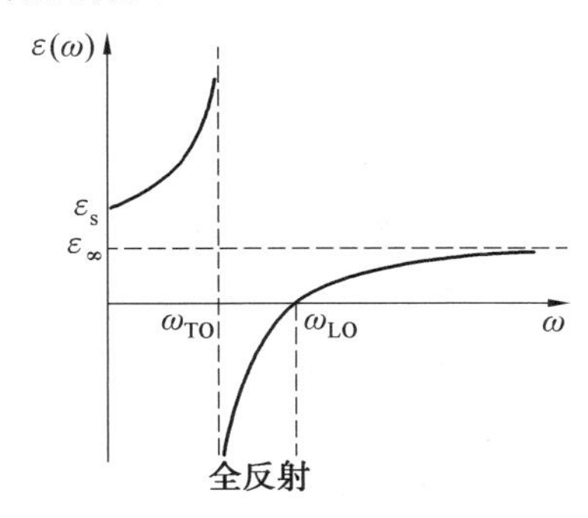

图 2.14 介电函数 ε 随 ω 的变化曲线

晶体极化是晶体中的带电粒子在外电场作用下位移产生的,带电粒子包括离子和电子,分别称为离子位移极化和电子位移极化。高频时,由于离子位移极化跟不上交变电场的变化,只有电子位移极化;而低频时,电子位移极化和离子位移极化都起作用,所以$\varepsilon_{\mathrm{S}}>\varepsilon_\infty$。

当 $\omega_{\mathrm{TO}}<\omega<\omega_{\mathrm{LO}}$时,$\varepsilon<0$,晶体折射率 $n=\sqrt{\varepsilon}$ 为虚数,此时光波在晶体表面层迅速衰

减,不能在晶体中传播,入射光被晶体表面全反射。而在其他频率范围,晶体对光波(红外光)是透明的。

2.6.3 电磁耦合子

离子晶体长横光学格波与光波的耦合会形成一种特殊形式的集体运动,下面分析耦合波的色散关系。考虑各向同性晶体中传播的电磁波,其色散关系为

$$\varepsilon(\omega)\omega^2=c^2k^2 \tag{2.108}$$

式中,c 为真空中的光速;k 是电磁波的波数。

将式(2.108)代入式(2.107)得到关于 ω^2 的一元二次方程,可以解出耦合波的色散关系

$$\begin{cases}\omega_1=\dfrac{1}{2}\left(\dfrac{c^2k^2}{\varepsilon_\infty}+\omega_{\mathrm{LO}}^2\right)-\dfrac{1}{2}\left[\left(\dfrac{c^2k^2}{\varepsilon_\infty}+\omega_{\mathrm{LO}}^2\right)^2-\dfrac{4c^2k^2\omega_{\mathrm{TO}}^2}{\varepsilon_\infty}\right]^{1/2}\\ \omega_2=\dfrac{1}{2}\left(\dfrac{c^2k^2}{\varepsilon_\infty}+\omega_{\mathrm{LO}}^2\right)+\dfrac{1}{2}\left[\left(\dfrac{c^2k^2}{\varepsilon_\infty}+\omega_{\mathrm{LO}}^2\right)^2-\dfrac{4c^2k^2\omega_{\mathrm{TO}}^2}{\varepsilon_\infty}\right]^{1/2}\end{cases} \tag{2.109}$$

式(2.109)所示的长横光学格波与电磁波波耦合的色散关系,即 $\omega_1=\omega(k)$,如图2.15所示。对于 $\omega_1=\omega_1(k)$ 支耦合波,当 k 很小时,耦合波接近电磁波的线性色散关系;当 k 很大时,耦合波的色散关系接近横光学格波的色散关系。

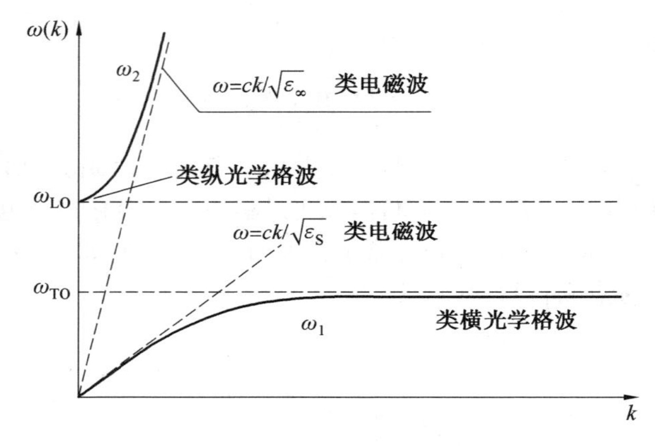

图 2.15 横光学格波和光波耦合波的色散关系

对于 $\omega_2=\omega_2(k)$ 支耦合波,当 k 很小时,耦合波接近横光学格波的色散关系;当 k 很大时,耦合波的色散关系接近电磁波的线性色散关系。

耦合波也是离子的一种集体运动,按2.5节关于晶格振动格波(一种集体运动)量子化的方法,离子晶体中与光波耦合的横光学格波也可以量子化,其对应的准粒子称为电磁耦合子(polariton),也称极化激元,其能量量子为 $\hbar\omega$。固体中许多集体振荡都可以量子化,而得到相应的准粒子。

2.7 晶格比热

按绝热近似,晶体比热由价电子比热和声子比热两部分组成,声子比热也称晶格比

热。晶体的高温比热主要是声子比热，晶体的低温比热则必须考虑电子对比热的贡献。由于固体常压下的热膨胀功非常小，C_P与C_V差别较小。理论计算的C_V常可用来与定压热容的实验值进行比较。如果体系的内能为U，则晶体的定容比热C_V为

$$C_V=\left(\frac{\partial U}{\partial T}\right)_V \tag{2.110}$$

2.7.1 实验规律及经典玻尔兹曼统计理论的困难

实验发现，1 mol 原子组成的晶体，其晶格比热随温度升高趋于常数，$3N_0k_B=3R$。其中，N_0为阿伏加德罗(Avogadro)常数，R为普适气体常数。这就是杜隆一珀替(Dulong一Petit)定律。

当温度趋于绝对零度时，晶格比热也趋于零。

下面用经典玻尔兹曼统计理论分析晶格比热。1 mol 原子组成的晶体的晶格振动可以简化成$3N_0$个相互独立的线性谐振子，按玻尔兹曼统计的能量均分定理，每个线性谐振子的平均动能和势能均为$(3/2)k_BT$，1 mol 晶体的平均热运动能量就是$3N_0k_BT$，则晶体的摩尔热容为

$$C_V=\frac{\partial U}{\partial T}=3N_0k_B=3R \tag{2.111}$$

式(2.111)表明，经典玻尔兹曼统计理论可以对杜隆一珀替定律的高温晶格比热给出很好的解释，有时也称晶格比热的高温极限(3R)为经典极限。然而经典玻尔兹曼理论在解释晶格低温比热时遇到了根本困难，不能说明晶格比热随温度趋于零而逐渐趋于零的实验规律。

2.7.2 晶格比热的量子理论

在简谐近似下，晶格振动的能量可以看作声子气体的能量。经典玻尔兹曼统计不能解释晶格比热与温度的关系，其核心是声子的统计规律不能用玻尔兹曼统计描述，而遵循玻色一爱因斯坦统计。本节主要阐述利用声子的量子统计计算晶格比热的一般方法。

1. 晶格比热的一般表达式

晶格振动量子化理论指出，频率为ω、波矢为$\boldsymbol{q}$的格波的声子数由式(2.87)所示的玻色一爱因斯坦分布确定。由式(2.88)可得晶格振动(格波)的总能量为

$$E_t=\sum_{\omega(\boldsymbol{q})}\frac{\hbar\omega(\boldsymbol{q})}{e^{\hbar\omega/k_BT}-1}+E_0 \tag{2.112}$$

式中，E_0是所有格波零点能之和。

则晶格比热为

$$C_V=\frac{\partial E_t}{\partial T}=\frac{\partial}{\partial T}\left(\sum_{\omega(\boldsymbol{q})}\frac{\hbar\omega(\boldsymbol{q})}{e^{\hbar\omega/k_BT}-1}\right) \tag{2.113}$$

鉴于式(2.112)和式(2.113)中求和比较难，一般将其用积分表示，则在不计零点能(与温度无关)的情况下，晶格热振动的总能量为

$$\bar{E}=\int_0^{\omega_m}\frac{\hbar\omega}{e^{\hbar\omega/k_BT}-1}D(\omega)d\omega \tag{2.114}$$

式中，ω_m 是晶格振动的最大频率；$D(\omega)$是态密度，$D(\omega)\mathrm{d}\omega$ 的含义是 $\omega\sim\omega+\mathrm{d}\omega$ 区间内的格波数。

式(2.114)表明，只要获得了格波的态密度，就可以利用积分求得晶格振动的总能量，进而可以利用式(2.113)求得晶格比热。

2. 态密度

(1)倒空间的态密度。

由式(2.69)可以知道倒空间中 $\boldsymbol{q}$ 是分立取值的，即

$$\boldsymbol{q}=\frac{l_1}{N_1}\boldsymbol{b}_1+\frac{l_2}{N_2}\boldsymbol{b}_2+\frac{l_3}{N_3}\boldsymbol{b}_3 \quad (l_1,l_2,l_3\text{ 是整数})$$

这样就可以用倒空间规则均匀分布的点将所有 $\boldsymbol{q}$ 表示出来。图 2.16 示出了倒空间不包含 $\boldsymbol{b}_3$ 的一个截面，如式(2.71)所示，每个 $\boldsymbol{q}$ 点所占的体积为

$$V_q=\frac{(2\pi)^3}{\Omega} \tag{2.115}$$

式中，Ω 是晶体的体积；V_q是一个 $\boldsymbol{q}$ 点在倒空间中所占的体积。

由于 V_q非常小，倒空间的求和可用下面的积分代替。

$$\sum_{q}\cdots \to \frac{\Omega}{(2\pi)^3}\int \mathrm{d}\boldsymbol{q}\cdots \tag{2.116}$$

倒空间的态密度，$\rho(\boldsymbol{q})$，即倒空间中单位体积内 $\boldsymbol{q}$ 点的数目，可由式(2.115)得到，即

$$\rho(\boldsymbol{q})=\frac{\Omega}{(2\pi)^3} \tag{2.117}$$

(2)态密度 $D(\omega)$。

在频率为 ω 和 $\omega+\mathrm{d}\omega$ 两个等 ω 面之间的 $\boldsymbol{q}$ 点的数(即格波模式数)为

$$D(\omega)\mathrm{d}\omega=\frac{\Omega}{(2\pi)^3}\int_{\omega}^{\omega+\mathrm{d}\omega}\mathrm{d}\boldsymbol{q} \tag{2.118}$$

式中，$\mathrm{d}\boldsymbol{q}$ 是倒空间的体积元。

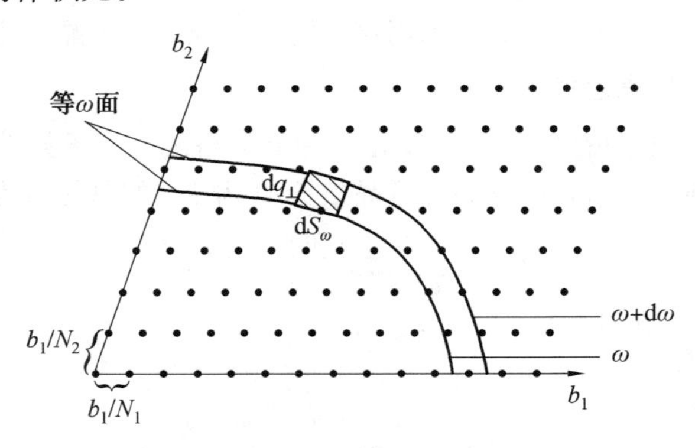

图 2.16 倒空间中 $\boldsymbol{q}$ 点的分布及等 ω 面示意图

(为了清晰，仅仅示出了不包含 $\boldsymbol{b}_3$ 的截面和第Ⅰ象限)

如图 2.16 所示，$\mathrm{d}\boldsymbol{q}$ 可以表示为垂直于等 ω 面的面元($\mathrm{d}S_\omega$)与该处 ω 和 $\omega+\mathrm{d}\omega$ 两个等 ω 面之间距离 $\mathrm{d}q_{\perp}$ 的乘积，即

$$dq = dS_\omega \cdot dq_\perp \tag{2.119}$$

而 $dq_\perp$ 可由 $d\omega = |\nabla_q \omega(\boldsymbol{q})| \cdot dq_\perp$ 给出，即

$$dq_\perp = \frac{d\omega}{|\nabla_q \omega(\boldsymbol{q})|} \tag{2.120}$$

式中，$\nabla_q \omega(\boldsymbol{q})$ 是在倒空间求 $\omega(\boldsymbol{q})$ 的梯度。

结合式(2.118)、(2.119)、(2.120)可以得到

$$D(\omega)d\omega = \frac{\Omega}{(2\pi)^3} d\omega \int_{\text{等}\omega\text{面}} \frac{dS_\omega}{|\nabla_q \omega(\boldsymbol{q})|}$$

上式积分在等 ω 面上进行。则态密度的一般表达式为

$$D(\omega) = \frac{\Omega}{(2\pi)^3} \int_{\text{等}\omega\text{面}} \frac{dS_\omega}{|\nabla_q \omega(\boldsymbol{q})|} \tag{2.121}$$

如果晶格振动有 s 支色散关系，格波的态密度可写作

$$D(\omega) = \frac{\Omega}{(2\pi)^3} \sum_{i=1}^{s} \int_{\text{等}\omega_i\text{面}} \frac{dS_{\omega_i}}{|\nabla_q \omega_i(\boldsymbol{q})|} \tag{2.122}$$

下面以一维晶格为例，分析态密度。如式(2.34)所示，一维单原子链 q 的取值为

$$q = \frac{b}{N} l = \frac{2\pi}{L} l$$

式中，l 为整数；L 是原子链的长度。

q 代表点在一维倒空间中均匀分布，每个 q 点的长度为 $2\pi/L$。考虑到 $\omega(q) = \omega(-q)$，如图 2.17 所示。则一维原子链的态密度为

$$D(\omega)d\omega = 2\frac{dq}{2\pi/L} \tag{2.123}$$

利用式(2.27)所示的色散关系可以得到

$$D(\omega) = 2\frac{dq/d\omega}{2\pi/L} = \frac{2N}{\pi} \frac{1}{\sqrt{\omega^2 - \omega_m^2}} \tag{2.124}$$

可见，$\omega = \omega_m$ 是态密度的奇点，称为范霍夫(von Hove)奇点。

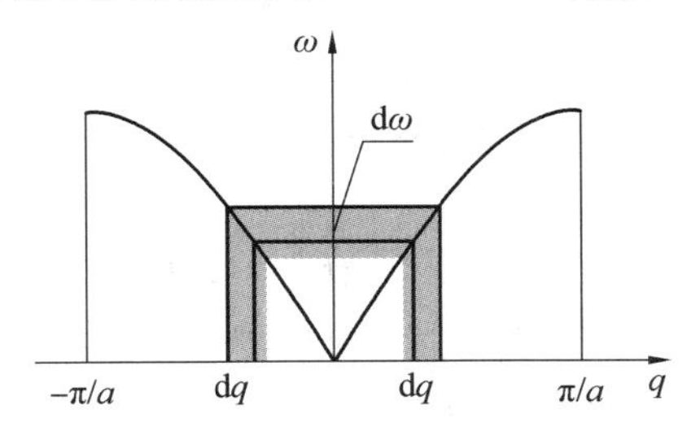

图 2.17 一维简单晶格的色散关系及 dq 与 dω 的对应关系

2.7.3 爱因斯坦模型

当温度很高时，对晶格比热有贡献的主要是高频声子。爱因斯坦假定，高温下所有格波的频率为常数，等于 ω_E。假定晶体中共有 N_0 个原子，则共有 $3N_0$ 个格波，不计零点能时，由式(2.112)可以得到晶格振动的总能量为

$$\bar{E}=3N_0\frac{\hbar\omega_E}{e^{\hbar\omega_E/k_BT}-1}\tag{2.125}$$

式中，N_0是阿伏加德罗常数。

按定容热容的定义，可以得到1 mol晶体的晶格比热为

$$C_V=\left(\frac{\partial U}{\partial T}\right)_V=\frac{\partial \bar{E}}{\partial T}=3N_0k_B\left(\frac{\theta_E}{T}\right)^2\frac{e^{\theta_E/T}}{(e^{\theta_E/T}-1)^2}\tag{2.126}$$

式中，$\theta_E=\hbar\omega_E/k_B$ 具有温度量纲，称为爱因斯坦温度。

下面分析高温和低温比热。

当 $T\gg\theta_E$ 时，$(e^{\theta_E/T}-1)\to\theta_E/T$，则

$$C_V\approx 3N_0k_B$$

可见，高温下，爱因斯坦模型预测的晶格比热与实验规律相符合。

在低温下，即 $\theta_E/T\gg 1$，则由式(2.124)可得

$$C_V\approx 3N_ok_B(\theta_E/T)^2e^{-\theta_E/T}\tag{2.127}$$

当 $T\to 0$ K时，$C_V\to 0$，这一结果与比热在温度趋于零时的实验规律定性吻合，但其趋于零的行为近于 $e^{-\theta_E/T}$。然而，实验发现，当温度趋于零时，晶格比热以 T^3的形式趋于零，表明爱因斯坦模型在处理低温晶格比热时存在很大困难。

爱因斯坦模型主要针对的是晶格的高温比热，对高温比热有贡献的主要是高频晶格振动(ω_E 一般在红外频段)。从图2.11中可以看出，高频晶格振动的频率变化平缓，用爱因斯坦频率代表平均频率有一定道理。低温下，对比热有贡献的主要是低频声学声子，难以用平均频率表示所有格波的振动，所以爱因斯坦模型不适合分析晶格的低温比热。

2.7.4 德拜模型

德拜(Debye)模型的目标是计算晶格的低温比热。计算晶格比热的前提是给出晶格热振动能量，式(2.114)表明计算晶格比热的核心是给出晶格振动的态密度表达式。由式(2.121)可知，色散关系 $\omega=\omega(\boldsymbol{q})$是计算态密度的关键，只有在色散关系已知的情况下，才能确定等 ω 面的形状以及 $|\nabla_q\omega(\boldsymbol{q})|$ 与 $\boldsymbol{q}$ 的函数关系。德拜认为对晶格低温比热有贡献的主要是长声学格波，而长声学格波与连续介质中的弹性波相似，所以德拜假定长声学格波的色散关系如下：

$$\omega(q)=\begin{cases}c_lq & \text{(对纵声学格波)}\\ c_tq & \text{(对横声学格波)}\end{cases}\tag{2.128}$$

式中，c_l和c_t分别为晶体纵弹性波和横弹性波的波速。

1. 德拜模型的态密度

鉴于态密度的重要性，下面从一维晶格到三维晶格逐一介绍态密度的计算方法。

(1)一维晶体(原子链)格波态密度。

一维晶格振动格波波矢 q 的取值为 $q=(2\pi/L)l(-N/2\leqslant l<N/2$ 为整数，L 为晶体的长度)。在 b 轴$[-\pi/a,\pi/a)$区间内均匀分布着 N 个 q 的取值点。两个相邻 q 点之间的间距为

$$L_q=\frac{2\pi}{L} \tag{2.129}$$

L_q相当于一个 q 所占的长度，则一维晶格倒空间的态密度为 $L/2\pi$。根据式(2.124)和德拜模型(线性色散关系)，考虑到一维简单晶格只有纵声学格波，且 $\omega(q)=\omega(-q)$，则一维晶格的态密度为

$$D(\omega)=2\,\frac{\mathrm{d}q/\mathrm{d}\omega}{2\pi/L}=\frac{L}{\pi c_l} \tag{2.130}$$

(2)二维晶体格波态密度。

仿照三维晶格振动的分析(见 2.4 节)，利用周期性边界条件，可以得到二维晶格振动波矢 $\boldsymbol{q}$ 的取值如下：

$$\boldsymbol{q}=\frac{l_1}{N_1}\boldsymbol{b}_1+\frac{l_2}{N_2}\boldsymbol{b}_2 \tag{2.131}$$

式中，l_1和 l_2是整数，即 $\boldsymbol{q}$ 是分立取值的；N_1和 N_2分别为单胞基本矢量 $\boldsymbol{a}_1$和 $\boldsymbol{a}_2$方向的原胞数目；$\boldsymbol{b}_1$和 $\boldsymbol{b}_2$是倒格子基本矢量。

式(2.131)表明，在 $\boldsymbol{b}_1$和 $\boldsymbol{b}_2$张开的倒空间内，如果将所有 $\boldsymbol{q}$ 的取值用点(坐标为$(l_1/N_1,l_2/N_2)$)表示，$\boldsymbol{q}$ 取值点是均匀分布的，如图 2.18 所示。一个 $\boldsymbol{q}$ 的取值点在倒空间所占的面积 S_q为

$$S_q=c_0\cdot\left(\frac{\boldsymbol{b}_1}{N_1}\times\frac{\boldsymbol{b}_2}{N_2}\right)=\frac{c_0\cdot(\boldsymbol{b}_1\times\boldsymbol{b}_2)}{N} \tag{1.132}$$

式中，c_0是垂直于 $\boldsymbol{b}_1$和 $\boldsymbol{b}_2$方向的单位矢量；$N=N_1\times N_2$是二维晶体的总单胞数；$c_0\cdot(b_1\times b_2)$是倒易原胞的面积，其值为$(2\pi)^2/S_c$，S_c 是二维晶格原胞的面积，所以

$$S_q=\frac{(2\pi)^2}{NS_c}=\frac{(2\pi)^2}{S} \tag{2.133}$$

式中，S 是二维晶体的面积。

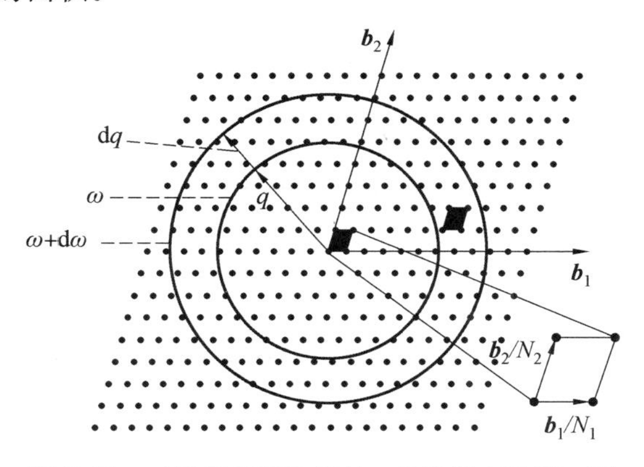

图 2.18 二维晶格振动波矢 $\boldsymbol{q}$ 的取值点及等 ω 面

由图 2.18 可知，二维情况下，式(2.121)中的等 ω 面变为等 ω 线，态密度可写作

$$D(\omega)=\frac{S}{(2\pi)^2}\int_{\text{等}\omega\text{线}}\frac{\mathrm{d}l_\omega}{|\nabla_q\omega(\boldsymbol{q})|} \tag{2.134}$$

式中，$\mathrm{d}l_\omega$ 是等 ω 线上的“线段元”。

根据德拜模型色散关系 $\omega=c_i q$（c_i代表纵声学波或横声学波的波速），则

$$|\nabla_q \omega(\boldsymbol{q})|=c_i \tag{2.135}$$

由于色散关系为 $\omega=cq$ 在倒空间是各向同性的，等 ω 线为圆，其周长为 $2\pi q$。利用式(2.134)和式(2.135)可得二维晶格格波态密度为

$$D(\omega)=\frac{S}{(2\pi)^2}\int_{等\omega线}\frac{dl_\omega}{|\nabla_q \omega(\boldsymbol{q})|}=\frac{S}{(2\pi)^2 c_i}\int_{等\omega线} dl_\omega$$

倒空间等 ω 线是周长为 $2\pi q$ 的圆，将 $\int_{等\omega线} dl_\omega=2\pi q$ 代入上式得

$$D(\omega)=\frac{S}{2\pi}\frac{q}{c}=\frac{S}{2\pi}\frac{\omega}{c_i^2} \tag{2.136}$$

二维晶体有一支纵声学格波和一支横声学格波色散关系，根据式(2.122)，总的态密度应是纵声学波态密度和横声学波态密度的和，即

$$D(\omega)=\frac{S\omega}{2\pi}\left(\frac{1}{c_l^2}+\frac{1}{c_t^2}\right) \tag{2.137}$$

令 $2/c^2\equiv 1/c_l{}^2+1/c_t{}^2$，可以得到二维晶格振动态密度为

$$D(\omega)=\frac{S\omega}{\pi c^2} \tag{2.138}$$

(3)三维晶体格波态密度。

由于德拜模型色散关系在倒空间是各向同性的，等 ω 面是球面，面积是 $4\pi q^2$，而且，$|\nabla_q \omega(\boldsymbol{q})|=c_i$。由式(2.121)可得每支色散关系对应的格波态密度为

$$D(\omega)=\frac{\Omega}{(2\pi)^3}\int_{等\omega面}\frac{dS_\omega}{|\nabla_q \omega(\boldsymbol{q})|}=\frac{\Omega}{(2\pi)^3 c_i}\int_{等\omega面} dS_\omega$$

式中，积分 $\int_{等\omega面} dS_\omega$ 等于等 ω 球面的面积 $4\pi q^2$，所以

$$D(\omega)=\frac{\Omega}{2\pi^2}\frac{q^2}{c}$$

将德拜模型的色散关系代入上式，可得纵声学波格波和横声学格波的态密度为

$$\begin{cases} D_l(\omega)=\dfrac{\Omega}{2\pi^2}\dfrac{\omega^2}{c_l^3} \\ D_t(\omega)=\dfrac{\Omega}{2\pi^2}\dfrac{\omega^2}{c_t^3} \end{cases} \tag{2.139}$$

三维晶体有一支纵声学格波色散关系，两支横声学格波色散关系，则三维晶体晶格振动的总态密度为

$$D(\omega)=D_l(\omega)+2D_t(\omega)=\frac{3\Omega}{2\pi^2}\frac{\omega^2}{c^3} \tag{2.140}$$

式中，$3/c^3\equiv 1/c_l{}^3+2/c_t{}^3$。

由于总的振动模式数应等于晶体总的自由度，则必然有

$$\int_0^{\omega_D} D(\omega)d\omega=3N_a \tag{2.141}$$

式中，N_a为晶体总的原子数；格波频率的最大值 ω_D 常称为德拜频率。

由式(2.140)和式(2.141)可得三维晶格的态密度为

$$D(\omega)=\frac{9N_a}{\omega_D^3}\omega^2 \tag{2.142}$$

2. 三维晶体的晶格比热

给出态密度的表达式以后，就可以计算晶格的热振动能量，进而得到晶格比热。这里讨论三维晶体的晶格比热。在不计零点能的情况下，将式(2.142)所示的态密度代入式(2.114)可得含有 N_a 个原子的晶体的晶格热振动能量为

$$\bar{E}=\int_0^{\omega_D}\left(\frac{\hbar\omega}{e^{\hbar\omega/k_BT}-1}\right)D(\omega)d\omega=9N_ak_BT\left(\frac{T}{\theta_D}\right)^3\int_0^{\theta_D/T}\frac{x^3}{e^x-1}dx \tag{2.143}$$

式中，$\theta_D=\hbar\omega_D/k_B$，具有温度量纲，称为德拜温度；$x=\hbar\omega/k_BT$ 为无量纲量。

晶格比热为

$$\begin{aligned}C_V&=\frac{\partial\bar{E}}{\partial T}=\frac{9N_a}{\omega_D^3}\int_0^{\omega_D}\frac{\partial}{\partial T}\left(\frac{\hbar\omega}{e^{\hbar\omega/k_BT}-1}\right)\omega^2d\omega\\&=9N_ak_B\left(\frac{T}{\theta_D}\right)^3\int_0^{\theta_D/T}\frac{x^4e^x}{(e^x-1)^2}dx\end{aligned} \tag{2.144}$$

图2.19给出了几种晶体的比热与温度的关系曲线，可以发现德拜模型与实验比较吻合。下面分析德拜模型的高温和低温晶格比热。

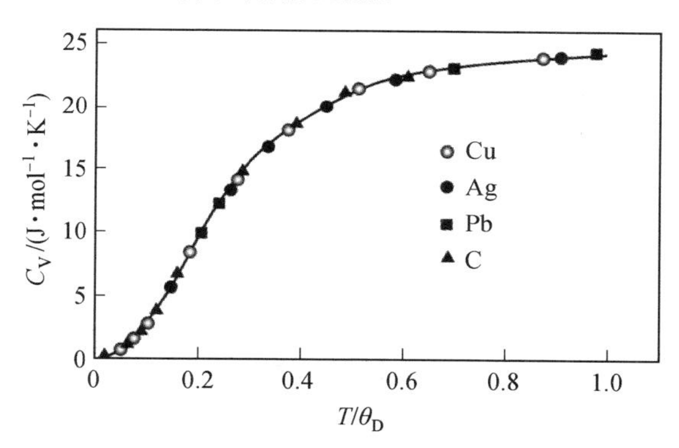

图2.19 几种元素晶体的比热与德拜模型的比较
(曲线为德拜模型的计算值)

(1)高温比热。

当温度较高时，$x\ll1$，$e^x\approx1+x$，式(2.144)可以简化为

$$\int_0^{\theta_D/T}\frac{x^4(1+x)}{x^2}dx=\int_0^{\theta_D/T}x^2dx$$

所以

$$C_V\approx3N_ak_B \tag{2.145}$$

式(2.145)表明，德拜模型给出的晶格高温比热与杜隆—珀替定律相吻合。

(2)低温比热。

当温度很低时，$T\ll\theta_D$，$x\to\infty$，此时

$$\int_0^{\theta_D/T}\frac{x^4e^x}{(e^x-1)^2}dx\approx\int_0^{\infty}\frac{x^4e^x}{(e^x-1)^2}dx=\frac{4\pi^4}{15} \tag{2.146}$$

将式(2.146)代入式(2.144)得低温比热为

$$C_V=\frac{12\pi^4}{5}N_a k_B\left(\frac{T}{\theta_D}\right)^3 \tag{2.147}$$

式(2.147)表明,温度很低时,德拜模型预测的晶格比热与 T^3 成正比,这就是著名的德拜 T^3 定律,其正确性为许多实验所证实。

大量的实验数据表明,当 $T<(1/30\sim1/12)\theta_D$ 时,非金属固体低温比热与德拜 T^3 定律相符。对金属而言,电子的低温比热与晶格比热相比不能忽略,金属的低温比热不满足德拜 T^3 定律。但扣除电子比热以后,金属比热仍然满足德拜 T^3 定律。

基于声子统计理论计算晶格比热模型的准确性取决于态密度函数的准确性,而态密度是由色散关系确定的。在一维情况下,低频声学格波的色散关系近似为线性,与德拜模型相契合。由图 2.11 所示的硅的晶格振动色散关系可以发现,低频声学格波色散关系与线性色散关系相近。德拜模型认为低频格波类似于连续介质的弹性波是合理的,所以晶格比热的德拜模型在低温下与实验比较符合。

尽管德拜模型在高频区域与实际差别很大,如图 2.20 所示,德拜模型所给出的某些晶体的高温晶格比热仍然与实验比较符合,如图 2.19 所示。这主要是因为在比热计算过程中利用的是态密度的积分,这种积分抹平了态密度在不同频段的误差。

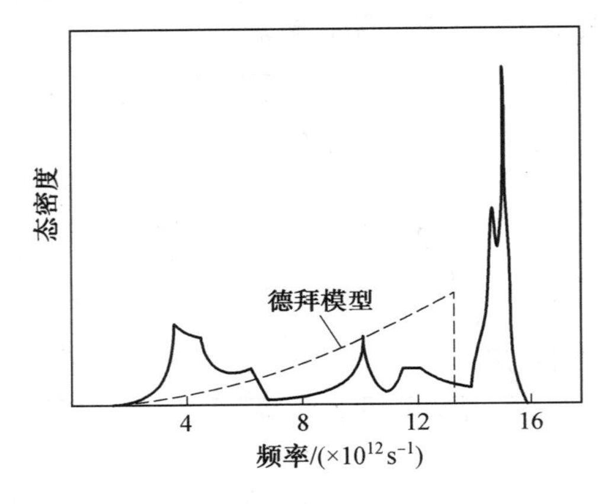

图 2.20 硅的声子态密度

德拜模型在计算低温晶格比热方面取得了很大成功,但也存在局限性。例如,实验发现,德拜温度不是一个常数而是与温度相关。造成德拜模型与某些实际晶体比热实验值存在误差的原因是实际晶体的色散关系远比德拜模型给出的线性色散关系要复杂。如图 2.20 所示,对硅晶体而言,只有在非常低的频率范围内,德拜模型给出的态密度才与实际相符合。

晶体的许多性质与德拜温度相关,德拜温度是描述晶格振动对晶体性质影响的重要物理量之一。另外,研究发现,对元素晶体而言,德拜温度与晶体的熔点有较好的对应关系,即

$$\theta_D=C\left[\frac{T_M}{AV_a^{\ 2/3}}\right]^{1/2} \tag{2.148}$$

式中,T_M 为晶体的熔点;C 为常数;A 为原子量;V_a 是原子体积。

2.8 晶体的热膨胀

原子间势能函数的简谐近似在处理晶格振动、分析晶格比热等方面取得了很大成功。但是,简谐近似不能对晶体的热膨胀和晶格热传导给出合理的解释。简谐近似忽略了势能函数展开式的三次方以上的高次项,为了分析晶体热膨胀等性能必须保留势能函数展开式的三次方以上的高次项,这些高次项称为非简谐项,与之对应的效应称为非简谐效应。本节主要分析非简谐效应对晶体热膨胀的影响。

2.8.1 热膨胀是非简谐效应

下面论证固体的热膨胀是非简谐效应。为了讨论问题的方便,以一维谐振子的热膨胀为例讨论原子间非简谐相互作用对热膨胀的影响。如果温度不是很高,可以在平衡位置附近对原子间势函数作如下展开:

$$V(x)=V(0)+\left.\frac{\partial V(x)}{\partial x}\right|_{x=0}x+\frac{1}{2}\left.\frac{\partial^2 V(x)}{\partial x^2}\right|_{x=0}x^2+\cdots$$

式中,x 是原子离开平衡位置的位移。平衡位置原子间的相互作用力为零,只保留到三次项,上式可以在形式上写为

$$V(x)=V_0+\beta x^2-gx^3 \tag{2.149}$$

原子离开平衡位置的平均距离可由玻尔兹曼统计平均给出

$$\bar{x}=\frac{\int_{-\infty}^{\infty}x\mathrm{e}^{-V(x)/k_BT}\mathrm{d}x}{\int_{-\infty}^{\infty}\mathrm{e}^{-V(x)/k_BT}\mathrm{d}x}=\frac{\int_{-\infty}^{\infty}x\mathrm{e}^{-(\beta x^2-gx^3)/k_BT}\mathrm{d}x}{\int_{-\infty}^{\infty}\mathrm{e}^{-(\beta x^2-gx^3)/k_BT}\mathrm{d}x} \tag{2.150}$$

式中,x 是原子离开平衡位置的位移,$\bar{x}$ 是其平均值。

如果原子间势能函数展开式中只保留到二次方项,即只考虑简谐项,式(2.150)右侧分子的被积函数是奇函数,则 $\bar{x}=0$。也就是说,只考虑原子间位能函数的简谐相互作用时,晶体不发生热膨胀。如图 2.21 所示,简谐近似情况下,温度升高后虽然原子振动的振幅增加,但其平均位置始终是晶体的平衡位置,从而不引起热膨胀。

当考虑到原子间势能函数的非简谐作用时,势函数曲线是不对称的,才会有热膨胀发生,如图 2.21 所示。对包含非简谐效应的非对称势能曲线而言,当温度升高时,原子振动加剧,振幅增加导致其平均位置沿 AB 移动,从而引起晶体的热膨胀。只考虑势函数二次方和三次方项的时候,原子的平均位移为

$$\bar{x}=\frac{\int_{-\infty}^{\infty}x\mathrm{e}^{gx^3/k_BT}\mathrm{d}x}{\int_{-\infty}^{\infty}\mathrm{e}^{gx^3/k_BT}\mathrm{d}x}\approx\frac{3g}{4\beta^2}k_BT \tag{2.151}$$

热膨胀系数为

$$\alpha=\frac{\partial\bar{x}}{a\partial T}=\frac{3gk_B}{4a\beta^2} \tag{2.152}$$

式中,a 是原子之间的平衡距离。

仅考虑势函数的三次方项时,热膨胀系数与温度无关。

由此可以得出结论，晶体的热膨胀是由原子间相互作用的非简谐项引起的。由于原子间吸引势能一般都要比排斥势能变化得平缓，所以绝大部分晶体呈现正膨胀特性。

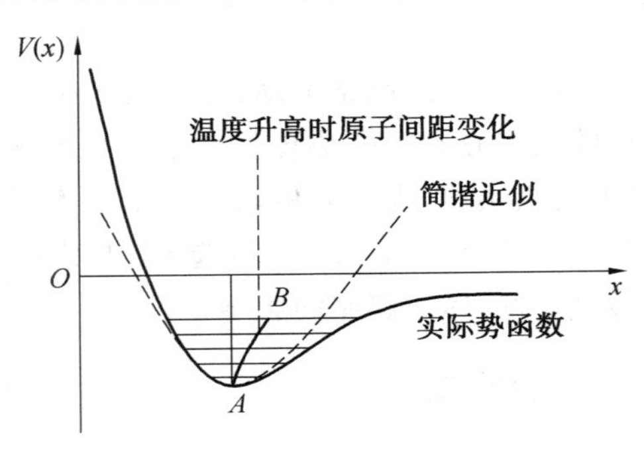

图 2.21 原子间势能函数曲线的对称性与晶体热膨胀的关系

2.8.2 固体的状态方程

根据热力学理论，如果已知晶体的自由能 $F=F(T,\Omega)$，Ω 是晶体的体积，就可以得到晶体的状态方程。因为

$$F=-S\mathrm{d}T-P\mathrm{d}\Omega$$

式中，P 是晶体的压强；S 是晶体的熵。

所以

$$P=-\left(\frac{\partial F}{\partial \Omega}\right)_T \tag{2.153}$$

按统计系综理论，晶体体系能量为 E_i 的概率密度分布函数为

$$p_i=\frac{1}{Z}\mathrm{e}^{-E_i/k_\mathrm{B}T} \tag{2.154}$$

式中，p_i 是概率密度；Z 是配分函数，且

$$Z=\sum_i \mathrm{e}^{-E_i/k_\mathrm{B}T} \tag{2.155}$$

$$F=-k_\mathrm{B}T\ln Z \tag{2.156}$$

对晶体体系而言，能量 E_i 包括两部分：一部分是原子处于平衡位置时的平衡晶格能量 U，另一部分是格波的振动能 $\bar{E}$。根据声子的玻色—爱因斯坦统计理论，格波的振动能由下式给出。

$$\bar{E}=\sum_{j=1}^{3sN}\left(n_j+\frac{1}{2}\right)\hbar\omega_j \tag{2.157}$$

式中，N 是原胞数；s 是每个原胞中的原子数。

配分函数式(2.155)需对体系的所有量子态求和，即对所有 n_j 求和，$n_j=0,1,2,\cdots$。

将式(2.157)代入式(2.155)可得

$$Z=\mathrm{e}^{-U/k_\mathrm{B}T}\prod_j \mathrm{e}^{-\frac{1}{2}(\hbar\omega_j)/k_\mathrm{B}T}\sum_{n_j=0}^{\infty}\mathrm{e}^{-n_j\hbar\omega_j/k_\mathrm{B}T} \tag{2.158}$$

式(2.158)中的求和是一个等比级数求和，求和后可得

$$Z = \mathrm{e}^{-U/k_{\mathrm{B}}T} \prod_j \mathrm{e}^{-\frac{1}{2}(\hbar\omega_j)/k_{\mathrm{B}}T} \left[\frac{1}{1 - \mathrm{e}^{-\hbar\omega_j/k_{\mathrm{B}}T}} \right] \tag{2.159}$$

将式(2.159)代入式(2.156)可得

$$F = U + \sum_j \left[\frac{\hbar\omega_j}{2} + k_{\mathrm{B}} T \ln(1 - \mathrm{e}^{-\hbar\omega_j/k_{\mathrm{B}}T}) \right] \tag{2.160}$$

将式(2.160)代入式(2.153)得到

$$P = -\frac{\mathrm{d}U}{\mathrm{d}\Omega} - \sum_j \left(\frac{\hbar}{2} - \frac{\hbar}{1 - \mathrm{e}^{-\hbar\omega_j/k_{\mathrm{B}}T}} \right) \frac{\mathrm{d}\omega_j}{\mathrm{d}\Omega} \tag{2.161}$$

式中，$\mathrm{d}\omega_j/\mathrm{d}\Omega$ 就是非简谐效应的体现。

式(2.161)可以改写为

$$P = -\frac{\mathrm{d}U}{\mathrm{d}\Omega} - \sum_j \left(\frac{\hbar\omega_j}{2} - \frac{\hbar\omega_j}{1 - \mathrm{e}^{-\hbar\omega_j/k_{\mathrm{B}}T}} \right) \frac{\mathrm{d}(\ln \omega_j)}{\Omega \mathrm{d}(\ln \Omega)} \tag{2.262}$$

格临爱森(Grüneisen)提出无量纲量 $\mathrm{d}(\ln \omega_j)/\mathrm{d}(\ln \Omega)$ 可以近似地认为对所有频率都相等，定义

$$\gamma = -\frac{\mathrm{d}(\ln \omega)}{\mathrm{d}(\ln \Omega)} \tag{2.163}$$

式中，γ 称为格临爱森常数，一般而言，γ 值为 1～3。

利用晶格振动能总能量的表达式(2.112)，式(2.162)可以改写为

$$P = -\frac{\mathrm{d}U}{\mathrm{d}\Omega} + \gamma \frac{\overline{E}}{\Omega} \tag{2.164}$$

式(2.164)为晶体的状态方程，也称格临爱森方程。方程右边第一项只与晶格的平衡能量有关，称为冷压；第二项与晶格振动能有关，称为热压。

2.8.3 热膨胀系数

晶体的体膨胀系数定义为

$$\alpha_V = \frac{1}{\Omega} \left(\frac{\partial \Omega}{\partial T} \right)_P \tag{2.165}$$

利用热力学关系

$$\left(\frac{\partial P}{\partial \Omega} \right)_T \left(\frac{\partial \Omega}{\partial T} \right)_P \left(\frac{\partial T}{\partial P} \right)_\Omega = -1$$

可得

$$\left(\frac{\partial \Omega}{\partial T} \right)_P = -\frac{\left(\frac{\partial P}{\partial T} \right)_\Omega}{\left(\frac{\partial P}{\partial \Omega} \right)_T} = \frac{\Omega}{B} \left(\frac{\partial P}{\partial T} \right)_V \tag{2.166}$$

式中，B 为晶体的体弹模量，且

$$B = -\Omega \left(\frac{\partial P}{\partial \Omega} \right)_T \tag{2.167}$$

利用格临爱森方程式(2.165)、式(2.167)和体膨胀系数的定义式(2.166)可以得到

$$a_V = \frac{\gamma}{B\Omega} C_V \tag{2.168}$$

由于 $\gamma/B\Omega$ 在很宽的温度范围内不随温度变化，所以晶体的体膨胀系数与温度的依赖关系与 C_V 类似，在低温下与 T^3 成正比。

式(2.168)表明，晶体的热膨胀系数与格临爱森常数成正比，而格临爱森常数是非简谐效应。在一维晶体中，已经得到

$$\omega^2 \propto K$$

K 实际上代表了势能函数展开式的二次项。所以，只保留简谐项时

$$\gamma = -\frac{\mathrm{d}(\ln \omega)}{\mathrm{d}(\ln \Omega)} = -\frac{\Omega}{\omega}\frac{\mathrm{d}\omega}{\mathrm{d}\Omega} \propto -\frac{\Omega}{\omega}\frac{\mathrm{d}K}{\mathrm{d}\Omega} \tag{2.169}$$

式(2.169)表明，若势能函数展开式中只保留二次方项，则 γ 为零，晶体不发生热膨胀。只有势能函数中保留了三次方以上的展开项时，γ 才不为零。所以，晶格热膨胀是非简谐效应。

2.9 晶格热传导

当固体中存在温度不均匀的情况时，就会发生热传导现象。热量在晶体中的热传导可以分为晶格热传导和价电子热传导两部分。金属的热导率由价电子热传导和声子热传导共同贡献，一般而言，金属热传导载体主要是电子，所以金属通常为热的良导体。而绝缘体的热传导机制主要是声子导热。本节主要论述晶格热传导。晶格热传导可以看成“声子气体”的热传导。

2.9.1 非简谐效应与晶格热传导

在简谐近似下，晶格振动可以看成相互独立线性谐振子，相互独立的声子之间没有相互作用，声子的平均自由程无限大，所以简谐近似不能描述晶格热传导。如果考虑非简谐效应，声子之间就会存在相互作用，声子的自由程只能取有限值。表2.1给出了某些晶体在不同温度下的声子平均自由程和热导率，可见声子的平均自由程随温度的降低急剧增加，但不可能取无限大值。所以，晶格的热传导现象是非简谐效应的一种体现。

表2.1 某些晶体在不同温度下的声子平均自由程(l)和热导率

晶体	T=273 K		T=77 K		T=20 K	
	热导率 /(W·(m·K)$^{-1}$)	l /nm	热导率 /(W·(m·K)$^{-1}$)	l /nm	热导率 /(W·(m·K)$^{-1}$)	l /nm
Si	150	43	1 500	2 700	4 200	410 000
Ge	70	33	300	330	1 300	45 000
SiO_2	14	9.7	66	150	7 600	75 000
CaF_2	11	7.2	39	100	85	10 000
NaCl	634	6.7	27	50	45	2 300
LiF	10	3.3	150	400	8 000	1 200 000

注：数据取自 BLAKEMORE J S. Solid State Physics[M]. Cambridge[Cambridgeshire]: Cambridge University Press, 1985: 134.

考虑原子之间的非简谐相互作用时，声子之间有相互作用，可以发生碰撞。用声子之间的相互作用表达非简谐效应，可以方便分析声子气体的热传导，由于声子间的相互碰撞，声子的平均自由程只能是有限值。

根据普通气体的热传导理论，声子气体的热导率可以表示为

$$K_l=\frac{1}{3}C_V\bar{v}l \tag{2.170}$$

式中，K_l 是晶格热导率；C_V 是晶体单位体积的定容晶格比热；$\bar{v}$ 是声子的平均速率；l 是声子的平均自由程。

2.9.2 声子间的碰撞过程

声子间的碰撞过程是一种三声子过程，即声子 1 和声子 2 相互碰撞产生声子 3。声子碰撞过程中满足动量守恒和能量守恒定律。声子间的碰撞过程可以分为正常过程和倒逆过程两种。

1. 正常过程(N 过程)

如图 2.22(a)所示，波矢为 $\boldsymbol{q}_1$ 的声子 1(频率为 ω_1)与波矢为 $\boldsymbol{q}_2$ 的声子 2(频率为 ω_2)的两个声子碰撞，所产生的第 3 个声子的波矢 $\boldsymbol{q}_3$(频率为 ω_3)仍然在第一布里渊区以内，这种过程称为正常过程或 N 过程(normal process)。由于碰撞过程遵守能量和动量守恒，所以

$$\begin{cases}\omega_1+\omega_2=\omega_3\\ \boldsymbol{q}_1+\boldsymbol{q}_2=\boldsymbol{q}_3\end{cases} \tag{2.171}$$

可见，在 N 过程中，碰撞前后声子的总能量和总动量并未发生变化，不产生热阻。但正常过程可以使声子间交换能量，对固体内部热平衡的建立有重要贡献。

2. 倒逆过程(U 过程)

若 $\boldsymbol{q}_1+\boldsymbol{q}_2=\boldsymbol{q}_3$ 比较大，以至于所产生的第三个声子的波矢落在第一布里渊区以外。由于 $\boldsymbol{q}$ 的取值要限定在第一布里渊区以内，所以，当 $\boldsymbol{q}_3$ 端点落在第一布里渊区外时，需要减去一个倒格矢以便声子的波矢依然在第一布里渊区以内，如图 2.22(b)所示。上述过程称为 U 过程(umklapp process)或倒逆过程，U 过程的能量和动量守恒关系为

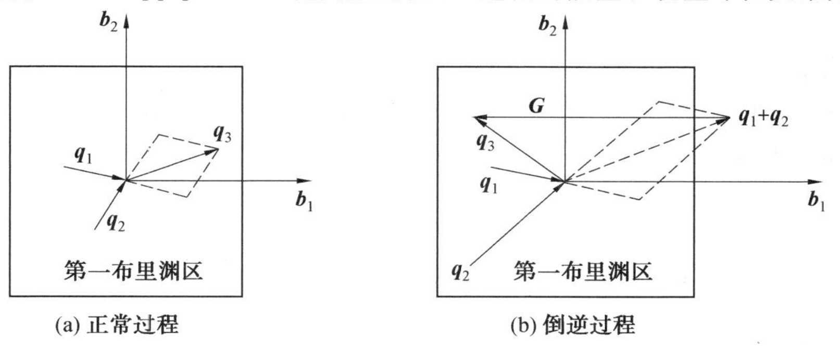

图 2.22 声子间碰撞的正常

$$\begin{cases}\omega_1+\omega_2=\omega_3\\ \boldsymbol{q}_1+\boldsymbol{q}_2=\boldsymbol{q}_3-\boldsymbol{G}\end{cases} \tag{2.172}$$

U过程使声子的运动方向产生了很大变化，改变了声子的总动量，减小了声子的平均自由程，从而产生热阻，避免了简谐近似声子热导率无限大。理想完整晶体的晶格热导率由声子间碰撞的倒逆过程所决定。可以利用声子的平均自由程讨论晶格热导率与温度的关系。

2.9.3 晶格热导率的影响因素

引入声子碰撞还可以方便地讨论晶体中的杂质、缺陷、晶界、相界等对声子的散射，进而分析它们对非完整晶体热导率的影响。

1. 温度的影响

下面定性分析晶格热导率与温度的关系。理想晶体的晶格热阻由U过程决定，声子的平均自由程可以近似地看成与平均声子数成反比，即

$$l\propto\frac{1}{\bar{n}} \tag{2.173}$$

式中，l为声子的平均自由程；$\bar{n}$为平均声子数。

(1)高温晶格热导率。

当$T\gg\theta_D$时，由声子的玻色—爱因斯坦统计分布规律可得平均声子数为

$$\bar{n}=\frac{1}{e^{\hbar\omega/k_BT}-1}\approx\frac{k_BT}{\hbar\omega} \tag{2.174}$$

高温时，声子的平均自由程与温度成反比，而比热近似为一常数(经典极限)，所以可得热导率在高温下与温度成反比，即

$$K_l\propto\frac{1}{T} \tag{2.175}$$

高温下晶格热导率随温度增加而降低可以作如下理解：当温度很高时，晶格振动时原子偏离平衡位置的位移增大，非简谐效应增强，声子碰撞概率增加；另外，声子数因为晶格振动加剧而增加。所以随温度升高，声子碰撞概率增加，自由程下降，晶格热导率也随之下降。

(2)中温晶格热导率。

如果温度较低，且满足$T<\theta_D$时，能够产生倒逆过程声子的波矢至少应为最短倒格矢的一半，相应的能量为$k_B\theta_D/2=\hbar w_D/2$。平均声子数近似为

$$\bar{n}\approx\frac{1}{e^{\frac{1}{2}\hbar\omega_D/k_BT}-1}\approx e^{-\theta_D/2T} \tag{2.176}$$

可见，声子的平均自由程随温度的降低迅速逐渐增大，近似有

$$l\propto\frac{1}{\bar{n}}\propto e^{\theta_D/2T} \tag{2.177}$$

依据德拜模型，可以认为晶格低温比热在中温区与T^α成正比，结合式(2.170)和式

(2.177),可得晶格低温热导率对温度的依赖关系为

$$K_l \propto T^{\alpha} e^{\theta_D/2T} \tag{2.178}$$

(3)低温晶格热导率。

当 $T \ll \theta_D$ 时,声子的平均自由程很大,如表 2.1 所示,此时,声子的平均自由程由晶体的尺寸决定,与温度无关,晶格热导率对温度的依赖关系与 C_V 对温度的依赖关系相同,根据德拜 T^3 定律,可得极低温度下晶格热导率与温度的依赖关系为

$$K_l \propto T^3 \tag{2.179}$$

以上分析表明,理想晶体的晶格热导率与温度的关系一定存在一个极值,即在某一温度下,晶格热导率最大,如图 2.23 所示。

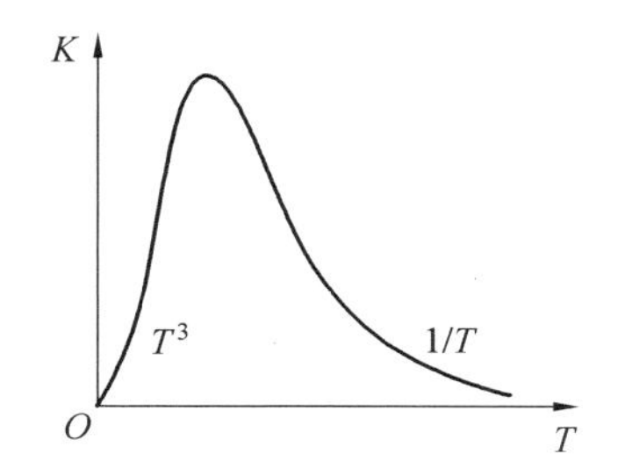

图 2.23 晶格热导率与温度关系示意图

2. 杂质的影响

杂质可以引起点阵畸变,增强非简谐效应,促进声子的相互作用;另外,杂质原子本身也可以散射声子。这两种作用均降低声子的平均自由程。所以通常情况下,晶体的杂质降低晶格热导率。

下面以 GaAs/GaP 体系为例分析杂质对晶格热导率的影响。图 2.24 示出了 GaAs/GaP 体系的热导率。在 GaAs 一侧,P 可以视为 GaAs 的杂质,而在 GaP 一侧,As 可以看作 GaAs 中的杂质。可以发现,随杂质含量的增加,无论是 GaAs 还是 GaP 的热导率均呈下降趋势。这表明杂质对声子引起了强烈的散射而减小了声子的平均自由程。

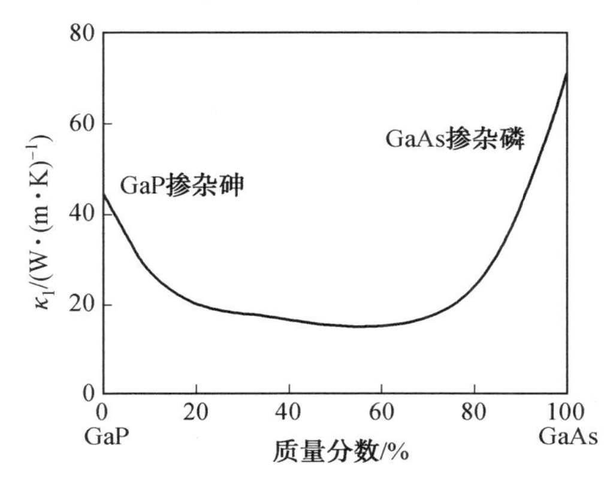

图 2.24 GaAs/GaP 体系的热导率

3. 晶体尺寸的影响

当温度很低时，声子平均自由程随温度降低而增加。当声子的平均自由程大于晶粒尺寸时，决定声子平均自由程的主要因素就变成了晶粒尺寸。如表2.1所示，LiF晶体20 K时的声子平均自由程为1 200 000 nm，若多晶体晶粒尺寸或单晶体的晶体尺寸小于理想晶体的声子平均自由程，声子的平均自由程简单地由界面（或表面）对声子的散射作用决定，声子的平均自由程就是晶体的尺寸。

在温度较低时，声子的平均自由程可以大于晶体的尺寸，此时，样品表面对声子的散射是限制声子平均自由程的决定性因素。晶体的尺寸越小，声子平均自由程越小。当温度较高时，声子的平均自由程远大于样品尺寸，则晶体的尺寸效应不明显。

对多相多晶材料而言，可能存在晶界、相界等界面。这些界面都可能构成声子的有效散射源，降低材料的热导率。可以通过设计晶粒尺寸、第二相的尺寸与分布等综合设计材料的热导率。

本章参考文献

[1] IBACH H, LÜTH H. Solid－State physics：an introduction to principles of materials science[M]. Berlin：Springer，2009.
[2] PATTERSON J, BAILEY B. Solid－state physics：introduction to the theory[M]. 2nd Edit. Berlin：Springer，2010.
[3] 陆栋，蒋平，徐至中. 固体物理学[M]. 2版. 上海：上海科学技术出版社，2010.
[4] 吴代鸣. 固体物理基础[M]. 北京：高等教育出版社，2007.
[5] 黄昆. 固体物理学[M]. 韩汝琦，改编. 北京：高等教育出版社，1988.
[6] 谢希德，陆栋. 固体能带理论[M]. 上海：复旦大学出版社，1998.
[7] 费维栋. 固体物理[M]. 3版. 哈尔滨：哈尔滨工业大学出版社，2020.
[8] 顾秉林，王喜坤. 固体物理学[M]. 北京：清华大学出版社，1989.
[9] 陈长乐. 固体物理学[M]. 西安：西北工业大学出版社，1998.
[10] KITTEL C. Introduction to Solid State Physics[M]. 8nd Edit. Singapore：Wiley，2004.

第3章　金属自由电子理论

第2章讨论了晶体中的离子(原子)运动规律,接下来着重讨论价电子行为。价电子的简单模型是由索末菲(Sommerfeld)等人建立的金属自由电子理论。自由电子模型比较合理地描述了简单金属的导电行为,并有效阐明了金属的热性质。尽管自由电子理论模型过于简单,但其中的许多概念和结论对理解复杂金属中电子运动规律依然具有指导意义。本章在阐述自由电子量子理论的基础上,重点介绍电子态密度和费米能级等基本概念,最后讨论自由电子体系的导电和比热等基本物理性质。

3.1　金属自由电子的量子理论

金属中的某个价电子所受的势场包括两部分,一是其他所有价电子的排斥库仑势;二是位于晶格格点上所有离子的库仑吸引势。自由电子模型认为这两部分势场的和是常数(可以选作零),认为金属中的价电子是相互独立的无相互作用的量子理想电子气体,所以也将金属中自由电子体系称为“自由电子气”。自由电子模型完全忽略了价电子间和电子—离子的相互作用,其运动规律满足薛定谔方程,统计规律满足泡利(Pauli)不相容原理及费米—狄拉克(Fermi—Dirac)统计分布。

为了正确描述金属的电阻特性,假定电子与离子之间存在弹性碰撞。若 $1/\tau$ 表示单位时间内电子同离子发生碰撞的平均概率,τ 则代表碰撞过程中的弛豫时间或平均自由时间,它与电子的位置和速度无关。相邻两次碰撞的平均距离,则称为电子的平均自由程(l)。电子通过同离子的碰撞与周围环境达到热平衡。这种近似称为弛豫时间近似。如果没有弛豫时间近似,电子在外场作用下,将不断被加速,不能描述金属电阻的特性。

3.1.1　自由电子的能级及波函数

1. 自由电子波函数与能级

考虑体积为 Ω 的金属中,有 N_e 个价电子。索末菲模型中的价电子是相互独立的,所有价电子均满足形式一样的薛定谔方程。由于电子的势函数为零,单电子所满足的薛定谔方程为

$$-\frac{\hbar^2}{2m}\nabla^2\varphi(\boldsymbol{r})=E\varphi(\boldsymbol{r}) \tag{3.1}$$

式中,$\varphi(\boldsymbol{r})$ 是单粒子波函数;m 是电子质量。

式(3.1)可以写作

$$\begin{cases}\nabla^2\varphi(\boldsymbol{r})+k^2\varphi(\boldsymbol{r})=0\\ k=\dfrac{\sqrt{2mE}}{\hbar}\end{cases}\tag{3.2}$$

式中，$k=\sqrt{2mE}/\hbar$ 为电子波矢；m 为电子质量。

解式(3.2)得

$$\begin{cases}\varphi(\boldsymbol{r})=\dfrac{1}{\sqrt{\Omega}}\mathrm{e}^{\mathrm{i}\boldsymbol{k}\cdot\boldsymbol{r}}\\ E=\dfrac{\hbar^2k^2}{2m}\end{cases}\tag{3.3}$$

式中，$1/\sqrt{\Omega}$ 为归一化常数。

式(3.3)表明自由电子波函数为简谐平面波，电子的动量为 $\hbar\boldsymbol{k}$，电子能量为 $\hbar^2k^2/2m$，与 $\boldsymbol{k}$ 的方向无关，仅仅取决于 k 的大小。图 3.1 示出了 E 与 k 的函数关系以及 $\boldsymbol{k}$ 空间等能面的示意图。

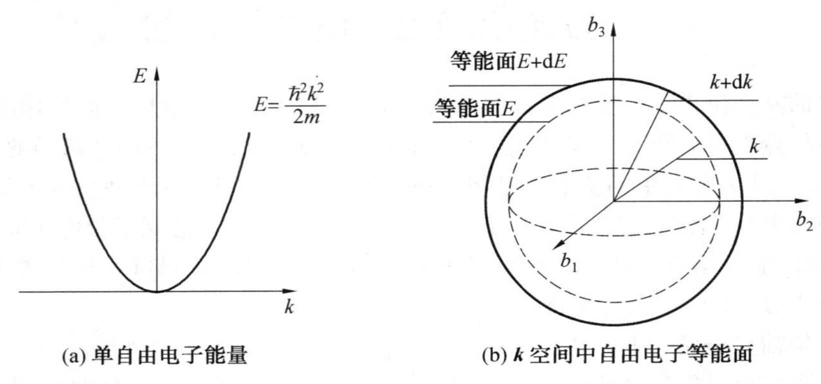

图 3.1 单自由电子能量和 $\boldsymbol{k}$ 空间中自由电子等能面示意图

2. 周期边界条件及 k 的取值

假定金属晶体在单胞基矢 $\boldsymbol{a}_1$、$\boldsymbol{a}_2$ 和 $\boldsymbol{a}_3$ 方向上原胞数分别为 N_1、N_2 和 N_3。原胞总数为 $N=N_1\times N_2\times N_3$。与处理晶格振动边界条件类似，假想有无穷多个与实际晶体完全一样的晶体，每个晶体中相同位置处的电子态相同。周期性边界条件可以表述为

$$\begin{cases}\varphi(\boldsymbol{r}+N_1\boldsymbol{a}_1)=\varphi(\boldsymbol{r})\\ \varphi(\boldsymbol{r}+N_2\boldsymbol{a}_2)=\varphi(\boldsymbol{r})\\ \varphi(\boldsymbol{r}+N_3\boldsymbol{a}_3)=\varphi(\boldsymbol{r})\end{cases}\tag{3.4}$$

将电子波矢 $\boldsymbol{k}$ 在倒空间展开

$$\boldsymbol{k}=k_1\boldsymbol{b}_1+k_2\boldsymbol{b}_2+k_3\boldsymbol{b}_3\tag{3.5}$$

将式(3.3)中的波函数表达式代入式(3.4)，并利用式(3.5)可以得到

$$\begin{cases} k_1=\dfrac{l_1}{N_1} & (l_1=0,\pm 1,\pm 2\cdots) \\ k_2=\dfrac{l_2}{N_2} & (l_2=0,\pm 1,\pm 2\cdots) \\ k_3=\dfrac{l_3}{N_3} & (l_3=0,\pm 1,\pm 2\cdots) \end{cases} \tag{3.6}$$

在周期性边界条件的约束下，$\boldsymbol{k}$ 分立取值，相应电子的能量也是不连续的。但是，对于宏观晶体，晶体尺度很大(单胞的数目很多)，相邻能级的间隔很小，可以认为电子能级 E 是准连续的。

3.1.2 自由电子体系的能态密度

电子的态密度是指单位能量间隔内电子态的数目。如果用 $g(E)$ 表示态密度，则 $g(E)\mathrm{d}E$ 代表 $E \sim E+\mathrm{d}E$ 能量区间的电子态的数目。这里从倒空间 $\boldsymbol{k}$ 点分布出发，分析自由电子气的态密度。

由于晶格振动格波和自由电子波函数具有相似的指数形式，对比式(2.69)和式(3.6)可以发现，$\boldsymbol{k}$ 的取值与声子波矢 $\boldsymbol{q}$ 的取值形式上完全相同，所以可以利用讨论晶格振动态密度的方法分析自由电子的态密度。式(3.6)表明，自由电子波矢 $\boldsymbol{k}$ 是分立取值的，所以可以将自由电子波矢 $\boldsymbol{k}$ 的取值在倒空间用点表示出来，其位置矢量即 $\boldsymbol{k}=k_1\boldsymbol{b}_1+k_2\boldsymbol{b}_2+k_3\boldsymbol{b}_3$。显然，在倒空间中，$\boldsymbol{k}$ 点是均匀分布的。

每个 $\boldsymbol{k}$ 在倒空间中都与一个点对应，这些 $\boldsymbol{k}$ 的代表点构成了一个"三维格子"，这个三维格子的最小重复单元是由 $\boldsymbol{b}_1/N_1$、$\boldsymbol{b}_2/N_2$ 和 $\boldsymbol{b}_3/N_3$ 构成的平行六面体，其体积相当于一个 $\boldsymbol{k}$ 点在倒空间所占的体积。如果用 V_k 表示一个 $\boldsymbol{k}$ 点所占的体积，则有

$$V_k=\frac{\boldsymbol{b}_1}{N_1}\cdot\left(\frac{\boldsymbol{b}_2}{N_2}\times\frac{\boldsymbol{b}_3}{N_3}\right)=\frac{\boldsymbol{b}_1\cdot(\boldsymbol{b}_2\times\boldsymbol{b}_3)}{N} \tag{3.7}$$

式中，$\boldsymbol{b}_1\cdot(\boldsymbol{b}_2\times\boldsymbol{b}_3)$ 是倒格子原胞的体积(见1.5节)，等于 $(2\pi)^3/V_C$(V_C 是正空间原胞的体积)，所以

$$V_k=\frac{8\pi^3}{\Omega}$$

式中，Ω 是晶体的体积。

$\boldsymbol{k}$ 空间的态密度(倒空间单位体积内 $\boldsymbol{k}$ 点的数目)为

$$\frac{1}{V_k}=\frac{\Omega}{8\pi^3} \tag{3.8}$$

如图3.1(b)所示，$k\sim k+dk$ 区间内 $\boldsymbol{k}$ 的数目可以由 $k\sim k+dk$ 之间的球壳的体积 $(4\pi k^2\mathrm{d}k)$ 除以 V_k 而得到，即

$$\rho(k)\mathrm{d}k=\frac{4\pi k^2\mathrm{d}k}{V_k} \tag{3.9}$$

式中，$\rho(k)\mathrm{d}k$ 为 $k\sim k+\mathrm{d}k$ 之间 $\boldsymbol{k}$ 点的数目。

由于自由电子的能量在倒空间($\boldsymbol{k}$ 空间)是各向同性的，等能面是球面，如图3.1(b)所示。所以有

$$g(E)\mathrm{d}E=2\rho(k)\mathrm{d}k \tag{3.10}$$

式中，$g(E)\mathrm{d}E$ 是 $E \sim E+\mathrm{d}E$ 能量区间的电子态的数目，式中的因子 2 是考虑到电子有两种自旋状态（自旋向上或向下）而引入的，即一个空间状态实际上包含了自旋相反的 2 个电子态；$g(E)$是自由电子体系的态密度。

由式(3.3)、(3.9)、(3.10)可以得到

$$g(E)=\frac{\Omega}{2\pi^2}\left(\frac{2m}{\hbar^2}\right)^{3/2}\sqrt{E}=C\sqrt{E} \tag{3.11}$$

式中，

$$C=\frac{\Omega}{2\pi^2}\left(\frac{2m^2}{\hbar^2}\right)^{3/2}$$

有时使用单位体积的态密度是方便的，单位体积的态密度为

$$\bar{g}(E)=\frac{g(E)}{\Omega}=\frac{1}{2\pi^2}\left(\frac{2m}{\hbar^2}\right)^{3/2}\sqrt{E} \tag{3.12}$$

式中，$\bar{g}(E)$是单位体积的态密度。

3.1.3 费米能级与化学势

1. 费米－狄拉克分布与化学势

自然界存在两种微观粒子，一种是自旋量子数为整数的玻色子，如光子、胶子等；另一种是自旋量子数为半整数的费米子，例如，电子、质子和中子的自旋量子数均为 1/2，都是费米子。全同费米子体系满足泡利不相容原理。泡利不相容原理是指：一个由全同费米子组成的体系中，不能有两个（或两个以上）的粒子处于完全相同的量子态。

电子是费米子（自旋量子数为半整数，电子的自旋量子数为 1/2），满足泡利不相容原理。对自由电子波而言，量子态可用两个参数（也称量子数）描述，一个是描述空间波函数（见式(3.3)）的量子数 $\boldsymbol{k}$，另一个是描述电子自旋的量子数（自旋向上或向下）。所以，自由电子体系中，不存在两个电子具有相同 $\boldsymbol{k}$ 值同时还具有相同的自旋取向。

金属中的自由电子遵从泡利不相容原理和费米－狄拉克统计分布规律，温度为 T 时，能量为 E 的一个量子态被电子占据的概率(f)由费米－狄拉克分布函数确定，即

$$f(E,T)=\frac{1}{\mathrm{e}^{(E-\mu)/k_\mathrm{B}T}+1} \tag{3.13}$$

式中，μ 是电子的化学势；k_B 是玻尔兹曼常数。

当电子能量等于化学势时，$f=1/2$。

费米－狄拉克分布函数有时也简称为费米分布函数。式(3.13)是一个量子态被电子占据的概率，而不是能级 E 上的电子数，一个能级 E 可能对应多个量子态（简并），例如一个 $\boldsymbol{k}$ 对应于自旋向上和自旋向下两个状态。

化学势 μ 由电子数守恒确定。

$$N_e=\int_0^{\infty} f(E,T)g(E)\mathrm{d}E \tag{3.14}$$

式中，N_e是自由电子总数。

自由电子体系的总能量(E_t)可由下式给出。

$$E_t = \sum_{\text{量子态}} \frac{E}{e^{(E-\mu)/k_B T} + 1} \tag{3.15}$$

式中，求和遍及电子的所有量子态。

由于电子的能级是准连续的，通常将上述求和用下面的积分代替，以克服求和困难。

$$E_t = \int \frac{E}{e^{(E-\mu)/k_B T} + 1} g(E) \mathrm{d}E \tag{3.16}$$

式中，$g(E)$是电子的态密度。

2. 费米能级与费米面

用泡利不相容原理分析 $T=0$ K 时能级被电子占据的情况。

依据泡利不相容原理，不可能有两个以上电子具有相同的波矢和自旋。$T=0$ K 时，电子要尽可能占据能量低的能级以保证体系的能量最低。在泡利不相容原理的约束下，电子从最低能级开始，从低到高逐一占据量子态。若自由电子总数(N_e)固定，一定存在电子所能填充的最高能级，称为费米能级，记为 E_F。如图 3.2 所示，当 $T=0$ K 时，E_F 以下的 N_e个电子态全部被电子占据，E_F 以上的能级全部未被占据。

下面从费米—狄拉克分布出发，进一步讨论费米能级的物理意义。令绝对零度下电子的化学势为 μ_0，根据式(3.13)，可以得到 $T\to 0$ K 时的费米分布函数

$$\lim_{T\to 0} f(E,T) = \begin{cases} 1 & (E<\mu_0) \\ 0 & (E>\mu_0) \end{cases} \tag{3.17}$$

式(3.17)表明，当 $T=0$ K 时，$E=\mu_0$ 以下的所有状态均被电子占据；$E=\mu_0$ 以上的所有能级全部未被占据。可见，费米能级就是 $T=0$ K 时电子化学势。

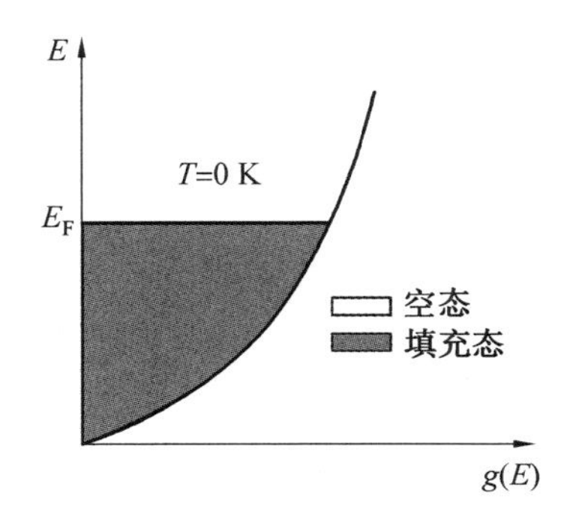

图 3.2　$T=0$ K 时自由电子体系的能级被电子占据的情况

由于 $T=0$ K 时费米能级以下所有状态均被电子占据，费米能级以下的电子态之和等于体系的自由电子总数，所以有

$$n = \frac{N_e}{\Omega} = \int_0^{E_F} \bar{g}(E) \mathrm{d}E \tag{3.18}$$

式中，$n=N_e/V$ 为电子浓度。

将式(3.12)代入式(3.18)，可得

$$\begin{cases} E_F = \dfrac{\hbar^2 k_F^2}{2m} \\ k_F = (3\pi^2 n)^{1/3} \end{cases} \tag{3.19}$$

式中，k_F 称为费米波矢，它只与电子浓度有关。

式(3.19)表明，电子浓度提高，费米能级随之升高。表 3.1 给出了若干金属的费米能级。

表 3.1 某些金属的费米能级、费米温度、费米波矢和费米速度

元素	E_F/eV	T_F/($\times 10^4$K)	k_F/(10^8cm^{-1})	v_F/($\times 10^8$cm·s^{-1})
Li	4.74	5.51	1.12	1.29
Na	3.24	3.77	0.92	1.07
K	2.12	2.46	0.75	0.86
Rb	1.85	2.15	0.70	0.81
Cs	1.59	1.84	0.65	0.75
Cu	7.00	8.16	1.36	1.57
Ag	5.49	6.38	1.20	1.39
Au	5.53	6.42	1.21	1.40
Be	14.3	16.6	1.94	2.25
Mg	7.08	8.23	1.36	1.58
Ca	4.69	5.44	1.11	1.28
Sr	3.93	4.57	1.02	1.18
Ba	3.64	4.23	0.98	1.13
Nb	5.32	6.18	1.16	1.37
Fe	11.1	13.0	1.71	1.98
Mn	10.9	12.7	1.70	1.96
Zn	9.47	11.0	1.58	1.83
Cd	9.47	8.68	1.40	1.62
Hg	7.13	8.29	1.37	1.58
Al	11.7	13.6	1.75	2.03
Ga	10.4	12.1	1.66	1.92
In	8.63	10.1	1.51	1.74
Tl	8.15	9.46	1.46	1.69
S^n	10.2	11.8	1.64	1.90
Pb	9.47	11.0	1.53	1.83
Bi	9.90	12.5	1.61	1.87
Sb	10.9	12.7	1.70	1.96

注：表中数据取自基泰尔. 固体物理导论[M]. 8 版. 项金钟，吴兴惠，译. 北京：化学工业出版社，2005：112.

倒空间($\boldsymbol{k}$ 空间)中能量为 E_F 的等能面称为费米面。自由电子体系的等能面为球面，所以自由电子气体的费米面为球面，称为费米球。费米球的半径为费米波矢 $\boldsymbol{k}_F$。当 $T=0$ K时，费米面以内的状态全部为电子所占据，费米面以外的状态全部是空的。与费米能级相关的物理量还有费米动量($\boldsymbol{p}_F$)、费米速度($\boldsymbol{v}_F$)和费米温度(T_F)等，这些物理量的定义如下：

$$\begin{cases} \boldsymbol{p}_F \equiv \hbar \boldsymbol{k}_F \\ v_F \equiv \hbar \boldsymbol{k}_F / m \\ T_F \equiv E_F / k_B \end{cases} \tag{3.20}$$

3. 0 K 温度下电子的平均能量

$T=0$ K 时，金属自由电子气体处于基态，E_F 以下能级全部被占据($f=1$)，E_F 以上能级均未被占据($f=0$)。电子气基态总能量为

$$E_t^0 = \int_0^{E_F} g(E) E \mathrm{d}E \tag{3.21}$$

式中，E_t^0 为基态电子气的总能量。

将式(3.11)代入式(3.21)得

$$E_t^0 = \frac{3}{5} N_e E_F \tag{3.22}$$

$T=0$ K 时，每个电子的平均能量为

$$\bar{E} = \frac{E_t^0}{N_e} = \frac{3}{5} E_F \tag{3.23}$$

式(3.23)表明，即使在绝对零度下，电子气的平均动能也不为零，这是泡利不相容原理的必然结果，完全有别于经典力学。

3.1.4 温度对电子化学势的影响

由费米能级的定义可知，费米能级 E_F 是 $T=0$ K 下自由电子气体的化学势。当温度升高时，费米面附近的电子可以跃迁到费米面以上的量子态，导致费米面以下存在空态，而费米面以上的量子态也有电子占据，如图 3.3 所示。化学势(μ)由式(3.14)给出，即

$$N_e = \int_0^{\infty} f(E) g(E) \mathrm{d}E$$

下面讨论温度较低($k_B T \ll \mu$ 或 $T \ll T_F$)时化学势与温度的关系。式(3.14)可以理解为关于化学势(μ)的方程，由于 $f(E)$是关于变量 E 的复杂指数函数，如式(3.13)所示，式(3.14)只能近似求解。为了获得式(3.14)的近似解，引入函数 $y(E)$，其定义为

$$y(E) = \int_0^{E} g(E) \mathrm{d}E \tag{3.24}$$

若 $y(E)$对 E 的一阶、二阶、三阶导数分别记为 $y'(E)$、$y''(E)$和 $y'''(E)$，很显然，有

$$g(E) = y'(E) \tag{3.25}$$

利用式(3.25)，可以将式(3.14)改写为

$$N_e = \int_0^{\infty} f(E) y'(E) \mathrm{d}E \tag{3.26}$$

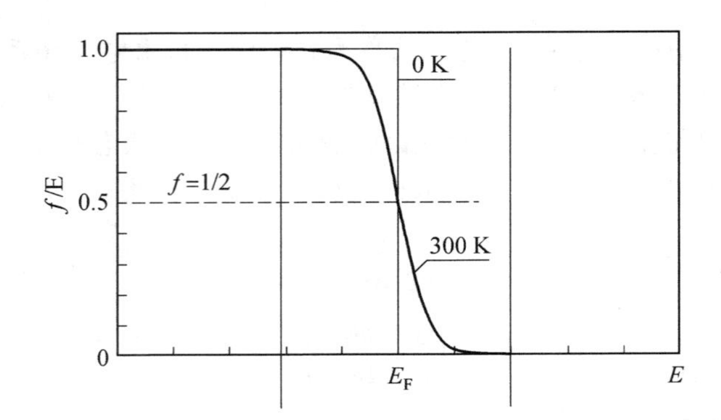

图 3.3 电子热激发后的费米一狄拉克分布示意图

利用分部积分，由式(3.26)可得

$$N_e = y(E)f(E)\Big|_0^\infty - \int_0^\infty y(E)\,\frac{\partial f}{\partial E}\mathrm{d}E \tag{3.27}$$

由于 $E=0$ 时，$y(0)=0$；而当 $E\to\infty$ 时，$f(E)\to 0$。所以，式(3.27)右边第一项为零，因此

$$N_e = -\int_0^\infty y(E)\,\frac{\partial f}{\partial E}\mathrm{d}E \tag{3.28}$$

式(3.28)的被积函数没有 $f(E)$，而是包含 $\partial f/\partial E$。图 3.4 示出了 0 K 下和低温下化学势附近费米函数微分($\partial f/\partial E$)曲线的示意图。(注意，$f=1/2$ 对应的能量就是化学势 μ)。可见，0 K 下，$\partial f/\partial E=-\delta(E-E_F)$ 是一个 δ 函数。当 $T\neq 0$ K 时，$\partial f/\partial E$ 是宽度很窄的峰函数，这可大幅度降低近似计算式(3.28)积分的复杂程度。这就是引进函数 $y(E)$ 进而进行分部积分的目的。

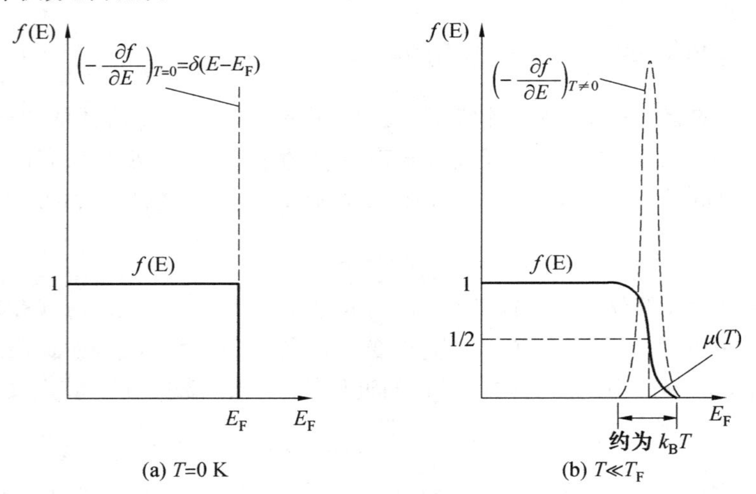

(a) T=0 K (b) $T\ll T_F$

图 3.4 费米一狄拉克分布函数及其对能量的导数

为了近似计算式(3.28)的积分，将函数 $y(E)$ 在化学势(μ)附近作泰勒展开

$$y(E)=y(\mu)+y'(\mu)(E-\mu)+\frac{1}{2}y''(\mu)(E-\mu)^2+\cdots \tag{3.29}$$

将式(3.29)代入式(3.28)可得

$$N_e = y(\mu)I_0 + y'(\mu)I_1 + y''(\mu)I_2 + \cdots \tag{3.30}$$

式中

$$\begin{cases} I_0 = -\int_0^{\infty} \frac{\partial f}{\partial E}\mathrm{d}E \\ I_1 = -\int_0^{\infty} \frac{\partial f}{\partial E}(E-\mu)\mathrm{d}E \\ I_2 = -\frac{1}{2}\int_0^{\infty} \frac{\partial f}{\partial E}(E-\mu)^2\mathrm{d}E \end{cases} \tag{3.30}$$

容易得出，$I_0=1$。令

$$x = \frac{E-\mu}{k_B T} \tag{3.31}$$

则费米—狄拉克分布函数为 $f=1/(\mathrm{e}^x+1)$，且

$$I_1 = -k_B T\int_{-\mu/k_B T}^{\infty} \frac{\partial f}{\partial x}x\,\mathrm{d}x \approx -k_B T\int_{-\infty}^{\infty} \frac{\partial f}{\partial x}x\,\mathrm{d}x \tag{3.32}$$

由于$\frac{\partial f}{\partial E}=-\frac{\mathrm{e}^x}{(\mathrm{e}^x+1)^2}$是 x 的偶函数，则$\frac{\partial f}{\partial E}x$ 是奇函数，所以，$I_1=0$。下面计算积分 I_2。

$$\begin{aligned} I_2 &= \frac{(k_B T)^2}{2}\int_{-\infty}^{\infty} \frac{\mathrm{e}^x}{(\mathrm{e}^x+1)^2}x^2\,\mathrm{d}x = \frac{(k_B T)^2}{2}\int_{-\infty}^{\infty} \frac{\mathrm{e}^{-x}}{(\mathrm{e}^{-x}+1)^2}x^2\,\mathrm{d}x \\ &= (k_B T)^2\int_0^{\infty} \frac{\mathrm{e}^{-x}}{(\mathrm{e}^{-x}+1)^2}x^2\,\mathrm{d}x \\ &= (k_B T)^2\int_0^{\infty} (\mathrm{e}^{-x} - 2\mathrm{e}^{-2x} + 3\mathrm{e}^{-3x} - \cdots)x^2\,\mathrm{d}x \\ &= \frac{\pi^2}{6}(k_B T)^2 \end{aligned} \tag{3.33}$$

将 I_0 和 I_2 值代入式(3.30)并略去高阶小量，可得

$$N_e = y(\mu) + y''(\mu)\frac{\pi^2}{6}(k_B T)^2 \tag{3.34}$$

将式(3.11)代入式(3.24)可得

$$y(E) = \frac{2}{3}CE^{3/2} \tag{3.35}$$

利用式(3.35)可以方便地给出 $y(\mu)$ 和 $y''(\mu)$ 的表达式。由式(3.18)可得

$$N_e = \int_0^{E_F} g(E)\mathrm{d}E = \int_0^{E_F} C\sqrt{E}\,\mathrm{d}E = \frac{2}{3}CE_F^{3/2} \tag{3.36}$$

将式(3.36)代入式(3.34)，并利用 $y(\mu)$ 和 $y''(\mu)$ 的表达式，可得

$$E_F^{3/2} = \mu^{3/2}\left[1 + \frac{\pi^2}{8}\frac{(k_B T)^2}{\mu^2}\right] \tag{3.37}$$

当 $k_B T \ll \mu$ 时，可得

$$\mu \approx E_F\left[1 - \frac{\pi^2}{12}\left(\frac{k_B T}{E_F}\right)^2\right] = E_F\left[1 - \frac{\pi^2}{12}\left(\frac{T}{T_F}\right)^2\right] \tag{3.38}$$

T_F 一般为 $10^4 \sim 10^5$ K 量级，式(3.38)在温度不是很高的情况下都是很好的近似。在室温附近，化学势与费米能级的差别非常小，如图 3.5 所示。图 3.5 中，分布函数与直线 $f=1/2$ 交点所对应的能量就是化学势，可见金属自由电子的化学势随温度升高而减小。在一般温度下，当精度要求不是特别高时，可以用费米能级代替化学势。绝对零度下的电子化学势才是严格意义上的费米能级。

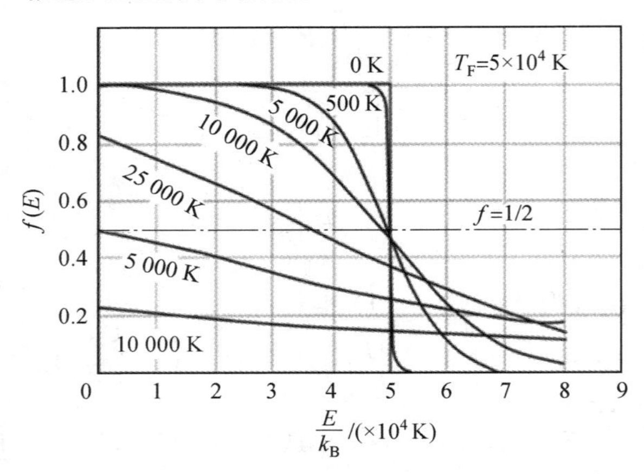

图 3.5 费米—狄拉克分布函数与温度的关系

3.2 自由电子气体的低温比热

通过计算自由电子气体的总能量，可以计算自由电子气体的比热。自由电子气体的总能量为

$$E_t = \int_0^\infty f(E)g(E)E\mathrm{d}E \tag{3.39}$$

式中，E_t 为自由电子体系的总能量；$g(E)$是态密度。

仿照 3.1.3 节的讨论处理式(3.39)的积分，为此，令

$$y_1(E) = \int_0^E g(E)E\mathrm{d}E \tag{3.40}$$

结合式(3.39)和式(3.40)，可得

$$E_t = \int_0^\infty f(E)y_1'(E)\mathrm{d}E \tag{3.41}$$

利用式(3.41)分部积分，可以得到

$$E_t = -\int_0^\infty y_1(E)\frac{\partial f}{\partial E}\mathrm{d}E \tag{3.42}$$

仿照 3.1.3 节的讨论，利用 $y_1(E)$的泰勒展开，并假定 $k_B T \ll \mu$，可以得到

$$E_t = y_1(\mu) + y_1''(\mu)\frac{\pi^2}{6}(k_B T)^2 \tag{3.43}$$

利用态密度的表达式和式(3.40)可以得到

$$E_t = \frac{3}{5}N_e E_F + \frac{\pi^2 N_e}{4}\frac{(k_B T)^2}{E_F} \tag{3.44}$$

所以，自由电子气体的单位体积比热为

$$C_V^e=\frac{\partial E_t}{\Omega\partial T}=\frac{\pi^2 nk_B}{2}\frac{T}{T_F} \tag{3.45}$$

式中，n 是电子浓度。

式(3.45)表明，在较低温度($k_B T\ll\mu$)下，自由电子气体的比热与温度成正比，并为实验所证实。这一结果完全不同于经典电子理论。按经典能量均分定理，1 mol 自由电子气体对固体比热的贡献为 $3R/2$，与温度没有关系。经典理论不能解释自由电子气体比热的主要原因是：经典统计理论认为所有电子均有可能获得热运动能量而处于较高的能量状态。然而，实际情况是自由电子气体受泡利不相容原理的约束，费米面附近的电子才可能跃迁至较高的量子态，只有这部分电子才对电子气体的比热有贡献。

下面粗略估计低温情况下，跃迁至费米面以上量子态的电子数目。当温度为 T 时，电子的热运动能量与 $k_B T$ 成正比，被热激发的电子份数正比于 $k_B T/E_F$。如果 N_e 是金属中自由电子总数，那么被热激发的电子数目 ΔN 与温度的关系为

$$\Delta N\propto N_e k_B T/E_F \tag{3.46}$$

T_F 一般为 $10^4\sim10^5$ K，即便是温度较高，热激发电子数目依然很小，相应自由电子气体的比热也很小，金属的高温比热主要由声子(晶格振动)贡献。

然而，在低温下，晶格比热正比于 T^3，趋于零的速度比电子比热要快，这种情况下，电子比热必须予以考虑。所以，金属的低温比热是由自由电子气和声子气体(晶格振动)的比热共同贡献的，结合第 2 章关于晶格振动的德拜模型，可将金属的低温比热写成如下形式：

$$C_V=\gamma T+bT^3 \tag{3.47}$$

式中，与温度成正比的一项是电子气对金属比热的贡献，与温度三次方成正比的一项是晶格振动对比热的贡献。

很显然，如果式(3.47)是正确的，利用 C_V/T 对 T^2 作图，C_V/T 与 T^2 的关系应为一条直线，直线的截距是式(3.47)中的系数 γ，斜率是式中的系数 b。图3.6示出了金属铜的 $C_V/T\sim T^2$ 关系曲线，可见理论与实验值比较相符。

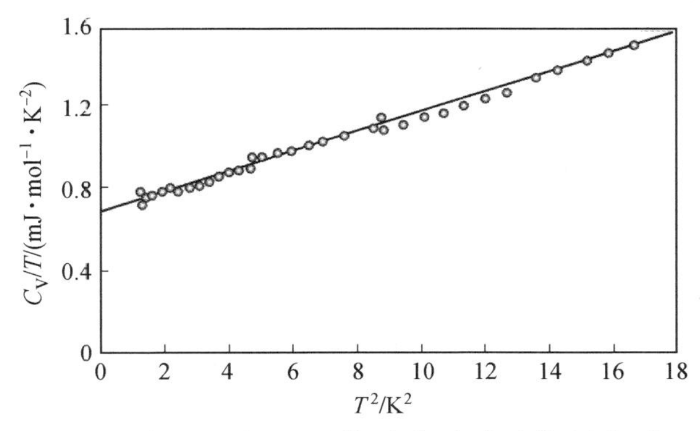

图 3.6 Cu 的低温比热的理论值(实线)与实验值(圆点)的比较

(数据取自 Corak W S. Atomic rieats of copper, silver, and gold from 1 K to 5 K[J]. Physical review, 1955, 98(6): 1699.)

表 3.1 给出了一些金属 γ 值的实验值和理论值。可以发现，有些金属理论值和实验值的差别还是比较大的。这种差别来源于索末菲电子理论本身的固有缺点，该理论忽略了电子一电子、电子一离子的相互作用，而这些相互作用对电子的能量和比热的影响常常是不能忽略的。

表 3.2 某些金属的 γ 值(以 mJ/(mol·K)为单位)

金属	理论值	实验值	金属	理论值	实验值
Li	0.749	1.63	Be	0.500	0.17
Na	1.094	1.38	Mg	0.992	0.30
Ca	0.505	0.695	Zn	0.750	0.64
Ag	0.645	0.646	Al	0.912	1.35

3.3 金属的电导率

金属中自由电子的电导可以看作外电场引起电子的定向漂移运动。下面将采用准经典方法处理外场对电子运动的影响，并利用玻尔兹曼方程讨论金属的电导率，最后简要分析温度和杂质对金属电导率的影响。

量子力学中用波包的群速度表示电子的速度，即

$$\boldsymbol{v}=\frac{1}{\hbar}\nabla_k E(\boldsymbol{k}) \tag{3.48}$$

式中，$\boldsymbol{v}$ 是电子速度；∇_k是 $\boldsymbol{k}$ 空间的梯度算符，

$$\nabla_k=\hat{\boldsymbol{k}}_x\frac{\partial}{\partial k_x}+\hat{\boldsymbol{k}}_y\frac{\partial}{\partial k_y}+\hat{\boldsymbol{k}}_z\frac{\partial}{\partial k_y} \tag{3.49}$$

式中，$\hat{\boldsymbol{k}}_x$，$\hat{\boldsymbol{k}}_y$，$\hat{\boldsymbol{k}}_z$ 是 $\boldsymbol{k}_x$、$\boldsymbol{k}_y$、$\boldsymbol{k}_z$ 方向的单位矢量。

根据经典近似，如果不考虑电子所受的阻力，电子在外场作用下做漂移运动的运动规律可表示为

$$\hbar\frac{\mathrm{d}\boldsymbol{k}}{\mathrm{d}t}=-e(\boldsymbol{E}_e+\boldsymbol{v}\times\boldsymbol{B}) \tag{3.50}$$

式中，$\boldsymbol{E}_e$ 是电场强度；$\boldsymbol{B}$ 是磁感应强度。

对于理想晶体，电子漂移运动的阻力主要来自声子的散射(即晶格振动对电子的散射)。对于非理想晶体，电子运动的阻力还来自晶体缺陷和杂质等的散射。

3.3.1 玻尔兹曼方程

电子分布函数随时间的变化是由外场作用下漂移运动和电子所受散射引起的阻力共同决定的，所以有

$$\frac{\partial f}{\partial t}=\left(\frac{\partial f}{\partial t}\right)_d+\left(\frac{\partial f}{\partial t}\right)_s \tag{3.51}$$

式中，$(\partial f/\partial t)_d$ 代表漂移运动引起的分布函数变化；$(\partial f/\partial t)_s$ 代表散射等阻力引起的分

布函数变化。

首先分析电子不受散射的漂移运动。由于没有散射，t 时刻相空间中$(\boldsymbol{r},\boldsymbol{k})$处的电子必然全部来源于 $t-\mathrm{d}t$ 时刻$(\boldsymbol{r}-\boldsymbol{v}\mathrm{d}t,\boldsymbol{k}-\dot{\boldsymbol{k}}\mathrm{d}t)$处的电子，所以有

$$f(r,\boldsymbol{k},t)=f(\boldsymbol{r}-\boldsymbol{v}\mathrm{d}t,\boldsymbol{k}-\dot{\boldsymbol{k}}\mathrm{d}t,t-\mathrm{d}t) \tag{3.52}$$

所以

$$\begin{aligned}\left(\frac{\partial f}{\partial t}\right)_d &=\lim_{\mathrm{d}t\to 0}\frac{f(\boldsymbol{r}-\boldsymbol{v}\mathrm{d}t,\boldsymbol{k}-\dot{\boldsymbol{k}}\mathrm{d}t,t-\mathrm{d}t)-f(\boldsymbol{r},\boldsymbol{k},t)}{\mathrm{d}t}\\ &=-\boldsymbol{v}\cdot\nabla f-\dot{\boldsymbol{k}}\cdot\nabla_k f\end{aligned} \tag{3.53}$$

将式(3.53)代入式(3.51)得

$$\frac{\partial f}{\partial t}+\boldsymbol{v}\cdot\nabla f+\dot{\boldsymbol{k}}\cdot\nabla_k f=\left(\frac{\partial f}{\partial t}\right)_s \tag{3.54}$$

式(3.54)称为玻尔兹曼方程。当体系达到平衡时，$\partial f/\partial t=0$，式(3.54)可以改写为

$$\boldsymbol{v}\cdot\nabla f+\dot{\boldsymbol{k}}\cdot\nabla_k f=\left(\frac{\partial f}{\partial t}\right)_s \tag{3.55}$$

然后分析散射引起的电子分布函数变化。严格处理散射(碰撞)对分布函数的影响非常复杂，这里利用弛豫时间近似分析散射引起的分布函数变化。当平衡分布被打破以后，电子体系通过散射弛豫到平衡分布状态，所以

$$\left(\frac{\partial f}{\partial t}\right)_s=-\frac{f-f_0}{\tau} \tag{3.56}$$

式中，f_0是平衡分布函数；τ 是弛豫时间。

式(3.56)积分可得

$$f=f_0+(f_i-f_0)\mathrm{e}^{-t/\tau} \tag{3.57}$$

式中，f_i 是系统在 $t=0$ 时的分布函数。

系统达到平衡时，由式(3.55)和式(3.56)可得

$$\boldsymbol{v}\cdot\nabla f+\dot{\boldsymbol{k}}\cdot\nabla_k f=-\frac{f-f_0}{\tau} \tag{3.58}$$

3.3.2 金属的电导率

假定金属在外电场作用下(外加磁场为零)，形成稳恒电流。由式(3.50)可得

$$\dot{\boldsymbol{k}}=\frac{\mathrm{d}\boldsymbol{k}}{\mathrm{d}t}=-\frac{e\boldsymbol{E}_e}{\hbar} \tag{3.59}$$

一般而言，费米－狄拉克分布函数 $f(\boldsymbol{k})$不依赖于空间坐标，所以，$\nabla f=0$。则由式(3.58)和式(3.59)得

$$f-f_0=\frac{e\tau}{\hbar}\boldsymbol{E}_e\cdot\nabla_k f \tag{3.60}$$

通常情况下，由于外电场远远小于晶体内部的电场，分布函数与平衡分布函数相差很小，$\nabla_k f$ 可用$\nabla_k f_0$ 代替，则式(3.60)可以改写为

$$f=f_0+\frac{e\tau}{\hbar}\boldsymbol{E}_e\cdot\nabla_k f_0 \tag{3.61}$$

上式表明，在外电场作用下，费米球在 $\boldsymbol{k}$ 空间发生刚性位移，其位移量为 $\delta\boldsymbol{k}=-e\tau\boldsymbol{E}_e/\hbar$。图 3.7(a)示出了当外加电场反平行于 x 轴时，费米球移动情况。图 3.7(b)则示出了与费米球移动相对应的分布函数的变化情况，可见只有费米面附近处分布函数才与平衡分布有明显的区别。这也表明，对导电有贡献的电子只是费米面附近的电子。

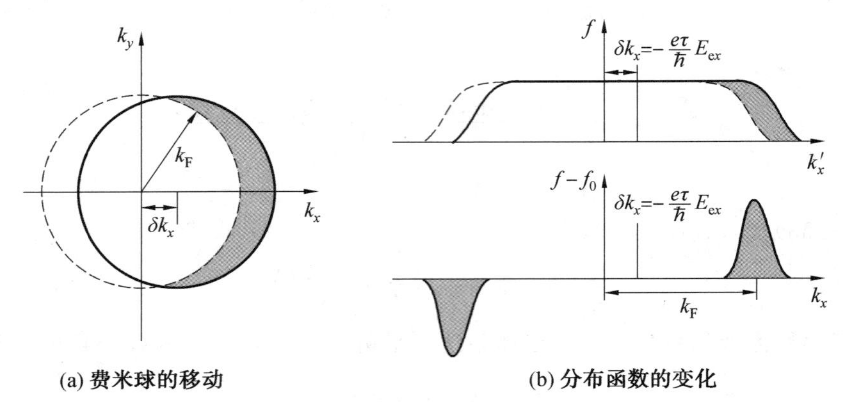

(a) 费米球的移动 (b) 分布函数的变化

图 3.7 沿 $-x$ 方向电场(E_{ex})作用下费米球的移动和分布函数的变化(虚线代表电场为零时的费米球和平衡费米－狄拉克分布，实线代表电场作用下的费米球和费米－狄拉克分布)

由式(3.8)可以知道 $\boldsymbol{k}$ 空间的态密度 $\Omega/8\pi^3$，则与正空间单位体积对应的 $\boldsymbol{k}$ 空间的态密度为 $1/8\pi^3$，考虑到电子自旋有两种取向，则电流密度矢量($\boldsymbol{J}$)为

$$\boldsymbol{J}=-\frac{1}{4\pi^3}\int e\boldsymbol{v}f\,\mathrm{d}\boldsymbol{k} \tag{3.62}$$

利用电子速度的定义，可以将 $\nabla_k f_0$ 改写成如下形式：

$$\nabla_k f_0=\frac{\partial f_0}{\partial E}\nabla_k E=\hbar\frac{\partial f_0}{\partial E}\boldsymbol{v} \tag{3.63}$$

将式(3.61)和式(3.63)代入式(3.62)可得

$$\boldsymbol{J}=-\frac{e}{4\pi^3}\int\boldsymbol{v}\left[f_0+e\tau\frac{\partial f_0}{\partial E}(\boldsymbol{v}\cdot\boldsymbol{E}_e)\right]\mathrm{d}\boldsymbol{k} \tag{3.64}$$

由于平衡分布没有电流产生，所以式(3.64)积分的第一项为零，则

$$\boldsymbol{J}=-\frac{\mathrm{e}^2}{4\pi^3}\int\tau\frac{\partial f_0}{\partial E}\boldsymbol{v}(\boldsymbol{v}\cdot\boldsymbol{E}_e)\mathrm{d}\boldsymbol{k} \tag{3.65}$$

如图 3.4 所示，$\partial f_0/\partial E$ 只有在费米能级附近显著异于零，所以用 δ 函数近似表达 $\partial f_0/\partial E$，即

$$\frac{\partial f_0}{\partial E}\approx-\delta(E-\mu)\approx-\delta(E-E_\mathrm{F}) \tag{3.66}$$

将式(3.66)代入式(3.65)可得

$$\boldsymbol{J}=\frac{\mathrm{e}^2}{4\pi^3}\int\tau\delta(E-E_\mathrm{F})\boldsymbol{v}(\boldsymbol{v}\cdot\boldsymbol{E}_e)\mathrm{d}\boldsymbol{k} \tag{3.67}$$

为了计算上式的积分，需要将 $\int\mathrm{d}\boldsymbol{k}\cdots$ 换成 $\int\mathrm{d}E\cdots$。如图 3.8 所示，$\boldsymbol{k}$ 空间 E 和 $E+\mathrm{d}E$ 两个等能面之间的距离为 $\mathrm{d}k_\perp$，若等能面上的面积元 $\mathrm{d}S$，则 $\boldsymbol{k}$ 空间体积元

$$\mathrm{d}\boldsymbol{k}=\mathrm{d}S\mathrm{d}k_{\perp}$$

又因为

$$\mathrm{d}k_{\perp}=\frac{\mathrm{d}E}{|\nabla_k E|}$$

则式(3.67)可以改写为

$$\boldsymbol{J}=\frac{\mathrm{e}^2}{4\pi^3}\iint\tau\delta(E-E_{\mathrm{F}})\boldsymbol{v}(\boldsymbol{v}\cdot\boldsymbol{E}_e)\frac{\mathrm{d}S\mathrm{d}E}{|\nabla_k E|} \tag{3.68}$$

利用 δ 函数的性质，上式可以写作

$$\boldsymbol{J}=\frac{\mathrm{e}^2}{4\pi^3}\int_{S_{\mathrm{F}}}\tau_{\mathrm{F}}\boldsymbol{v}(\boldsymbol{v}\cdot\boldsymbol{E}_e)\frac{\mathrm{d}S_{\mathrm{F}}}{|\nabla_k E|_{\mathrm{F}}} \tag{3.69}$$

式中，下标“F”代表费米面；速度 $\boldsymbol{v}$ 是费米速度；τ_{F} 是费米面上的弛豫时间；积分在费米面上进行。

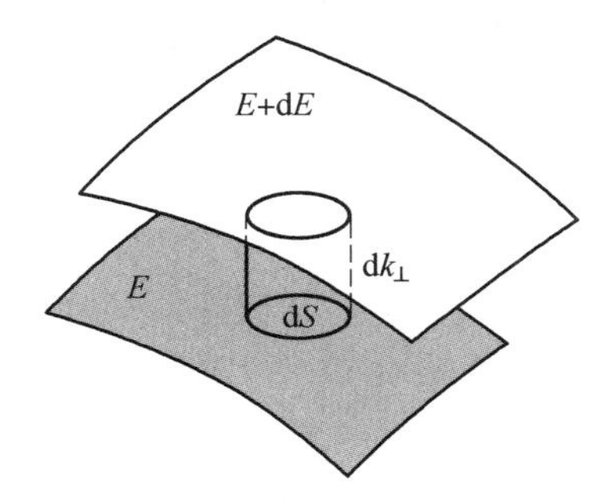

图 3.8　$\boldsymbol{k}$ 空间等能面及其体积元示意图

考虑各向同性的情况，且电场 $\boldsymbol{E}_e$ 沿 x 方向，电流也沿 x 方向，根据式(3.69)，可得

$$J_x=\frac{\mathrm{e}^2}{4\pi^3}\int_{S_{\mathrm{F}}}\tau_{\mathrm{F}}v_x^2\frac{\mathrm{d}S_{\mathrm{F}}}{|\nabla_k E|_{\mathrm{F}}}E_e \tag{3.70}$$

由欧姆(Ohm)定律 $J=\sigma E_e$，可得电导率 σ，

$$\sigma=\frac{\mathrm{e}^2}{4\pi^3}\int_{S_{\mathrm{F}}}\tau_{\mathrm{F}}v_x^2\frac{\mathrm{d}S_{\mathrm{F}}}{|\nabla_k E|_{\mathrm{F}}} \tag{3.71}$$

各向同性的情况下，$v_x^2=\frac{1}{3}v^2$；由式(3.48)电子速度的定义，可得 $|\nabla_k E|=\hbar v$；由式(3.19)有，$k_{\mathrm{F}}=(3n\pi^2)^{1/3}$（$n$ 是电子浓度），费米面的面积是 $4\pi k_{\mathrm{F}}^2$。则由式(3.71)可得金属自由电子气体的电导率为

$$\sigma=\frac{ne^2\tau_{\mathrm{F}}}{m} \tag{3.72}$$

以上分析表明对金属自由电子气体导电有贡献的是费米面附近的电子。式(3.72)中电导率之所以正比于电子浓度，是因为费米球半径随电子浓度增加而增加。费米球半径增加，费米面附近的电子数也随之增加。如果 l_{F} 和 v_{F} 分别是费米面处的平均自由程和速度，则式(3.72)可以写成下面的形式：

$$\sigma=\frac{ne^2 l_{\mathrm{F}}}{mv_{\mathrm{F}}} \tag{3.73}$$

实验表明，金属中自由电子的平均自由程随温度降低而增加。以铜为例，$T=300\ \mathrm{K}$

时，电子自由程为 30 nm；$T=4$ K 时，电子自由程为 3 mm。这与经典理论的预期大相径庭。按照量子力学，电子运动必须满足泡利原理。某一次散射能否发生取决于散射的终态是否为空态，如果散射的终态已经有电子占据，则该散射不能发生。低温下，只有少量电子可以跃迁至费米面以上能级，空态很少，与之相应电子的散射概率很低，导致电子的低温自由程很大。

3.3.3 温度对金属电阻率的影响

3.3.2 节分析表明，金属中自由电子的电导率由费米面处的弛豫时间决定，而弛豫时间是由电子所受的散射决定的。对实际金属而言，金属中的传导电子受到两个方面的散射，一是晶格振动（即声子）对电子的散射，二是金属中的缺陷对电子的散射。通常情况下，可以假定这两种散射是相互独立的。设想声子和缺陷对电子散射对应的弛豫时间分别为 τ_L 和 τ_D，由于散射概率与弛豫时间成反比，所以总的散射概率 τ 为

$$\frac{1}{\tau}=\frac{1}{\tau_L}+\frac{1}{\tau_D} \tag{3.74}$$

由式(3.72)可得

$$\rho=\frac{m}{ne^2}\frac{1}{\tau}$$

式中，ρ 为金属的电阻率。

所以

$$\rho=\rho_L+\rho_D \tag{3.75}$$

式中，ρ_L 是电子与声子（晶格）碰撞引起的电阻（称为本征电阻）；ρ_D 是电子同缺陷碰撞而引起的电阻（称为剩余电阻）。

式(3.75)常被称为马西森（Matthiessen）定则。

一般认为，在缺陷浓度很小时，ρ_L 与温度有关但不依赖于缺陷浓度；而 ρ_D 通常依赖于缺陷浓度，不依赖于温度。下面基于电子和声子碰撞定性分析本征电阻 ρ_L 与温度的关系。电子和声子的碰撞过程同两个实物粒子间的碰撞一样，满足动量守恒条件。当声子与电子碰撞使电子的动量方向($\boldsymbol{k}$)有改变时，就会引起电阻增加。

1. 高温本征电阻

当温度较高($\hbar\omega/k_BT\ll 1$)时，声子动量和能量均较大，电子与声子碰撞吸收或发射一个声子时，电子的动量改变很大。所以高温时，可以认为电子的散射概率正比与声子数，本征电阻与声子数成正比。平均声子数与温度的关系满足玻色一爱因斯坦分布：

$$\bar{n}=\frac{1}{e^{\hbar\omega/k_BT}-1}$$

当温度很高时，$\hbar\omega/k_BT\ll 1$，$\bar{n}\sim T$，可以近似认为高温下，本征电阻与温度成正比，即

$$\rho_L\propto T \tag{3.76}$$

图 3.9 示出了纯铜和 Cu－Ni 合金的电阻率与温度的关系（较高温度下），图中可见电阻率与温度呈线性关系。Ni 含量的增加可以看作缺陷（杂质原子）密度增加，从而引起剩余电阻增加。另外，不同 Ni 含量铜合金的电阻率与温度关系的斜率几乎相等，表明本

征电阻与杂质或缺陷的含量关系不大。

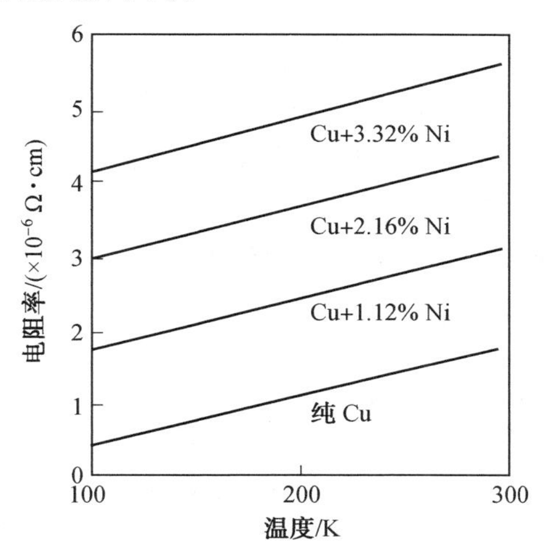

图 3.9 纯铜和 Cu—Ni 合金的电阻率与温度的关系

数据取自 Linde J O. Elektrische Eigenschaften verdünnter mischkristall-egierungen Ⅲ: widerstand von kupfer-und goldlegierungen gesetzmäβigkiten der widerstandserhöhungen[J]. Annalen der Physik, 1932,5(15):219.

2. 低温本征电阻

现在分析温度很低($T\ll\theta_D$)时本征电阻率与温度的依赖关系。低温下,只有动量和能量较小的声子才能被激发。此时,电子和声子的碰撞过程主要改变电子的动量方向,所以,分析金属低温本征电阻时,不仅要考虑声子数与温度的关系,还需分析电子—声子碰撞的细节。

电子—声子碰撞过程满足动量守恒,如图 3.10 所示,即

$$\boldsymbol{k}'=\boldsymbol{k}+\boldsymbol{q} \tag{3.77}$$

式中,$\boldsymbol{k}$ 和 $\boldsymbol{k}'$是电子碰撞前后电子的波矢;$\boldsymbol{q}$ 是声子的波矢。

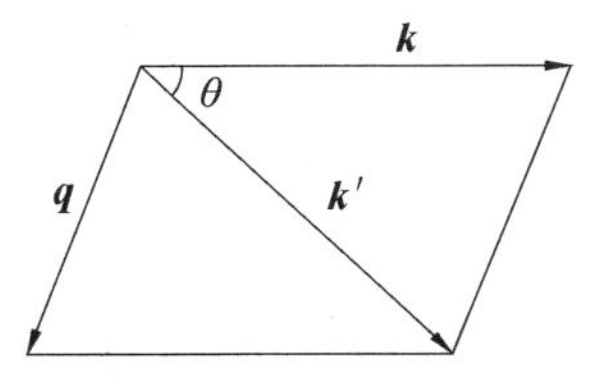

图 3.10 电子—声子散射动量守恒示意图

低温下,声子的动量较小,近似有 $k\approx k'$,可以近似认为碰撞过程中电子动量只有方向的改变,而引起本征电阻增加。根据图 3.10 所示的几何关系,可以得到电子动量相碰撞前后动量改变为

$$\Delta\hbar k=(1-\cos\theta)\hbar k\approx\frac{\theta^2}{2}\hbar k\propto\theta^2 \tag{3.78}$$

当 q 较小时,容易从图 3.10 得出 $\theta\propto q$,按德拜模型,低温声子波矢与频率成正比,而

声子的热运动能量与温度的关系为：$\hbar\omega \sim k_B T$。所以，可以得出

$$\Delta \hbar k \approx \frac{\theta^2}{2} \hbar k \propto T^2 \tag{3.79}$$

依据式(3.79)，可以认为，一个声子与电子碰撞对本征电阻的贡献正比于 T^2。由德拜模型可知，低温下声子数与 T^3 成正比。低温本征电阻对温度的依赖关系为

$$\rho_L \propto T^2 \cdot T^3 \propto T^5 \tag{3.80}$$

根据马西森规则，可以将金属的低温电阻率表达成下面的形式：

$$\rho = \rho_D + aT^5 \tag{3.81}$$

式中，a 为常数。

由于剩余电阻与温度无关，可以用来表征金属中的空位或杂质浓度。

图 3.11 所示为实验测得的金属 Na 的低温电阻。在约 8 K 以下，观察到与温度无关的剩余电阻，剩余电阻取决于样品的缺陷浓度。在较高的温度下，式(3.79)所描述的电阻率与温度关系逐渐变得明显，并且在 18 K 以上电阻率与温度关系逐渐呈现线性相关性。

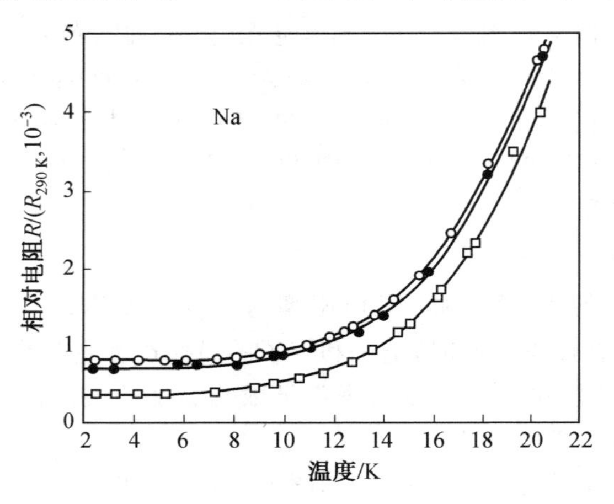

图 3.11　金属钠的低温电阻率(相对于 290 K 电阻率)与温度的关系

(数据点○、●和□是在不同缺陷浓度下测得的，表明缺陷浓度越高电阻率越大。数据取自 MacDonald D K C，Mendelssohn K. Resistivity of pure metals at low temperatures Ⅱ：the alkaline earth metals[J]. Proceedings of the royal society of Edinburgh：section a mathenatics，1950，202(1071)：523.)

3.4　金属的霍尔效应

前面讨论了自由电子气体在静电场下的运动特性及电导率，现在来分析当静电场和静磁场同时存在时自由电子的运动规律及霍尔(Hall)效应。这里使用准经典的方法处理金属在磁场中的电子运动行为，并假定外场较弱，不影响电子的能级结构。

首先基于自由电子理论分析金属霍尔效应的物理图像。金属的霍尔效应如图 3.12 所示。当在 x 方向施加电场($\boldsymbol{E}_e$)，在 z 方向施加磁场($\boldsymbol{B}$)时，电子在外电场的作用下获得沿 $-x$ 方向的漂移速度(v_x)。由于运动电荷要受到磁场的洛伦兹(Lorentz)力($\boldsymbol{F}$)的作

用，电子的漂移运动因受洛伦兹力而偏转，沿负 y 方向运动，由于样品尺寸效应，电子将终止在表面上，在 y 方向产生电场 E_y，这种现象称为霍尔效应，E_y 称为霍尔电场。

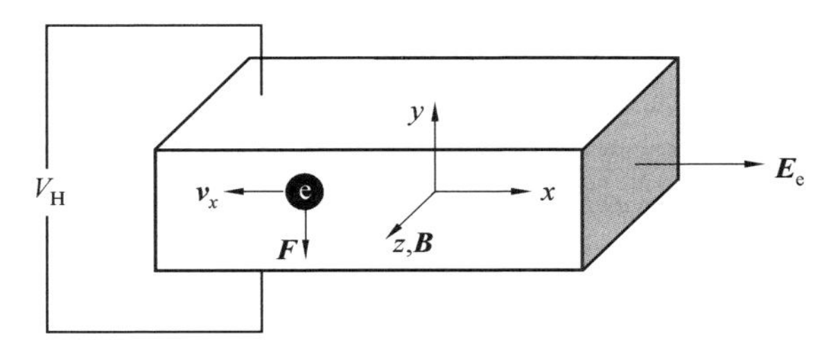

图 3.12 金属霍尔效应示意图

在外场作用下，电子的漂移运动满足如下方程：

$$m\left(\frac{\mathrm{d}\boldsymbol{v}}{\mathrm{d}t}+\frac{1}{\tau}\boldsymbol{v}\right)=-e(\boldsymbol{E}_e+\boldsymbol{v}\times\boldsymbol{B}) \tag{3.82}$$

式中，$\boldsymbol{v}$ 是电子的漂移速度；τ 是弛豫时间；$\boldsymbol{E}_e$ 是电场强度矢量；$\boldsymbol{B}$ 是磁感应强度矢量。

式(3.81)左边第二项是正比于速度的阻尼项。在稳恒状态下，$\mathrm{d}\boldsymbol{v}/\mathrm{d}t=0$。由式(3.81)可得电子的稳恒漂移速度分量为

$$\begin{cases} v_x=-\dfrac{e\tau}{m}E_x-\omega_c\tau\boldsymbol{v}_y \\ v_y=-\dfrac{e\tau}{m}E_y+\omega_c\tau\boldsymbol{v}_x \\ v_z=-\dfrac{e\tau}{m}E_z \end{cases} \tag{3.83}$$

式中，E_x，E_y，E_z 分别是沿 x，y，z 轴方向的电场强度分量；$\omega_c=eB/m$ 称为电子回旋频率。

电子回旋共振可以用来测量电子的有效质量。

在稳态情况下，$v_y=0$，则由式(3.82)可得

$$E_y=-\omega_c\tau E_x=-\frac{eB\tau}{m}E_x \tag{3.84}$$

利用式(3.72)所示的电导率公式可得

$$J_x=\frac{ne^2\tau E_x}{m} \tag{3.85}$$

式中，n 是载流子的浓度。

由式(3.83)和式(3.84)可得霍尔系数(R_H)，

$$R_H=\frac{E_y}{J_xB}=-\frac{1}{ne} \tag{3.86}$$

可见，在自由电子模型下，霍尔系数为是负值。表 3.3 给出了几种金属霍尔系数的观测值和由载流子浓度的计算值。一价金属钠和钾的测量值同理论值非常相符。而 Be、Al、In 和 As 的霍尔系数为正值，这是自由电子理论完全忽略了电子一电子、电子一离子相互作用造成的，表明了金属自由电子理论的局限性。

表 3.3 一些金属霍尔系数的实验值

金 属	实验方法	R_H 实验值/$\times10^{-24}$	每个原子载流子数	R_H 计算值/$\times10^{-24}$
Li	通常	－1.89	一个电子	－1.48
Na	螺旋波	－2.619	一个电子	－2.603
	通常	－2.3		
K	螺旋波	－4.946	一个电子	－4.944
	通常	－4.7		
Rb	通常	－5.6	一个电子	－6.04
Cu	通常	－0.6	一个电子	－0.82
Ag	通常	－1.0	一个电子	－1.19
Au	通常	－0.8	一个电子	－1.18
Be	通常	＋2.7	—	
Mg	通常	－0.92	—	
Al	螺旋波	＋1.136	一个电子	＋1.135
In	螺旋波	＋1.774	一个电子	＋1.780
As	通常	＋50	—	
Sb	通常	－22	—	
Bi	通常	－6 000	—	

注：表中数据引自基泰尔. 固体物理导论[M]. 8 版. 项金钟，吴兴惠，译. 北京：化学工业出版社，2005：112. 关于螺旋波方法参见该书第 14 章。

3.5 等离子体振荡与屏蔽库仑势

索末菲量子自由电子理论完全忽略了电子一电子和电子一离子之间的相互作用，将电子体系看成相互独立的自由电子气。虽然，自由电子理论在解释金属比热、电导率等方面取得了很大成功，但其局限性也是明显的。例如，在解释某些金属霍尔效应时遇到了困难。本节利用简单的凝胶模型讨论电子之间长程库仑相互作用电子气体的集体运动。

3.5.1 等离子体振荡及等离体子

设想电子在均匀的正电荷背景中运动(这就是凝胶模型)，若电子气的平均电荷浓度为$-en_0$，正电荷凝胶的电荷密度是en_0，以保证体系整体电中性。在没有扰动的情况下，正电荷和负电荷处处相等。假如因为某种扰动，空间$\boldsymbol{r}$处微区的电子浓度低于平均电荷密度，该区域的正电荷背景没有被完全中和，因而显示正电性吸引周围的电子向$\boldsymbol{r}$处聚集。当补充到$\boldsymbol{r}$处的电子浓度达到一定程度以后，这些电子又因电子之间的长程库仑排斥作用而远离该区域，这样就形成了电子浓度的规则振荡。这种电子气的集体振荡称为金属等离子体(plasma)振荡。

与处理晶格振动的思路相仿,首先用经典理论处理等离子体振荡,然后再考虑等离子振荡的量子化。假定 $\boldsymbol{r}$ 处的电子浓度为 $n(\boldsymbol{r},t)$,则该处的净电荷浓度为

$$\rho(\boldsymbol{r},t)=-e[n(\boldsymbol{r},t)-n_0] \tag{3.87}$$

式中,$\rho(\boldsymbol{r},t)$是 $\boldsymbol{r}$ 处的净电荷浓度。

由于电荷分布而产生的电场 $\boldsymbol{E}_e$ 由麦克斯韦(Maxwell)方程给出,即

$$\nabla\cdot\boldsymbol{E}_e=\frac{1}{\varepsilon_0}\rho(\boldsymbol{r},t) \tag{3.88}$$

式中,ε_0 是真空介电常数。

由牛顿第二定律可知

$$m\frac{\mathrm{d}\boldsymbol{v}}{\mathrm{d}t}=-e\boldsymbol{E}_e \tag{3.89}$$

式中,$\boldsymbol{v}$ 是电子的速度。

由于等离子体振荡的频率很大,其周期远小于弛豫时间,所以式(3.89)没有考虑电子的散射。

电荷流动须满足连续性方程,即

$$\frac{\partial(-en)}{\partial t}+\nabla\cdot(-en\boldsymbol{v})=0 \tag{3.90}$$

由于 $\rho(\boldsymbol{r},t)$很小,所以式(3.90)可以近似写作

$$\frac{\partial\rho}{\partial t}-en_0\nabla\cdot\boldsymbol{v}=0 \tag{3.91}$$

将式(3.91)对时间求导数可得

$$\frac{\partial^2\rho}{\partial t^2}-en_0\nabla\cdot\frac{\mathrm{d}\boldsymbol{v}}{\mathrm{d}t}=0 \tag{3.92}$$

结合式(3.88)、(3.89)、(3.92)可得

$$\frac{\partial^2\rho}{\partial t^2}+\omega_p^2\rho=0 \tag{3.93}$$

式中

$$\omega_p^2=\frac{e^2n_0}{m\varepsilon_0} \tag{3.94}$$

式(3.93)是等离子体振荡方程,其形式与格波的运动方程相似,ω_p是等离子振荡频率,量级约为 $10^{16}\,\mathrm{s}^{-1}$,金属电导的弛豫时间大致为 $10^{-12}\,\mathrm{s}$,可见在(3.89)中忽略电子散射引起的阻尼是合理的。图 3.13 给出了等离子振荡电子密度的分布示意图。可见,等离子体振荡是一种集体振荡在金属中传播。由于在前面的推导过程中只涉及了电场的散度,所以等离子体振荡是一种纵波振荡。如果等离子体振荡的波矢为 $\boldsymbol{q}$,则一般情况下有

$$\rho=\sum_{\boldsymbol{q}}A_{\boldsymbol{q}}\mathrm{e}^{-\mathrm{i}(\omega t-\boldsymbol{q}\cdot\boldsymbol{r})} \tag{3.95}$$

仔细计算表明,等离子振荡纵波的色散关系为

$$\omega^2(\boldsymbol{q})=\omega_p^2\left(1+\frac{3v_\mathrm{F}^2}{5\omega_p^2}q^2+\cdots\right) \tag{3.96}$$

式中，v_F 是费米速度。

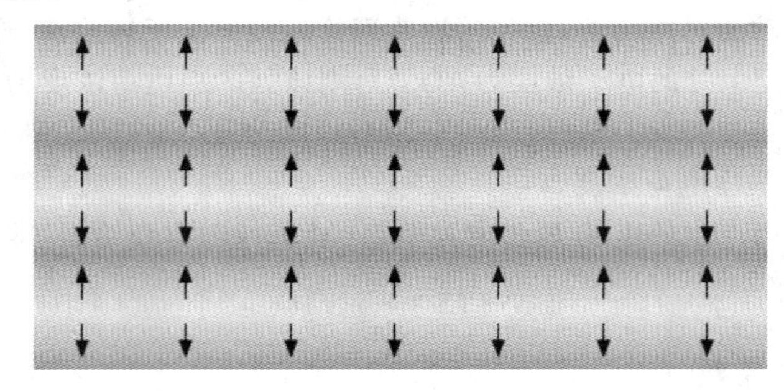

图 3.13 金属等离子体振荡电子浓度分布示意图(箭头为电子位移方向)

等离子体振荡是一种集体运动，可以仿照格波量子化的方法对等离子体振荡纵波进行量子化处理。式(3.93)是谐振子的振动方程，可以直接量子化，与等离子体振荡纵波对应的能量量子(准粒子)称为等离体子(plasmon)，其能量量子为 $\hbar\omega_p$。等离体子是玻色子，满足玻色—爱因斯坦分布。金属等离体子的能量一般为 5～30 eV，所以，一般很难用热激发的形式激发等离子体振荡。高能电子可以激发金属的等离子体振荡，而光只能在金属表面的反射区域激发等离子体振荡。

当高能电子入射到金属薄膜时，因为激发等离子体振荡而损失能量，因而可以通过电子能量损失谱研究金属等离子体振荡。图 3.14 示出了能量为 2 020 eV 高能电子金属铝和镁表面反射的能量损失谱。由于等离子体能量是量子化的，电子的能量损失只能是 $\hbar\omega_p$ 的整数倍，所以在损失谱中可见等间距的损失峰。另外图中能量损失谱包含了表面等离子体振荡和体等离子体振荡两套吸收谱，其中较低能量损失峰对应表面等离子体，而较高能量损失峰对应体等离子体。

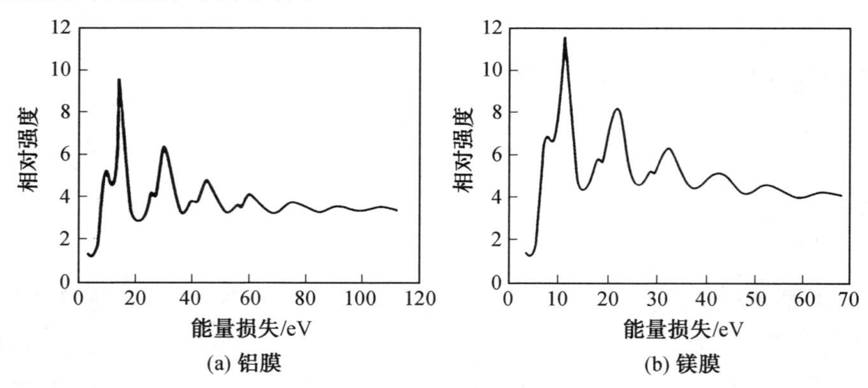

图 3.14 金属膜的电子能量损失谱

3.5.2 单电子激发

等离子体振荡是自由电子气的集体激发。现在分析自由电子的另外一种激发，即单电子激发(也称个别激发)。自由电子气的基态是费米球内所有量子态均被电子占据，费米球外的所有状态都未被电子占据。所谓单电子激发就是费米球内波矢为 $\boldsymbol{k}$ 的一个电子获得能量激发到费米球以外的 $\boldsymbol{k}+\boldsymbol{q}$ 的状态，在费米球内留下一个空穴。根据自由电子的能量表达式，可知激发一个电子所需的能量是

$$\begin{aligned} E &= \frac{\hbar^2}{2m}[(\boldsymbol{k}+\boldsymbol{q})^2-\boldsymbol{k}^2] \\ &= \frac{\hbar^2}{2m}(\boldsymbol{q}^2+2\boldsymbol{k}\cdot\boldsymbol{q}) \end{aligned} \tag{3.97}$$

式中，$k\leqslant k_{\mathrm{F}}$；$|\boldsymbol{k}+\boldsymbol{q}|>k_{\mathrm{F}}$。

如图 3.15(a)所示，当 $0<q<2k_{\mathrm{F}}$ 时，费米球内只有部分电子被激发到费米球以外的量子态，激发能量上限和下限分别为

$$\begin{cases} E_{\max}=\dfrac{\hbar^2}{2m}(q^2+2k_{\mathrm{F}}q) \\ E_{\min}=0 \end{cases} \tag{3.98}$$

如图 3.15(b)所示，当 $q>2k_{\mathrm{F}}$ 时，费米球内所有电子都可以激发到费米球外，激发能量上限和下限分别为

$$\begin{cases} E_{\max}=\dfrac{\hbar^2}{2m}(q^2+2k_{\mathrm{F}}q) \\ E_{\min}=\dfrac{\hbar^2}{2m}(q^2-2k_{\mathrm{F}}q) \end{cases} \tag{3.99}$$

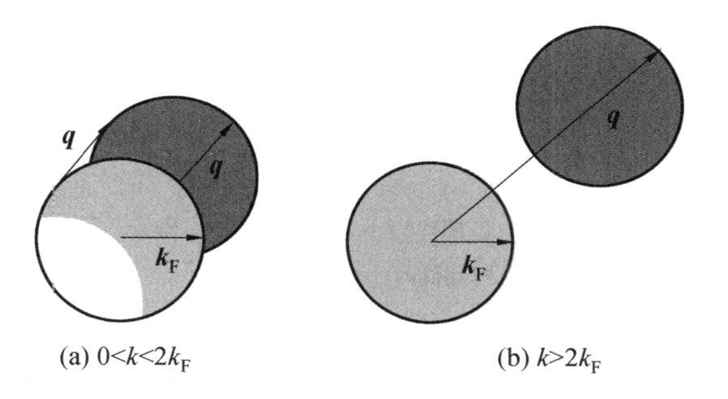

图 3.15 不同波矢下的单电子激发

图 3.16 给出了等离子体和单电子激发谱。等离子体色散关系和单电子激发所需最大能量 $E_{\max}\sim q$ 曲线的交点为(q_c,ω_c)。当 $q<q_c$ 时，$\hbar\omega_p>E_{\max}$，电子气体的单电子激发不能形成等离子体振荡。等离子体振荡只能通过高能电子或光辐照等方式产生，等离子体振荡一旦产生不可能衰减为多个单电子激发，此区域等离子体振荡是稳定的。当 $q>q_c$ 时，等离子体波长太短一般是不稳定的，通常只有单电子激发。

3.5.3 屏蔽库仑势

前已述及，金属自由电子气理论在多方面取得成功，说明在某种意义上讲金属中的价电子确实是近独立的。现在简要说明电子的库仑势被屏蔽为短程势。

设想位于原点的电荷 q 在 $\boldsymbol{r}$ 处产生的电势为 $\varphi(\boldsymbol{r})$，则 $\boldsymbol{r}$ 处的电子浓度为

$$n(\boldsymbol{r})=\int_0^{\infty}f(E-e\varphi)\bar{g}(E)\mathrm{d}E \tag{3.100}$$

式中，$f(E)$是费米—狄拉克分布函数，$\bar{g}(E)$是单位体积内自由电子的态密度。由于 $e\varphi$ 通

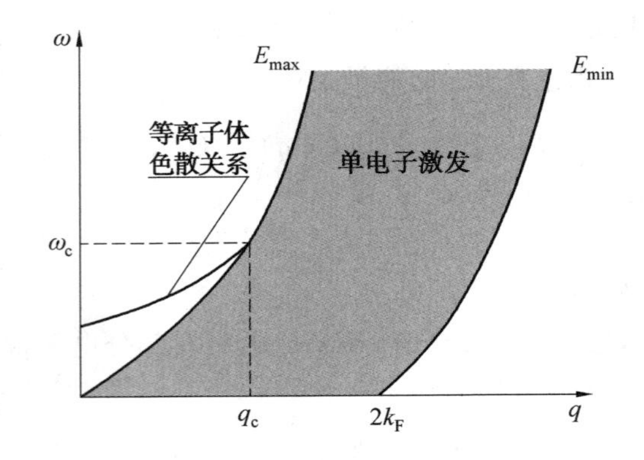

图 3.16 等离子体和单电子激发谱

常为小量，费米—狄拉克分布函数给以近似为

$$f(E-e\varphi)=f(E)-\frac{\partial f}{\partial E}e\varphi(\boldsymbol{r}) \tag{3.101}$$

前面已经讨论过，$\partial f/\partial E$ 具有 δ 函数的性质，即

$$\frac{\partial f}{\partial E}=-\delta(E-E_F)$$

所以，式(3.100)可以改写为

$$\begin{aligned} n(r) &= \int_0^{\infty}[f(E)+\delta(E-E_F)e\varphi]\bar{g}(E)\mathrm{d}E \\ &= n_0+e\varphi(\boldsymbol{r})\bar{g}(E_F) \end{aligned} \tag{3.102}$$

则空间电荷密度分布为

$$\begin{aligned} \rho(\boldsymbol{r},t) &= q\delta(\boldsymbol{r})-e[n(\boldsymbol{r},t)-n_0] \\ &= q\delta(\boldsymbol{r})-e^2\varphi(\boldsymbol{r})\bar{g}(E_F) \end{aligned} \tag{3.103}$$

式中，$q\delta(\boldsymbol{r})$表示原点处有点电荷 q，$\delta(\boldsymbol{r})$是 δ 函数。

式(3.102)所示的电荷分布产生的电势由泊松(Poisson)方程确定：

$$\nabla^2\varphi(\boldsymbol{r})=\frac{1}{\varepsilon_0}[-q\delta(\boldsymbol{r})+e^2g(E_F)\varphi(\boldsymbol{r})] \tag{3.104}$$

利用 $\delta(\boldsymbol{r})$、$\varphi(\boldsymbol{r})$的傅里叶(Fourier)变换

$$\begin{aligned} \varphi(\boldsymbol{r}) &= \frac{1}{(2\pi)^3}\int\varphi(\boldsymbol{k})\mathrm{e}^{\mathrm{i}\boldsymbol{k}\cdot\boldsymbol{r}}\mathrm{d}\boldsymbol{k} \\ \delta(\boldsymbol{r}) &= \frac{1}{(2\pi)^3}\int\mathrm{e}^{\mathrm{i}\boldsymbol{k}\cdot\boldsymbol{r}}\mathrm{d}\boldsymbol{k} \end{aligned} \tag{3.105}$$

将式(3.105)代入泊松方程式(3.104)得

$$\begin{cases} \varphi(\boldsymbol{k})=\dfrac{q}{(k^2-k_s^2)} \\ k_s^2=\dfrac{1}{\varepsilon_0}e^2g(E_F)=\dfrac{e^2mk_F}{\varepsilon_0\pi^2\hbar^2} \end{cases} \tag{3.106}$$

将式(3.106)代回到式(3.105)可得

$$\varphi(\boldsymbol{r})=\frac{1}{4\pi\varepsilon_0}\frac{q}{r}\mathrm{e}^{-k_sr} \tag{3.107}$$

式(3.107)表明原点处点电荷 q 产生的电势比单独一个电荷在真空中产生的电势多了一个衰减因子 $e^{-k_s r}$,即电子气对原点处电荷的电势具有明显的屏蔽效应,屏蔽因子是 $e^{-k_s r}$,如图 3.17 所示。

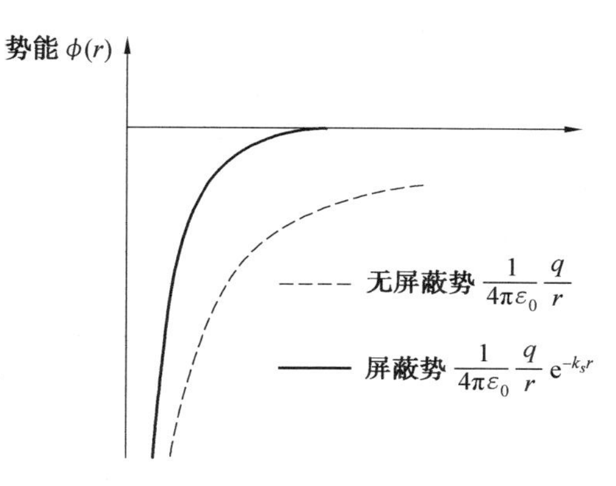

图 3.17 屏蔽势与无屏蔽势的比较

上述结果表明自由电子之间的相互作用势由长程库仑势被屏蔽为短程势。屏蔽长度 $1/k_s$ 数量级为 0.1 nm。由于 k_s 随 k_F 增加而增加,即随电子浓度的增加而增加。所以将金属中价电子近似看成是相互独立的自由电子气体具有合理性。

3.5.4 元激发与准粒子

至此,讨论了几种固体中粒子的集体运动,包括晶格振动格波形成的集体运动、电磁波与离子晶体横光学格波(长波情况下)耦合形成的集体运动,以及自由电子气体的等离子体振荡。这些振动或波动可以通过量子化的方法用"准粒子"来描述,晶格振动格波对应"声子"、电磁波与长光学横波耦合对应"电磁耦合子"、等离子体振荡对应"等离体子"。上述准粒子常被称为固体中的元激发。

一般情况下,固体中粒子之间、粒子自旋之间(见第 7 章)、带电粒子与电磁波之间存在相互作用,在某种激励下粒子做集体运动,表现为振动或波动。可以利用量子力学方法将上述粒子的集体运动量子化,其能量量子就是元激发。元激发具有粒子的性状,所以称为准粒子。元激发对应的准粒子可以分成玻色子和费米子两大类,玻色子服从玻色一爱因斯坦统计分布,而费米子服从费米一狄拉克统计分布。

声子是晶格振动(格波)的元激发,可以通过热激发产生。声子是最易被激发的一种元激发,只要温度高于绝对零度,声子数就不为零。电磁耦合子一般是红外光与离子晶体耦合才能被激发。而等离体子由于能量较高可以通过高能带电粒子或光辐照等方式激发。

需要强调的是,元激发是一种准粒子,不是真实的粒子,不能脱离固体而单独存在。元激发可以看作近独立的"理想气体",从而为研究许多物理问题带来了方便。例如,可用声子气体研究晶体的比热,也可利用电子一声子相互作用研究晶格振动对电子的散射。

本章参考文献

[1] 黄昆. 固体物理学[M]. 韩汝琦,改编. 北京:高等教育出版社,1988.
[2] KITTEL C. Introduction to solid state physics[M]. 8th Edit. Singapore: Wiley,2004.
[3] 吴代鸣. 固体物理基础[M]. 北京:高等教育出版社,2007.
[4] 陆栋,蒋平,徐至中. 固体物理学[M]. 2 版. 上海:上海科学技术出版社,2010.
[5] 方俊鑫,陆栋. 固体物理学(上册)[M]. 上海:上海科学技术出版社,1980.
[6] 陈长乐. 固体物理学[M]. 西安:西北工业大学出版社,1998.
[7] 蒋平,徐至中. 固体物理简明教程[M]. 上海:复旦大学出版社,2000.
[8] IBACH H, LÜTH H. Solid — state physics: an introduction to theory and experiment[M]. Berlin: Springer,2009.
[9] 沈以赴. 固体物理学基础教程[M]. 北京:化学工业出版社,2005.
[10] BLAKEMORE J S. Solid state physics [M]. 2nd Edit. Cambridge [Cambridgeshire]: Cambridge University Press,1985.
[11] BURNS G. Solid state physics[M]. New York: Academic Press,1985.
[12] 费维栋. 固体物理[M]. 3 版. 哈尔滨:哈尔滨工业大学出版社,2020.
[13] 阎守胜. 现代固体物理学导论[M]. 北京:北京大学出版社,2008.

第4章　能带理论

索末菲自由电子理论的局限性来自它完全忽略了晶体中电子—电子及电子—离子的相互作用，如何简化处理这两种相互作用是研究固体电子结构的核心。本章将在单电子近似的前提下，讨论电子在周期势场中运动的能带结构，即晶体的能带结构。

为了公式表达的方便，本章在某些公式推导时使用狄拉克符号。狄拉克符号是量子力学中一种广泛使用的符号系统，由狄拉克在1939年提出。在这个符号系统中，狄拉克将“括号”(bracket)这个单词一分为二，分别代表这个符号的左右两部分，左边是“bra”，即左矢；右边是“ket”，即右矢。右矢($|\rangle$)表示态矢，左矢($\langle|$)表示其复共轭矢量。

任意一个波函数$\varphi(\boldsymbol{r})$都可以用一个对应的狄拉克右矢表示，而其复共轭矢量用狄拉克左矢表示，即

$$\begin{aligned}\varphi(\boldsymbol{r})&\rightarrow|\varphi(\boldsymbol{r})\rangle\\ \varphi^*(r)&\rightarrow\langle\varphi(\boldsymbol{r})|\end{aligned}\tag{4.1}$$

在坐标表象，内积$\langle\varphi(\boldsymbol{r})|\psi(\boldsymbol{r})\rangle$表示$\int\varphi^*(r)\psi(\boldsymbol{r})\mathrm{d}\boldsymbol{r}$，即

$$\langle\varphi(\boldsymbol{r})\mid\psi(\boldsymbol{r})\rangle=\int\varphi^*(r)\psi(\boldsymbol{r})\mathrm{d}\boldsymbol{r}\tag{4.2}$$

使用狄拉克符号，可以将薛定谔方程表示为如下的形式：

$$\hat{H}|\varphi(\boldsymbol{r})\rangle=E|\varphi(\boldsymbol{r})\rangle\tag{4.3}$$

另外，狄拉克符号内函数的写法是任意的，只要事先约定好其代表的意义，不引起混淆就行。例如，自由电子波函数可以写成，$|\varphi(\boldsymbol{r})\rangle$也可以写成$|\boldsymbol{k}\rangle$，只要说明其所代表的意义就可以。

4.1　单电子近似的物理思想

为了叙述简便，在后文中“电子”这一词通常指的是价电子，除非特殊说明。在绝热近似和价电子近似下，固体价电子体系的薛定谔方程可以写作

$$\left[\sum_i-\frac{\hbar^2}{2m}\nabla_i^2+\frac{1}{2}\sum_{i\pm j}V_{\mathrm{e-e}}(\boldsymbol{r}_{ij})+\sum_i V_{\mathrm{e-I}}(\boldsymbol{r}_i)\right]\varphi(\boldsymbol{r}_1,\boldsymbol{r}_2\cdots)=E_t\varphi(\boldsymbol{r}_1,\boldsymbol{r}_2\cdots)\tag{4.4}$$

式中，E_t是电子体系的能量；$V_{\mathrm{e-e}}(\boldsymbol{r}_{ij})$是$i$电子和$j$电子间的相互作用势函数，求和号前面的1/2是因为$i$、$j$电子之间的相互作用势函数被计算了两次；$V_{\mathrm{e-I}}(\boldsymbol{r}_i)$是电子与离子的相互作用势函数，是晶格矢量的周期函数。

若假定离子固定在其平衡位置，电子—离子之间的相互作用势函数中的变量只有电子坐标，而且不包含电子坐标之间的交叉项。由于电子之间的相互作用势中包含大量的

电子坐标的交叉项，直接求解式(4.4)所示的薛定谔方程是不可能的，必须对其进行简化或近似处理。求解式(4.4)的核心困难是如何简化电子—电子之间的相互作用势函数，如果能去掉电子—电子间势函数的电子坐标交叉项，就可以利用分离变量方法求解式(4.4)，即将电子体系的波函数表达成单粒子波函数的乘积。

单电子近似认为：每个价电子所受的来自其他电子的作用可以用一个平均势场代替。每个电子所受的等效势场就是晶体平移矢量的周期函数，这就是周期势场近似，图4.1所示为一维晶格中价电子的周期势场示意图。

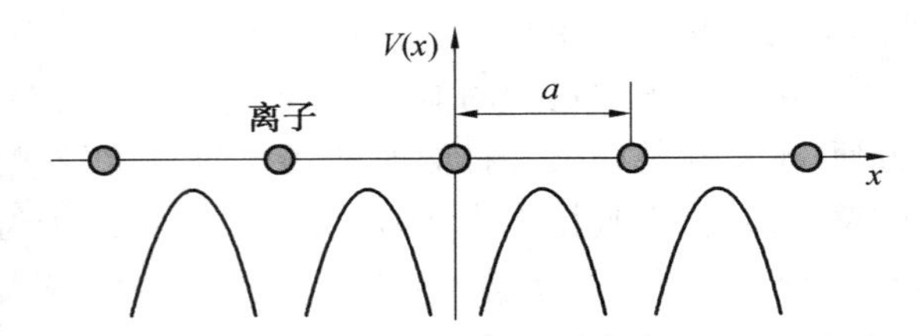

图4.1 一维晶格中价电子的周期势场示意图

依据单电子近似，每个价电子所受的周期势场的函数形式完全相同，式(4.4)可以改写为：

$$\sum_i \left[-\frac{\hbar^2}{2m}\nabla_i^2+V(\boldsymbol{r}_i)\right]\varphi(\boldsymbol{r}_1,\boldsymbol{r}_2\cdots)=E_t\varphi(\boldsymbol{r}_1,\boldsymbol{r}_2\cdots) \tag{4.5}$$

式中，$V(\boldsymbol{r}_i)$是第 i 个价电子所受的等效势场，包含所有离子的作用势场和其他电子的平均势场两部分。

$V(\boldsymbol{r}_i)$是晶格矢量的周期函数，即

$$V(\boldsymbol{r}_i)=V(\boldsymbol{r}_i+\boldsymbol{R}_n) \tag{4.6}$$

式中，$\boldsymbol{R}_n=n_1\boldsymbol{a}_1+n_2\boldsymbol{a}_2+n_3\boldsymbol{a}_3$，$n_1,n_2,n_3$ 是整数；$V(\boldsymbol{r}_i)=V(\boldsymbol{r}_i+\boldsymbol{R}_n)$称为单电子势函数。

式(4.5)没有电子坐标的交叉项，可以分离变量求解，将体系的多电子波函数表示成单电子波函数的乘积，令

$$\varphi(\boldsymbol{r}_1,\boldsymbol{r}_2\cdots)=\varphi_1(\boldsymbol{r}_1)\varphi_2(\boldsymbol{r}_2)\cdots\varphi_{N_e}(\boldsymbol{r}_{N_e}) \tag{4.7}$$

将式(4.7)代入式(4.5)，两边同时除以 $\varphi_1(\boldsymbol{r}_1)\varphi_2(\boldsymbol{r}_2)\cdots\varphi_{N_e}(\boldsymbol{r}_{N_e})$得

$$\sum_i \frac{\left[-\frac{\hbar^2}{2m}\nabla_i^2+V(\boldsymbol{r}_i)\right]\varphi_i(\boldsymbol{r}_i)}{\varphi_i(\boldsymbol{r}_i)}=E_t \tag{4.8}$$

式(4.8)第 i 项仅是 $\boldsymbol{r}_i$的函数，所以左边每一项都是常数，即

$$\frac{\left[-\frac{\hbar^2}{2m}\nabla_i^2+V(\boldsymbol{r}_i)\right]\varphi_i(\boldsymbol{r}_i)}{\varphi_i(\boldsymbol{r}_i)}=E_i$$

上式对所有电子形式都一样，略去电子编号，则可得

$$\left[-\frac{\hbar^2}{2m}\nabla^2+V(\boldsymbol{r})\right]\varphi(\boldsymbol{r})=E\varphi(\boldsymbol{r}) \tag{4.9}$$

式(4.9)称为单电子薛定谔方程。$V(\boldsymbol{r})$是单电子势函数，它是晶格周期函数；$\varphi(\boldsymbol{r})$称为单电子波函数。

以上就是单电子近似的基本思想。在单电子近似下，固体中的价电子被描述成周期

势场中运动的相互独立的电子，满足费米一狄拉克分布。如果式(4.9)中单电子势函数已知，则可由式(4.9)求出单电子能级；然后，利用费米一狄拉克分布函数确定每个能级电子的占据概率；最后研究晶体的性质。

晶体能带理论的基本近似包括以下几个方面。

(1)绝热近似，将晶体中离子体系与价电子体系分开考虑。

(2)价电子近似，将原子芯电子和价电子分开考虑，认为价电子的运动行为决定了晶体的性质。

(3)单电子近似，利用平均势场代替电子一电子的复杂相互作用，将多电子问题简化成单电子问题。

基于以上假定，可以认为晶体中的价电子是在周期势场中做共有化运动，且电子之间没有相互作用(包含在等效的周期势场中)。

4.2 布洛赫定理

由于单电子势函数 $V(\boldsymbol{r})$是晶格周期函数，相应的哈密顿算符也是晶格周期函数，所以，式(4.9)所示的哈密顿算符的本征函数(即单电子波函数)应具有其自身的特点。描述单电子波函数特点的是固体物理中的一个的重要定理——布洛赫(Bloch)定理，该定理给出了周期势场中运动的单电子波函数的一般形式。

布洛赫定理是理解晶体的能带结构的基础，对电子能带结构的计算具有重要意义。例如，在能带结构计算中，所构造的单电子波函数必须满足布洛赫定理，一般称满足布洛赫定理的单电子为布洛赫电子。本节将在证明布洛赫定理的基础上，讨论周期性边界条件及布洛赫波矢的取值。

4.2.1 布洛赫定理的含义及证明

布洛赫定理可以表述如下：若单电子近似成立，周期势场中的单电子波函数可以表示为

$$\begin{cases}\varphi_{\boldsymbol{k}}(\boldsymbol{r})=u_{\boldsymbol{k}}(\boldsymbol{r})\mathrm{e}^{\mathrm{i}\boldsymbol{k}\cdot\boldsymbol{r}}\\ u_{\boldsymbol{k}}(\boldsymbol{r}+\boldsymbol{R}_n)=u_{\boldsymbol{k}}(\boldsymbol{r})\end{cases} \tag{4.10}$$

式中，$u_{\boldsymbol{k}}(\boldsymbol{r})$是晶格周期函数；$\boldsymbol{R}_n$是任意晶格矢量。

布洛赫定理表明单电子波函数是振幅被周期调制的简谐平面波。其中 $u_{\boldsymbol{k}}(\boldsymbol{r})$是电子在晶格中的局域态波函数，表达了价电子的局域特性；而 $\mathrm{e}^{\mathrm{i}\boldsymbol{k}\cdot\boldsymbol{r}}$则表示电子在晶格中的非局域特性。下面证明布洛赫定理。

由于 $V(\boldsymbol{r})$是晶格周期函数，可以进行傅里叶级数展开，即

$$V(\boldsymbol{r})=\sum_{G}V_{G}\mathrm{e}^{\mathrm{i}\boldsymbol{G}\cdot\boldsymbol{r}} \tag{4.11}$$

式中，$\boldsymbol{G}$ 是倒格矢，$\boldsymbol{G}=H\boldsymbol{b}_1+K\boldsymbol{b}_2+L\boldsymbol{b}_3$。

式(4.9)中波函数的平面波展开式为

$$\varphi_{\boldsymbol{k}}(\boldsymbol{r})=\sum_{k'}C_{\boldsymbol{k}}\mathrm{e}^{\mathrm{i}\boldsymbol{k}'\cdot\boldsymbol{r}} \tag{4.12}$$

将式(4.11)和式(4.12)代入薛定谔方程式(4.9)可得

$$\sum_{k'} \frac{\hbar^2 k'^2}{2m} C_{k'} \mathrm{e}^{\mathrm{i}\boldsymbol{k}'\cdot\boldsymbol{r}} + \sum_{\boldsymbol{k}',\boldsymbol{G}} C_{\boldsymbol{k}'} V_G \mathrm{e}^{\mathrm{i}(\boldsymbol{k}'+\boldsymbol{G})\cdot\boldsymbol{r}} = E \sum_{\boldsymbol{k}'} C_{\boldsymbol{k}'} \mathrm{e}^{\mathrm{i}\boldsymbol{k}'\cdot\boldsymbol{r}} \tag{4.13}$$

等式两边同时乘以$\frac{1}{\sqrt{\Omega}}\mathrm{e}^{\mathrm{i}\boldsymbol{k}\cdot\boldsymbol{r}}$($\Omega$ 是晶体的体积)并进行积分,利用

$$\frac{1}{\Omega}\int \mathrm{e}^{\mathrm{i}(\boldsymbol{k}'-\boldsymbol{k})\cdot\boldsymbol{r}}\mathrm{d}\boldsymbol{r} = \delta_{\boldsymbol{k}\boldsymbol{k}'} \tag{4.14}$$

可得

$$\left(\frac{\hbar^2 k^2}{2m} - E\right) C_{\boldsymbol{k}} + \sum_{\boldsymbol{G}} V_{\boldsymbol{G}} C_{\boldsymbol{k}-\boldsymbol{G}} = 0 \tag{4.15}$$

式(4.15)是关于变量 C_{k-G}代数方程组(方程组中方程的个数由 k 的个数确定),是薛定谔方程式(4.9)在倒空间的表达式,所以称式(4.15)为倒空间单电子方程。

式(4.15)中所包含的未知数是波函数的展开系数 $C_{\boldsymbol{k}}$。不同 $C_{\boldsymbol{k}}$的 $\boldsymbol{k}$ 值彼此之间的差为倒格矢 $\boldsymbol{G}$,因此,$C_{\boldsymbol{k}}$与 $C_{\boldsymbol{k}-\boldsymbol{G}'}$、$C_{\boldsymbol{k}-\boldsymbol{G}''}$、$C_{\boldsymbol{k}-\boldsymbol{G}'''}$等相关联。每给定一个 $\boldsymbol{k}$ 值,就会得到一组 $C_{\boldsymbol{k}}$:$C_{\boldsymbol{k}}$、$C_{\boldsymbol{k}-\boldsymbol{G}'}$、$C_{\boldsymbol{k}-\boldsymbol{G}''}$、…,代入式(4.12)就可以得到该 $\boldsymbol{k}$ 值对应的波函数。后面将证明在一个布里渊区中 $\boldsymbol{k}$ 的取值共有 N 个(N 为原胞数),这样薛定谔方程式(4.9)就转化成 N 个类似于式(4.15)的代数方程。每个方程对应于倒格子原胞中的一个 $\boldsymbol{k}$ 矢量,其解可以表示为平面波的叠加,能量本征值可用 $E(\boldsymbol{k})$表示。基于上述分析,与 $\boldsymbol{k}$ 对应的单粒子波函数 $\varphi_{\boldsymbol{k}}(\boldsymbol{r})$的展开式(4.12)可以表示成如下的级数和的形式:

$$\begin{cases} \varphi_{\boldsymbol{k}}(\boldsymbol{r}) = \sum_{\boldsymbol{G}} C_{\boldsymbol{k}-\boldsymbol{G}} \mathrm{e}^{\mathrm{i}(\boldsymbol{k}-\boldsymbol{G})\cdot\boldsymbol{r}} = u_{\boldsymbol{k}}(\boldsymbol{r})\mathrm{e}^{\mathrm{i}\boldsymbol{k}\cdot\boldsymbol{r}} \\ u_{\boldsymbol{k}}(\boldsymbol{r}) = \sum_{\boldsymbol{G}} C_{\boldsymbol{k}-\boldsymbol{G}} \mathrm{e}^{-\mathrm{i}\boldsymbol{G}\cdot\boldsymbol{r}} \end{cases} \tag{4.16}$$

由式(4.16)可得

$$u_{\boldsymbol{k}}(r+\boldsymbol{R}_n) = \sum_{\boldsymbol{G}} C_{\boldsymbol{k}-\boldsymbol{G}} \mathrm{e}^{-\mathrm{i}\boldsymbol{G}\cdot\boldsymbol{r}} \mathrm{e}^{-\mathrm{i}\boldsymbol{G}\cdot\boldsymbol{R}_n} \tag{4.17}$$

式中,$\boldsymbol{R}_n$ 为晶格矢量。

利用式(1.17)所示的正格子基本矢量和倒格子基本矢量之间的关系

$$\boldsymbol{a}_i \cdot \boldsymbol{b}_j = 2\pi\delta_{ij} = \begin{cases} 2\pi & i=j \\ 0 & i\neq j \end{cases}$$

很容易证明 $\boldsymbol{G}\cdot\boldsymbol{R}_n = 2m\pi$($m$ 是整数),所以,由式(4.17)可得

$$u_{\boldsymbol{k}}(\boldsymbol{r}+\boldsymbol{R}_n) = u_{\boldsymbol{k}}(\boldsymbol{r}) \tag{4.18}$$

至此,布洛赫定理得证。

布洛赫定理是固体理论中具有重要意义的定理,它奠定了周期势场中电子能带理论的基础,刻画了单电子近似下晶体中价电子波函数的特点。在所有能带计算的模型中,所构造的单电子波函数必须满足布洛赫定理。下面简要分析布洛赫波函数中 $\boldsymbol{k}$ 的意义。

由于布洛赫波函数可以看作振幅周期调制的平面波,所以称 $\boldsymbol{k}$ 为布洛赫波矢或波矢。但是,$\hbar\boldsymbol{k}$ 一般不是电子的真实动量,因为 $\varphi_{\boldsymbol{k}}(\boldsymbol{r}) = \mathrm{e}^{\mathrm{i}\boldsymbol{k}\cdot\boldsymbol{r}} u_{\boldsymbol{k}}(\boldsymbol{r})$不是动量算符($-\mathrm{i}\hbar\nabla$)的本征函数。当单电子势函数为常数时,单电子就是自由电子,$\varphi_{\boldsymbol{k}}(\boldsymbol{r}) \sim \mathrm{e}^{\mathrm{i}\boldsymbol{k}\cdot\boldsymbol{r}}$,此时 $\boldsymbol{k}$ 具有明确的物理意义,$\hbar\boldsymbol{k}$ 就是电子的动量。

即便是单电子在周期势场中运动，势函数不是常数，当电子与其他粒子碰撞时，$\hbar\boldsymbol{k}$ 仍然具有动量的含意，动量守恒仍然是碰撞过程的选择定则。例如电子与声子碰撞时所满足的动量守恒条件为

$$\hbar\boldsymbol{k}+\hbar\boldsymbol{q}=\text{常数}$$

式中，$\hbar\boldsymbol{q}$ 是声子的动量，所以将布洛赫函数中的 $\boldsymbol{k}$ 称为布洛赫波矢，而将 $\hbar\boldsymbol{k}$ 称为布洛赫电子的“准动量”或“晶体动量”。

4.2.2 周期性边界条件与 $\boldsymbol{k}$ 的取值

假定晶体原胞基本矢量为 $\boldsymbol{a}_1,\boldsymbol{a}_2,\boldsymbol{a}_3$，三个基本矢量方向上的原胞数分别为 N_1,N_2,N_3，晶体的原胞总数为 $N=N_1N_2N_3$。仿照 2.4.3 节处理晶格振动格波周期性边界条件的方法，设想晶体周围有无数个与所研究晶体完全一致的晶体，如图 2.12 所示。布洛赫波的边界条件可以表示为

$$\begin{cases}\varphi_k(\boldsymbol{r}+N_1\boldsymbol{a}_1)=\varphi_k(\boldsymbol{r})\\ \varphi_k(\boldsymbol{r}+N_2\boldsymbol{a}_2)=\varphi_k(\boldsymbol{r})\\ \varphi_k(\boldsymbol{r}+N_3\boldsymbol{a}_3)=\varphi_k(\boldsymbol{r})\end{cases}\tag{4.19}$$

在倒空间，波矢 $\boldsymbol{k}$ 可以表示为

$$\boldsymbol{k}=k_1\boldsymbol{b}_1+k_2\boldsymbol{b}_2+k_3\boldsymbol{b}_3\tag{4.20}$$

式中，$\boldsymbol{b}_1,\boldsymbol{b}_2$ 和 $\boldsymbol{b}_3$ 是倒格子基矢。

将式(4.10)的波函数和式(4.20)代入式(4.19)，并利用 $u_k(\boldsymbol{r}+N_i\boldsymbol{a}_i)=u_k(\boldsymbol{r})(i=1,2,3)$ 可得

$$\boldsymbol{k}=\frac{l_1}{N_1}\boldsymbol{b}_1+\frac{l_2}{N_2}\boldsymbol{b}_2+\frac{l_3}{N_3}\boldsymbol{b}_3\tag{4.21}$$

式中，l_1,l_2 和 l_3 是整数。

由于实际晶体中 N_1,N_2,N_3 很大，所以相邻 k 的差别很小，$\boldsymbol{k}$ 的取值是准连续的。

比较式(3.6)和式(4.21)可以发现，布洛赫波矢和自由电子波矢的取值是完全一样的。仿照 3.1.1 节关于自由电子体系的讨论，可得倒空间中一个 $\boldsymbol{k}$ 点所占的体积(V_k)为

$$V_k=\frac{\boldsymbol{b}_1}{N_1}\cdot\left(\frac{\boldsymbol{b}_2}{N_2}\times\frac{\boldsymbol{b}_3}{N_3}\right)=\frac{(2\pi)^3}{\Omega}\tag{4.22}$$

式中，Ω 是晶体的体积。

考虑到电子自旋有 $\pm1/2$ 两种取值，则 $\boldsymbol{k}$ 空间单位体积的状态数($\boldsymbol{k}$ 空间的单位体积态密度)为

$$\rho(\boldsymbol{k})=\frac{2\Omega}{(2\pi)^3}\tag{4.23}$$

由倒格子基矢的定义，可以知道倒格子原胞的体积为

$$V_C^*=\boldsymbol{b}_1\cdot(\boldsymbol{b}_2\times\boldsymbol{b}_3)=\frac{(2\pi)^3}{V_C}$$

由于每个布里渊区的体积等于倒格子原胞的体积，所以，每个布里渊区的 $\boldsymbol{k}$ 的数目为

$$V_C^*/V_k=N\tag{4.24}$$

考虑到电子自旋有两个相反方向取向，电子态的数目是波矢 $\boldsymbol{k}$ 数目的两倍，每个布里

渊区有 $2N$ 个电子态，N 是原胞数。

4.3 布洛赫电子的能带结构

周期势场和布洛赫定理不仅限定了单电子波函数的一般形式，同时也对单电子能级结构产生了非常重要的影响。在索末菲的自由电子理论中，自由电子的能量与波矢的关系是准连续的抛物线($E=\hbar^2k^2/2m$)，而在周期势场中运动的电子的能量被分割成若干个能带。本节主要讨论能带形成、基本概念和对称性，以及两种简单的能带计算方法。

4.3.1 等效单电子方程及能带

布洛赫定理指出，周期势场中单电子波函数是振幅调制的平面波，$\varphi_k(\boldsymbol{r})=u_k(\boldsymbol{r})e^{i\boldsymbol{k}\cdot\boldsymbol{r}}$。这一节主要讨论 $u_k(\boldsymbol{r})$满足的微分方程，在此基础上讨论能带的概念及对称性。

1. 等效单电子方程

将式(4.10)中的布洛赫函数代入单电子薛定谔方程式(4.9)，整理后得

$$\left[-\frac{\hbar^2}{2m}(\nabla+i\boldsymbol{k})^2+V(\boldsymbol{r})\right]u_k(\boldsymbol{r})=E_n(k)u_k(\boldsymbol{r}) \tag{4.25}$$

式中，E_n与式(4.9)中的能量本征值 E 的意义相同，下标 n 是能带的编号(见下面的分析)。

式(4.25)称为等效单电子方程，它在形式上给出了 $u_k(\boldsymbol{r})$满足的微分方程。等效哈密顿算符定义为

$$\hat{H}_{\text{eff}}=-\frac{\hbar^2}{2m}(\nabla+\mathrm{i}\boldsymbol{k})^2+V(\boldsymbol{r}) \tag{4.26}$$

则方程式(4.25)可以简写为

$$\hat{H}_{\text{eff}}u_k(\boldsymbol{r})=E_n(k)u_k(\boldsymbol{r}) \tag{4.27}$$

上述方程相当于等效算符 $\hat{H}_{\text{eff}}$的本征方程，本征函数是 $u_k(\boldsymbol{r})$，本征能量为 $E_n(\boldsymbol{k})$。与倒空间单电子方程式(4.15)一样，式(4.26)必须事先给定一个 $\boldsymbol{k}$ 值后才能求解。下面利用等效单电子方程讨论能带的形成。

2. 能带结构的形成

每个 $\boldsymbol{k}$ 都对应于一个等效算符 $\hat{H}_{\text{eff}}$，都可以从等效单电子方程式(4.25)中求出一系列分离的能量本征值 $E_n(\boldsymbol{k})$，$n=1,2,\cdots$。前面已经讨论了 $\boldsymbol{k}$ 的取值是准连续的，这样，对于每个给定的 n 值，$E_n(\boldsymbol{k})$都包含了能级间隔很小的准连续能级(即 $\boldsymbol{k}$ 的间隔很小)，称为一个能带。$E_n(\boldsymbol{k})$的下标是能带从低到高的编号。能带之间由能隙分开，能隙对应的能量范围也称为禁带，布洛赫电子的能量不能取禁带中的值。能隙或禁带宽度一般用 E_g表示。电子可以占据的能带称为允带。

以上分析表明，只要单电子近似成立，晶体中电子的能带结构就一定存在，说明能带结构是晶体中普遍存在的电子结构特征。能带理论是固体物理学最重要的成就之一，是

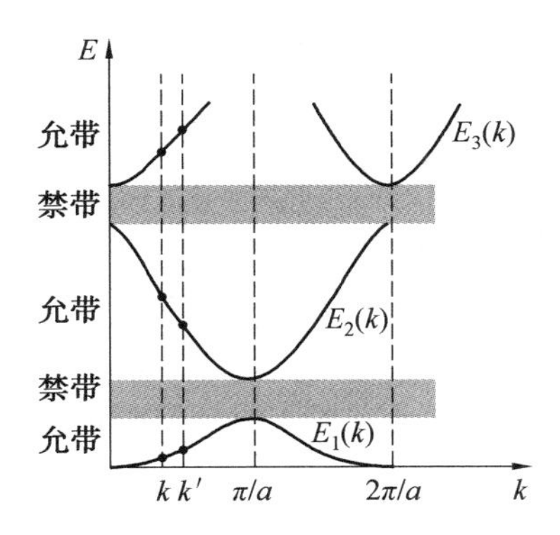

图 4.2 一维晶体能带形成示意图

理解众多固体物理性能的基础。

4.3.2 能带的基本对称性

布洛赫定理规定了周期势场中单电子波函数的一般形式，单电子的能级也表现出与自由电子气体完全不同的结构，形成了能带结构。现在由布洛赫定理推出的等效单电子方程讨论能带的基本对称性。

1. 能带的周期性

在倒空间(或称 $\boldsymbol{k}$ 空间)中，第 n 个能带的能量和波函数具有如下平移周期性：

$$\begin{cases} E_n(\boldsymbol{k}+\boldsymbol{G})=E_n(\boldsymbol{k}) \\ \varphi_{n,\boldsymbol{k}+\boldsymbol{G}}(\boldsymbol{r})=\varphi_{n,\boldsymbol{k}}(\boldsymbol{r}) \end{cases} \tag{4.28}$$

式中，$\boldsymbol{G}$ 为倒格矢。

下面证明式(4.28)。由布洛赫定理可知，当 $\boldsymbol{k}$ 平移一个倒格矢 $\boldsymbol{G}$ 时，单电子波函数为

$$\varphi_{\boldsymbol{k}+\boldsymbol{G}}(\boldsymbol{r})=u_{\boldsymbol{k}+\boldsymbol{G}}(\boldsymbol{r})\mathrm{e}^{\mathrm{i}(\boldsymbol{k}+\boldsymbol{G})\cdot\boldsymbol{r}}=\mathrm{e}^{\mathrm{i}\boldsymbol{k}\cdot\boldsymbol{r}}\left[u_{\boldsymbol{k}+\boldsymbol{G}}(\boldsymbol{r})\mathrm{e}^{\mathrm{i}\boldsymbol{G}\cdot\boldsymbol{r}}\right]$$

令

$$v(\boldsymbol{r})=u_{\boldsymbol{k}+\boldsymbol{G}}(\boldsymbol{r})\mathrm{e}^{\mathrm{i}\boldsymbol{G}\cdot\boldsymbol{r}}$$

则

$$\begin{aligned} v(\boldsymbol{r}+\boldsymbol{R}) &= u_{k+G}(\boldsymbol{r}+\boldsymbol{R})\mathrm{e}^{\mathrm{i}\boldsymbol{G}\cdot(\boldsymbol{r}+\boldsymbol{R})} \\ &= u_{\boldsymbol{k}+\boldsymbol{G}}(\boldsymbol{r})\mathrm{e}^{\mathrm{i}\boldsymbol{G}\cdot\boldsymbol{r}}\mathrm{e}^{\mathrm{i}\boldsymbol{G}\cdot\boldsymbol{R}} \end{aligned}$$

由于 $\boldsymbol{G}\cdot\boldsymbol{R}_m$ 为 2π 的整数倍，可以证明

$$v(\boldsymbol{r}+\boldsymbol{R})=v(\boldsymbol{r}) \tag{4.29}$$

将 $\varphi_{\boldsymbol{k}+\boldsymbol{G}}(\boldsymbol{r})=v(\boldsymbol{r})\mathrm{e}^{\mathrm{i}\boldsymbol{k}\cdot\boldsymbol{r}}$ 代入单电子薛定谔方程式(4.9)，可以得到

$$\left[-\frac{\hbar^2}{2m}(\nabla+\mathrm{i}\boldsymbol{k})^2+V(\boldsymbol{r})\right]v(\boldsymbol{r})=E_n(\boldsymbol{k}+\boldsymbol{G})v(\boldsymbol{r}) \tag{4.30}$$

比较式(4.30)和式(4.25)可以发现，$E_n(\boldsymbol{k})$ 和 $E_n(\boldsymbol{k}+\boldsymbol{G})$ 是相同等效哈密顿算符的本征值，二者相等；$u_{\boldsymbol{k}}(\boldsymbol{r})$ 和 $v_{\boldsymbol{k}}(\boldsymbol{r})$ 是相同算符的本征函数，二者相等，$\varphi_{n,\boldsymbol{k}+G}(\boldsymbol{r})=\varphi_{n,\boldsymbol{k}}(\boldsymbol{r})$。所以式(4.28)成立。

应当指出，对于同一编号的能带，$\boldsymbol{k}$ 和 $\boldsymbol{k}+\boldsymbol{G}$ 是同一个状态，这一点非常重要。如果波

矢为 $\boldsymbol{k}$ 的状态已经被电子占据，那么 $\boldsymbol{k}+\boldsymbol{G}$ 的状态就不能再被电子占据，否则违背泡利不相容原理。

2. 能带的对称性

对于同一能带，能量 $E_n(\boldsymbol{k})$ 和波函数 $\varphi_{n,k}(\boldsymbol{r})$ 具有如下对称性：

$$\begin{cases}E_n(-\boldsymbol{k})=E_n(\boldsymbol{k})\\ \varphi_{n,k}^*(\boldsymbol{r})=\varphi_{n,-k}(\boldsymbol{r})\end{cases} \tag{4.31}$$

为了证明式(4.31)，将等效单电子方程式(4.25)两边取复共轭，再用 $-\boldsymbol{k}$ 代替 $\boldsymbol{k}$，可得

$$\left[-\frac{\hbar^2}{2m}(\nabla+\mathrm{i}\boldsymbol{k})^2+V(\boldsymbol{r})\right]u_{-k}^*(\boldsymbol{r})=E_n^*(-\boldsymbol{k})u_{-k}^*(r) \tag{4.32}$$

比较式(4.32)和式(4.25)可以发现，二者都是等效哈密顿算符 $\hat{H}_{\mathrm{eff}}$ 的本征方程，所以有

$$\begin{cases}E_n^*(-\boldsymbol{k})=E_n(\boldsymbol{k})\\ u_{n,-k}^*(\boldsymbol{r})=u_{n,k}(\boldsymbol{r})\end{cases} \tag{4.33}$$

由于能量是实数，所以

$$E_n(-\boldsymbol{k})=E_n(\boldsymbol{k})$$

而 $u_k^*=u_{-k}(r)$，$\mathrm{e}^{-\mathrm{i}k\cdot r}=(\mathrm{e}^{\mathrm{i}k\cdot r})^*$，所以必然有

$$\varphi_{n,-k}(\boldsymbol{r})=\varphi_{n,k}^*(\boldsymbol{r})$$

至此，式(4.31)得证。

可以证明，更一般的情况是

$$E_n(\boldsymbol{\alpha k})=E_n(\boldsymbol{k}) \tag{4.34}$$

式中，$\boldsymbol{\alpha}$ 是晶体的点对称操作矩阵。

能带具有与晶体对称群相同的对称性。这一点对简化能带的计算具有重要意义。

3. 能带的表示方法

根据能带的基本对称性，可以用不同的方式将能带表示出来。图 4.3 所示为依据近自由电子模型(见下一节)绘制的能带示意图。从图 4.3(a)中可以看出，能带的轮廓大致还是抛物线形状。在近自由电子模型中，电子因布拉格衍射在布里渊区边界形成能隙。

(1)扩展区图示法。

按照能量从低到高的顺序，将各能带的 $\boldsymbol{k}$ 分别限制在第一、二、三、……布里渊区内，这种方法称为扩展区图示法，如图 4.3(a)所示。

(2)简约区图示法。

由于能带在倒空间具有平移周期性，平移周期是倒格矢，可以将各能带的能量都在第一布里渊区内表示出来，这种表示方法称为简约区图示法，如图 4.3(b)所示。

(3)重复区图示法。

根据能带的周期性，可以将能带在所有的布里渊区中表示出来，这就是重复区图示法，如图 4.3(c)所示。

基态下电子填充的能带称为价带，未被电子占据的能带称为导带。后面将讨论能带的填充情况与晶体导电性的关系，从而阐明金属、半导体和绝缘体的能带结构差别。

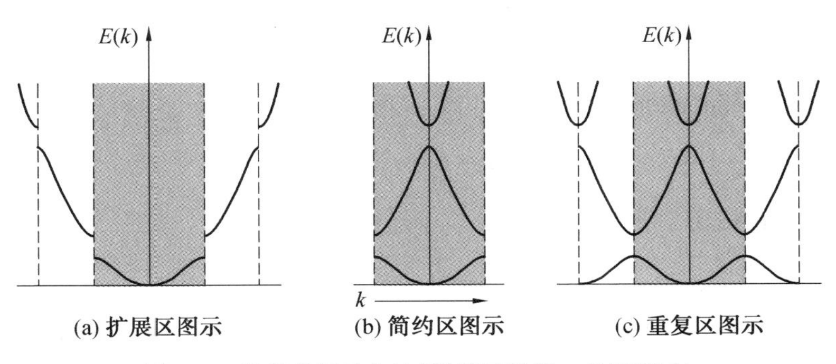

图 4.3 能带的图示方法(阴影区是第一布里渊区)

4. 每个能带中的状态数目

由于能带在倒空间的周期性,每个能带中电子的状态数目就是第一布里渊区内的电子状态数。现在用一维线性晶体模型计算每个能带中的状态数目。由式(4.24)可知,每个布里渊区的 $\boldsymbol{k}$ 的数目是 N(N 是晶体的原胞数),而每个 $\boldsymbol{k}$ 容许两个自旋相反的电子占据,所以每个能带的电子状态数 $2N$,或者说,每个能带最多能填充 $2N$ 个电子。

4.3.3 近自由电子模型

金属自由电子理论取得许多成功,说明在某些简单金属(例如 Na 和 K)中,电子所受的势场非常弱。所谓势场比较弱是指势函数非常接近常数,只要势能零选择合适,势函数就可以视为小量。现在,对自由电子理论稍做改进,用近自由电子模型分析金属的能带结构。近自由电子模型主要包括以下两个方面。

(1)周期势场很弱,但不能完全忽略,可以看作微扰;离子对电子的弹性散射产生布拉格衍射。

(2)电子的零级波函数为自由电子波函数,零级近似能量为自由电子能量。

为了简单起见,用近自由电子模型讨论一维金属的能带结构。尽管近自由电子模型是分析能带结构的最简单模型之一,但对电子能带基本概念的理解非常有帮助。

1. 能隙的形成机制

根据第 3 章 3.1 节的讨论,长度为 L 的一维简单结构金属电子的零级波函数和能量为

$$\begin{cases} \varphi^{(0)}(x)=\dfrac{1}{\sqrt{L}}\mathrm{e}^{\mathrm{i}kx} \\ E^{(0)}=\dfrac{\hbar^2 k^2}{2m} \end{cases} \tag{4.35}$$

若晶体原胞长度为 a,原胞数为 N,周期性边界条件为

$$\varphi^{(0)}(x)=\varphi^{(0)}(x+Na)=\varphi^{(0)}(x+L) \tag{4.36}$$

将式(4.35)代入式(4.36)得

$$k=\frac{2\pi}{Na}n=\frac{2\pi}{L}n,n\text{ 为整数} \tag{4.37}$$

一维晶格倒格矢为

$$G=\frac{2n\pi}{a} \tag{4.38}$$

根据电子布拉格衍射的条件(见第 1 章 1.6 节)

$$\boldsymbol{k}\cdot\boldsymbol{G}=\frac{1}{2}G^2$$

在一维晶体的布拉格衍射条件为

$$k=\frac{1}{2}G=\frac{n\pi}{a} \tag{4.39}$$

现在分析一级布拉格衍射的情况($n=1$),此时,沿 x 轴正向传播的行波 $e^{i\pi x/a}$ 和沿 x 轴负方向传播的行波 $e^{-i\pi x/a}$ 发生相长干涉,两个行波(平面波)有以下两种迭加方式

$$\begin{aligned}\psi(+)&=\frac{1}{\sqrt{L}}e^{i\pi x/a}+\frac{1}{\sqrt{L}}e^{-i\pi x/a}\sim\cos\frac{\pi x}{a}\\ \psi(-)&=\frac{1}{\sqrt{L}}e^{i\pi x/a}-\frac{1}{\sqrt{L}}e^{-i\pi x/a}\sim\sin\frac{\pi x}{a}\end{aligned} \tag{4.40}$$

可见,布拉格衍射的结果是行波迭加为驻波,对应的电子浓度分布为

$$\begin{aligned}\rho(+)&=|\psi_+|^2\propto\cos^2\frac{\pi x}{a}\\ \rho(-)&=|\psi_-|^2\propto\sin^2\frac{\pi x}{a}\end{aligned} \tag{4.41}$$

$\rho(+)$ 和 $\rho(-)$ 在周期势场的分布及行波电子浓度分布示于图 4.4。

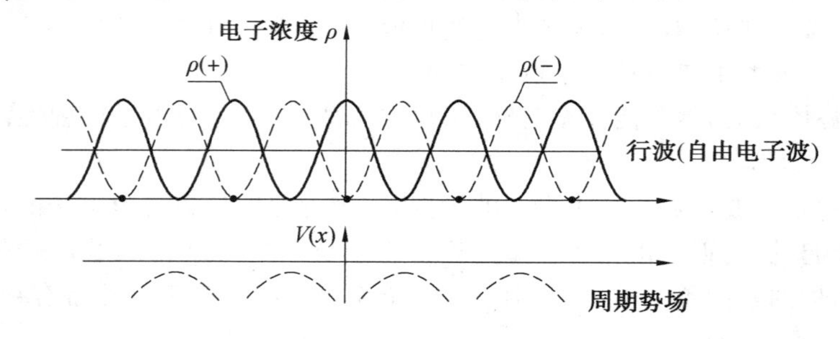

图 4.4 周期势场和 $\rho(+)$ 和 $\rho(-)$ 的空间分布示意图

从图 4.4 中可以看出,电子浓度分布函数为 $\rho(+)$ 的电子倾向于集中位于 $x=0,\pm a,\pm 2a,\cdots$ 的正离子附近,与自由电子波的能量相比有所降低,因为电子和离子之间的相互吸引势能为负值,如图 4.5 所示。电子浓度分布函数为 $\rho(-)$ 的电子倾向于分布在相邻离子连线的中点附近,即倾向于远离正离子,与自由电子波的能量相比有所升高,如图4.5 所示。$\rho(+)$ 的能量低于行波,而 $\rho(-)$ 的能量高于行波,形成带隙,如图 4.5 所示。

对于 $n\neq 1$ 的其他级布拉格衍射可以做与上述相类似的分析。对近自由电子而言,当 k 远离布里渊区边界,没有布拉格衍射,电子能量非常接近自由电子能量,其色散关系($E=E(k)$)近似等于抛物线。布拉格衍射造成了布里渊区边界出现能隙,形成电子能带结构。$\rho(+)$ 和 $\rho(-)$ 的能量差就是能隙(E_g)或禁带宽度。

以上分析对三维晶体也是适用的。在三维情况下,倒空间不同方向的能带最低点不同,导致允带的最低或最高点不一定在布里渊中心或布里渊区边界。

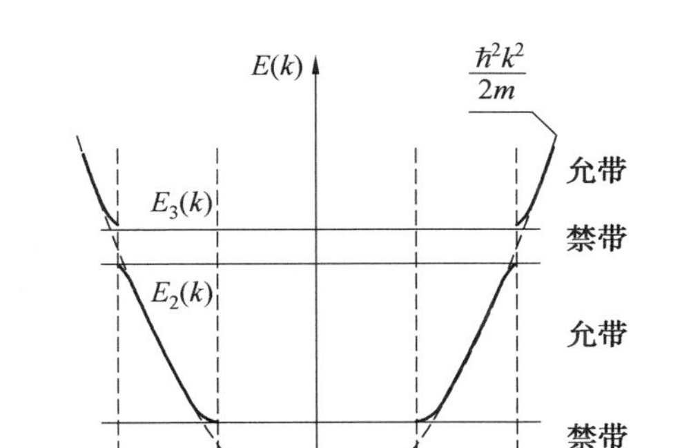

图 4.5 一维晶体近自由电子模型下能带形成示意图

能隙的形成及能带结构的形成来源于布拉格衍射所产生的驻波改变了电子浓度的空间分布，能隙的大小由离子对电子吸引作用的强弱决定。而布洛赫波是振幅周期调制的平面波，也能发生布拉格衍射，从这个意义上讲，能带结构是单电子近似下晶体的必然属性。

2. 能带的计算

前面介绍了近自由电子模型的零级波函数和能量，这里直接引用量子力学微扰理论计算一维金属的电子能带结构。微扰方法是量子力学的常用方法，关于微扰理论的详细论述读者可参阅相关的量子力学教材。

(1)微扰理论简介。

一维金属的单电子哈密顿量为

$$\hat{H}=-\frac{\hbar^2}{2m}\frac{\mathrm{d}^2}{\mathrm{d}x^2}+V(x)=\hat{H}_0+V(x) \tag{4.42}$$

式中，$\hat{H}_0$ 是自由电子哈密顿量，$V(x)$为微扰，且

$$\hat{H}_0\varphi_k^{(0)}=E_k^{(0)}\varphi_k^{(0)} \tag{4.43}$$

式(4.43)的解如式(4.35)所示。用狄拉克符号表示就是

$$\hat{H}_0\,|k\rangle=E_k^{(0)}\,|k\rangle \tag{4.44}$$

式中，狄拉克符号的含义为

$$|k\rangle=\frac{1}{\sqrt{L}}\mathrm{e}^{\mathrm{i}kx}$$

式中，L 是一维晶体的长度。若晶体中含有 N 个单胞，单胞长度为 a，晶体长度为$L=Na$。

势能函数 $V(x)$很小时，单电子能量可以表述为零级能量与各级微扰能量的和，即

$$E_k=E^{(0)}+E^{(1)}+E^{(2)}+\cdots \tag{4.45}$$

式中，$E^{(i)}$ 称为第 i 级微扰能量。由量子力学的微扰理论可知，

一级微扰能量为

$$E_k^{(1)}=V_{kk}=\langle k\mid V(x)\mid k\rangle=\int_0^L\varphi_k^{(0)*}(x)V\varphi_k^{(0)}(x)\mathrm{d}x \tag{4.46}$$

二级微扰能量为

$$E_k^{(2)} = \sum_{k' \neq k} \frac{|V_{kk'}|^2}{E_k^{(0)} - E_{k'}^{(0)}} \tag{4.47}$$

式中，$V_{kk'}$为微扰矩阵元，且

$$V_{kk'} = \langle k' \mid V(x) \mid k \rangle = \int_0^L \varphi_{k'}^{(0)*}(x) V \varphi_k^{(0)}(x) \mathrm{d}x \tag{4.48}$$

势函数为周期函数，将势函数作傅里叶展开

$$V(x) = \sum_n V_n \mathrm{e}^{\mathrm{i}kG_n} \tag{4.49}$$

式中，G_n是倒格矢。

对于一维晶格，$G_n = 2\pi n/a$，则有

$$V(x) = V_0 + \sum_{n \neq 0} V_n \mathrm{e}^{\mathrm{i}G_n x} \tag{4.50}$$

V_0是一个常数，为确保周期势场可以作为微扰处理，可以通过选择适当的势能零点令V_0等于零。由于$V(x)$是实数，所以要求

$$V_{-n} = V_n^* \tag{4.51}$$

利用正交归一化条件

$$\langle k' \mid k \rangle = \frac{1}{L} \int \mathrm{e}^{\mathrm{i}(k-k')x} \mathrm{d}x = \delta_{k'k} \tag{4.52}$$

可以证明一级微扰能量为零，即

$$E_k^{(1)} = \int_0^L \varphi^0{}_k^*(x) \sum_{n \neq 0} V_n \mathrm{e}^{\mathrm{i}G_n x} \varphi_k^0(x) \mathrm{d}x = \sum_n \int \mathrm{e}^{\mathrm{i}[k-(k-G_n)]x} \mathrm{d}x = 0 \tag{4.53}$$

所以，只需研究二级微扰能量。下面分两种情况分析近自由电子模型下的二级微扰能量，一是波矢k远离布里渊区边界的情况，二是波矢k接近布里渊区边界的情况。

(2)波矢k远离布里渊区边界时的能量。

计算微扰矩阵元$V_{kk'}$，代入式(4.47)就可以计算二级微扰能量。首先计算微扰矩阵元

$$\begin{aligned} V_{kk'} &= \langle k' \mid V(x) \mid k \rangle = \sum_{n \neq 0} \langle k' \mid V_n \mathrm{e}^{\mathrm{i}G_n x} \mid k \rangle = \frac{1}{L} \sum_{n \neq 0} V_n \int_0^L \mathrm{e}^{\mathrm{i}[k-(k'-G_n)]x} \mathrm{d}x \\ &= \sum_{n \neq 0} V_n \delta_{k',k-G_n} \end{aligned} \tag{4.54}$$

二级微扰能量为

$$E_k^{(2)} = \sum_{n \neq 0} \frac{|V_n|^2}{\dfrac{\hbar^2 k^2}{2m} - \dfrac{\hbar^2 (k - 2\pi n/a)^2}{2m}} \tag{4.55}$$

所以，电子的能量为

$$E_k = \frac{\hbar^2 k^2}{2m} + \sum_{n \neq 0} \frac{2m |V_n|^2}{\hbar^2 k^2 - \hbar^2 (k - 2\pi n/a)^2} \tag{4.56}$$

一维晶格的布里渊区边界为$n\pi/a$，当波矢k远离布里渊区边界时，近自由电子模型下的电子能量很接近自由电子的能量。当波矢k落在布里渊区边界时，发生布拉格衍射，

波函数变为驻波，上述微扰模型不适用。下面分析波矢 k 落在布里渊区边界的情况。

(3)波矢 k 接近布里渊区边界时的能量。

当波矢 k 远离布里渊区边界时，发生布拉格衍射。波函数应该是前进波和反射波的迭加。考虑到当波矢接近布里渊区边界时，布拉格散射就可能比较强，不妨令前进和反射波矢分别为

$$k=\frac{n\pi}{a}(1+\Delta)$$

$$k'=-\frac{n\pi}{a}(1-\Delta)$$

式中，Δ是小量。布拉格衍射波的零级波函数为 $|k\rangle$ 和 $|k'\rangle$ 的线性组合，即

$$\psi^{(0)}(x)=|\psi^{(0)}\rangle=A|k\rangle+B|k'\rangle \tag{4.57}$$

将式(4.57)代入单电子薛定谔方程有

$$\left[\hat{H}_0+\sum_{n\neq 0}V_n e^{iG_n x}\right](A\mid k\rangle+B\mid k'\rangle)=E(A\mid k\rangle+B\mid k'\rangle) \tag{4.58}$$

$|k\rangle$ 和 $|k'\rangle$ 都是自由电子的波函数，所以

$$\begin{cases}\hat{H}_0|k\rangle=E_k^{(0)}|k\rangle\\ \hat{H}_0|k'\rangle=E_{k'}^{(0)}|k'\rangle\end{cases} \tag{4.59}$$

将式(4.58)两边左乘 $\langle k|$ 或 $\langle k'|$，并利用正交归一化条件式(4.52)可得

$$\begin{cases}(E-E_k^0)A-V_nB=0\\ -V_n^*A+(E-E_{k'}^0)B=0\end{cases} \tag{4.60}$$

式(4.60)是关于未知数 A 和 B 的线性齐次方程组，有非零解的条件是其系数行列式为零，即

$$\begin{vmatrix}E-E_k^0 & -V_n\\ -V_n^* & E-E_{k'}^0\end{vmatrix}=0 \tag{4.61}$$

解方程式(4.61)可以得到

$$E=T_n(1+\Delta^2)\pm\sqrt{|V_n|^2+4T_n^2\Delta^2} \tag{4.62}$$

式中，$T_n=\frac{\hbar^2}{2m}\left(\frac{n\pi}{a}\right)^2$ 代表自由电子在第 n 个布里渊区边界的动能。

在布里渊区边界，当Δ=0 时，由式(4.62)以得到

$$\begin{cases}E(-)=T_n+|V_n|\\ E(+)=T_n-|V_n|\end{cases} \tag{4.63}$$

可见，在布里渊区边界，能量不再连续，形成了能隙，如图 4.6 所示，能隙的大小为

$$E_g=E(-)-E(+)=2|V_n| \tag{4.64}$$

第 n 个能隙是势函数傅里叶展开式第 n 项傅里叶分量大小的两倍。

式(4.62)表明，当 $\boldsymbol{k}$ 的取值接近布里渊区边界时，晶格对电子散射很强，此时，电子能量与自由电子能量有较大的差别，如图 4.6 所示。

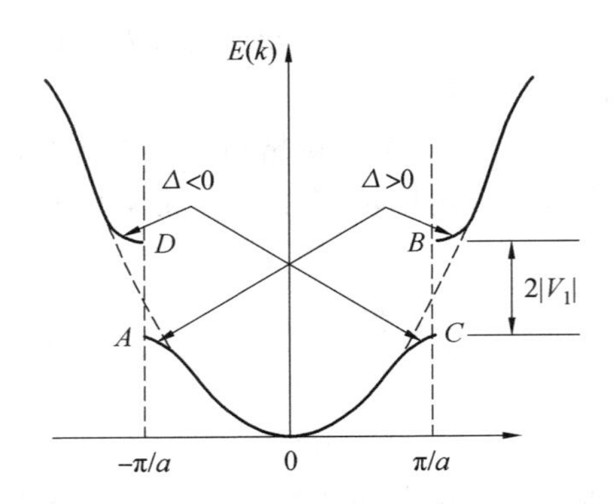

图 4.6 近自由电子模型下，布里渊区边界附近能带结构示意图

4.3.4 紧束缚近似模型

近自由电子模型中，价电子与离子的相互作用很弱，零级波函数直接采用自由电子波函数。近自由电子模型在说明能带起因、阐明碱金属的电子结构等方面得到了十分有价值的结论。但是，近自由电子模型难以应用于过渡族金属等晶体的能带结构分析。

另外一种简单情况是，价电子与离子的相互作用很强，价电子的势场主要来自离子的库仑势场，零级波函数可以看作原子波函数的线性组合(linear combination of atomic orbits，LCAO)。这种近似模型称为紧束缚模型。本节主要基于紧束缚模型扼要介绍电子能带的形成机制和能带计算的基本思路。

1. 能带的形成机制

孤立原子能级是分立的，电子绕核运动的波函数称为原子波函数或原子轨道。当多个原子相互靠近时，原子波函数逐渐发生重叠，原子之间的势垒逐渐变窄变小，电子可以在不同的原子壳层之间转移，形成整个晶体的共有化电子。原子距离很近时，由于电子受到来自多个原子库仑势场的作用，共有化电子能级相对原子能级而言发生变化，形成具有一定宽度的能带，如图 4.7 所示。原子距离越近，电子一离子相互作用越强，能带就越宽。当原子距离足够近时，能带可以发生重叠。

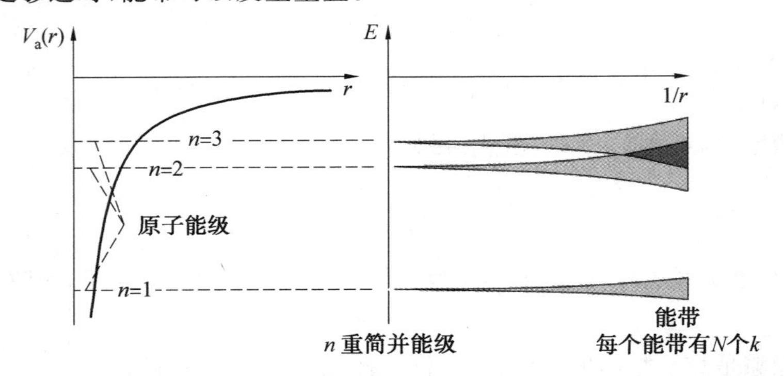

图 4.7 紧束缚模型中原子能级与能带的对应关系
(左图是无简并的原子能级和原子势函数，右图是当原子相互靠近形成晶体时的能带结构)

下面利用图 4.7 进一步分析紧束缚模型的物理思想。图中示出了原子能级和能带的对应关系。为了讨论问题方便，假定原子能级在不计自旋时是无简并的。当 N 个原子形成简单晶体时，每个原子能级都将扩展成相应的能带。以原子能级 n_1 为例，相应能带电子波函数可以表达成 N 个原子波函数的线性组合，可以组合成 N 个独立的波函数，所以每个无简并的原子能级扩展成能带以后共有 N 个空间轨道(即 N 个 $\boldsymbol{k}$ 值)，每个 $\boldsymbol{k}$ 值可以被自旋相反的两个电子占据，所以每个能带的电子态数 $2N$。

由于能带与原子能级具有对应关系，所以可以将能带命名成 s 带、p 带、d 带等。不考虑电子自旋，除 s 能级以外，原子能级都是简并的。以 p 带为例，原子的 p 能级错动而形成 p 能带，但是原子的 p 能级是 3 重简并的，所以可以形成 p_x，p_y，p_z三个子带。p 能带最多可填充 $6N$ 个电子，因为 p_x，p_y，p_z每个子带中都有 $2N$ 个电子态。

内壳层电子受到其他原子作用很弱，能级劈裂得很小，相应能带宽度很小。外壳层电子受到其他原子的作用较强，能级劈裂较大，相应能带宽度也较大。当原子间距很小时，可以发生能带重叠。

以上讨论的是原子凝聚成简单晶体的情况，当价电子存在杂化或形成复杂结构晶体时，情况要复杂得多。

2. 能带的计算

根据以上关于能带形成机制的分析，可以将紧束缚模型要点概况为以下两个方面。

(1)晶体中的单电子所受的势场主要来自离子对电子的作用势，可以将晶体的周期势场与离子势场的差视为微扰。

(2)晶体中的单电子波函数可以表示为原子波函数的线性组合。

电子和原子的坐标如图 4.8 所示，某个电子属于第 n 个原子(位置矢量为 $R_n=n_1a_1+n_2a_2+n_3a_3$)所满足的薛定谔方程为

$$\left[-\frac{\hbar^2}{2m}\nabla^2+V_a(\boldsymbol{r}-\boldsymbol{R}_n)\right]\varphi_l^a(\boldsymbol{r})=E_l^a\varphi_l^a(\boldsymbol{r}) \tag{4.65}$$

式中，$V_a(\boldsymbol{r}-\boldsymbol{R}_n)$是电子在原子中的势函数；$\varphi_l^a(\boldsymbol{r})$是电子在原子中的波函数；$E_l^a$ 是原子能级，l 表示 $s,p,d,f,\cdots$ 轨道。

紧束缚近似认为，电子在晶体中的周期势函数主要由原子的势函数组成，电子以较大概率在原子周围运动，单电子薛定谔方程为

$$(\hat{H}_a+\Delta V)\varphi_{\boldsymbol{k}}(\boldsymbol{r})=E(k)\varphi_{\boldsymbol{k}}(\boldsymbol{r}) \tag{4.66}$$

式中，$\varphi_{\boldsymbol{k}}(\boldsymbol{r})$是晶体中单电子波函数，$E_{\boldsymbol{k}}$是相应的单电子能量。

$\hat{H}_a$ 是式(4.65)中原子的哈密顿量，且

$$\hat{H}_a=-\frac{\hbar^2}{2m}\nabla^2+V_a(\boldsymbol{r}-\boldsymbol{R}_n) \tag{4.67}$$

ΔV 是晶体周期势场与原子势场的差，可视为微扰。ΔV 可近似由下式给出：

$$\Delta V=\sum_{m\neq n}V_a(r-\boldsymbol{r}_m) \tag{4.68}$$

由式(4.66)可以得到

$$E(\boldsymbol{k})=\frac{\langle \varphi_{\boldsymbol{k}}(\boldsymbol{r})\,|\,(\hat{H}_a+\Delta V)\,|\,\varphi_{\boldsymbol{k}}(\boldsymbol{r})\rangle}{\langle \varphi_{\boldsymbol{k}}(\boldsymbol{r})\,|\,\varphi_{\boldsymbol{k}}(\boldsymbol{r})\rangle} \tag{4.69}$$

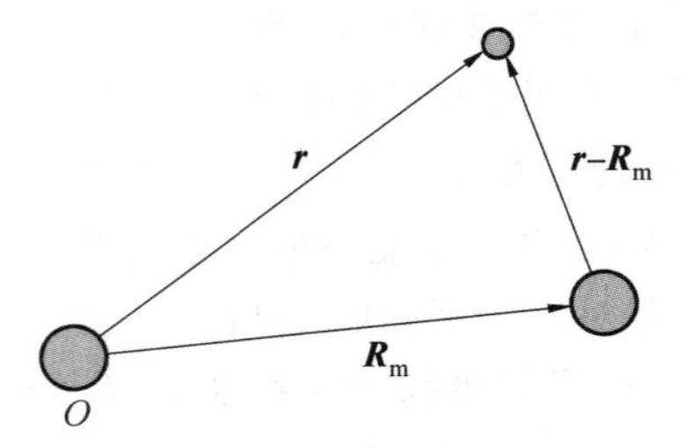

图 4.8 晶体中坐标为 $\boldsymbol{r}$ 的电子距 $\boldsymbol{R}_n$ 原子的距离示意图

下面以 N 个一价原子组成的元素晶体 s 带为例，介绍紧束缚近似计算能带的过程。利用紧束缚模型计算能带时，就是将 ΔV 视为微扰，而将固体中单电子的零级波函数视为原子波函数的线性组合，即

$$\varphi_{s\boldsymbol{k}}(\boldsymbol{r})=\sum_m C_{\mathrm{m}}\varphi_s^a(\boldsymbol{r}-\boldsymbol{R}_{\mathrm{m}}) \tag{4.70}$$

式中，$\varphi_s^a(\boldsymbol{r}-\boldsymbol{R}_{\mathrm{m}})$是原子 s 电子波函数，C_m 是线性组合系数。

由于价电子是晶体的共有化电子，所以，$\varphi_{s\boldsymbol{k}}(\boldsymbol{r})$必须满足布洛赫定理，若选取

$$C_{\mathrm{m}}=C\mathrm{e}^{\mathrm{i}\boldsymbol{k}\cdot\boldsymbol{R}_{\mathrm{m}}}$$

则有

$$\varphi_{s\boldsymbol{k}}(\boldsymbol{r})=C\sum_m \mathrm{e}^{\mathrm{i}\boldsymbol{k}\cdot\boldsymbol{R}_{\mathrm{m}}}\varphi_s^a(\boldsymbol{r}-\boldsymbol{R}_{\mathrm{m}}) \tag{4.71}$$

式中，C 是归一化常数。

式(4.71)可以改写成

$$\varphi_{s\boldsymbol{k}}(\boldsymbol{r})=\left[C\sum_m \mathrm{e}^{-\mathrm{i}\boldsymbol{k}\cdot(\boldsymbol{r}-\boldsymbol{R}_{\mathrm{m}})}\varphi_s^a(\boldsymbol{r}-\boldsymbol{R}_{\mathrm{m}})\right]\mathrm{e}^{\mathrm{i}\boldsymbol{k}\cdot\boldsymbol{r}}=u_{\boldsymbol{k}}(\boldsymbol{r})\mathrm{e}^{\mathrm{i}\boldsymbol{k}\cdot\boldsymbol{r}}$$

$$u_{\boldsymbol{k}}(\boldsymbol{r})=C\sum_m \mathrm{e}^{-\mathrm{i}\boldsymbol{k}\cdot(\boldsymbol{r}-\boldsymbol{R}_{\mathrm{m}})}\varphi_s^a(\boldsymbol{r}-\boldsymbol{R}_{\mathrm{m}})$$

显然，$u_{\boldsymbol{k}}(\boldsymbol{r})$是晶格矢量 R_n 的周期函数，所以式(4.71)所给出的波函数满足布洛赫定理。

由于 $\varphi_s^a(\boldsymbol{r}-\boldsymbol{R}_{\mathrm{m}})$是孤立原子的 s 电子波函数，所以有

$$\hat{H}_a\varphi_s^a(\boldsymbol{r}-\boldsymbol{R}_n)=E_s^a\varphi_s^a(\boldsymbol{r}-\boldsymbol{R}_n) \tag{4.72}$$

式中，E_s^a 是孤立原子的 s 电子能级。

晶体中单电子薛定谔方程为

$$[\hat{H}_a+\Delta V]\sum_m \mathrm{e}^{\mathrm{i}\boldsymbol{k}\cdot\boldsymbol{R}_{\mathrm{m}}}\varphi_s^a(\boldsymbol{r}-\boldsymbol{R}_{\mathrm{m}})=E_s(\boldsymbol{k})\sum_m \mathrm{e}^{\mathrm{i}\boldsymbol{k}\cdot\boldsymbol{R}_{\mathrm{m}}}\varphi_s^a(\boldsymbol{r}-\boldsymbol{R}_{\mathrm{m}}) \tag{4.73}$$

式(4.73)两边乘以 $\varphi_s^{a*}(\boldsymbol{r}-\boldsymbol{R}_n)$并积分，假定 $\varphi_s^{a*}(\boldsymbol{r}-\boldsymbol{R}_{\mathrm{m}})$都是已经归一化的，则

$$[E_s(\boldsymbol{k})-E_s^a]\sum_m \mathrm{e}^{\mathrm{i}\boldsymbol{k}\cdot\boldsymbol{R}_{\mathrm{m}}}\int\varphi_s^{a*}(\boldsymbol{r}-\boldsymbol{R}_n)\varphi_s^a(\boldsymbol{r}-\boldsymbol{R}_{\mathrm{m}})\mathrm{d}\boldsymbol{r}$$

$$=\mathrm{e}^{\mathrm{i}\boldsymbol{k}\cdot\boldsymbol{R}_n}\int\varphi_s^{a*}(\boldsymbol{r}-\boldsymbol{R}_n)\Delta V\varphi_s^a(\boldsymbol{r}-\boldsymbol{R}_n)\mathrm{d}\boldsymbol{r}+$$

$$\sum_{m\neq n} e^{i\boldsymbol{k}\cdot\boldsymbol{R}_m}\int \varphi_s^{a*}(\boldsymbol{r}-\boldsymbol{R}_n)\Delta V\varphi_s^a(\boldsymbol{r}-\boldsymbol{R}_m)\mathrm{d}\boldsymbol{r} \tag{4.74}$$

式中积分区间遍及整个晶体。

为了方便起见，以 $\boldsymbol{R}_n$ 所在原子为原点，即令 $\boldsymbol{R}_n=0$。式(4.74)经简化可以得到

$$E_s(\boldsymbol{k})=E_s^a-\frac{\beta+\sum\limits_{m\neq 0} e^{i\boldsymbol{k}\cdot\boldsymbol{R}_m}\gamma(\boldsymbol{R}_m)}{1+\sum\limits_{m\neq 0} e^{i\boldsymbol{k}\cdot\boldsymbol{R}_m}\alpha(\boldsymbol{R}_m)} \tag{4.75}$$

式中，

$$\alpha(\boldsymbol{R}_m)=\int \varphi_s^{a*}(\boldsymbol{r})\varphi_s^{a*}(\boldsymbol{r}-\boldsymbol{R}_m)\mathrm{d}r \tag{4.76}$$

$$\beta=-\int \varphi_s^{a*}(\boldsymbol{r})\Delta V\varphi_s^a(\boldsymbol{r})\mathrm{d}r \tag{4.77}$$

$$\gamma(\boldsymbol{R}_m)=-\int \varphi_s^{a*}(\boldsymbol{r})\Delta V\varphi_s^a(\boldsymbol{r}-\boldsymbol{R}_m)\mathrm{d}r \tag{4.78}$$

式(4.76)～(4.78)的积分区间遍及整个晶体。$\alpha(\boldsymbol{R}_m)$ 称为重叠积分，如果波函数重叠很少，则 $\alpha(\boldsymbol{R}_m)\sim 0$。β和 $\gamma(\boldsymbol{R}_m)$ 既取决于微扰势 ΔV 也取决于波函数交叠程度。因为 $\Delta V<0$，所以 β 和 $\gamma(\boldsymbol{R}_m)$ 为正值。若重叠积分很小，式(5.74)中分母接近 1，则有

$$E_s(\boldsymbol{k})=E_s^a-\beta-\sum_{m\neq 0} e^{i\boldsymbol{k}\cdot\boldsymbol{R}_m}\gamma(\boldsymbol{R}_m) \tag{4.79}$$

在原子波函数重叠很少的情况下，式(4.79)的求和可仅限于在最近邻原子间进行。上式表明，孤立原子的 s 能级，在原子相互靠近时相互错动形成能带，即 s 带。

对于简单立方晶体，6 个最近邻原子为

$$(\pm a,0,0),(0,\pm a,0),(0,0,\pm a)$$

将原子坐标代入式(5.78)得到

$$E_s(\boldsymbol{k})=E_s^a-\beta-2\gamma(\cos k_x a+\cos k_y a+\cos k_z a) \tag{4.80}$$

简单立方 s 带的极小值出现在 $k=0$ 的布里渊区中心，极大值出现在 $k=(\pi/a,\pi/a,\pi/a)$ 处，相应的能量为

$$E_{\min}=E_s^a-\beta-6\gamma \tag{4.81}$$

$$E_{\max}=E_s^a-\beta+6\gamma \tag{4.82}$$

则 s 带的宽度为

$$\Delta E=E_{\max}-E_{\min}=12\gamma \tag{4.83}$$

而在倒格子的[100]轴上，能带的宽度是 4γ，如图 4.9 所示(图中的能量零点选为能带的极小值)。

对于 p 电子和 d 电子可做相似的分析。当单胞中含有 2 个以上原子或不同原子时，各原子能级不相同，一个能带可能由不同原子能级杂化而成。

以上仅仅是关于紧束缚模型计算电子能带结构的基本思路，实际能带计算比以上分析要复杂得多。当价电子存在杂化或晶体由多种原子组成时，原子轨道线性组合构造的单电子波函数需要包含各种轨道或原子的原子波函数。下面以金刚石结构的碳(或硅、锗)为例，简单说明杂化能带的概念。碳原子的基态为 $1s^2 2s^2 2p^2$，$2s^2 2p^2$ 形成 sp^3 杂化，构成 4 个等价的杂化轨道，如式(4.84)所示。也就是说，每个杂化轨道都是 s 态波函数和 p

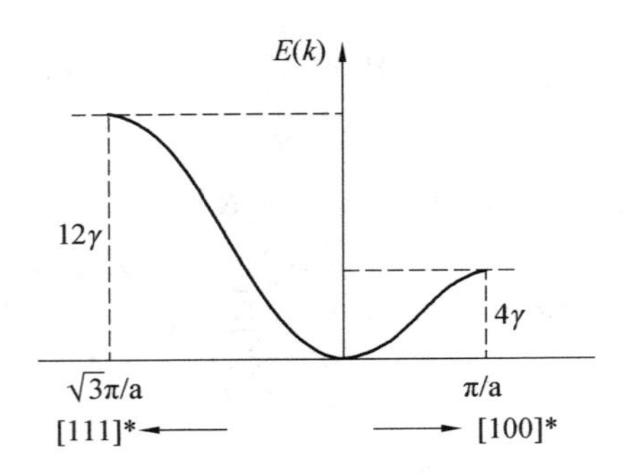

图 4.9 简单立方[100]* 和[111]* 方向的能带(上标“ * ”表示倒格子)

态波函数的线性组合,杂化轨道的空间分布如图 4.10(a)所示。

$$\begin{cases}\varphi_1=\frac{1}{2}(\varphi_s+\varphi_{p_x}+\varphi_{p_y}+\varphi_{p_z})\\ \varphi_2=\frac{1}{2}(\varphi_s-\varphi_{p_x}+\varphi_{p_y}+\varphi_{p_z})\\ \varphi_3=\frac{1}{2}(\varphi_s+\varphi_{p_x}-\varphi_{p_y}+\varphi_{p_z})\\ \varphi_4=\frac{1}{2}(\varphi_s+\varphi_{p_x}+\varphi_{p_y}-\varphi_{p_z})\end{cases} \tag{4.84}$$

金刚石能带结构的形成如图 4.10(b)所示。考虑到自旋,$2s$ 轨道共有 $2N$(此处,N 是原子数)个电子态,$2p$ 轨道共有 $6N$ 个电子态。随原子间距的缩小,首先形成独立的 $2s$ 带和 $2p$ 带,此时 sp^3 杂化还没有发生。当原子间距进一步缩小时,sp^3 杂化开始形成,这时两个能带发生交叠。最终形成金刚石时,sp^3 杂化能带发生劈裂,形成相互分开的导带和价带,此时,导带和价带的量子态数均为 $4N$。由于整个晶体有 $4N$ 个价电子,所以金刚石的价带全部被电子占据,而导带未被电子占据。Si 和 Ge 都是金刚石结构,其能带结构可以做相似的分析。

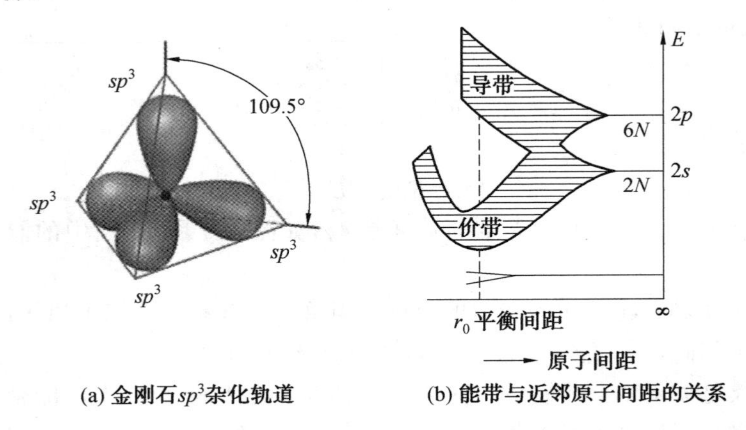

图 4.10 金刚石 sp^3 杂化轨道和能带与近邻原子间距的关系

4.4 电子的能态密度

电子的能态密度(简称态密度)定义为单位能量间隔内的电子态数。若电子的态密度为 $g(E)$,那么 $E \sim E+\mathrm{d}E$ 两个等能面之间的电子态数为 $g(E)\mathrm{d}E$。态密度在物理量的计算等方面具有重要意义,这里主要分析一般情况下电子态密度的计算公式。

正像在格波态密度和自由电子气中讨论的那样,电子态密度强烈依赖于色散关系,即依赖于 $E=E(\boldsymbol{k})$ 函数关系。每个能带都有特定的色散关系,所以当能带重叠时,总的态密度是所有相互重叠能带态密度的和,即

$$g(E)=\sum_{n} g_{n}(E) \tag{4.85}$$

式中,$g_n(E)$是第 n 个能带的态密度。电子态密度是描述固体电子结构的重要物理量,对许多物理量的计算非常重要。本节主要讨论电子态密度的求法和范霍夫奇异性。

4.4.1 态密度及其维度相关性

周期势场中运动的单电子满足布洛赫定理,其波函数为布洛赫函数

$$\varphi_{\boldsymbol{k}}(\boldsymbol{r})=u_{\boldsymbol{k}}(\boldsymbol{r})\mathrm{e}^{\mathrm{i}\boldsymbol{k}\cdot\boldsymbol{r}}$$

利用周期性边界条件,可以得到布洛赫波矢的取值如式(4.21)所示,即

$$\boldsymbol{k}=\frac{l_1}{N_1}\boldsymbol{b}_1+\frac{l_2}{N_2}\boldsymbol{b}_2+\frac{l_3}{N_3}\boldsymbol{b}_3$$

式中,l_1,l_2,l_3是整数;N_1,N_2,N_3分别是原胞基本矢量 $\boldsymbol{a}_1,\boldsymbol{a}_2,\boldsymbol{a}_3$方向的原胞数。

所以相邻 $\boldsymbol{k}$ 的差别很小,$\boldsymbol{k}$ 的取值是准连续的。可见 $\boldsymbol{k}$ 的取值与自由电子体系完全一致。根据式(4.23)可知

$$g_n(E)\mathrm{d}E=2\,\frac{\Omega}{(2\pi)^3}\int_{E_n}^{E_n+\mathrm{d}E_n}\mathrm{d}\boldsymbol{k} \tag{4.86}$$

式中,$\mathrm{d}\boldsymbol{k}$ 是倒空间的体积元。

等式右边因子 2 是因为电子有两种自旋取向。如图 3.8 所示,$\mathrm{d}\boldsymbol{k}$ 可以表示为垂直于等 E 面的面元($\mathrm{d}S_E$)和该处 E_n和 $E_n+\mathrm{d}E_n$ 两个等 E 面之间距离 $\mathrm{d}k_\perp$ 的乘积,如图 3.8 所示,即

$$\mathrm{d}\boldsymbol{k}=\mathrm{d}S_E\cdot\mathrm{d}k_\perp \tag{4.87}$$

而 $\mathrm{d}k_\perp$ 可由 $\mathrm{d}E=|\nabla_k E(\boldsymbol{k})|\cdot\mathrm{d}k_\perp$ 给出,再结合式(4.86)和式(4.87)可得

$$g_n(E)=\frac{\Omega}{4\pi^3}\int_{\text{等}E\text{面}}\frac{\mathrm{d}S_E}{|\nabla_{\boldsymbol{k}}E_n(\boldsymbol{k})|} \tag{4.88}$$

下面以自由电子体系为例,说明态密度的维度相关性。

(1)三维自由电子气的态密度。

自由电子气的色散关系为

$$E=\frac{\hbar^2k^2}{2m}$$

所以

$$|\nabla_k E(\boldsymbol{k})| = \hbar^2 k/m \tag{4.89}$$

自由电子气的等能面是球面，等能面的面积为 $4\pi k^2$，则由式(4.88)和自由电子气的色散关系可以得到

$$g(E) = \Omega \frac{1}{2\pi^2}\left(\frac{2m}{\hbar^2}\right)^{3/2} E^{1/2} \tag{4.90}$$

式(4.90)与式(3.11)完全一致。

正空间单位体积的态密度为

$$\bar{g}(E) = \frac{g(E)}{\Omega} = \frac{1}{2\pi^2}\left(\frac{2m}{\hbar^2}\right)^{3/2} E^{1/2} \tag{4.91}$$

(2)二维自由电子气的态密度。

二维自由电子气的波矢 $\boldsymbol{k}$ 取值为

$$\boldsymbol{k} = \frac{l_1}{N_1}\boldsymbol{b}_1 + \frac{l_2}{N_2}\boldsymbol{b}_2 \tag{4.92}$$

式中，l_1 和 l_2 是整数；N_1 和 N_2 分别是原胞基本矢量 $\boldsymbol{a}_1$ 和 $\boldsymbol{a}_2$ 方向的原胞数。

$\boldsymbol{k}$ 点在二维倒空间中均匀分布，每个 $\boldsymbol{k}$ 点所占的面积(S_k)为

$$S_k = c_0 \cdot \left(\frac{\boldsymbol{b}_1}{N_1} \times \frac{\boldsymbol{b}_2}{N_2}\right) = \frac{c_0 \cdot (\boldsymbol{b}_1 \times \boldsymbol{b}_2)}{N} \tag{4.93}$$

式中，c_0 是垂直于 $\boldsymbol{b}_1$ 和 $\boldsymbol{b}_2$ 方向的单位矢量；$N = N_1 \times N_2$ 是二维晶体原胞总数。

可以得到

$$S_k = \frac{(2\pi)^2}{NS_c} = \frac{(2\pi)^2}{S} \tag{4.94}$$

式中，S_C 是二维晶体原胞的面积；S 是二维晶体的面积。

式(4.88)中的等能面变为等能线，态密度可写作

$$g(E) = 2\frac{S}{(2\pi)^2}\int_{\text{等}E\text{线}} \frac{\mathrm{d}l_E}{|\nabla_k E(\boldsymbol{k})|} \tag{4.95}$$

式中，$\mathrm{d}l_E$ 是倒空间等 E 线上的“线段元”。二维自由电子气的等能线是圆(周长为 $2\pi k$)，结合式(4.89)、(4.95)及色散关系可得二维自由电子气的电子态密度为

$$g(E) = S\frac{m}{\pi\hbar^2} \tag{4.96}$$

正空间单位面积的态密度为

$$\bar{g}(E) = \frac{g(E)}{S} = \frac{m}{\pi\hbar^2} \tag{4.97}$$

可见，二维自由电子气的态密度是与能量无关的常数，这一点显著不同于三维自由电子气。

(3)一维自由电子气体的电子态密度。

一维自由电子气的波矢 k 取值为

$$k = \frac{l}{N}b \tag{4.98}$$

式中，l 是整数；N 是原胞数。

k 点在一维倒空间中均匀分布，每个 k 点所占的长度(L_k)为

$$L_k=\frac{2\pi}{L} \tag{4.99}$$

式中，L 是一维晶体的长度。

一维自由电子气体的电子态密度为

$$g(E)=L\left(\frac{m}{2\pi^2\hbar^2}\right)^{1/2}E^{-1/2} \tag{4.100}$$

正空间单位长度的态密度为

$$\bar{g}(E)=\frac{g(E)}{L}=\left(\frac{m}{2\pi^2\hbar^2}\right)^{1/2}E^{-1/2} \tag{4.101}$$

式(4.102)总结了不同维度下自由电子体系的态密度，电子态密度与晶体的维度密切相关。电子密度与 E 的函数关系将对许多物理性能产生影响，所以低维晶体可以表现出与块体材料不同的性能。

$$\bar{g}(E)=\begin{cases}\dfrac{1}{2\pi^2}\left(\dfrac{2m}{\hbar^2}\right)^{3/2}E^{1/2} & \text{三维}\\ \dfrac{m}{\pi\hbar^2} & \text{二维}\\ \left(\dfrac{m}{2\pi^2\hbar^2}\right)^{1/2}E^{-1/2} & \text{一维}\end{cases} \tag{4.102}$$

4.4.2 范霍夫奇异点

态密度表达式中被积函数分母为 $|\nabla_k E(\boldsymbol{k})|$，当 $|\nabla_k E(\boldsymbol{k})|=0$ 时，被积函数发散，称为范霍夫奇异点。由于能带具有周期性，每个能带总是存在极大值和极小值点，这些极值点对应 $|\nabla_k E(\boldsymbol{k})|=0$，产生范霍夫奇异性。可以证明，三维的情况下，这些奇异点是可积的，态密度 $g_n(E)$是有限值。但在奇异点，$\mathrm{d}g_n(E)/\mathrm{d}E$ 是发散的，所以在范霍夫奇异点态密度是一个尖峰。

下面以二维近自由电子模型对态密度进行简要分析。图 4.11(a)示出了二维正方晶体第一布里渊区的等能线(对应于三维的等能面)示意图，当 $\boldsymbol{k}$ 很小时等能线与圆很接近。而当 $\boldsymbol{k}$ 接近布里渊区边界时，等能线显著异于自由电子的等能线，且出现了等能线残缺；这是因为周期势场在布里渊区边界附近区域对电子的状态产生影响最大。而在布里渊区中心，电子的能量状态与自由电子接近。

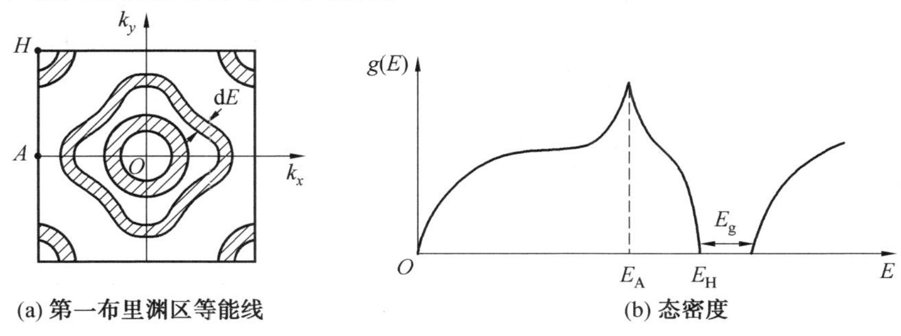

(a) 第一布里渊区等能线　　(b) 态密度

图 4.11　二维正方晶体近自由电子模型等能线与态密度示意图

图 4.11(b)是与图 4.11(a)对应的态密度示意图。在布里渊区中心附近,电子能量与自由电子相近,电子态密度也与自由电子态密度相近,大致满足 $C\sqrt{E}$。当 $\boldsymbol{k}$ 值达到图 4.11(a)中的 A 点时,对应范霍夫奇点,电子态密度出现尖峰。当能量从 E_A 增加到 E_H,等能线出现残缺,态密度逐渐下降到零。当 $\boldsymbol{k}$ 刚进入第二布里渊区(下一个能带)时,态密度与 $\boldsymbol{k}$ 在布里渊区中心的情况相类似。

电子的态密度在分析固体的性质时非常重要。例如,态密度决定了金属的费米能级和费米面,而费米能级及其附近的态密度对金属的导电性有极为重要的影响。图 4.12 示出了若干过渡族金属的态密度和费米能级。从图中可见,$3d$ 能带和 $4s$ 能带是相互重叠的。其中 $3d$ 能带可以容纳 $10N$(N 是原胞数)个电子,所以 $3d$ 能带的态密度很大,但其能量范围较窄。而 $4s$ 能带只能容纳 $2N$ 个电子,所以 $4s$ 能带的态密度较小,但其能量范围较宽。

图 4.12 表明,随价电子数的增加,费米能级逐渐增加。Fe、Co 和 Ni 的费米能级均在 $3d$ 带和 $4s$ 带的重叠区。而 Cu 的费米能级在 $4s$ 带中。由于金属的电导率主要是费米能级附近的电子贡献的,可以预见,Cu 的导电性主要来自 $4s$ 电子。

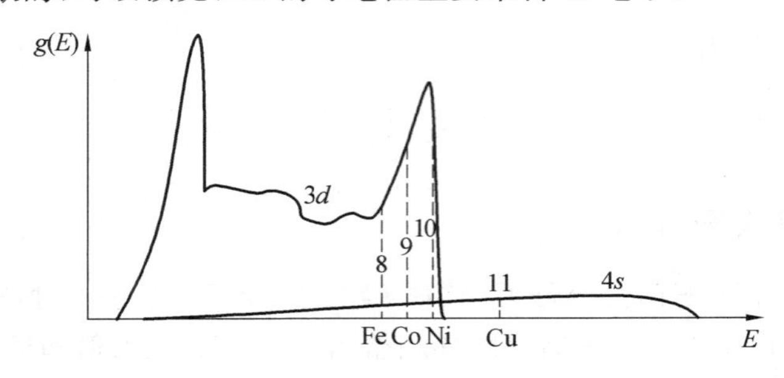

图 4.12 过渡族金属(Fe、Co、Cu 和 Ni)的态密度和费米能级(虚线表示费米能级,图中的数字表示 $3d$ 和 $4s$ 价电子总数)

4.5 布洛赫电子的准经典运动

如果单电子近似成立,周期势场中运动的电子满足布洛赫定理,并形成能带结构。能带结构对电子在外场中的运动有重要影响。前面论述了周期场中电子的能带结构的一般特点,并利用近自由电子模型和紧束缚模型讨论了能带的形成机理。能带结构是分析晶体性质的基础,本节讨论布洛赫电子在外场中的运动行为,在此基础上,分析能带填充情况与晶体导电性的关系。

4.5.1 布洛赫电子的速度与有效质量

1. 布洛赫电子的速度

正如第 3 章中指出的那样,布洛赫电子在晶体中的运动速度可用布洛赫电子的群速度来描述。布洛赫电子的群速度定义为

$$\boldsymbol{v}_n = \frac{1}{\hbar} \nabla_k E_n(\boldsymbol{k}) \tag{4.103}$$

式中，n 是能带的编号。

电子的速度强烈地依赖于 $\boldsymbol{k}$ 空间等能面的形状，由 $E = E_n(\boldsymbol{k})$ 所决定。根据能带的性质 $E_n(\boldsymbol{k}) = E_n(\boldsymbol{k}+\boldsymbol{G})$，$E_n(\boldsymbol{k}) = E_n(-\boldsymbol{k})$，可以得出电子的运动速度具有下述性质：

$$\begin{cases} \boldsymbol{v}_n(\boldsymbol{k}) = \boldsymbol{v}_n(\boldsymbol{k}+\boldsymbol{G}) \\ \boldsymbol{v}_n(-\boldsymbol{k}) = -\boldsymbol{v}_n(\boldsymbol{k}) \end{cases} \tag{4.104}$$

布洛赫电子的速度具有同电子能带结构一样的周期性，周期为倒格矢。而 $\boldsymbol{k}$ 和 $-\boldsymbol{k}$ 两个状态的电子速度大小相等、方向相反。

一维情况下有

$$v_n = \frac{1}{\hbar} \frac{\mathrm{d}E_n(k)}{\mathrm{d}k} \tag{4.105}$$

2. 布洛赫电子的有效质量

为了方便起见，略去能带编号，因为对任何能带，下面的讨论都是适用的。定义布洛赫电子的加速度为

$$\boldsymbol{a} \equiv \frac{\mathrm{d}\boldsymbol{v}}{\mathrm{d}t} \tag{4.106}$$

根据式(4.103)电子速度的定义可得

$$\boldsymbol{a} = \frac{\mathrm{d}\boldsymbol{v}}{\mathrm{d}t} = \frac{1}{\hbar} \nabla_k \left(\frac{\mathrm{d}E}{\mathrm{d}t} \right) \tag{4.107}$$

将 $\mathrm{d}E = \nabla_k E \cdot \mathrm{d}\boldsymbol{k}$ 代入式(4.107)可得

$$\boldsymbol{a} = \left(\frac{1}{\hbar^2} \nabla_k \nabla_k E \right) \cdot \frac{\mathrm{d}\hbar \boldsymbol{k}}{\mathrm{d}t} \tag{4.108}$$

由于 $\boldsymbol{P} = \hbar \boldsymbol{k}$ 是布洛赫电子的准动量，引入准经典近似，

$$\frac{\mathrm{d}\hbar \boldsymbol{k}}{\mathrm{d}t} = \boldsymbol{F} \tag{4.109}$$

在准经典近似下，布洛赫电子的加速度为

$$\boldsymbol{a} = \left(\frac{1}{\hbar^2} \nabla_k \nabla_k E \right) \cdot \boldsymbol{F} \tag{4.110}$$

根据由牛顿第二定律，可以定义电子的有效质量的倒数为

$$\frac{1}{m^*} = \frac{1}{\hbar^2} \nabla_k \nabla_k E \tag{4.111}$$

很显然，布洛赫电子的有效质量是一个张量，写成分量的形式有

$$\frac{1}{m_{ij}^*} = \frac{1}{\hbar^2} \frac{\partial^2 E}{\partial k_i \partial k_j} \tag{4.112}$$

用矩阵表示电子的有效张量为

$$\frac{1}{m^*}=\frac{1}{\hbar^2}\begin{pmatrix}\dfrac{\partial^2 E}{\partial k_x^2} & \dfrac{\partial^2 E}{\partial k_x \partial k_y} & \dfrac{\partial^2 E}{\partial k_x \partial k_z}\\ \dfrac{\partial^2 E}{\partial k_x \partial k_y} & \dfrac{\partial^2 E}{\partial k_y^2} & \dfrac{\partial^2 E}{\partial k_y \partial k_z}\\ \dfrac{\partial^2 E}{\partial k_x \partial k_z} & \dfrac{\partial^2 E}{\partial k_x \partial k_y} & \dfrac{\partial^2 E}{\partial k_z^2}\end{pmatrix} \tag{4.113}$$

应当明确，电子的有效质量是准经典近似的产物，是为了可以利用牛顿定律分析电子的动力学规律而引进的一种等效质量，完全不同于经典力学中的惯性质量。布洛赫电子的有效质量由能带的形状决定，可正可负。

前面已经指出，$\hbar\boldsymbol{k}$ 是布洛赫电子的准动量，而不是布洛赫电子的真实动量，只是当电子与其他粒子相互作用时具有动量的属性而已。电子除受到外场的作用以外，还要受到晶体势场的作用。布洛赫电子的有效质量是在形式上描述外场对布洛赫电子准动量影响时，与经典力学类比的有效质量。所以对布洛赫电子而言，考虑外场中电子的动力学规律时，$\hbar\boldsymbol{k}$ 就像电子的动量一样。

如果电子的能量在 $\boldsymbol{k}$ 空间是各向同性的，式(4.113)中张量的非对角元素全部为零，且三个对角元素相等，电子的有效质量为标量，与一维晶体中电子有效质量形式上相同，且有

$$m^*=\frac{\hbar^2}{\mathrm{d}^2 E/\mathrm{d}k^2} \tag{4.114}$$

自由电子的能量为

$$E=\frac{\hbar^2 k^2}{2m}$$

代入式(4.113)可得自由电子的有效质量 $m*=m$。

一维晶体能带、电子速度和电子有效质量的关系如图4.13所示。可见，布洛赫电子的有效质量可正可负。对应于能带的拐点，$\mathrm{d}^2E/\mathrm{d}k^2=0$，一维布洛赫电子的有效质量出现奇点。

4.5.2　晶体的导电性与能带填充的关系

晶体的导电性是价电子决定的。电流密度矢量为

$$J=-e\sum_k \boldsymbol{v}(\boldsymbol{k}) \tag{4.115}$$

根据能带的性质可知，对于每个能带都有 $E_n(\boldsymbol{k})=E_n(-\boldsymbol{k})$，电子在 $\boldsymbol{k}$ 空间的占据情况对每个能带都是对称的。由于对每个能带都有 $\boldsymbol{v}(-\boldsymbol{k})=-\boldsymbol{v}(\boldsymbol{k})$，无外场时，电子的速度和为零，所有电子对电流的贡献相互抵消，宏观上不存在电流。下面分析能带的填充情况与晶体导电性的关系。

1. 满带对电流没有贡献

为了简单起见，以一维晶体为例进行讨论。根据式(4.108)，电子在稳恒电场 E_e(假设电场强度不影响电子的能带结构)作用下，满足

$$\hbar\frac{\mathrm{d}k}{\mathrm{d}t}=-eE_e \tag{4.116}$$

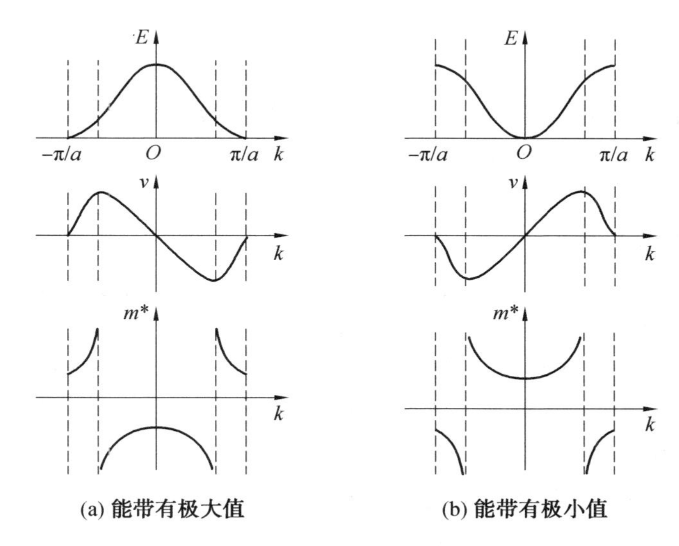

图 4.13 能带、电子速度和有效质量的关系示意图

达到稳恒状态以后，电子的波矢变化量为

$$\delta k = -eE_e\tau/\hbar \tag{4.117}$$

式中，τ 是弛豫时间。

同一能带中所有电子波矢的变化量相同，波矢 k 的代表点在 $\boldsymbol{k}$ 空间的相对位置没有发生变化，相当于能带中的占据状态沿电场的反方向进行了整体平移，平移量为 δk。

利用能带的周期区图示方法可以定性描述满带情况下电子的速度分布。图 4.14(a)和(b)示出了满带中有无电场时的电子速度分布。

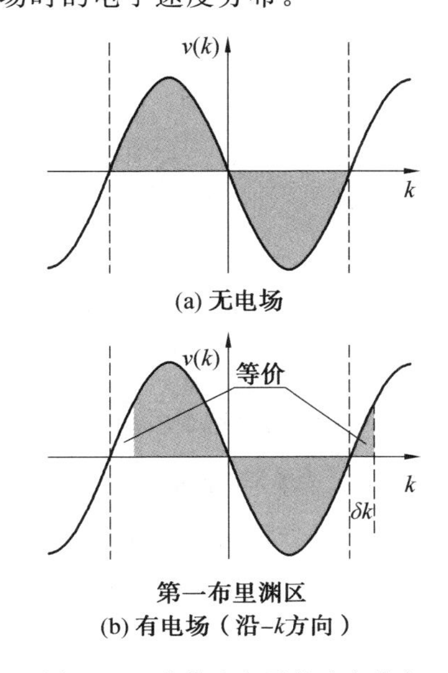

图 4.14 满带中电子的速度分布

图 4.14(a)所示为外加电场为零时电子填满某个能带的速度分布情况，可见所有电

子的速度和为零，没有电流。

有电场时，所有电子均获得了 δk 大小的波矢增量，部分电子从第一布里渊移至第二布里渊区。由于能带和电子速度的周期性，电子由第一布里渊区移至第二布里渊区的数量完全相等，而且速度分布也完全一致，此时电子的速度和依然为零。所以，满带电子对导电没有贡献。

2. 未满带对电流有贡献

当不存在外场时，由于能带的对称性以及 $v(-k)=-v(k)$，没有填满的能带中，所有电子的速度和为零，没有电流，如图 4.15(a)所示。

当外场沿 $-k$ 方向时，所有电子都获得了 δk 大小的波矢增量，如图 4.15(b)所示。由于能带没有填满，速度大于零的电子数目明显多于速度小于零的电子数目，此时电子的速度和大于零，电流方向沿 $-k$ 方向。可见没有填满的能带对导电有贡献。

3. 金属、半导体和绝缘体的能带填充特点

(1)金属的能带特点。

由以上的分析可知，金属中必然存在未被电子填满的能带。一种情况是每个原胞中的原子有奇数个价电子，电子从最低能带开始填充，能量最高的价带一定是未满的，因为每个能带只能填充 $2N$(N 是原胞数)个电子，例如，碱金属。如图 4.15(a)所示。

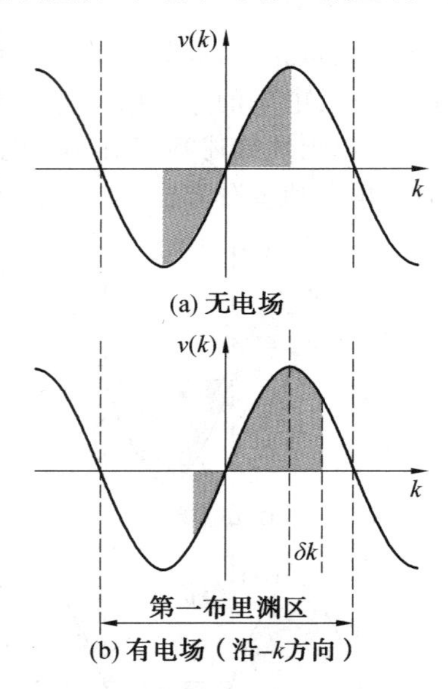

图 4.15 未满带中的电子速度分布

另一种情况是能带的重叠，虽然每个原胞中的价电子数是偶数，但是由于最高的价带和最低的导带相互层叠，导致导带和价带均没有填满，因而表现出金属特性。例如，碱土金属，每个原胞含有两个价电子，但由于能带重叠而表现出金属性。能带重叠也有两种情况。

第一种情况。图 4.16 所示为铍的能带示意图，其中可见 $2s$ 带和 $2p$ 带发生重叠，导致 $2s$ 带和 $2p$ 带都是未填满的。此时尽管金属铍每个单胞提供两个价电子，但由于能带重叠，铍表现为金属性。

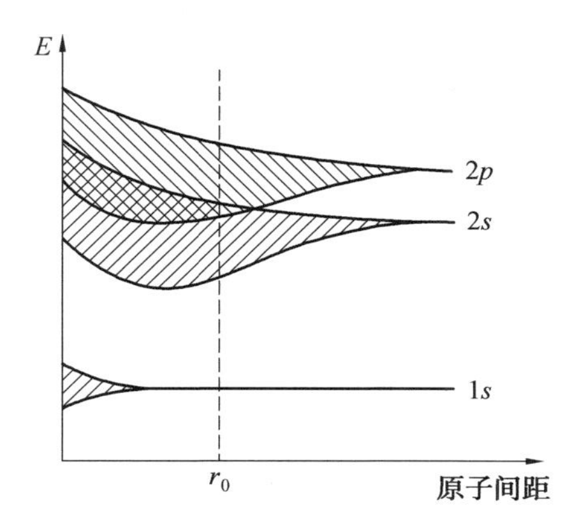

图 4.16　2s 能带和 2p 能带相互重叠示意图

第二种情况。当不同方向的带隙处的能量不同时，也可以发生能带重叠。图 4.17 示出了二维能带重叠的示意图，图中显示在 *OA* 方向的带隙与 *OC* 方向的带隙处的能量不同，因而发生能带重叠。

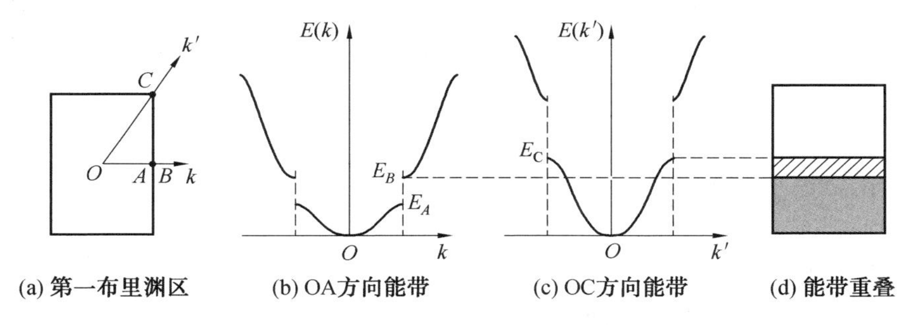

图 4.17　能带重叠示意图

(2) 半导体和绝缘体的能带特点。

半导体和绝缘体能带结构的共同特点是价带全部被电子所充满，导带全空。半导体导带和价带之间的能带隙 E_g 较小，价带顶部的电子可以通过热激发等方式跃迁到导带底部，如图 4.18(a)所示。这种电子跃迁结果是价带和带都是未充满的，因此可以导电。

绝缘体的带隙很大，电子无法通过热激活的方式由价带跃迁至更高能带，从而形成绝缘体，如图 4.18(b)所示。

需要指出的是，即便是禁带宽度很大的绝缘体，当用能量大于禁带宽度的光子照射绝缘体时，电子可以从价带跃迁至导带而对导电有贡献。从该意义上讲，有时不需要严格区分半导体和绝缘体。

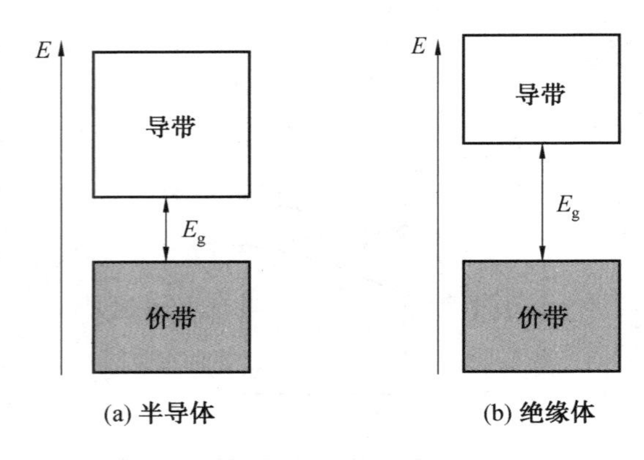

(a) 半导体 (b) 绝缘体

图 4.18 半导体和绝缘体的能带结构示意图

4.6 基于平面波展开的能带计算方法

在 4.3 节,结合能带的概念,扼要介绍了两种计算能带结构的简单模型,即近自由电子模型和紧束缚模型。近自由电子模型和紧束缚模型具有图像清晰、计算简单等特点,便于理解能隙的形成机理,对能带结构形成的理解非常有帮助。但是,近自由电子模型和紧束缚模型过于简单,在某些情况下显得有些粗糙。本节主要阐述基于平面波展开的几种能带计算方法。

4.6.1 正交化平面波方法

1. 平面波方法

下面介绍平面波方法。自由电子波函数是平面波,它们构成一组正交完备函数组,布洛赫函数中的调制振幅 $u_k(\boldsymbol{r})$ 和周期势函数 $V(\boldsymbol{r})$ 都可以严格展开成平面波的线性组合(即傅里叶展开)。

假定自由电子体系的单电子哈密顿算符为 $\hat{H}_0$,本征函数为 $|\boldsymbol{k}+\boldsymbol{G}_m\rangle$,则

$$\hat{H}_0|\boldsymbol{k}+\boldsymbol{G}_n\rangle=E^0(\boldsymbol{k}+\boldsymbol{G}_n)|\boldsymbol{k}+\boldsymbol{G}_n\rangle \tag{4.118}$$

且,

$$\begin{cases}\hat{H}_0=-\dfrac{\hbar^2}{2m}\nabla^2\\|\boldsymbol{k}+\boldsymbol{G}_n\rangle=\dfrac{1}{\sqrt{\Omega}}\mathrm{e}^{\mathrm{i}(\boldsymbol{k}+\boldsymbol{G}_n)\cdot\boldsymbol{r}}\\E^0(\boldsymbol{k}+\boldsymbol{G}_n)=\dfrac{\hbar^2(\boldsymbol{k}+\boldsymbol{G}_n)^2}{2m}\end{cases} \tag{4.119}$$

式中,Ω 是晶体的体积,$\boldsymbol{G}_n=n_1\boldsymbol{b}_1+n_2\boldsymbol{b}_2+n_3\boldsymbol{b}_3$ 为倒格矢,$\boldsymbol{b}_1$、$\boldsymbol{b}_2$ 和 $\boldsymbol{b}_3$ 为倒格子基本矢量,n_1、n_2 和 n_3 是整数。

$\hat{H}_0$ 本征函数满足正交归一化条件

$$\langle \boldsymbol{k}+\boldsymbol{G}_{n'} | \boldsymbol{k}+\boldsymbol{G}_n \rangle = \delta_{n'n} = \begin{cases} 1 & (n'=n) \\ 0 & (n' \neq n) \end{cases} \tag{4.120}$$

周期势场中的单电子波函数是布洛赫函数

$$\varphi_{\boldsymbol{k}}(\boldsymbol{r}) = u_{\boldsymbol{k}}(\boldsymbol{r}) \mathrm{e}^{\mathrm{i}\boldsymbol{k}\cdot\boldsymbol{r}}$$

其中，$u_k(\boldsymbol{r})$是周期函数，可以展开成如下形式的傅里叶级数：

$$u_k(\boldsymbol{r}) = \frac{1}{\sqrt{\Omega}} \sum_n C_n(\boldsymbol{G}_n) \mathrm{e}^{\mathrm{i}\boldsymbol{G}_n\cdot\boldsymbol{r}} \tag{4.121}$$

式中，$C_n = C_n(G_n)$是展开系数。

很容易证明，$u_k(\boldsymbol{r}+\boldsymbol{R}) = u_k(\boldsymbol{r})$（$\boldsymbol{R}$是晶格矢量）。单电子波函数（布洛赫函数）可写为如下形式：

$$\varphi_k(\boldsymbol{r}) = u_k(\boldsymbol{r}) \mathrm{e}^{\mathrm{i}\boldsymbol{k}\cdot\boldsymbol{r}} = \sum_n C_n \mid \boldsymbol{k}+\boldsymbol{G}_n \rangle \tag{4.122}$$

将单电子所受的周期势函数做平面波展开

$$V(\boldsymbol{r}) = \sum_n V_n(\boldsymbol{G}_n) \mathrm{e}^{\mathrm{i}\boldsymbol{G}_n\cdot\boldsymbol{r}} \tag{4.123}$$

周期势场中运动的单电子薛定谔方程为

$$[\hat{H}_0 + V(\boldsymbol{r})] \varphi_{\boldsymbol{k}}(\boldsymbol{r}) = E(k) \varphi_{\boldsymbol{k}}(\boldsymbol{r}) \tag{4.124}$$

将式(4.122)和式(4.123)带入单电子薛定谔方程式(4.124)，有

$$[\hat{H}_0 + \sum_n V_n \mathrm{e}^{\mathrm{i}G_n\cdot\boldsymbol{r}}] \sum_n C_n \mid \boldsymbol{k}+\boldsymbol{G}_n \rangle = E(\boldsymbol{k}) \sum_n C_n \mid \boldsymbol{k}+\boldsymbol{G}_n \rangle \tag{4.125}$$

将式(4.125)两边左乘$\langle \boldsymbol{k}+\boldsymbol{G}_{n'} |$，并利用自由电子波函数的正交归一条件(4.120)可得

$$\sum_{n'} \{[E^0(\boldsymbol{k}+\boldsymbol{G}_n) - E(\boldsymbol{k})]\delta_{n'n} + V_{n-n'}(\boldsymbol{G}_n - \boldsymbol{G}_{n'})\} C_{n'} = 0 \tag{4.126}$$

很显然，式(4.126)是关于未知数$C_{n'}(\boldsymbol{G}_{n'})$的齐次线性方程组，有非零解的条件是其系数行列式为零，即有

$$\det | [E^0(\boldsymbol{k}+\boldsymbol{G}_n) - E(\boldsymbol{k})]\delta_{n'n} + V(\boldsymbol{G}_n - \boldsymbol{G}_{n'}) | = 0 \tag{4.127}$$

一般情况下，波函数和势函数的傅里叶展开的项数是无限的，所以严格求解式(4.127)是不可能的。但是，上述展开项的数值随项数的增加而减小，式(4.127)所示的行列式只有中心附近的少数几项展开系数显著异于零，所以式(4.127)也称中心方程。通过某一个$\boldsymbol{k}$值下式(4.127)的求解，可以得到一系列单电子能量本征值，$E_1(\boldsymbol{k})$，$E_2(\boldsymbol{k})$，…，$E_m(\boldsymbol{k})$，…。逐一选取$\boldsymbol{k}$值，就可以得到整个能带结构。

很显然，势场V展开系数$V_m(\boldsymbol{G}_m)$不为零的项数越少，波函数就越接近平面波，式(4.127)中只有中心处附近的元素需要考虑，方程的求解得到大幅度简化。平面波方法的计算难度或复杂程度取决于波函数或$V(\boldsymbol{r})$傅里叶展开的项数。随傅里叶展开项数增加，式(4.127)的求解复杂程度急剧增加。

为了克服平面波方法的局限性，人们提出了正交化平面波等方法对其进行修正，以期扩大平面波方法的适用范围。

2. 正交化平面波方法

虽然平面波方法是严格的方法，但由于平面波展开项数过多，求解式(4.126)十分繁

杂。有时式(4.126)中行列式的阶数高达数百阶,所以平面波方法在实际能带计算中遇到了很大困难。正交化平面波方法的核心是构造新的基函数,利用该基函数的线性组合表示单电子波函数,降低展开式的项数,进而降低求解方程的难度和复杂性。

当电子远离离子时,势场平坦,波函数与平面波差异不大,少数平面波的线性组合就可以正确描述单电子波函数。当电子接近离子时,单电子动量增加,单电子波函数急剧振荡,此时用原子波函数描述单电子波函数比较方便。为此,赫令(Herring)提出了正交化平面波(orthogonalized plane wave,OPW)方法,其主要思想如下。

首先,基函数由平面波和原子芯态电子函数两部分组成,基函数与原子芯态电子函数正交,以保证基函数可以描述单电子波函数在离子附近的振荡行为。

然后,将晶体中的单电子波函数表达成基函数的线性组合,然后代入单电子薛定谔方程求解。

(1)基函数的构建。

将平面波写成如下形式:

$$|\boldsymbol{k}+\boldsymbol{G}_{\mathrm{m}}\rangle=\frac{1}{\sqrt{\Omega}}\mathrm{e}^{\mathrm{i}(\boldsymbol{k}+\boldsymbol{G}_{\mathrm{m}})\cdot\boldsymbol{r}}$$

原子芯态电子函数写成如下形式:

$$\varphi_l^a(\boldsymbol{r}-\boldsymbol{R}_{\mathrm{m}})=|\varphi_l^a(\boldsymbol{r}-\boldsymbol{R}_{\mathrm{m}})\rangle$$

式中,下标"l"表示原子的所有被电子占据的芯态,如 $s,p,\cdots$态;$\boldsymbol{R}_m$ 是第 m 个离子的位置矢量。

满足布洛赫定理的归一化原子芯态电子波函数线性组合为:

$$|\varphi_{lk}\rangle=\frac{1}{\sqrt{N}}\sum_m \mathrm{e}^{\mathrm{i}\boldsymbol{k}\cdot\boldsymbol{R}_{\mathrm{m}}}\ |\varphi_l^a(\boldsymbol{r}-\boldsymbol{R}_{\mathrm{m}})\rangle \tag{4.128}$$

构造包含平面波和原子芯态电子波函数线性组合的基函数$|\Phi_{\mathrm{m}}(\boldsymbol{k},\boldsymbol{r})\rangle$

$$|\Phi_{\mathrm{m}}(\boldsymbol{k},\boldsymbol{r})\rangle=|\boldsymbol{k}+\boldsymbol{G}_{\mathrm{m}}\rangle-\sum_l\mu_{ml}|\varphi_{lk}\rangle \tag{4.129}$$

式中,μ_{ml}是原子芯态波函数的组合系数。

正交化平面波方法要求基函数$|\Phi_{\mathrm{m}}(\boldsymbol{k},\boldsymbol{r})\rangle$与原子芯态电子波函数$|\varphi_{lk}\rangle$之间的正交,即

$$\langle\varphi_{lk}|\Phi_{\mathrm{m}}(\boldsymbol{k},\boldsymbol{r})\rangle=0 \tag{4.130}$$

由式(4.130)可以确定 μ_{ml},

$$\mu_{mj}=\langle\varphi_j^a(\boldsymbol{r}-\boldsymbol{R}_{\mathrm{m}})|\boldsymbol{k}+\boldsymbol{G}_{\mathrm{m}}\rangle \tag{4.131}$$

(2)单电子波函数。

晶体中的单电子波函数可以表示成式(4.129)所示基函数的线性组合:

$$|\varphi_k(\boldsymbol{r})\rangle=\sum_m C_{\mathrm{m}}(\boldsymbol{G}_{\mathrm{m}})\ |\Phi_{\mathrm{m}}(\boldsymbol{k},\boldsymbol{r})\rangle \tag{4.132}$$

图4.19示出了平面波、原子芯态电子波函数和正交化平面波的比较,可见正交化平面波保留了单电子波函数在离子附近的振荡特性。

将式(4.132)代入式单电子哈密顿方程可以得到

$$\hat{H}\sum_m C_{\mathrm{m}}\ |\Phi_{\mathrm{m}}(\boldsymbol{k},\boldsymbol{r})\rangle=E(\boldsymbol{k})\sum_m C_{\mathrm{m}}\ |\Phi_{\mathrm{m}}(\boldsymbol{k},\boldsymbol{r})\rangle \tag{4.133}$$

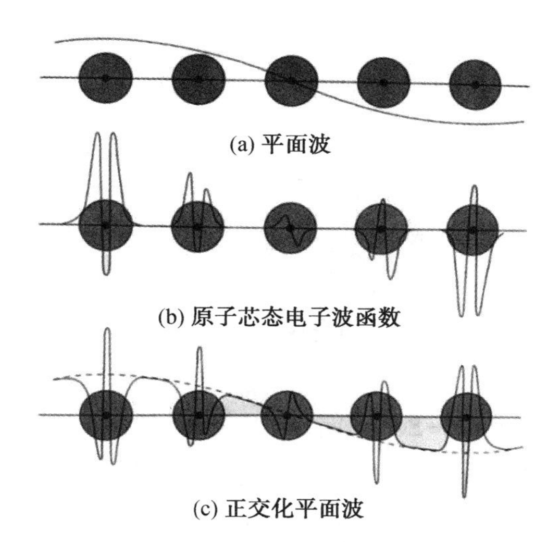

图 4.19 正交化平面波示意图

将上式左乘$\langle \Phi_n(\boldsymbol{k},\boldsymbol{r})|$可以得到

$$\sum_m [\langle \Phi_n(\boldsymbol{k},\boldsymbol{r}) \mid \hat{H} \mid \Phi_{\mathrm{m}}(\boldsymbol{k},\boldsymbol{r})\rangle - E\langle \Phi_n(\boldsymbol{k},\boldsymbol{r} \mid \Phi_{\mathrm{m}}(\boldsymbol{k},\boldsymbol{r})\rangle]C_{\mathrm{m}} = 0 \tag{4.134}$$

式中，$n=1,2,3,\cdots$。式(4.134)可以改写成

$$\sum_m (H_{nm} - E\Delta_{nm})C_{\mathrm{m}} = 0 \tag{4.135}$$

式中，

$$\begin{cases} H_{nm} = \langle \Phi_n(\boldsymbol{k},\boldsymbol{r}) \mid \hat{H} \mid \Phi_{\mathrm{m}}(\boldsymbol{k},\boldsymbol{r})\rangle \\ \Delta_{nm} = \langle \Phi_n(\boldsymbol{k},\boldsymbol{r} \mid \Phi_{\mathrm{m}}(\boldsymbol{k},\boldsymbol{r})\rangle \end{cases} \tag{4.136}$$

式(4.135)是关于未知数C_m的齐次线性方程组，有非零解的条件是其系数行列式为零，即

$$\det|(H_{nm} - E\Delta_{nm})| = 0 \tag{4.137}$$

由久期方程式(4.137)可以得到能量E(即能带结构)，代入式(3.135)可以得到展开系数C_m，进而得到单电子波函数。

实践表明，用正交化平面波作为单电子波函数展开项的基函数，在主族晶体的能带及其相关物理量的计算时，减少了单电子波函数展开级数的项数，有效降低了计算的复杂程度。但是，将正交化平面波方法应用于过渡族和稀土金属时依然存在很大问题。

4.6.2 缀加平面波方法

缀加平面波(augmented－plane wave, APW)方法是由斯莱特(Slater)提出的，其初衷是针对金属能带的计算。正交化平面波以平面波方法为基础，通过构造新的基函数降低波函数展开级数的项数，进而降低计算的复杂程度。APW 方法从基函数构造和势函数两个方面进行近似处理，以进一步减少展开级数项数、降低计算复杂程度。

(1)糕模(muffin－tin)势近似。

糕模势因为与糕点模很相像而得名。按紧束缚模型的思想，当电子很接近离子时，其所受的势场主要是离子的吸引势。而当电子远离离子时，其所受的势场几乎为零，如图4.20(a)和(b)所示。

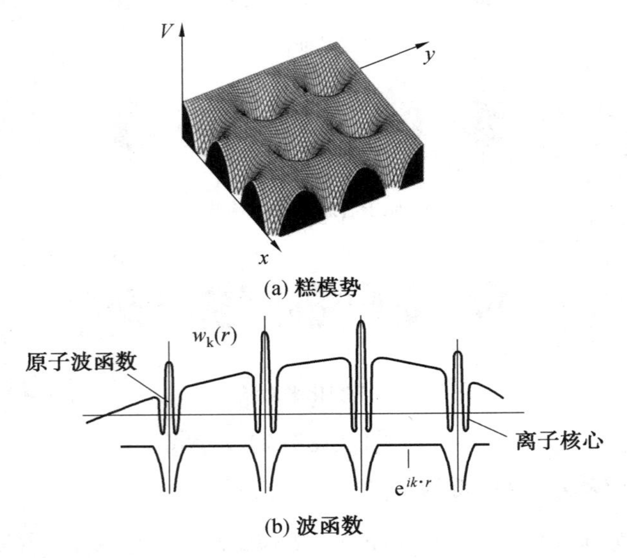

图 4.20 糕模近似示意图

基于以上分析，可以近似认为在半径小于 r_S 的离子芯区，电子所受势场为球对称的原子势；而在半径大于或等于 r_S 的离子芯区，势场为零。为了简单起见，假定晶体是只含有一种原子的简单晶体，在原胞内有

$$V(\boldsymbol{r})=\begin{cases}V_a(\boldsymbol{r}) & (r<r_S)\\ 0 & (r\geqslant r_S)\end{cases}\tag{4.138}$$

式中，$V_a(\boldsymbol{r})$是球对称的原子势场，如图 4.20(b)所示。

(2)基函数的构建。

如图 4.20 所示，缀加平面波近似认为，电子波函数在离子芯区为原子波函数；而在离子之间，波函数为平面波(即自由电子波函数)。为此，一个原胞内的基函数 $w_{\boldsymbol{k}}(\boldsymbol{r})$写成下述形式：

$$w_{\boldsymbol{k}}(\boldsymbol{r})=\begin{cases}\varphi_c^a(\boldsymbol{r}) & (r<r_S)\\ \dfrac{1}{\sqrt{\Omega}}\mathrm{e}^{\mathrm{i}\boldsymbol{k}\cdot\boldsymbol{r}} & (r\geqslant r_S)\end{cases}\tag{4.139}$$

式中，$\varphi_c^a(\boldsymbol{r})$是原子波函数。

式(4.139)的边界条件是波函数在 r_S 处连续。采用球极坐标(r,θ_a,φ_a)时有

$$\varphi_c^a(\boldsymbol{r})=R_l(r)Y_{lm}(\theta_a,\varphi_a)\tag{4.140}$$

式中，$Y_{lm}(\theta_a,\varphi_a)$是球谐函数；$R_l(\boldsymbol{r})$由以下原子径向方程给出：

$$\frac{1}{r^2}\frac{\mathrm{d}}{\mathrm{d}r}(r2\frac{\mathrm{d}R_l}{\mathrm{d}r})+[\frac{2m_e}{\hbar^2}(E-V)-\frac{l(l+1)}{r^2}]R_l=0\tag{4.141}$$

式中，$l=0,1,2,\cdots$。

(3)单电子波函数。

单电子波函数是基函数 $w_k(\boldsymbol{r})$ 的线性组合：

$$\varphi_k(\boldsymbol{r}) = \sum_G A_{k+G} w_{k+G}(\boldsymbol{r}) \tag{4.142}$$

将式(4.142)代入单电子薛定谔方程，并令能量最小，即可获得展开项系数和能量。

图 4.21 示出了由 APW 和基于密度泛函理论(见第 5 章)计算的 Cu 能带的比较，可见二者差别很小。实际计算表明，利用 APW 计算金属能带时的收敛速度很快。

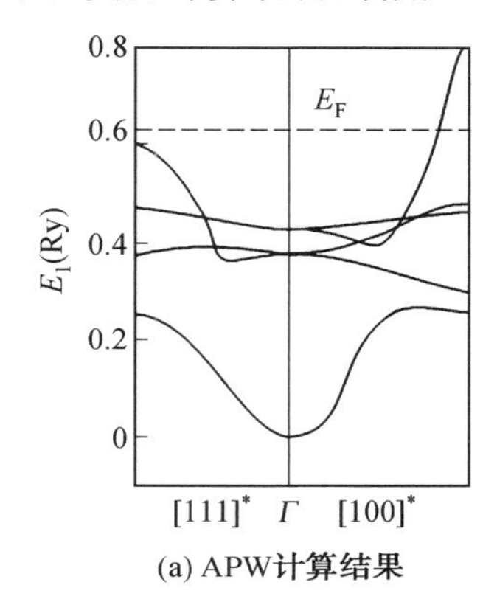

(a) APW计算结果

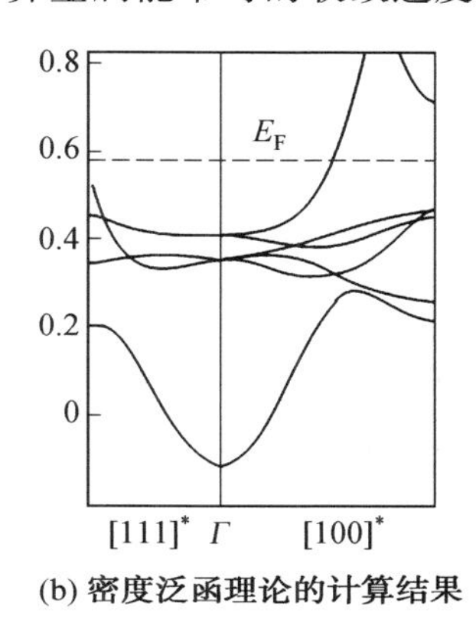

(b) 密度泛函理论的计算结果

图 4.21 Cu 的能带结构

4.6.3 赝势方法

在正交化平面波方法中，晶体的单电子波函数的基函数可以表达成平面波和芯电子波函数线性组合之和，在简单金属能带计算中取得了很好的结果。受此启发，如果将单电子波函数写成如下形式：

$$| \varphi_{\boldsymbol{k}} \rangle = | \varphi_{\boldsymbol{k}}^{PS} \rangle - \sum_c \mu_{ck} | \varphi_c^a \rangle \tag{4.143}$$

式中，$|\varphi_c^a\rangle$ 是原子的芯态电子波函数；展开系数 μ_{ck} 可由正交归一化条件确定。

可以预见，$|\varphi_{\boldsymbol{k}}^{PS}\rangle$ 是变化平缓的与平面波类似的赝平面波函数，它决定了计算的复杂程度和精度。如果可以获得更为准确的赝平面波 $|\varphi_{\boldsymbol{k}}^{PS}\rangle$，计算结果将会得到改善。赝势方法的出发点就是用求解赝平面波 $|\varphi_{\boldsymbol{k}}^{PS}\rangle$ 代替求解单电子波函数 $|\varphi_{\boldsymbol{k}}\rangle$，进而提高计算精度、降低计算复杂程度。

与正交化平面波方法类似，要求晶体的单电子波函数 $|\varphi_{\boldsymbol{k}}\rangle$ 与原子芯态电子波函数 $|\varphi_c^a\rangle$ 正交，即

$$\langle \varphi_c^a | \varphi_{\boldsymbol{k}} \rangle = 0 \tag{4.144}$$

结合式(4.143)和式(4.144)可以得到组合系数 $\mu_{c\boldsymbol{k}}$

$$\mu_{ck} = \langle \varphi_c^a | \varphi_{\boldsymbol{k}}^{PS} \rangle \tag{4.145}$$

将式(4.145)代入式(4.143)，可得

$$| \varphi_{\boldsymbol{k}} \rangle = | \varphi_{\boldsymbol{k}}^{PS} \rangle - \sum_c | \varphi_c^a \rangle \langle \varphi_c^a | \varphi_{\boldsymbol{k}}^{PS} \rangle \tag{4.146}$$

晶体中的单电子哈密顿算符为

$$\hat{H}=-\frac{\hbar^2}{2m}\nabla^2+V(\boldsymbol{r}) \tag{4.147}$$

单电子薛定谔方程为

$$\hat{H}|\varphi_{\boldsymbol{k}}\rangle=E|\varphi_{\boldsymbol{k}}\rangle \tag{4.148}$$

赝势方法中进一步假定单电子波函数和原子芯态波函数都是晶体单电子哈密顿量的本征函数，即

$$\begin{cases}\hat{H}|\varphi_{\boldsymbol{k}}\rangle=E|\varphi_{\boldsymbol{k}}\rangle\\ \hat{H}|\varphi_c^a\rangle=E_c|\varphi_c^a\rangle\end{cases} \tag{4.149}$$

式中，$E=E(k)$是单电子能量，E_c是原子的芯态电子能量。

将式(4.143)代入单电子薛定谔方程

$$\hat{H}(|\varphi_{\boldsymbol{k}}^{PS}\rangle-\sum_C\mu_{c\boldsymbol{k}}|\varphi_c^a\rangle)=E(|\varphi_{\boldsymbol{k}}^{PS}\rangle-\sum_C\mu_{c\boldsymbol{k}}|\varphi_c^a\rangle) \tag{4.150}$$

利用式(4.149)可得

$$\hat{H}|\varphi_{\boldsymbol{k}}^{PS}\rangle-\sum_C\mu_{c\boldsymbol{k}}(E-E_c)|\varphi_c^a\rangle=E|\varphi_{\boldsymbol{k}}^{PS}\rangle \tag{4.151}$$

将式(4.145)代入式(4.151)整理可得

$$\left(-\frac{\hbar^2}{2m}\nabla^2+V^{PS}\right)|\varphi_{\boldsymbol{k}}^{PS}\rangle=E|\varphi_{\boldsymbol{k}}^{PS}\rangle \tag{4.152}$$

式中，

$$V^{PS}=V+\sum_c(E-E_c)|\varphi_c^a\rangle\langle\varphi_c^a| \tag{4.153}$$

V^{PS}称为赝势，$V_{\text{eff}}=\sum_c(E-E_c)|\varphi_c^a\rangle\langle\varphi_c^a|$称为等效势。

式(4.152)表明求解单电子能量不必利用单电子波函数，而是利用赝平面波函数$|\varphi_{\boldsymbol{k}}^{PS}\rangle$。根据正交化平面波的结果可知，$|\varphi_{\boldsymbol{k}}^{PS}\rangle$是相当光滑且接近平面波的函数。

式(4.153)表明，赝势是真实的单粒子势场被等效势场削弱了。由于$\sum_c(E-E_c)|\varphi_c^a\rangle\langle\varphi_c^a|$主要在离子附近，所以，与真实的单粒子势场相比，赝势相当平滑，如图4.22所示。势场被抹平的原因是，电子在离子附近运动的较大动能（>0）被等效成了势能，与负的电子一离子相互作用势场相叠加后，电子在离子附近的势场就相当于被抹平了。

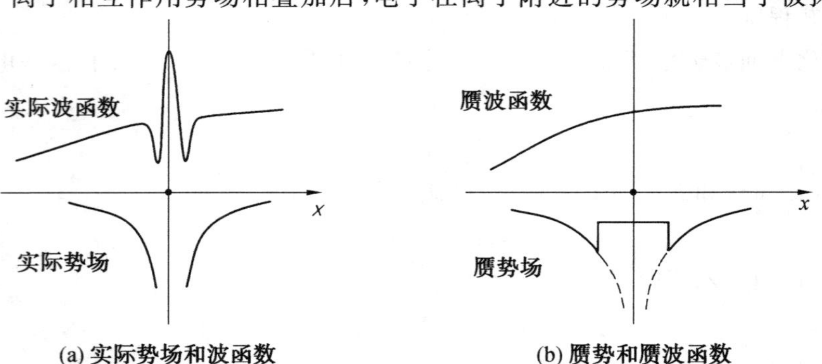

图4.22 实际势场和波函数与赝势和赝波函数的对比示意图

赝势方法中，虽然求解式(4.150)使用的是赝势和赝平面波函数，但是电子的能量是真实的。由于赝波函数接近平面波，所以可以预期金属中价电子的色散关系($E\sim k$)与自由电子相似。图4.23示出了Al的能带结构，可见能量与波矢k的关系与抛物线非常相近，表明Al中的价电子行为非常接近自由电子。尽管Al中的电子受到复杂的势场作用，赝势理论表明，等效势场相当平滑，所以电子的能量与近自由电子接近。赝势理论为索末菲自由电子理论提供了物理基础。

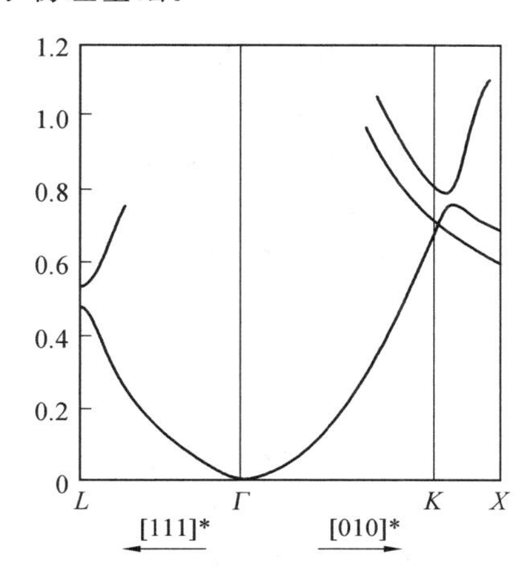

图4.23　Al的能带，横坐标[111]* 和[010]* 表示在倒格子中的方向

研究表明，单纯的赝势方法对主族元素晶体具有非常好的计算精度和效率，应用于过渡族和稀土金属的能带计算时误差依然较大。在现代能带理论中，能带的计算一般是利用基于局域密度近似的密度泛函理论，即第一性原理。赝势等方法的计算结果可以为第一性原理计算初始赋值，所以，能带的近似方法研究仍然具有实际意义。

本章参考文献

[1] 陆栋，蒋平，徐至中. 固体物理学[M]. 2版. 上海：上海科学技术出版社，2010.

[2] 曹全喜. 固体物理基础[M]. 西安：西安电子科技大学出版社，2008.

[3] 黄昆. 固体物理学[M]. 韩汝琦，改编. 北京：高等教育出版社，1988.

[4] 方俊鑫，陆栋. 固体物理学(上册)[M]. 上海：上海科学技术出版社，1980.

[5] 费维栋. 固体物理[M]. 3版. 哈尔滨：哈尔滨工业大学出版社，2020.

[6] 吴代鸣. 固体物理基础[M]. 北京：高等教育出版社，2007.

[7] MISRA P K. Physics of condensed matter[M]. 北京：北京大学出版社，2014.

[8] BURNS G. Solid state physics[M]. New York: Academic Press，1985.

[9] KITTEL C. Introduction to solid state physics[M]. Singapore: Wiley，2004.

[10] 顾秉林，王喜坤. 固体物理学[M]. 北京：清华大学出版社，1989.

[11] 陈长乐. 固体物理学[M]. 西安：西北工业大学出版社，1998.

[12] 冯端，金国钧. 凝聚态物理学(上卷)[M]. 北京：高等教育出版社，2003.

[13] BLAKEMORE J S. Solid state physics[M]. 2nd Edit. Cambridge[Cambridgeshire]: Cambridge University Press，1985.

第5章 电子间的相互作用及密度泛函理论

晶体能带理论的基本近似是周期势场中的单电子近似，而且价电子之间是相互独立的。能带理论中电子一电子相互作用是当作平均场处理的，忽略了电子一电子相互作用的细节。能带理论为深刻理解固体的性质提供了清晰的物理图像，是研究固体电子结构的核心理论。为此，人们发展了多种能带计算方法。但是，基于相互独立的单电子模型的能带理论在复杂晶体能带计算和固体性质预测等方面存在很大缺陷。密度泛函理论(density functional theory，DFT)为处理电子一电子相互作用和固体电子结构的计算提供了有效途径。而且，密度泛函理论为单电子近似提供了物理基础，从理论上证明了单电子近似的合理性。

经过几十年的发展，基于局域密度近似的密度泛函理论已经成为固体电子结构理论研究非常有效的方法。本章从哈特利一福克(Hartree-Fock)近似出发论述电子交换能的意义，重点阐述密度泛函理论的基本思想，并扼要介绍局域密度近似的基本思路，以及基于局域密度近似处理电子交换关联能的方法。

5.1 多电子体系薛定谔方程

电子势函数包括两部分，一部分来自电子一离子间的库仑相互作用；另一部分来自电子一电子间的库仑相互作用。根据绝热近似，电子体系的总哈密顿算符为

$$\hat{H}_t = \sum_i -\frac{\hbar^2}{2m}\nabla_i^2 + \frac{1}{2}\sum_{i\neq j}\frac{e^2}{4\pi\varepsilon_0|\boldsymbol{r}_i-\boldsymbol{r}_j|} - \sum_{i,n}\frac{Z_n e^2}{4\pi\varepsilon_0|\boldsymbol{r}_i-\boldsymbol{R}_n|} \tag{5.1}$$

式中，Z_n是第 n 个离子的电荷；$\boldsymbol{R}_n$是第 n 个离子的坐标；$\boldsymbol{r}_i$是第 i 个电子的坐标；等号右边中间一项的求和遍及所有的 i 和 j，该项前面的因子 1/2 是因为每两对电子的相互作用都被计算了两次而加上的。

为了书写方便，将式(5.1)写成如下形式：

$$\hat{H}_t = \hat{T} + \hat{H}_{\text{int}} + \hat{H}_{\text{ext}} \tag{5.2}$$

式中，$\hat{T}$ 是电子体系的动能算符，

$$\hat{T} = \sum_i -\frac{\hbar^2}{2m}\nabla_i^2 \tag{5.3}$$

$\hat{H}_{\text{int}}$是电子一电子间相互作用算符(势函数)，

$$\begin{cases}\hat{H}_{\text{int}} = \dfrac{e^2}{8\pi\varepsilon_0}\sum\limits_{i\neq j}\dfrac{1}{|\boldsymbol{r}_i-\boldsymbol{r}_j|} = \dfrac{1}{2}\sum\limits_{i\neq j}\hat{H}_{ij} \\ \hat{H}_{ij} = \dfrac{e^2}{4\pi\varepsilon_0}\dfrac{1}{|\boldsymbol{r}_i-\boldsymbol{r}_j|}\end{cases} \tag{5.4}$$

$\hat{H}_{ext}$是电子一离子间相互作用算符(势函数)。

对电子体系而言,$\hat{H}_{ext}$相当于外部(external)势场,此处,离子是固定在其平衡位置上的。其他"外部势场",如外加电场引起的势场可以方便地包括在外部势场中。在仅仅存在电子一离子相互作用的晶体中,外部势场可以表示为

$$\begin{cases}\hat{H}_{ext}=-\dfrac{Z_n e^2}{4\pi\varepsilon_0}\sum\limits_{i,n}\dfrac{1}{|\boldsymbol{r}_i-\boldsymbol{R}_n|}=\sum\limits_i V_{ext}(\boldsymbol{r}_i)\\ V_{ext}(\boldsymbol{r}_i)=-\dfrac{Z_n e^2}{4\pi\varepsilon_0}\sum\limits_n\dfrac{1}{|\boldsymbol{r}_i-\boldsymbol{R}_n|}\end{cases} \tag{5.5}$$

式中,V_{ext}是单电子所受的外部势场。

5.1.1 薛定谔方程

多电子体系不含时间的薛定谔方程(不考虑电子的自旋)为

$$\hat{H}_t\psi=E_t\psi(\boldsymbol{r}_1,\boldsymbol{r}_2,\cdots) \tag{5.6}$$

式中,$\psi=\psi(\boldsymbol{r}_1,\boldsymbol{r}_2,\cdots)$是体系的本征态波函数,$E_t$是体系的总能量。

利用狄拉克符号,式(5.6)也可以写成如下的形式:

$$\hat{H}_t|\psi\rangle=E_t|\psi\rangle \tag{5.7}$$

对于本征态,任意观测量(A)是其对应算符($\hat{A}$)的期望值,即

$$\langle\hat{A}\rangle=\frac{\langle\psi|\hat{A}|\psi\rangle}{\langle\psi|\psi\rangle} \tag{5.8}$$

如果 $\psi=\psi(\boldsymbol{r}_1,\boldsymbol{r}_2,\cdots)$是正交归一化的,则

$$\langle\psi|\psi\rangle=1 \tag{5.9}$$

进而,式(5.8)可以写作

$$\langle\hat{A}\rangle=\langle\psi|\hat{A}_t|\psi\rangle \tag{5.10}$$

如果不考虑电子的自旋,电子浓度 $\rho(\boldsymbol{r})$对应的算符为

$$\hat{\rho}=\sum_{i=1}^{N_e}\delta(r-\boldsymbol{r}_i) \tag{5.11}$$

式中,N_e是电子数。

电子浓度 $\rho(\boldsymbol{r})$是电子浓度算符的期望值,即

$$\rho(\boldsymbol{r})=\langle\psi|\hat{\rho}|\psi\rangle=N_e\int|\psi=\psi(\boldsymbol{r},\boldsymbol{r}_2,\cdots)|^2\mathrm{d}\boldsymbol{r}_2\mathrm{d}\boldsymbol{r}_3\cdots\mathrm{d}\boldsymbol{r}_{N_e} \tag{5.12}$$

电子体系的总能量是哈密顿算符的期望值,即

$$E_t=\langle\psi|\hat{H}_t|\psi\rangle=\langle\hat{T}\rangle+\langle\hat{H}_{int}\rangle+\langle\hat{H}_{ext}\rangle \tag{5.13}$$

由式(5.5)可知,外部势场中不包含电子坐标的交叉项,如果单个电子的外部势场为 V_{ext},则$\langle\hat{H}_{ext}\rangle$可以表达为:

$$\langle\hat{H}_{ext}\rangle\equiv E_{ext}=\int V_{ext}(\boldsymbol{r})\rho(\boldsymbol{r})\mathrm{d}r \tag{5.14}$$

5.1.2 瑞利一里茨变分原理

多电子体系哈密顿算符的本征态应该是能量的鞍点或最小值，因此式(5.7)的极小值对应体系的本征态。定义泛函 Ω_{RR}

$$\Omega_{\mathrm{RR}}=\langle\psi|(\hat{H}_t-E_t)|\psi\rangle \tag{5.15}$$

瑞利一里茨(Rayleigh-Ritz)变分原理指出，泛函 Ω_{RR} 对任意本征态 ψ 都是稳定点，所以，泛函 Ω_{RR} 对 $\langle\psi|$ 变分必然为零，即

$$\langle\delta\psi|(\hat{H}_t-E_t)|\psi\rangle=0 \tag{5.16}$$

上式对任意 $\langle\delta\psi|$ 都成立，所以必然有

$$\hat{H}_t|\psi\rangle=E_t|\psi\rangle$$

上式就是薛定谔方程式(5.7)。

与瑞利一里茨变分原理等价的方法是求极值的拉格朗日乘子方法，即将体系的总能量作为拉格朗日乘子，当波函数是归一化时有

$$\delta[\langle\psi|\hat{H}_t|\psi\rangle-E_t(\langle\psi|\psi\rangle-1)]=0 \tag{5.17}$$

利用式(5.17)同样可以得到多电子体系的薛定谔方程。

5.2 赫尔曼一费曼定理

赫尔曼一费曼(Hellmann-Feynman)定理也称“力定理”，该定理给出了如何求解哈密顿量中某一参量的共轭力学量的方法。例如，与离子位置共轭的离子所受的力，后面会看到离子所受的力可由电子浓度得到，而与电子的动能、交换和关联能无关。

5.2.1 赫尔曼一费曼定理

当忽略离子的动能时，固体的总能量(E_T)应该包括电子体系的总能量(E_t)和离子一离子间相互作用势能(E_{II})，即

$$E_T=E_t+E_{II} \tag{5.18}$$

式中，电子体系的总能量 E_t 由式(5.13)给出，离子间的相互作用能(E_{II})是经典库仑相互作用

$$E_{II}=\frac{e^2}{8\pi\varepsilon_0}\sum_{m,n}\frac{Z_mZ_n}{|\boldsymbol{R}_m-\boldsymbol{R}_n|} \tag{5.19}$$

式中，Z_m 和 Z_n 是离子价数。

如果沿 $\boldsymbol{R}_I$(离子的位置矢量)方向的偏导数(梯度)用 $\partial/\partial\boldsymbol{R}_I$ 表示，则离子 I 所受的力为

$$F_I=-\frac{\partial E_T}{\partial\boldsymbol{R}_I} \tag{5.20}$$

如果电子体系的波函数是归一化的($\langle\psi|\psi\rangle=1$)，由式(5.13)，利用一级微扰理论可以得到

$$\frac{\partial E_T}{\partial \boldsymbol{R}_I}=\langle\psi|\frac{\partial \hat{H}_t}{\partial \boldsymbol{R}_I}|\psi\rangle+\langle\frac{\partial \psi}{\partial \boldsymbol{R}_I}|\hat{H}_t|\psi\rangle+\langle\psi|\hat{H}_t|\frac{\partial \psi}{\partial \boldsymbol{R}_I}\rangle+\frac{\partial E_{II}}{\partial \boldsymbol{R}_I} \tag{5.21}$$

利用基态的性质，可知式(5.21)右边中间两项为零。另外，

$$\langle\psi|\frac{\partial \hat{H}_t}{\partial \boldsymbol{R}_I}|\psi\rangle=\langle\psi|\frac{\partial \hat{H}_{\text{ext}}}{\partial \boldsymbol{R}_I}|\psi\rangle \tag{5.22}$$

利用式(5.12)，可以得到

$$\boldsymbol{F}_I=-\frac{\partial E_T}{\partial \boldsymbol{R}_I}=-\int\rho(\boldsymbol{r})\frac{\partial V_{\text{ext}}}{\partial \boldsymbol{R}_I}\mathrm{d}r-\frac{\partial E_{II}}{\partial \boldsymbol{R}_I} \tag{5.23}$$

这就是力定理或赫尔曼—费曼定理。式(5.21)中，只有离子 I 移动，而其他离子固定，离子 I 所受力与电子的动能和交换关联能无关。尽管离子移动时，电子的动能和电子体系内部相互作用也随之发生变化，但在力定理中相互抵消了。

在非局域势函数的情况下，例如赝势，赫尔曼—费曼定理不能由电子浓度直接给出，但式(5.21)依然适用，即

$$\boldsymbol{F}_I=-\langle\psi|\frac{\partial \hat{H}_t}{\partial \boldsymbol{R}_I}|\psi\rangle-\frac{\partial E_{II}}{\partial \boldsymbol{R}_I} \tag{5.24}$$

5.2.2 广义赫尔曼—费曼定理

如果电子体系的哈密顿量中包含参数 λ，即

$$\hat{H}=\hat{H}(\lambda) \tag{5.25}$$

此时，电子体系的本征函数为 ψ_λ。那么，电子体系的能量随 λ 的变化为

$$\frac{\partial E_t}{\partial \lambda}=\langle\psi_\lambda|\frac{\partial \hat{H}_t}{\partial \lambda}|\psi_\lambda\rangle \tag{5.26}$$

式(5.26)称为广义赫尔曼—费曼定理。根据式(5.26)可以得到

$$\Delta E_t=\int_{\lambda_1}^{\lambda_2}\frac{\partial E_t}{\partial \lambda}\mathrm{d}\lambda=\int_{\lambda_1}^{\lambda_2}\langle\psi_\lambda\mid\frac{\partial \hat{H}_t}{\partial \lambda}\mid\psi_\lambda\rangle\mathrm{d}\lambda \tag{5.27}$$

下面用一个简单的例子说明广义赫尔曼—费曼定理。为了表达电子—电子相互作用的强弱，引进变化的参数 $\lambda(0\sim1)$，电子—电子相互作用算符为

$$\hat{H}_{\text{int}}=\frac{\lambda e^2}{8\pi\varepsilon_0}\sum_{i\neq j}\frac{1}{|\boldsymbol{r}_i-\boldsymbol{r}_j|} \tag{5.28}$$

当 $\lambda=0$ 时，表示无相互作用；当 $\lambda=1$ 时，表示全相互作用。由于哈密顿算符只有电子—电子相互作用一项随 λ 变化，所以能量变化为

$$\Delta E_t=\int_0^1\langle\psi_\lambda\mid\frac{\partial \hat{H}_t}{\partial \lambda}\mid\psi_\lambda\rangle\mathrm{d}\lambda=\frac{e^2}{8\pi\varepsilon_0}\int_0^1\langle\psi_\lambda\mid\sum_{i\neq j}\frac{1}{|\boldsymbol{r}_i-\boldsymbol{r}_j|}\mid\psi_\lambda\rangle\mathrm{d}\lambda \tag{5.29}$$

式中，ψ_λ 是 λ 在[0,1]区间的波函数。

该方法的最大缺点是计算能量变化时需要 λ 在[0,1]区间的波函数。但它在相互作用多电子体系的密度泛函的构建时是有用的。

5.3　哈特利－福克近似与电子交换作用

尽管可以给出电子体系总哈密顿量，但直接求解薛定谔方程式(5.7)仍然是不可能的。在能带理论中，忽略电子－电子相互作用时，单电子近似成立，多电子体系的波函数可以表达为单电子波函数的乘积。对简单金属而言，由于库仑势的屏蔽效应，单电子近似是很好的近似，而且可以将价电子近似看作是相互独立的。

第4章阐述的能带理论利用有效单电子势能函数代替真实的电子势函数，价电子体系被看成是无相互作用和相互独立的电子体系。当考虑电子－电子相互作用时，构造有效单电子势函数非常困难。为此，人们利用哈特利－福克近似进行电子结构的计算。哈特利－福克近似的核心思想是多电子波函数是单电子波函数的乘积，将波函数代入多电子体系薛定谔方程进行求解。本节主要阐述哈特利近似和哈特利－福克近似的基本思想，分析电子交换能的物理起源。

5.3.1　哈特利近似

相互独立的电子体系包含两种情况，一种是电子之间无相互作用(电子间的相互作用用平均有效势函数代替)，这就是第4章能带理论的情况；另外一种情况是电子之间存在相互作用，但多电子波函数依然可以表示为相互独立的单电子波函数的乘积，这就是哈特利近似。

按哈特利近似，不计自旋的 N_e 个价电子组成的体系的波函数如下：

$$\psi=\varphi_1(\boldsymbol{r}_1)\varphi_2(\boldsymbol{r}_2)\cdots\varphi_N(\boldsymbol{r}_N)=\prod_{i=1}^{N_e}\varphi_i(\boldsymbol{r}_i) \tag{5.30}$$

当单粒子波函数 $\varphi_i(\boldsymbol{r}_i)$ 之间是正交归一化的，总波函数 ψ_e 也是归一化的。正交归一化的单电子波函数满足以下条件：

$$\langle\varphi_i(\boldsymbol{r}_i)|\varphi_j(\boldsymbol{r}_j)\rangle=\delta_{ij} \tag{5.31}$$

(1)哈特利方程。

为了方便起见，将电子体系的哈密顿算符写成如下的形式：

$$\hat{H}_t=\sum_i\hat{H}_i+\hat{H}_{\text{int}} \tag{5.32}$$

式中，

$$\hat{H}_i=-\frac{\hbar^2}{2m}\nabla_i^2+V_{\text{ext}}(\boldsymbol{r}_i) \tag{5.33}$$

将式(5.32)代入式(5.13)的第一个等式，并利用单电子波函数之间的正交归一化条件，可以得到

$$E_t=\sum_i\langle\varphi_i\mid\hat{H}_i\mid\varphi_i\rangle+\frac{1}{2}\sum_{i,j\neq i}\langle\varphi_i(\boldsymbol{r})\varphi_j(\boldsymbol{r}')\mid\hat{H}_{ij}\mid\varphi_i(\boldsymbol{r})\varphi_j(\boldsymbol{r}')\rangle \tag{5.34}$$

式中，$\hat{H}_{ij}=\left(\dfrac{e^2}{4\pi\varepsilon_0}\right)\Big/|\boldsymbol{r}_i-\boldsymbol{r}_j|$；等号右边第二项前的1/2因子是由于每一项都被重复计算了两次而加入的；等号右边第一项是电子体系的总动能和总外部势能；最后一项是电子之

间的总库仑排斥能，令其为 E_C，则

$$E_C=\frac{1}{2}\sum_{i,j\neq i}\langle\varphi_i(\boldsymbol{r})\varphi_j(\boldsymbol{r}')\mid\hat{H}_{ij}\mid\varphi_i(\boldsymbol{r})\varphi_j(\boldsymbol{r}')\rangle$$
$$=\frac{e^2}{8\pi\varepsilon_0}\sum_{i,j\neq i}\int\frac{\varphi_j^*(\boldsymbol{r}')\varphi_j(\boldsymbol{r}')\varphi_i^*(\boldsymbol{r})\varphi_i(\boldsymbol{r})}{|\boldsymbol{r}-\boldsymbol{r}'|}\mathrm{d}\boldsymbol{r}\mathrm{d}\boldsymbol{r}' \tag{5.35}$$

电子 i 在 $\boldsymbol{r}$ 处的电子浓度（概率密度）为 $\rho_i(\boldsymbol{r})=\varphi_i^*(\boldsymbol{r})\varphi_i(\boldsymbol{r})$，电子 j 在 $\boldsymbol{r}'$ 处的电子浓度为 $\rho_j(\boldsymbol{r}')=\varphi_j^*(\boldsymbol{r}')\varphi_j(\boldsymbol{r}')$，则式(5.35)可以表示为

$$E_C=\frac{e^2}{8\pi\varepsilon_0}\sum_{i,j\neq i}\iint\frac{\rho_j(\boldsymbol{r}')\rho_i(\boldsymbol{r})}{|\boldsymbol{r}-\boldsymbol{r}'|}\mathrm{d}\boldsymbol{r}\mathrm{d}\boldsymbol{r}' \tag{5.36}$$

根据变分原理，引入拉格朗日乘子 E_i，通过求解拉格朗日条件极值，获得基态能量。

$$\delta\left\{E_t-\sum_{i=1}^{N_e}E_i[\langle\varphi_i(\boldsymbol{r}_i)\mid\varphi_i(\boldsymbol{r}_i)\rangle-1]\right\}=0 \tag{5.37}$$

上式表示对 $\varphi_i^*(\boldsymbol{r}_i)$ 求变分。将式(5.34)的 E_t 表达式代入式(5.37)可以得到

$$\langle\delta\varphi_i\mid\left(-\frac{\hbar^2}{2m}\nabla_i^2+V_{\mathrm{ext}}+\sum_{j\neq i}\langle\varphi_j\mid\hat{H}_{ij}\mid\varphi_j\rangle-E_i\right)\mid\varphi_i\rangle=0 \tag{5.38}$$

式(5.38)对任何 $\langle\delta\varphi_j|$ 都成立，所以必然有

$$\left(-\frac{\hbar^2}{2m}\nabla_i^2+V_{\mathrm{ext}}+\sum_{j\neq i}\langle\varphi_j\mid\hat{H}_{ij}\mid\varphi_j\rangle-E_i\right)\mid\varphi_i\rangle=0 \tag{5.39}$$

式(5.39)可以改写成

$$\left(-\frac{\hbar^2}{2m}\nabla_i^2+V_{\mathrm{ext}}+V_C\right)|\varphi_i\rangle=E_i|\varphi_i\rangle \tag{5.40}$$

这就是哈特利方程。式(5.40)中，V_C 由下式给出：

$$V_C(\boldsymbol{r})=\sum_{j\neq i}\langle\varphi_j\mid\hat{H}_{ij}\mid\varphi_j\rangle=\frac{e^2}{4\pi\varepsilon_0}\int\frac{\rho^{\mathrm{H}}(\boldsymbol{r}')}{|\boldsymbol{r}'-\boldsymbol{r}|}\mathrm{d}\boldsymbol{r}' \tag{5.41}$$

式中，

$$\rho^{\mathrm{H}}(\boldsymbol{r}')=\sum_{j\neq i}|\varphi_j(\boldsymbol{r}')|^2 \tag{5.42}$$

$\rho^{\mathrm{H}}(\boldsymbol{r}')$ 的物理意义是除去参考电子 i 以外所有电子在 $\boldsymbol{r}'$ 处的电子浓度。所以，式(5.41)所示的 $V_C(\boldsymbol{r})$ 就是参考电子 i 所受的来自其他所有电子的库仑排斥势场。

关于哈特利方程需要注意以下几点。

第一，E_i 是作为拉格朗日乘子引入的参量。E_i 虽然具有能量的含义，但在一般情况下它不是真正意义上的单电子能量。

第二，哈特利方程式(5.40)形式上是单电子方程，但不能直接用解析的方法求解，因为只有在知道了单电子波函数的情况下，才能计算势函数 V_C，所以哈特利方程只能用迭代方法求自洽解。事先给定一组初始的单电子波函数计算势函数 V_C；将 V_C 代入哈特利方程求出新的波函数和能级。反复进行上述迭代过程，直到获得自洽解。

第三，哈特利近似中电子是相互独立的，满足不相容原理和费米—狄拉克分布。在哈特利近似下，电子—电子之间的相互作用只有电子间的库仑排斥相互作用。

(2)凝胶固体的哈特利方程。

举一个简单的例子，将哈特利近似应用于正电荷凝胶固体。所谓正电荷凝胶是指正

电荷像凝胶一样均匀分布在整个固体中。按哈特利近似，电子之间是相互独立的，也均匀分布在整个固体(体积为 Ω)中。由于电子体系可以看成均匀电子气，所以可以假定基态一级近似的单电子波函数为平面波，即

$$\varphi_i(\boldsymbol{r})=\frac{1}{\sqrt{\Omega}}\mathrm{e}^{\mathrm{i}\boldsymbol{k}_i\cdot\boldsymbol{r}} \tag{5.43}$$

如果电子数为 N_e，则电子浓度为 N_e/Ω，而且正电荷的分布与之相同，二者都是均匀分布。

下面计算 V_{ext}。$\boldsymbol{r}'$ 处正电荷密度为 eN_e/Ω，所以，$\boldsymbol{r}$ 处一个电子所受的来自所有正电荷的库仑吸引势场为

$$V_{\text{ext}}=-\frac{\mathrm{e}^2}{4\pi\varepsilon_0}\frac{N_e}{\Omega}\int\frac{1}{|\boldsymbol{r}-\boldsymbol{r}'|}\mathrm{d}\boldsymbol{r}' \tag{5.44}$$

接下来计算 $V_\mathrm{C}(\boldsymbol{r})$，由式(5.41)和式(5.42)可得

$$\begin{aligned}V_\mathrm{C}(\boldsymbol{r})&=\frac{e^2}{4\pi\varepsilon_0}\int\frac{\sum\limits_{i,j\neq i}|\varphi_j(\boldsymbol{r}')|^2}{|\boldsymbol{r}'-\boldsymbol{r}|}\mathrm{d}\boldsymbol{r}'\\&=\frac{e^2}{4\pi\varepsilon_0}\int\frac{\sum\limits_{j=1}^{N_e}|\varphi_j(\boldsymbol{r}')|^2}{|\boldsymbol{r}'-\boldsymbol{r}|}\mathrm{d}\boldsymbol{r}'-\frac{e^2}{4\pi\varepsilon_0}\int\frac{|\varphi_i(\boldsymbol{r}')|^2}{|\boldsymbol{r}'-\boldsymbol{r}|}\mathrm{d}\boldsymbol{r}'\end{aligned} \tag{5.45}$$

对于平面波

$$|\varphi_i(\boldsymbol{r}')|^2=\frac{1}{\Omega} \tag{5.46}$$

及

$$\sum_{j=1}^{N_e}|\varphi_j(\boldsymbol{r}')|^2=\frac{N_e}{\Omega} \tag{5.47}$$

将式(5.46)和式(5.47)代入式(5.45)，可得

$$V_\mathrm{C}(\boldsymbol{r})=\frac{e^2}{4\pi\varepsilon_0}\frac{N_e}{\Omega}\int\frac{1}{|\boldsymbol{r}'-\boldsymbol{r}|}\mathrm{d}\boldsymbol{r}'-\frac{e^2}{4\pi\varepsilon_0}\frac{1}{\Omega}\int\frac{1}{|\boldsymbol{r}'-\boldsymbol{r}|}\mathrm{d}\boldsymbol{r}' \tag{5.48}$$

$\int\frac{1}{|\boldsymbol{r}'-\boldsymbol{r}|}\mathrm{d}\boldsymbol{r}'$ 正比于固体的面积，$\frac{1}{\Omega}\int\frac{1}{|\boldsymbol{r}'-\boldsymbol{r}|}\mathrm{d}\boldsymbol{r}'$ 与固体的线度成反比，所以当固体的体积 Ω 足够大时，式(5.48)右边第二项近似为零，可以忽略。式(5.48)简化为

$$V_\mathrm{C}(\boldsymbol{r})=\frac{e^2}{4\pi\varepsilon_0}\frac{N_e}{\Omega}\int\frac{1}{|\boldsymbol{r}'-\boldsymbol{r}|}\mathrm{d}\boldsymbol{r}' \tag{5.49}$$

由式(5.44)和式(5.49)可得

$$V_{\text{ext}}+V_\mathrm{C}(\boldsymbol{r})=0 \tag{5.50}$$

可见，凝胶固体中，电子所受的有效势场为零，此时与自由电子模型等同，这一结果表明哈特利近似应用于正电荷凝胶体系是自洽的。将式(5.50)代入哈特利方程(5.40)可得

$$\left(-\frac{\hbar^2}{2m}\nabla_i^2\right)|\varphi_i\rangle=E_i|\varphi_i\rangle \tag{5.51}$$

式(5.51)正是自由电子的薛定谔方程。

5.3.2 哈特利—福克方程

1. 哈特利—福克近似

哈特利近似中电子是相互独立的,但是没有考虑电子之间的交换作用。对全同费米子组成的多粒子体系而言,交换任意两个费米子的坐标编号,体系波函数只改变正负号,称全同费米子的这种特性为交换反对称性。例如,在哈特利波函数中对调电子 i 和电子 j 的坐标编号有下述关系:

$$\begin{aligned}&\varphi_1(\boldsymbol{r}_1)\varphi_2(\boldsymbol{r}_2)\cdots\varphi_i(\boldsymbol{r}_j)\varphi_j(\boldsymbol{r}_i)\cdots\varphi_{N_e}(\boldsymbol{r}_{N_e})\\=&-\varphi_1(\boldsymbol{r}_1)\varphi_2(\boldsymbol{r}_2)\cdots\varphi_i(\boldsymbol{r}_i)\varphi_j(\boldsymbol{r}_j)\cdots\varphi_{N_e}(\boldsymbol{r}_{N_e})\end{aligned} \tag{5.52}$$

考虑到各种交换的可能性(波函数要满足的交换反对称性),福克提出用单电子波函数组成的斯莱特(Slater)行列式表示多电子体系的波函数,一般称为福克近似或哈特利—福克近似。在不涉及磁性的体系中,一般认为自旋向上和向下的电子波函数的空间函数部分是相同的,即每个空间轨道都可以是自旋向上和向下双重占据的。这就是约束哈特利—福克近似。

由 N_e 个自旋平行的电子组成的体系的哈特利—福克波函数为

$$\psi(\boldsymbol{r}_1,\boldsymbol{r}_2\cdots\boldsymbol{r}_{N_e})=\frac{1}{\sqrt{N_e!}}\begin{vmatrix}\varphi_1(\boldsymbol{r}_1) & \cdots & \varphi_{N_e}(\boldsymbol{r}_1)\\ \varphi_1(\boldsymbol{r}_2) & \cdots & \varphi_{N_e}(\boldsymbol{r}_2)\\ \cdots & \cdots & \cdots\\ \varphi_1(\boldsymbol{r}_{N_e}) & \cdots & \varphi_{N_e}(\boldsymbol{r}_{N_e})\end{vmatrix} \tag{5.53}$$

应当指出,在涉及磁性的情况下,必须使用无约束哈特利—福克近似,无约束哈特利—福克近似中,单电子波函数既是空间坐标的函数也是自旋取向(s)的函数,即

$$\varphi_i=\varphi_i(r,s) \tag{5.54}$$

在约束哈特利—福克近似中,要求不同自旋取向电子的空间波函数是一致的,且是正交归一化的。而在无约束哈特利—福克近似中,不同自旋取向电子波函数的空间波函数是不同的,也不要求是正交的。本节主要讨论约束哈特利福克近似的情况。

下面简要说明哈特利—福克波函数可以是由自旋平行的单粒子波函数组成。考虑到电子自旋相对于参考方向有两个取向,如果用变量 $S_\sigma(\sigma=1,2)$ 表示自旋量子数,则 $S_1=1/2$ 和 $S_2=-1/2$ 分别表示自旋向上和向下两个取向,电子自旋波函数可以用狄拉克符号表示为 $|S_\sigma\rangle$,在不涉及磁性的体系中,自旋波函数满足正交归一条件

$$\langle S_\sigma|S_{\sigma'}\rangle=\delta_{\sigma\sigma'} \tag{5.55}$$

若体系的哈密顿量不显含自旋变量,

$$|S_\sigma\varphi_i(\boldsymbol{r})\rangle=|S_\sigma\rangle|\varphi_i(\boldsymbol{r})\rangle \tag{5.56}$$

在哈特利—福克近似进行电子体系能量计算时,包含不同取向自旋的波函数均因不同自旋波函数的正交性而消掉了,例如,

$$\langle S_\sigma\varphi_i(\boldsymbol{r})|\hat{H}_t|S_{\sigma'}\varphi_i(\boldsymbol{r})\rangle=\langle\varphi_i(\boldsymbol{r})|\hat{H}_t|\varphi_i(\boldsymbol{r})\rangle\langle S_\sigma|S_{\sigma'}\rangle=\delta_{\sigma\sigma'} \tag{5.57}$$

所以,约束哈特利—福克近似考虑的是自旋平行的电子。而每个空间波函数允许自旋相反的两个电子占据,也就是说每个空间波函数都是可以是双重占据的。

2. 交换能

当电子波函数是正交归一化的，哈特利－福克波函数是归一化的。根据式(5.13)，体系的总能量为

$$E_t=\langle\psi|\hat{H}_t|\psi\rangle \tag{5.58}$$

将式(5.53)代入式(5.58)，整理可得

$$E_t=\sum_i\langle\varphi_i(\boldsymbol{r}_i)\mid H_i\mid\varphi_i(\boldsymbol{r}_i)\rangle+\frac{1}{2}\sum_{i,j\neq i}\langle\varphi_i(\boldsymbol{r})\varphi_j(\boldsymbol{r}')\mid\hat{H}_{ij}\mid\varphi_i(\boldsymbol{r})\varphi_j(\boldsymbol{r}')\rangle-\frac{1}{2}\sum_{i,j\neq i}\langle\varphi_i(\boldsymbol{r})\varphi_j(\boldsymbol{r}')\mid\hat{H}_{ij}\mid\varphi_i(\boldsymbol{r}')\varphi_j(\boldsymbol{r})\rangle \tag{5.59}$$

式(5.59)右边第一项和第二项与哈特利近似相同，第一项是体系总动能和总外部势能；第二项是电子－电子之间的库仑排斥势能。与式(5.34)相比较，可以发现，式(5.59)右边多了最后一项，这一项是由电子相互交换而造成的，故称为电子交换能。

将式(5.59)改写成如下形式：

$$E_t=\sum_i\langle\varphi_i(\boldsymbol{r}_i)\mid\hat{H}_i\mid\varphi_i(\boldsymbol{r}_i)\rangle+\frac{1}{2}\sum_{i,j}\langle\varphi_i(\boldsymbol{r})\varphi_j(\boldsymbol{r}')\mid\hat{H}_{ij}\mid\varphi_i(\boldsymbol{r})\varphi_j(\boldsymbol{r}')\rangle-\langle\varphi_i(\boldsymbol{r})\varphi_i(\boldsymbol{r}')\mid\hat{H}_{ij}\mid\varphi_i(\boldsymbol{r})\varphi_i(\boldsymbol{r}')\rangle-\frac{1}{2}\sum_{i,j\neq i}\langle\varphi_i(\boldsymbol{r})\varphi_j(\boldsymbol{r}')\mid\hat{H}_{ij}\mid\varphi_i(\boldsymbol{r}')\varphi_j(\boldsymbol{r})\rangle$$

合并上式右边的最后两项，可以得到

$$E_t=\sum_i\langle\varphi_i(\boldsymbol{r}_i)\mid\hat{H}_i\mid\varphi_i(\boldsymbol{r}_i)\rangle+\frac{1}{2}\sum_{i,j}\langle\varphi_i(\boldsymbol{r})\varphi_j(\boldsymbol{r}')\mid\hat{H}_{ij}\mid\varphi_i(\boldsymbol{r})\varphi_j(\boldsymbol{r}')\rangle-\frac{1}{2}\sum_{i,j}\langle\varphi_i(\boldsymbol{r})\varphi_j(\boldsymbol{r}')\mid\hat{H}_{ij}\mid\varphi_i(\boldsymbol{r}')\varphi_j(\boldsymbol{r})\rangle$$

令

$$\begin{cases}E_{\mathrm{H}}=\dfrac{1}{2}\sum\limits_{i,j}\langle\varphi_i(\boldsymbol{r})\varphi_j(\boldsymbol{r}')\mid\hat{H}_{ij}\mid\varphi_i(\boldsymbol{r})\varphi_j(\boldsymbol{r}')\rangle\\ E_x=-\dfrac{1}{2}\sum\limits_{i,j}\langle\varphi_i(\boldsymbol{r})\varphi_j(\boldsymbol{r}')\mid\hat{H}_{ij}\mid\varphi_i(\boldsymbol{r}')\varphi_j(\boldsymbol{r})\rangle\end{cases} \tag{5.60}$$

则体系的总能量为

$$\begin{aligned}E_t&=\sum_i\langle\varphi_i(\boldsymbol{r}_i)\mid H_i\mid\varphi_i(\boldsymbol{r}_i)\rangle+E_{\mathrm{H}}+E_x\\&=T+E_{\mathrm{ext}}+E_{\mathrm{H}}+E_x\end{aligned} \tag{5.61}$$

式中，T 为体系的动能，且

$$T=-\frac{\hbar^2}{2m}\sum_i\langle\varphi_i\mid\nabla^2\mid\varphi_i\rangle \tag{5.62}$$

式(5.61)中的外部势场对电子体系的作用能由式(5.14)给出，即

$$E_{\mathrm{ext}}=\int V_{\mathrm{ext}}(\boldsymbol{r})\rho(\boldsymbol{r})\mathrm{d}\boldsymbol{r}$$

E_{H} 称为哈特利电子排斥能，其与式(5.35)所示的哈特利库仑电子排斥能 E_{H} 包含了非物理的参考电子自身($i=j$)的库仑相互作用，有时也称为电子的自相互作用。E_{H} 可以方便地表达成

$$E_{\mathrm{H}}=\frac{e^2}{8\pi\varepsilon_0}\iint\frac{\rho(\boldsymbol{r})\rho(\boldsymbol{r}')}{|\boldsymbol{r}-\boldsymbol{r}'|}\mathrm{d}\boldsymbol{r}\mathrm{d}\boldsymbol{r}' \tag{5.63}$$

式中，$\rho(\boldsymbol{r})$和 $\rho(\boldsymbol{r}')$分别是所有电子在 $\boldsymbol{r}$ 和 $\boldsymbol{r}'$ 处贡献的电子浓度。

式(5.61)中的 E_x 称为交换能，可用积分表示为

$$E_x=-\frac{e^2}{8\pi\varepsilon_0}\sum_{i,j}\iint\frac{\varphi_i^*(\boldsymbol{r})\varphi_j(\boldsymbol{r})\varphi_j^*(\boldsymbol{r}')\varphi_i(\boldsymbol{r}')}{|\boldsymbol{r}'-\boldsymbol{r}|}\mathrm{d}\boldsymbol{r}\mathrm{d}\boldsymbol{r}' \tag{5.64}$$

3. 凝胶固体的交换能

一般情况下，计算交换能是困难的，难以得到解析表达式。这里以凝胶固体(见5.3.1节)为例，讨论交换能的表达式。凝胶固体中正电荷和电子均均匀分布，电子体系可以看作相互独立的均匀电子气，单电子波函数可以写成

$$\varphi_i(\boldsymbol{r})=\frac{1}{\sqrt{\Omega}}\mathrm{e}^{\mathrm{i}\boldsymbol{k}_i\cdot\boldsymbol{r}} \tag{5.65}$$

式中，Ω 是晶体的体积。

式(5.64)可以写为

$$E_x=-\frac{e^2}{8\pi\varepsilon_0\Omega^2}\sum_{i,j}\iint\frac{\mathrm{e}^{\mathrm{i}(\boldsymbol{k}_i-\boldsymbol{k}_j)\cdot(\boldsymbol{r}-\boldsymbol{r}')}}{|\boldsymbol{r}'-\boldsymbol{r}|}\mathrm{d}\boldsymbol{r}'\mathrm{d}\boldsymbol{r} \tag{5.66}$$

利用函数 $1/\boldsymbol{r}$ 的傅里叶变换，可得

$$\int\frac{\mathrm{e}^{\mathrm{i}(\boldsymbol{k}_i-\boldsymbol{k}_j)\cdot\boldsymbol{r}}}{|\boldsymbol{r}'-\boldsymbol{r}|}\mathrm{d}\boldsymbol{r}'=\frac{4\pi}{|\boldsymbol{k}_i-\boldsymbol{k}_j|^2} \tag{5.67}$$

对基态而言，电子从最低能级空间态逐一占据更高能量的空间态，直到 $\boldsymbol{k}=\boldsymbol{k}_{\mathrm{F}}$($\boldsymbol{k}_{\mathrm{F}}$ 为费米波矢)为止。利用式(5.67)可以将式(5.66)进一步化简，可以得到

$$E_x=-\frac{e^2}{8\pi\varepsilon_0\Omega}\sum_{i,j}^{\boldsymbol{k}_{\mathrm{F}}}\frac{4\pi}{|\boldsymbol{k}_i-\boldsymbol{k}_j|^2} \tag{5.68}$$

利用 $\boldsymbol{k}$ 空间的态密度 $\Omega/8\pi^3$(见第 4 章)，将式(5.68)对 $\boldsymbol{k}$ 的求和用积分代替

$$\sum_k\rightarrow\frac{\Omega}{8\pi^3}\int\mathrm{d}k \tag{5.69}$$

$\boldsymbol{k}$ 空间体积元 $\mathrm{d}\boldsymbol{k}=\boldsymbol{k}^2\sin\theta\mathrm{d}\theta\mathrm{d}\varphi\mathrm{d}k$，代入式(5.68)并积分可以得到平均到每个电子的交换能为

$$\begin{aligned}\varepsilon_x&=\frac{E_x}{N_e}=-\frac{e^2k_{\mathrm{F}}}{4\pi^2\varepsilon_0}\sum_{k<k_{\mathrm{F}}}\left(1+\frac{k_{\mathrm{F}}^2-k^2}{2kk_{\mathrm{F}}}\ln\left|\frac{k_{\mathrm{F}}+k}{k_{\mathrm{F}}-k}\right|\right)\\&=-\frac{3e^2k_{\mathrm{F}}}{16\pi^2\varepsilon_0}\end{aligned} \tag{5.70}$$

式(5.70)求和用到了式(5.69)的积分，并利用了式(3.19)给出的费米波矢的表达式 $k_{\mathrm{F}}=(3\pi^2\rho)^{1/3}$。均匀电子气体交换能在密度泛函理论的局域密度近似中有重要应用。

4. 哈特利一福克方程

由于单粒子之间满足正交归一条件

$$\langle \varphi_i(\boldsymbol{r}_i)|\varphi_i(\boldsymbol{r}_i)\rangle - 1 = 0$$

所以,引进拉格朗日乘子 E_i,通过条件极值确定基态极小值 E_i,即令

$$\delta\left\{E_t - \sum_{i=1}^{Ne} E_i[\langle \varphi_i(\boldsymbol{r}_i) \mid \varphi_i(\boldsymbol{r}_i)\rangle - 1]\right\} = 0 \tag{5.71}$$

上式表示对 $\varphi_i(\boldsymbol{r}_i)$ 求变分。将式(5.59)的 E_t 表达式代入方程式(5.71),由于式(5.71)对任意 $\langle\delta\varphi_i|$ 都必须成立,可以得到

$$\hat{H}_i\varphi_i(\boldsymbol{r}) + \left[\frac{e^2}{4\pi\varepsilon_0}\sum_j\int \frac{|\varphi_j(\boldsymbol{r}')|^2}{|\boldsymbol{r}'-\boldsymbol{r}|}\mathrm{d}\boldsymbol{r}'\right]\varphi_i(\boldsymbol{r}) - \frac{e^2}{4\pi\varepsilon_0}\sum_j\int \frac{\varphi_j^*(\boldsymbol{r}')\varphi_i(\boldsymbol{r}')\varphi_j(\boldsymbol{r})}{|\boldsymbol{r}'-\boldsymbol{r}|}\mathrm{d}\boldsymbol{r}' = E_i\varphi_i(\boldsymbol{r}) \tag{5.72}$$

式中,$\hat{H}_i = -(\hbar^2/2m)\nabla_i^2 + V_{\text{ext}}(\boldsymbol{r}_i)$。

式(5.72)中右边第二项来源于电子—电子之间库仑排斥势场,称为哈特利—福克(或哈特利)库仑排斥势,其与哈特利近似中电子间库仑排斥势不同,哈特利—福克电子库仑排斥势场中包含了参考电子($i=j$)的自相互作用。式(5.72)右边第三项项来自电子之间的交换作用势。

如果令哈特利—福克电子间库仑排斥势函数为 V_{H},则

$$V_{\text{H}} = \frac{e^2}{4\pi\varepsilon_0}\sum_j\int \frac{|\varphi_j(\boldsymbol{r}')|^2}{|\boldsymbol{r}'-\boldsymbol{r}|}\mathrm{d}\boldsymbol{r}' = \frac{e^2}{4\pi\varepsilon_0}\int \frac{\rho(\boldsymbol{r}')}{|\boldsymbol{r}'-\boldsymbol{r}|}\mathrm{d}\boldsymbol{r}' \tag{5.73}$$

式中,$\rho(\boldsymbol{r}')$ 是所有电子在 $\boldsymbol{r}'$ 处贡献的电子浓度。

式(5.69)所表示的是位于 r 处的电子所受的包括其自身在内的所有电子的库仑排斥势。

如果令式(5.72)左边第三项为 $V_x\varphi_i(\boldsymbol{r})$,$V_x = V_x(\boldsymbol{r})$ 称为交换势函数,则

$$\begin{aligned} V_x\varphi_i(\boldsymbol{r}) &= -\frac{e^2}{4\pi\varepsilon_0}\sum_j\int \frac{\varphi_j^*(\boldsymbol{r}')\varphi_i(\boldsymbol{r}')\varphi_j(\boldsymbol{r})}{|\boldsymbol{r}'-\boldsymbol{r}|}\mathrm{d}\boldsymbol{r}' \\ &= \left[-\frac{e^2}{4\pi\varepsilon_0}\sum_j\int \frac{\varphi_j^*(\boldsymbol{r}')\varphi_i(\boldsymbol{r}')\varphi_i^*(\boldsymbol{r})\varphi_j(\boldsymbol{r})}{|\boldsymbol{r}'-\boldsymbol{r}|\,|\varphi_i(\boldsymbol{r})|^2}\mathrm{d}\boldsymbol{r}'\right]\varphi_i(\boldsymbol{r}) \end{aligned} \tag{5.74}$$

交换势函数为

$$V_x = -\frac{e^2}{4\pi\varepsilon_0}\sum_j\int \frac{\varphi_j^*(\boldsymbol{r}')\varphi_i(\boldsymbol{r}')\varphi_i^*(\boldsymbol{r})\varphi_j(\boldsymbol{r})}{|\boldsymbol{r}'-\boldsymbol{r}|\,|\varphi_i(\boldsymbol{r})|^2}\mathrm{d}\boldsymbol{r}' \tag{5.75}$$

引进哈特利—福克等效交换电子密度 ρ_i^{HF}

$$\rho^{\text{HF}}(\boldsymbol{r}',\boldsymbol{r}) \equiv \sum_j \frac{\varphi_j^*(\boldsymbol{r}')\varphi_i(\boldsymbol{r}')\varphi_i^*(\boldsymbol{r})\varphi_j(\boldsymbol{r})}{|\varphi_i(\boldsymbol{r})|^2} \tag{5.76}$$

则交换势函数为

$$V_x = -\frac{e^2}{4\pi\varepsilon_0}\int \frac{\rho^{\text{HF}}(\boldsymbol{r}',\boldsymbol{r})}{|\boldsymbol{r}'-\boldsymbol{r}|}\mathrm{d}\boldsymbol{r}' \tag{5.77}$$

将式(5.73)~(5.77)代入式(5.72)可得

$$\left[-\frac{\hbar^2}{2m}\nabla_i^2 + V_{\text{ext}}(\boldsymbol{r}) + V_{\text{H}}(\boldsymbol{r}) + V_x(\boldsymbol{r})\right]\varphi_i(\boldsymbol{r}) \tag{5.78}$$

式(5.78)称为哈特利—福克方程。哈特利—福克方程在形式上也是一个单粒子方程,可以将哈特利—福克方程式(5.78)改写为

$$\left[-\frac{\hbar^2}{2m}\nabla^2+V_{\text{eff}}(\boldsymbol{r})\right]\varphi(\boldsymbol{r})=E_i\varphi(\boldsymbol{r}) \tag{5.79}$$

其中有效势函数 $V_{\text{eff}}(\boldsymbol{r})$ 为

$$V_{\text{eff}}=V_{\text{ext}}(\boldsymbol{r})+\frac{e^2}{4\pi\varepsilon_0}\int\frac{\rho(\boldsymbol{r}')}{|\boldsymbol{r}'-\boldsymbol{r}|}\mathrm{d}\boldsymbol{r}'-\frac{e^2}{4\pi\varepsilon_0}\int\frac{\rho^{\text{HF}}(\boldsymbol{r},\boldsymbol{r}')}{|\boldsymbol{r}'-\boldsymbol{r}|}\mathrm{d}\boldsymbol{r}' \tag{5.80}$$

虽然哈特利—福克方程形式上是单电子方程，但不能解析求解。因为求解哈特利—福克方程式(5.78)，必须给定包括库仑相互作用和交换作用势函数，而这些势函数的计算必须事先给定波函数。因此，哈特利—福克方程通过自洽求解，即预先给定试探波函数，通过反复迭代直至结果自洽。图 5.1 给出了自洽求解哈特利—福克方程的基本过程。

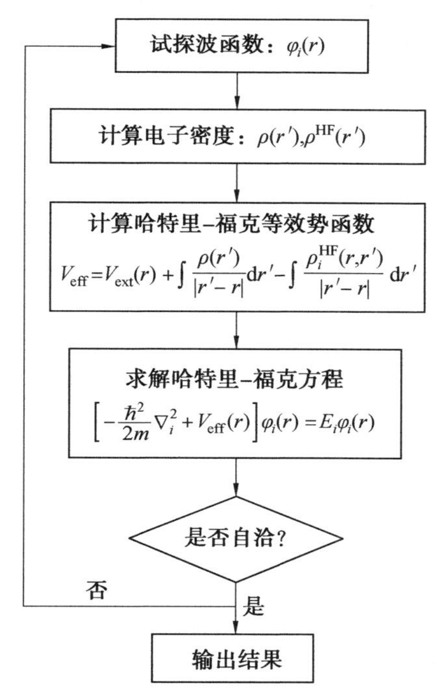

图 5.1　自洽求解哈特里—福克方程的基本步骤

（图中势函数使用高斯单位制，高斯单位制在实际计算过程中被广泛采用）

哈特利—福克近似在量子化学和固体能带计算中得到了广泛的应用。由于哈特利—福克电子密度的计算十分复杂，斯莱特建议使用平均的哈特利—福克电子密度

$$\rho_a^{\text{HF}}(\boldsymbol{r},\boldsymbol{r}')=\frac{\sum_i\varphi_i^*(\boldsymbol{r})\rho_i^{\text{HF}}(\boldsymbol{r},\boldsymbol{r}')\varphi_i(\boldsymbol{r})}{\sum_i\varphi_i^*(\boldsymbol{r})\varphi_i(\boldsymbol{r})} \tag{5.81}$$

5. 库普曼定理

拉格朗日乘子 E_i 形式上是式(5.78)所示哈特利—福克方程的本征值，但 E_i 的物理意义还需要分析。哈特利—福克方程虽然在形式上是一个单电子方程，但是等效势能函数中包括了电子浓度和交换电子浓度，需要单电子波函数才能计算，所以哈特利—福克方程不同于第 4 章中能带理论的单电子方程。

库普曼(Koopmans)证明了如下定理：

拉格朗日乘子 E_i 相当于从由大量电子组成的多体体系中移去一个电子的能量。

库普曼定理表明，虽然拉格朗日乘子 E_i 与单电子能量不完全等同，但在研究电子跃迁、输运等问题时，可以按单电子能级对待。库普曼斯定理对碱金属而言是一个很好的近似，但对其他体系而言可能产生较大的误差。

5.3.3 凝胶固体的哈特利一福克方程

由于哈特利一福克方程需要事先给定单电子波函数才能计算等效势能函数，所以，哈特利方程一般情况下不可能精确求得解析解。凝胶固体是一个特例，利用这个理想模型可以获得哈特利方程的精确解。如果电子数为 N_e，电子浓度为 $\rho(\boldsymbol{r})=N_e/\Omega$，而且正电荷分布与之相同，二者都是均匀分布。

均匀电子气体的单电子波函数为式(5.65)所示平面波：

$$\varphi_i(\boldsymbol{r})=\frac{1}{\sqrt{\Omega}}\mathrm{e}^{\mathrm{i}\boldsymbol{k}_i\cdot\boldsymbol{r}}$$

根据(5.3.1)节的分析，可以得到

$$V_{\text{ext}}+V_{\mathrm{H}}=-\frac{e^2}{4\pi\varepsilon_0}\frac{N_e}{\Omega}\int\frac{1}{|\boldsymbol{r}-\boldsymbol{r}'|}\mathrm{d}\boldsymbol{r}+\frac{e^2}{4\pi\varepsilon_0}\int\frac{\rho(\boldsymbol{r}')}{|\boldsymbol{r}'-\boldsymbol{r}|}\mathrm{d}\boldsymbol{r}' \tag{5.82}$$

将均匀电子气的电子浓度 $\rho(\boldsymbol{r}')=N_e/\Omega$ 代入式(5.82)，可以得到

$$V_{\text{ext}}+V_{\text{HF}}(\boldsymbol{r})=0 \tag{5.83}$$

由式(5.74)可知

$$V_x\varphi_i(\boldsymbol{r})=-\frac{e^2}{4\pi\varepsilon_0}\sum_j\int\frac{\varphi_j^*(\boldsymbol{r}')\varphi_i(\boldsymbol{r}')\varphi_j(\boldsymbol{r})}{|\boldsymbol{r}'-\boldsymbol{r}|}\mathrm{d}\boldsymbol{r}' \tag{5.84}$$

将平面波波函数代入式(5.84)可得

$$V_x\varphi_i(\boldsymbol{r})=-\frac{e^2}{4\pi\varepsilon_0\Omega^{3/2}}\sum_j\int\frac{\mathrm{e}^{\mathrm{i}(\boldsymbol{k}_i-\boldsymbol{k}_j)\cdot\boldsymbol{r}'}\mathrm{e}^{\mathrm{i}\boldsymbol{k}_j\cdot\boldsymbol{r}}}{|\boldsymbol{r}'-\boldsymbol{r}|}\mathrm{d}\boldsymbol{r}' \tag{5.85}$$

令 $\boldsymbol{r}''=\boldsymbol{r}'-\boldsymbol{r}$，整理式(5.85)可得

$$V_x\varphi_i(\boldsymbol{r})=-\varphi_i(\boldsymbol{r})\frac{e^2}{4\pi\varepsilon_0\Omega}\sum_j\int\frac{\mathrm{e}^{\mathrm{i}(\boldsymbol{k}_i-\boldsymbol{k}_j)\cdot\boldsymbol{r}''}}{r''}\mathrm{d}\boldsymbol{r}'' \tag{5.86}$$

利用傅里叶变换式

$$\int\frac{\mathrm{e}^{\mathrm{i}(\boldsymbol{k}_i-\boldsymbol{k}_j)\cdot\boldsymbol{r}''}}{r''}\mathrm{d}\boldsymbol{r}''=\frac{4\pi}{|\boldsymbol{k}_i-\boldsymbol{k}_j|^2}\ \text{及}\ \sum_k\rightarrow\frac{\Omega}{8\pi^3}\int\mathrm{d}k$$

得到

$$V_x\varphi_i(\boldsymbol{r})=-\frac{e^2k_{\mathrm{F}}}{4\pi^2\varepsilon_0}\left(1+\frac{k_{\mathrm{F}}^2-k^2}{2kk_{\mathrm{F}}}\ln\left|\frac{k_{\mathrm{F}}+k}{k_{\mathrm{F}}-k}\right|\right)\varphi_i(\boldsymbol{r}) \tag{5.87}$$

定义 $x=k/k_{\mathrm{F}}$，以及林哈德(Lindhard)介电函数

$$F(x)=\left(1+\frac{1-x^2}{2x}\ln\left|\frac{1+x}{1-x}\right|\right) \tag{5.88}$$

则

$$V_x=-\frac{e^2k_{\mathrm{F}}}{4\pi^2\varepsilon_0}F\left(\frac{k}{k_{\mathrm{F}}}\right) \tag{5.89}$$

平面波是动能算符的本征函数

$$\frac{\hbar^2}{2m}\nabla_i^2\left(\frac{1}{\sqrt{\Omega}}\mathrm{e}^{\mathrm{i}k_i\cdot r}\right)=\frac{\hbar^2 k_i^2}{2m}\left(\frac{1}{\sqrt{\Omega}}\mathrm{e}^{\mathrm{i}k_i\cdot r}\right) \tag{5.90}$$

综上,凝胶固体的哈特利一福克方程可以形式上写作

$$\left(\frac{\hbar^2}{2m}\nabla_i^2+V_x\right)\varphi_i(\boldsymbol{r})=E_i\varphi_i(\boldsymbol{r}) \tag{5.91}$$

能量本征值 E_i 为

$$E_i=\frac{\hbar^2 k^2}{2m}-\frac{e^2 k_{\mathrm{F}}}{4\pi^2\varepsilon_0}F\left(\frac{k}{k_{\mathrm{F}}}\right) \tag{5.92}$$

与凝胶固体的哈特利方程式(5.51)相比较,哈特利一福克方程多了一项交换能。也就是说,即便是均匀的凝胶固体,正电荷和负电荷都均匀分布,但由于电子之间存在相互作用,就会产生交换能。交换能是全同费米子之间相互作用引起的量子效应,是计算固体电子结构复杂性的最重要来源。

哈特利一福克近似在量子化学分子轨道和固体能带计算都曾得到了广泛应用,但其局限性也是明显的。首先,在哈特利一福克近似中虽然包含了自旋平行的电子间的交换作用,但自旋相反的电子间的交换关联作用没有被考虑。另外,哈特利一福克近似中电子之间依然是相互独立的,不包括电子间的关联作用。

5.4 密度泛函理论

在第 4 章的能带理论中,讨论了周期势场中布洛赫电子的能带结构,其关键是能够找到正确的等效单电子势函数,一般情况下,给出包含电子相互作用的单电子等效势函数是困难的。哈特利一福克近似中,对电子体系的哈密顿量不做任何近似的情况下,默认单电子近似成立(电子体系的总波函数用单电子波函数的乘积——斯莱特行列式表示),引进了电子之间的交换作用能。但是,哈特利一福克近似不能描述电子之间的关联相互作用,在计算复杂晶体的能带结构时仍然存在很大困难。

与基于波函数的电子结构计算不同,1927 年,托马斯(Thomas)和费米(Fermi)给出一种基于电子浓度计算固体电子结构的方法,后经狄拉克改进,可以对固体的电子结构进行定性的分析,一般称为 TFD 理论。科恩(Kohn)、霍恩伯格(Hohenberg)和沈吕九(Sham)受 TFD 理论的启发,发展了一种以电子浓度为基本变量的处理具有相互作用的多电子体系的理论方法,一般称为密度泛函理论或第一性原理。本节主要介绍密度泛函理论的基本思想。

5.4.1 霍恩伯格一科恩(HK)定理

电子体系的哈密顿算符如式(5.1)和式(5.2)所示,

$$\begin{aligned}\hat{H}_e&=-\frac{\hbar^2}{2m_e}\sum_i\nabla_i^2+\frac{1}{4\pi\varepsilon_0}\sum_{j>i}\frac{e^2}{|r_i-r_j|}+\sum_i V_{\mathrm{ext}}(r_i)\\&=\hat{T}+\hat{H}_{\mathrm{int}}+\hat{H}_{\mathrm{ext}}\end{aligned}$$

可以将体系理解成具有相互作用的多电子体系在外部势场中运动。由于动能算符和电子一电子相互作用算符对任何多电子体系都是一样的，所以，欲使用电子浓度为基本变量，需要解决以下两个问题。

首先，需要证明基态的电子浓度与外部势场是一一对应的。如果基态电子浓度不能唯一确定外部势场，就没有办法确定基态能量，电子浓度就不能是基本变量。

其次，需要给出确定基态的途径。霍恩伯格一科恩证明了可以通过能量泛函极小化的办法获得基态能量和波函数。

以上两个问题对应霍恩伯格一科恩两个定理(简称 HK 定理一和定理二)。在 HK 定理的基础上科恩和沈吕九给出了基于电子浓度的单电子方程(通常称 KS 方程)。密度泛函理论框架可用图 5.2 表示。图中表明，通常求解薛定谔方程的出发点是外部势场；而密度泛函理论的出发点则是电子浓度函数。为了叙述问题清晰起见，在自旋约束条件下讨论 HK 定理(见 5.3 节哈特利一福克近似)，所以在 HK 定理中没有提及自旋。

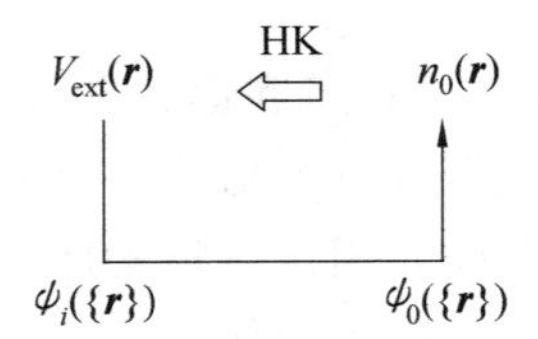

图 5.2 密度泛函理论的基本思路示意图

(细箭头表示常规求解薛定谔方程的路线，标 HK 的粗箭头表示密度泛函理论的求解路线；$\psi_i(\{\boldsymbol{r}\})$表示所有状态，$\psi_0(\{\boldsymbol{r}\})$表示基态，$\{\boldsymbol{r}\}$代表所有电子的坐标)

HK 定理一 对于任何外部势场 $V_{ext}(\boldsymbol{r})$中的相互作用粒子系统，除了差一个常数以外，势能函数 $V_{ext}(\boldsymbol{r})$由基态粒子密度唯一确定。

势能函数差一个常数是无关紧要的，因为可以选择合适的势能参考点忽略势函数之间的常数差异。由于动能和电子之间相互作用算符具有普适性，对任何相互作用体系的表达式都相同，所以当外部势场给定后，就意味着多电子体系的哈密顿量被完全确定了，所有状态(基态和激发态)的多体波函数也被确定。因此，在只给出基态电子浓度的情况下，系统的所有性质都完全确定。这是 HK 定理一的重要推论。

利用反证法很容易证明定理一。假定与基态电子密度 $\rho_0(\boldsymbol{r})$对应两个不同的外部势场 $V_{ext}^{(1)}(\boldsymbol{r})$和 $V_{ext}^{(2)}(\boldsymbol{r})$，相应的哈密顿算符分别记为 $\hat{H}_e^{(1)}$ 和 $\hat{H}_e^{(2)}$

$$\hat{H}_t^{(i)}=\hat{T}+\hat{H}_{int}+\hat{H}_{ext}^{(i)}=\hat{T}+\hat{H}_{int}+V_{ext}^{(i)}(\boldsymbol{r}) \tag{5.93}$$

式中，$i=1,2$。

若 $\hat{H}_e^{(1)}$ 和 $\hat{H}_e^{(2)}$ 的基态波函数为 $\psi_0^{(1)}$ 和 $\psi_0^{(2)}$，相应的基态能量分别为 $E_t^{(1)}$ 和 $E_t^{(2)}$，根据瑞利一利兹变分原理有

$$E_t=\langle\psi_0|\hat{H}_t|\psi_0\rangle=\langle\psi_0|\hat{T}+\hat{H}_{int}|\psi_0\rangle+\langle\psi_0|\hat{H}_{ext}|\psi_0\rangle \tag{5.94}$$

由式(5.14)可以得到

$$\langle \psi_0 \mid \hat{H}_{\text{ext}} \mid \psi_0 \rangle = \langle \psi_0 \mid V_{\text{ext}}(\boldsymbol{r} \mid \psi_0 \rangle = \int V_{\text{ext}}(\boldsymbol{r})\rho_0(\boldsymbol{r})\mathrm{d}\boldsymbol{r} \tag{5.95}$$

所以，

$$E_t^{(1)} = \langle \psi_0^{(1)} \mid \hat{H}_t^{(1)} \mid \psi_0^{(1)} \rangle \tag{5.96}$$

及

$$E_t^{(2)} = \langle \psi_0^{(2)} \mid \hat{H}_t^{(2)} \mid \psi_0^{(2)} \rangle \tag{5.97}$$

由于 $\psi_0^{(2)}$ 不是 $\hat{H}_t^{(1)}$ 的基态，所以必然有

$$E^{(1)} = \langle \psi_0^{(1)} \mid \hat{H}_t^{(1)} \mid \psi_0^{(1)} \rangle < \langle \psi_0^{(2)} \mid \hat{H}_t^{(1)} \mid \psi_0^{(2)} \rangle \tag{5.98}$$

利用式(5.95)和式(5.96)

$$\begin{aligned} \langle \psi_0^{(2)} \mid \hat{H}_t^{(1)} \mid \psi_0^{(2)} \rangle &= \langle \psi_0^{(2)} \mid \hat{H}_t^{(2)} + \hat{H}_t^{(1)} - \hat{H}_t^{(2)} \mid \psi_0^{(2)} \rangle \\ &= E_t^{(2)} + \int [V_{\text{ext}}^{(1)}(\boldsymbol{r}) - V_{\text{ext}}^{(2)}(\boldsymbol{r})]\rho_0(\boldsymbol{r})\mathrm{d}\boldsymbol{r} \end{aligned} \tag{5.99}$$

将式(5.99)代入式(5.98)可以得到

$$E^{(1)} < E^{(2)} + \int [V_{\text{ext}}^{(1)}(\boldsymbol{r}) - V_{\text{ext}}^{(2)}(\boldsymbol{r})]\rho_0(\boldsymbol{r})\mathrm{d}\boldsymbol{r} \tag{5.100}$$

仿照前面的推导，可以得到

$$E^{(2)} < E^{(1)} + \int [V_{\text{ext}}^{(2)}(\boldsymbol{r}) - V_{\text{ext}}^{(1)}(\boldsymbol{r})]\rho_0(\boldsymbol{r})\mathrm{d}\boldsymbol{r} \tag{5.101}$$

将式(5.100)和式(5.101)两边分别相加得到如下自相矛盾的结果：

$$E^{(1)} + E^{(2)} < E^{(1)} + E^{(2)}$$

所以，两个不同的外部势场不可能对应同一个基态电子密度。换言之，电子浓度唯一确定了外部势场。至此，定理一得证。

HK **定理二**　对于任意外场 $V_{\text{ext}}(\boldsymbol{r})$，都可以定义体系能量关于电子浓度的泛函，体系基态能量是这个能量泛函的全局最小值，而使电子体系能量泛函最小的电子浓度是基态电子浓度。

HK 定理二简单易懂，证明也非常简单。由定理一可知，电子浓度唯一确定了外部势场，体系的波函数也随之确定，任何算符的期望值都可以用电子浓度的泛函表示。所以，可以构建关于外场 $V_{\text{ext}}(\boldsymbol{r})$ 的电子体系总能量的密度泛函

$$E_t[\rho(\boldsymbol{r})] = \langle \psi \mid \hat{T} + \hat{H}_{\text{int}} + \hat{H}_{\text{ext}} \mid \psi \rangle = F_{\text{HK}}[\rho] + E_{\text{ext}}[\rho] \tag{5.102}$$

式中，F_{HK} 是普适的电子体系的密度泛函，由总动能泛函和电子间相互作用能泛函组成

$$F_{\text{HK}}[\rho] = \langle \psi \mid \hat{T} + \hat{H}_{\text{int}} \mid \psi \rangle = T[\rho] + E_{\text{int}}[\rho] \tag{5.103}$$

而外部势场作用能 $E_{\text{ext}}[\rho]$ 可以直接表达为

$$E_{\text{ext}}[\rho] = \int V_{\text{ext}}(\boldsymbol{r})\rho(\boldsymbol{r})\mathrm{d}r \tag{5.104}$$

假定基态的电子密度是 $\rho_0(\boldsymbol{r})$，对应的哈密顿量、基态波函数和电子体系的总能量分别为 $\hat{H}_0$、ψ_0 和 E_0

$$E_0 = E_0[\rho] = \langle \psi_0 | \hat{H}_0 | \psi_0 \rangle$$

如果电子密度为 $\rho'(\boldsymbol{r})$，对应的波函数为 ψ'，总能量为 E'。由于 ψ' 不是 $\hat{H}_0$ 的基态，所以必然有

$$E_0 = \langle \psi_0 | \hat{H}_0 | \psi_0 \rangle < \langle \psi' | \hat{H}_0 | \psi' \rangle = E' \tag{5.105}$$

式(5.105)表明，只要电子浓度与基态电子浓度 $\rho_0(\boldsymbol{r})$ 不同，体系的总能量一定高于基态。所以，基态是式(5.102)所示泛函的全局最小值。

HK 定理二表明，如果式(5.102)所示的能量泛函可以得到，就可以利用变分原理获得基态的电子浓度、波函数及其他所有性质。HK 定理不仅证明了电子浓度完全可以作为相互作用多粒子体系的基本变量，还给出了获得基态的方法。

5.4.2 科恩一沈(KS)方程

HK 定理指出电子浓度可以作为基本变量来确定相互作用电子体系的基态性质，但是，如何构造体系能量作为电子浓度泛函还没有解决，也就是说仅仅有 HK 定理还不能对相互作用电子体系的性质进行计算。科恩和沈吕九(Sham)在霍恩伯格一科恩定理的基础上，利用无相互作用电子体系作为辅助(auxiliary)或参考(reference)体系，给出了一种可行的基态性质的计算方案，得到了单电子形式的科恩一沈(KS)方程。本节从能量泛函的构建出发，介绍 KS 方程。

1. 无相互作用参考体系与交换关联能

由于电子体系的外部势能泛函可以由式(5.104)给出，式(5.102)表明，构建电子体系的能量泛函的核心是给出泛函 $F_{\mathrm{HK}}[\rho]$。对于相互作用的粒子体系给出动能泛函的表达式是非常困难的。为此，科恩和沈吕九提出以无相互作用的准粒子体系作为辅助体系构建有相互作用的电子体系的动能泛函。

对于由 N 个无相互作用粒子组成的参考体系，其哈密顿算符可以表示成

$$\hat{H}_{\mathrm{S}} = \sum_i -\frac{\hbar^2}{2m}\nabla_i^2 + \sum_i V_{\mathrm{S}}(\boldsymbol{r}_i) \tag{5.106}$$

应用 HK 定理，由式(5.106)可以得到无相互作用参考体系的能量泛函为

$$E_{\mathrm{S}} = T_{\mathrm{S}}[\rho] + \int V_{\mathrm{S}}(\boldsymbol{r})\rho(\boldsymbol{r})\mathrm{d}\boldsymbol{r} \tag{5.107}$$

式中，$T_{\mathrm{S}}[\rho]$ 是参考体系的动能泛函。

$T_{\mathrm{S}}[\rho]$ 由下式给出：

$$T_{\mathrm{S}}[\rho] = -\frac{\hbar^2}{2m}\sum_i \langle \varphi_i(\boldsymbol{r}) \mid \nabla^2 \mid \varphi_i(\boldsymbol{r}) \rangle \tag{5.108}$$

式中，单电子波函数满足以下单电子薛定谔方程

$$-\left[\frac{\hbar^2}{2m}\nabla^2 + V_{\mathrm{S}}(\boldsymbol{r})\right]\varphi_i(\boldsymbol{r}) = E_i\varphi_i(\boldsymbol{r}) \tag{5.109}$$

另外，参考体系的电子浓度由下式给出：

$$\rho(\boldsymbol{r}) = \sum_i |\varphi_i(\boldsymbol{r})|^2 \tag{5.110}$$

利用无相互作用粒子体系作为辅助体系，可以将式(5.102)所示的相互作用的电子体系的能量泛函改写成如下形式：

$$E_t[\rho]=F_{\mathrm{HK}}[\rho]+E_{\mathrm{ext}}[\rho]$$
$$=T_{\mathrm{S}}[\rho]+E_{\mathrm{H}}[\rho]+E_{\mathrm{ext}}[\rho]+\{F_{\mathrm{HK}}[\rho]-T_{\mathrm{S}}[\rho]-E_{\mathrm{H}}[\rho]\} \quad (5.111)$$

式中，E_{H} 为电子体系的哈特利排斥能，如式(5.63)所示

$$E_{\mathrm{H}}=\frac{e^2}{8\pi\varepsilon_0}\iint\frac{\rho(\boldsymbol{r})\rho(\boldsymbol{r}')}{|\boldsymbol{r}-\boldsymbol{r}'|}\mathrm{d}\boldsymbol{r}\mathrm{d}\boldsymbol{r}'$$

如果定义电子交换关联能 $E_{xc}[\rho]$为

$$E_{\mathrm{xc}}[\rho]=F_{\mathrm{HK}}[\rho]-T_{\mathrm{S}}[\rho]-E_{\mathrm{H}}[\rho] \quad (5.112)$$

则，相互作用电子体系的能量泛函为

$$E_t[\rho]=T_{\mathrm{S}}[\rho]+E_{\mathrm{H}}[\rho]+E_{\mathrm{ext}}[\rho]+E_{xc}[\rho] \quad (5.113)$$

交换关联能包含了电子间及其他所有复杂相互作用，从式(5.112)关于交换关联能的定义可知，交换能是用 $T_{\mathrm{S}}[\rho]+E_{\mathrm{H}}[\rho]$代替 $F_{\mathrm{HK}}[\rho]=T[\rho]+E_{\mathrm{int}}[\rho]$的全部误差。

在哈特利一福克近似中，如式(5.61)所示，电子相互作用能包括两部分：一部分是电子间的库仑排斥能，这里用 E_{H} 表示；另一部分是电子交换能。但是在哈特利一福克近似中完全没有考虑电子的关联效应。一般情况下，由于电子之间的关联效应，$\boldsymbol{r}$ 处的电子密度对 $\boldsymbol{r}'$处的电子密度的影响应该包含在关联能中，另外，利用无相互作用粒子体系的动能代替相互作用体系的动能所引起的误差也包含在交换一关联能中。目前还没有办法精确地给出电子交换一关联势能函数的表达式，一般采用局域密度近似等方法对交换关联能做近似处理。

2. KS 方程

根据 HK 定理二，体系的基态可以看作总能量泛函关于电子浓度 $\rho(\boldsymbol{r})$最小化问题的解。由于体系的动能用参考体系的动能 T_{S} 表示，如式(5.108)所示，用波函数表示 T_{S} 比较方便，而其他项都被认为是电子密度的泛函，可以通过对波函数变分和链式法则推导 KS 方程。

参考体系的单电子波函数满足归一化条件：

$$\langle\varphi_i(\boldsymbol{r})|\varphi_i(\boldsymbol{r})\rangle-1=0$$

可以引入拉格朗日乘子 E_i，通过体系总能量对单粒子波函数的变分为零的方法获得基态方程，即

$$\frac{\delta}{\delta\varphi_i^*(\boldsymbol{r})}\left\{E_t[\rho(\boldsymbol{r})]-\sum_i E_i\left[\int\varphi_i^*(\boldsymbol{r})\varphi_i(\boldsymbol{r})\mathrm{d}r-1\right]\right\}=0 \quad (5.114)$$

而

$$\frac{\delta E_t}{\delta\varphi_i^*(\boldsymbol{r})}=\frac{\delta T_{\mathrm{S}}}{\delta\varphi_i^*(\boldsymbol{r})}+\left(\frac{\delta E_{\mathrm{H}}}{\delta\rho}+\frac{\delta E_{\mathrm{ext}}}{\delta\rho}+\frac{\delta E_{xc}}{\delta\rho}\right)\frac{\delta\rho(\boldsymbol{r})}{\delta\varphi_i^*(\boldsymbol{r})} \quad (5.115)$$

由式(5.108)可以得到

$$\frac{\delta T_{\mathrm{S}}}{\delta\varphi_i^*(\boldsymbol{r})}=-\frac{\hbar^2}{2m}\nabla_i^2\varphi_i(\boldsymbol{r}) \quad (5.116)$$

根据式(5.63)哈特利排斥能的表达式，可得

$$V_{\mathrm{H}} \equiv \frac{\delta E_{\mathrm{H}}}{\delta \rho} = \frac{e^2}{4\pi\varepsilon_0}\int \frac{\rho(\boldsymbol{r}')}{|\boldsymbol{r}-\boldsymbol{r}'|}\mathrm{d}\boldsymbol{r}' \tag{5.117}$$

利用式(5.110)可得

$$\frac{\delta \rho}{\delta \varphi_i^*(\boldsymbol{r})} = \varphi_i(\boldsymbol{r}) \tag{5.118}$$

定义交换关联势场 V_{xc} 为

$$V_{\mathrm{xc}} = \frac{\delta E_{\mathrm{xc}}}{\delta \rho} \tag{5.119}$$

综合式(5.114)～(5.118)可得

$$\left(-\frac{\hbar^2}{2m}\nabla^2 + V_{\mathrm{ext}}(\boldsymbol{r}) + V_{\mathrm{H}} + V_{\mathrm{xc}}\right)\varphi_i(\boldsymbol{r}) = E_i\varphi_i(\boldsymbol{r}) \tag{5.120}$$

式(5.120)称为科恩－沈吕久方程，或 KS 方程。KS 方程可以写成下面的简单形式：

$$\left(-\frac{\hbar^2}{2m}\nabla^2 + V_{\mathrm{KS}}(\boldsymbol{r})\right)\varphi_i(\boldsymbol{r}) = E_i\varphi_i(\boldsymbol{r}) \tag{5.121}$$

式中，$V_{\mathrm{KS}}[\rho(\boldsymbol{r})]$ 称为 KS 等效势场，

$$V_{\mathrm{KS}}(\boldsymbol{r}) \equiv V_{\mathrm{ext}}(\boldsymbol{r}) + \frac{e^2}{4\pi\varepsilon_0}\int \frac{\rho(\boldsymbol{r}')}{|\boldsymbol{r}-\boldsymbol{r}'|}\mathrm{d}\boldsymbol{r}' + V_{xc}[\rho(\boldsymbol{r})] \tag{5.122}$$

很显然，KS 方程是一个单粒子方程。KS 方程证明了单电子近似的合理性。由于 KS 等效势场的计算需要电子浓度，所以 KS 方程需要自洽求解。先给定试探电子浓度，利用电子浓度计算单电子波函数，获得新的电子浓度后再重复上述计算；反复进行上述计算，直到自洽为止。KS 方程的求解过程如图 5.3 所示。

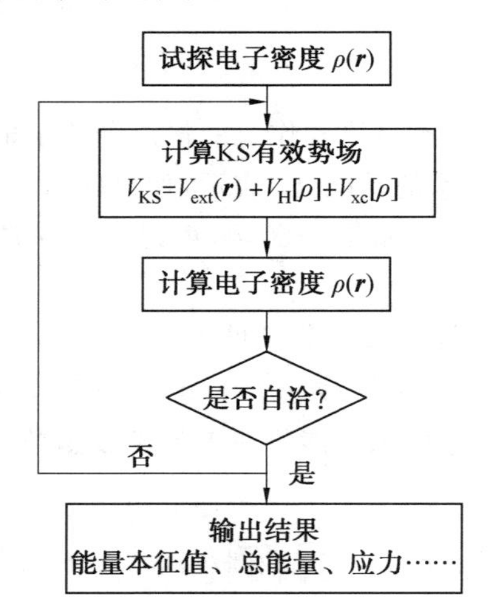

图 5.3 自洽求解 KS 方程过程示意图

5.4.3 准粒子的费米能级

KS 方程中的拉格朗日乘子 E_i 与单电子能量的关系并不清楚。由于 KS 方程是一个单粒子方程，可以认为 KS 方程是关于一种准粒子能级和波函数的本征方程，准粒子能级是拉格朗日乘子 E_i。若认为体系由自旋平行的准粒子组成(KS 方程可以推广到没有自

旋约束的体系，这里只考虑自旋平行的情况)，准粒子的量子态占有概率满足费米一狄拉克分布

$$f_i=\frac{1}{e^{(E_i-\mu)/k_B T}+1}$$

式中，k_B 是玻尔兹曼常数；μ 为化学势。当温度为 0 K 时，若 $E<\mu$，$f_i=1$，所有的准粒子能级均被准粒子占据；$E>\mu$ 时，$f_i=0$，即所有的准粒子能级均未被占据。所以，0 K 下的化学势具有费米能级的意义，密度泛函理论计算中常常将 0 K 下准电子的最高占据能级定义为费米能级。

由于体系的电子数守恒，可以利用拉格朗日插值方法确定化学势。准粒子数守恒条件为

$$\delta\int\rho(\boldsymbol{r})\mathrm{d}\boldsymbol{r}=0 \tag{5.123}$$

引入拉格朗日乘子 μ(即平均到一个电子的化学势)，对体系总能量变分求极小值，可以得到

$$\delta\left[E_t-\mu\int\rho(\boldsymbol{r})\mathrm{d}\boldsymbol{r}\right]=0 \tag{5.124}$$

将式(5.113)总能量泛函代入式(5.124)得

$$\int\left[\frac{\delta T(\rho)}{\delta\rho}+V_{\mathrm{ext}}(\boldsymbol{r})+\frac{e^2}{4\pi\varepsilon_0}\int\frac{\rho(\boldsymbol{r}')}{|\boldsymbol{r}-\boldsymbol{r}'|}\mathrm{d}\boldsymbol{r}'+\frac{\delta E_{xc}(\rho)}{\delta\rho}-\mu\right]\delta\rho\mathrm{d}\boldsymbol{r}=0 \tag{5.125}$$

式(5.125)要求对任意的$\delta\rho(\boldsymbol{r})$都成立，必然有

$$\mu=\frac{\delta T(\rho)}{\delta\rho}+V_{\mathrm{ext}}(\boldsymbol{r})+\frac{e^2}{4\pi\varepsilon_0}\int\frac{\rho(\boldsymbol{r}')}{|\boldsymbol{r}-\boldsymbol{r}'|}\mathrm{d}\boldsymbol{r}'+\frac{\delta E_{xc}(\rho)}{\delta\rho} \tag{5.126}$$

5.4.4 局域密度近似

虽然 KS 方程是利用无相互作用的辅助体系建立的，但是由此产生的误差全部包含在电子交换关联相互作用中，因此，式(5.120)所示的 KS 方程是严谨的。如何确定交换关联势泛函是求解 KS 方程的核心。交换关联泛函包含了电子一电子相互作用的所有复杂性，目前尚不能给出其精确的表达式，通常采用近似处理。鉴于电子交换密度泛函的重要性，人们对此开展了广泛研究，例如局域密度近似、广义梯度近似、杂化泛函等。本节简单扼要地介绍局域密度近似(local density approximation，LDA)。

局域密度近似主要包括以下两点。一是电子之间的交换一关联能是由局域电子密度决定的，非局域效应可以忽略；对于电子密度变化缓慢的体系，局域交换一关联势能可用均匀电气(凝胶固体)体系的交换一关联能代替。二是交换一关联能可以表示成交换能与关联能之和。

可以将体系的交换一关联势能近似地写成积分形式：

$$E_{xc}=\int\rho(\boldsymbol{r})\varepsilon_{xc}[\rho]\mathrm{d}r \tag{5.127}$$

式中，ε_{xc}是交换一关联能密度或平均到一个电子的交换一关联能。交换一关联势场为

$$V_{xc}=\frac{\delta E_{xc}}{\delta\rho}\approx\frac{\mathrm{d}}{\mathrm{d}\rho}\{\rho(\boldsymbol{r})\varepsilon_{xc}[\rho]\}$$

即

$$V_{xc}[\rho]=\varepsilon_{xc}[\rho]+\rho\frac{d\varepsilon_{xc}[\rho]}{d\rho} \tag{5.128}$$

进一步假定交换一关联能是交换能(ε_x)和关联能(ε_c)的和,即

$$\varepsilon_{xc}[\rho]=\varepsilon_x[\rho]+\varepsilon_c[\rho] \tag{5.129}$$

式中,$\varepsilon_x[\rho]$和$\varepsilon_c[\rho]$是平均到一个电子的交换能和关联能。进而可以将交换一关联势场也表达成交换势和关联势的和:

$$V_{xc}[\rho]=V_x[\rho]+V_c[\rho] \tag{5.130}$$

式中,$V_x[\rho]$和$V_c[\rho]$分别是交换势函数和关联势函数。

有多种处理处理交换能和关联能的近似方法,不同方法的交换关联泛函表达式有一定差别。下面简要介绍两个简单方法。

1. 交换势场近似

式(5.70)给出了凝胶体系中平均到一个电子的交换能

$$\varepsilon_x=-\frac{3e^2k_F}{16\pi^2\varepsilon_0}$$

其中,费米波矢 $k_F=(3\pi^2\rho)^{1/3}$。利用式(5.128)可得

$$V_x[\rho]=\varepsilon_x[\rho]+\rho\frac{d\varepsilon_x[\rho]}{d\rho}=-\frac{e^2}{4\pi\varepsilon_0}\left(\frac{3\rho}{\pi}\right)^{1/3} \tag{5.131}$$

2. 关联势场近似

魏格纳(Wigner)首次给出了均匀电子体系的关联能表达式:

$$\varepsilon_c=-\frac{0.88}{r_S+7.79}\ \text{Ry} \tag{5.132}$$

上式的量纲为里德堡(Ry),1 Ry=13.6 eV。r_S 为无量纲量,且

$$r_S=\frac{1}{a_B}\left(\frac{3}{4\pi\rho}\right)^{1/3}$$

式中,$a_B=0.529\ 177\ 249\times10^{-10}$ m 为波尔(Bohr)半径。很显然,r_S 反映了电子间平均距离。

利用式(5.128),可以得到魏格纳关联势场为

$$V_c=-\frac{0.88(4r_S/3+7.79)}{(r_S+7.79)^2} \tag{5.133}$$

5.4.5 局域自旋密度近似

在前两节中,讨论了自旋约束条件下的 HK 定理和 KS 方程。在自旋约束条件下,所有空间状态都是自旋向上和向下双重占据的,只考虑了自旋平行的情况。可以将 KS 方程扩展到具有自旋极化的体系,以便描述与磁性相关的性能。由于电子间的复杂相互作用全部包含在交换关联能中,所以将密度泛函理论推广到具有自旋极化体系只需推广交换关联能。

求解 KS 方程的关键是给出交换关联能,处理交换关联能的有效方法之一是局域密度近似(LDA),将密度泛函理论推广到自旋极化系统中的有效方法之一是局域自旋密度

近似(local spin density approximation,LSDA)。仿照 LDA 的分析,LSDA 交换关联能表示为

$$E_{xc}^{\mathrm{LSDA}}=\int\rho(\boldsymbol{r})\varepsilon_{xc}(\rho^{\uparrow},\rho^{\downarrow})\mathrm{d}r$$
$$=\int\rho(\boldsymbol{r})[\varepsilon_{x}(\rho^{\uparrow},\rho^{\downarrow})+\varepsilon_{c}(\rho^{\uparrow},\rho^{\downarrow})]\mathrm{d}\boldsymbol{r} \tag{5.134}$$

式中的箭头表示自旋取向,$\rho(\boldsymbol{r})$是总电子浓度,$\rho^{\uparrow}(\boldsymbol{r})$和$\rho^{\downarrow}(\boldsymbol{r})$分别表示自旋向上和向下的电子浓度。定义参量ζ表示极化电子分数:

$$\zeta=\frac{\rho^{\uparrow}(\boldsymbol{r})-\rho^{\downarrow}(\boldsymbol{r})}{\rho(\boldsymbol{r})} \tag{5.135}$$

可以证明自旋极化体系的交换能密度为

$$\varepsilon_{x}(\rho,\zeta)=\varepsilon_{x}(\rho,0)+[\varepsilon_{x}(\rho,1)-\varepsilon_{x}(\rho,0)]f(\zeta) \tag{5.136}$$

式中,“0”和“1”是 ζ 的取值,$f(\zeta)$由下式给出:

$$f(\zeta)=\frac{1}{2}\frac{(1+\zeta)^{4/3}+(1-\zeta)^{4/3}-2}{2^{1/3}-1} \tag{5.137}$$

一般假定关联能与式(5.133)具有相同的形式,即

$$\varepsilon_{c}(\rho,\zeta)=\varepsilon_{c}(\rho,0)+[\varepsilon_{c}(\rho,1)-\varepsilon_{c}(\rho,0)]f(\zeta) \tag{5.138}$$

利用式(5.128)就可以得到自旋极化的交换关联势场,进而通过求解 KS 方程最终给出体系自旋极化和磁性等信息。

5.5 晶体电子结构举例

密度泛函理论不仅为单电子近似提供了坚实的物理基础,也为固体和分子的电子结构的计算提供了有效途径。由前面的分析可知,确定电子交换一关联势函数是利用密度泛函理论计算固体电子结构的关键。目前,广泛采用局域密度近似构建交换关联能和势函数,并取得了巨大成功。本节以金刚石和 BCC 铁为例,介绍其能带结构的特点。

基于局域密度近似的密度泛函理论计算也称第一性原理计算。为了能够在计算机中实现第一性原理计算,一般采用超原胞(由多个原胞组成的大单胞)进行计算,并采用周期性边界条件。

能量很高的能带对晶体的结构和性能几乎没有影响,为了简化计算,一般略去能量较高的能带,所选取的最高能量称为截断能。

利用能带在 $\boldsymbol{k}$ 空间的对称性可以简化计算,对称性高的点计算量大幅度减少,所以第一布里渊区的高对称轴和高对称点及其围成区域非常重要。面心立方晶格的倒格子是体心立方,而体心立方晶格的倒格子为面心立方,图 5.4 示意性地画出了面心立方和体心立方第一布里渊区的高对称点和高对称轴。

能带结构、态密度等是晶体电子结构的核心内容,由于能带结构具有周期性,第一布里渊区中能量函数的对称性具有重要意义。研究发现,布里渊区内能量函数具有同晶体点群一致的对称性,能量函数这一特点大大简化了能带的计算。能带结构的许多特性可以从对称性得到,第一布里渊区中点的对称性越高,所需要的计算量就越少。

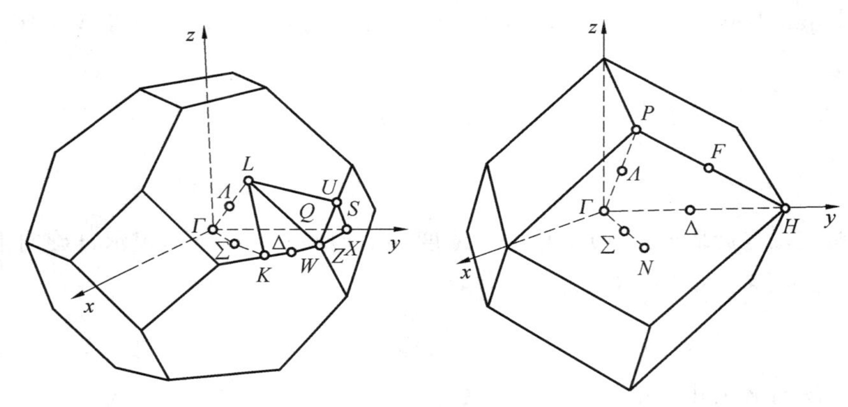

图 5.4　简单晶格布里渊区的高对称点与对称轴示意图

由于能带结构对固体性质的重要性，人们对大量晶体的能带结构进行了研究，读者可以根据需要查阅相关文献资料。这里介绍的金刚石和体心立方(BCC)铁的能带结构引自 Papaconstantopoulos D A 的《元素固体的能带》①。

下面介绍金刚石的能带结构。金刚石是面心立方晶体，第一布里渊区及其高对称点如图 5.4 所示。图 5.5 给出了金刚石能带结构和态密度。如图 5.5(a)所示，能量为零的位置是费米能级，$T=0$ K 时，费米能级以下的能带均被电子占据，费米能级以上的状态均是空的。金刚石价带(这里指被电子占据的能量最高的能带)顶位于布里渊区中心，而且在布里渊区中心价带是简并的。金刚石的导带(这里指未被电子占据的能量最低的能带)的最低点并不在布里渊区中心，而在 X 点，所以金刚石是间接带隙半导体(见第 6 章)。图 5.5(b)示出了金刚石的总态密度和 s 带及带的态密度。理论计算的金刚石带隙约为4.279 eV，小于实测值(5～6 eV)，这是半导体能带计算经常遇到的问题。

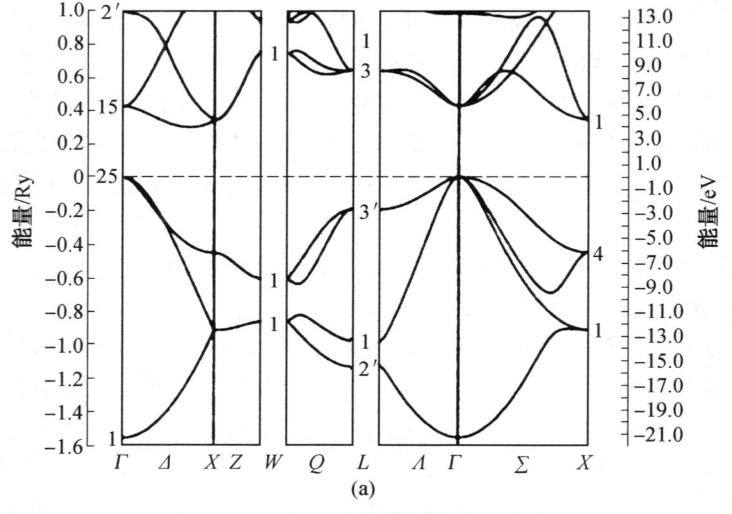

图 5.5　金刚石的能带结构和态密度

① PAPACONSTANTOPOULOS D A. Handbook of the band structure of elemental solids: from $Z=1$ to $Z=112$[M]. Berlin: Springer, 2015.

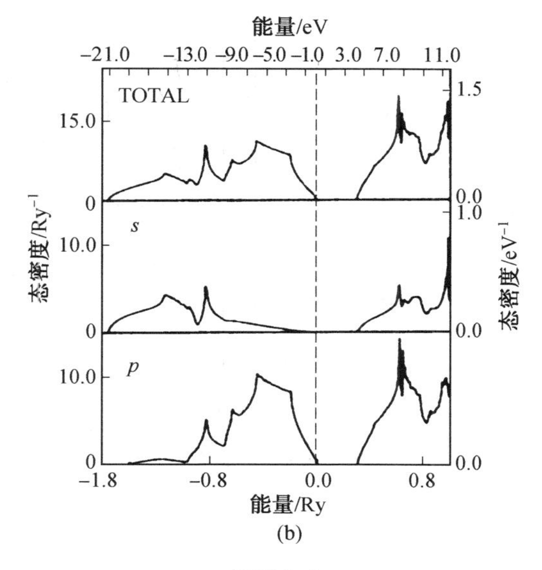

续图 5.5

图 5.6 示出了 BCC 铁自旋向上和自旋向下的能带结构示意图。图中类似于抛物线的是 s 带，变化比较平缓的是 $3d$ 带。费米能处没有带隙，表明 BCC 铁是金属。自旋线上的能带结构中，$3d$ 带几乎全部位于费米能级以下，表明基态中，自旋向上的 $3d$ 带大部分是占据态，如图 5.6(a)所示。而自旋向下的能带中，大部分 $3d$ 带位于费米能级以上，表明基态中自旋向下的电子数小于自旋向上的电子数。这就解释了 BCC 铁的铁磁性。这一点在自旋向上和向下的态密度中看的更清楚，如图 5.7 所示，费米能级以下的占据态中自旋向上的电子多于自旋向下的电子，所以 BCC 铁在居里温度以下出现自发磁化而表现出铁铁磁性(见第 7 章)。

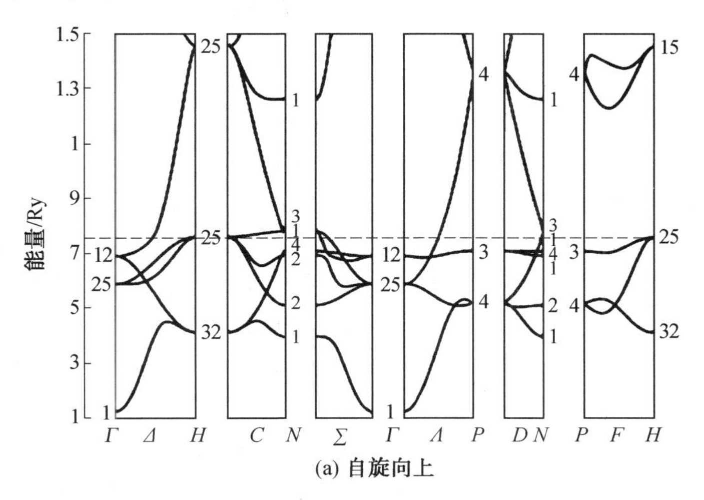

图 5.6　体心立方铁的能带结构

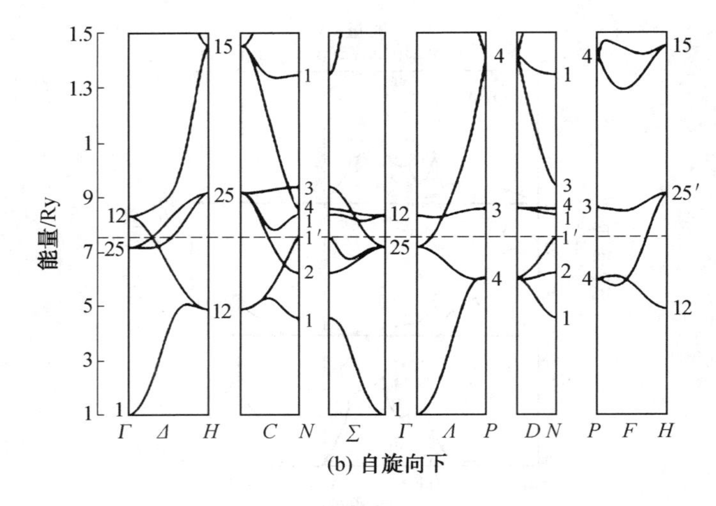

(b) 自旋向下

续图 5.6

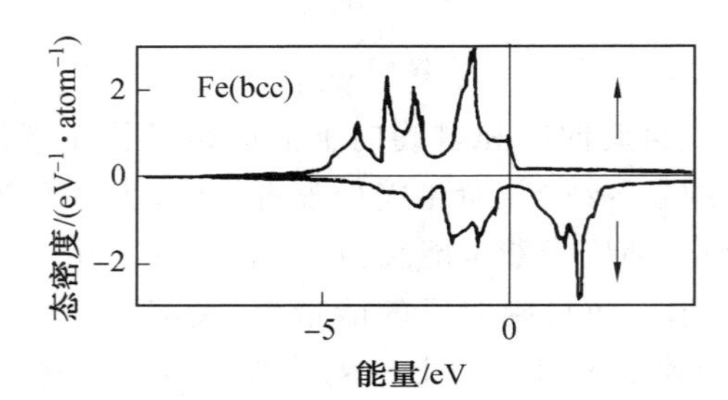

图 5.7 体心立方铁的态密度,箭头表示自旋取向

本章参考文献

[1] 谢希德,陆栋. 固体能带理论[M]. 上海:复旦大学出版社,1998.

[2] MARTIN R M. Electronic structure: basic theory and practical methods[M]. Cambridge: Cambridge University Press,2004.

[3] 冯端,金国钧. 凝聚态物理学(上卷)[M]. 北京:高等教育出版社,2003.

[4] 费维栋,郑晓航,王国峰. 计算材料学[M]. 哈尔滨:哈尔滨工业大学出版社,2021.

[5] MISRA P K. Physics of condensed matter[M]. 北京:北京大学出版社,2014.

[6] 李正中. 固体理论[M]. 2 版. 北京:高等教育出版社,2002.

[7] GROSSO G, PARRAVICINI G P. Solid state physics[M]. 2nd Edit. NewYork: Academic Press, 2000.

[8] Callaway J. 固体量子理论[M]. 王以铭,杨顺华,译. 北京:科学出版社,1984.

[9] TAYLOR P L, HEINONEN O. A quantum approach to condensed matter physics [M]. Cambridge: Cambridge University Press,2002.

[10] 阎守胜. 现代固体物理学导论[M]. 北京:北京大学出版社,2008.

[11] PAPACONSTANTOPOULOS D A. Handbook of the band structure of elemental

solids: from $Z=1$ to $Z=112$[M]. Berlin: Springer, 2015.
[12] 胡英,刘洪来.密度泛函理论[M].北京:科学出版社,2016.
[13] 陈志谦,李春梅,李冠男,等.材料的设计、模拟与计算:CASTEP的原理及其应用[M].北京:科学出版社,2019.
[14] SHOLL D S, STECKEL J A.密度泛函理论[M].李健,周勇,译.北京:国防工业出版社,2014.
[15] KOHN W, SHAM L J. Self-consistent equations including exchange and correlation effects[J]. Physical review, 1965, 140(4A): A1133-A1138.
[16] KOHN W. Density functional and density matrix method scaling linearly with the number of atoms[J]. Physical review letters, 1996, 76(17): 3168-3171.

第 6 章　半导体

能带理论阐明了 绝缘体、半导体和导体的物理本质。自从巴丁(Bardeen)、布拉顿(Brattain)和 肖克利(Shockley)于 1947 年发明晶体管,半导体技术突飞猛进。随着集成电路和芯片等众多器件的发明,半导体器件已经对社会和人们生活产生了深刻影响。本章从半导体的能带结构出发,介绍半导体的载流子统计分布,以及常用半导体器件的基本原理。

6.1　半导体的能带结构及载流子

半导体及其器件的性质是由半导体的能带结构决定的。基态半导体价带中的所有电子态均被电子占据,而导带的所有状态均未被电子占据。能带结构的具体细节对半导体的性能有重要影响,本节主要介绍半导体能带结构的一般特点以及半导体中导电的载流子(电子和空穴)。

6.1.1　直接带隙和间接带隙半导体

实际半导体的能带结构是非常复杂的,对半导体的性质有重要影响的是能量最高的价带和能量最低的导带。如果没有特殊说明,本章的价带通常是指被电子占据的能量最高的能带,导带通常是指未被电子占据的能量最低的能带。本节简单介绍半导体能带的一般特点。

1. 直接带隙和间接带隙半导体

通常将纯净无缺陷的半导体称为本征半导体,按价带顶和导带底在 $\boldsymbol{k}$ 空间的位置可以将半导体分成两大类。

(1)直接带隙半导体。

如图 6.1(a)所示,直接带隙半导体的价带顶(E_V)与导带底(E_C)对应于相同的 $\boldsymbol{k}$ 值。

(2)间接带隙半导体。

如图 6.1(b)所示,间接带隙半导体的价带顶(E_V)与导带底(E_C)对应于不同的 $\boldsymbol{k}$ 值。

2. 直接跃迁和间接跃迁光吸收

当照射到半导体的光子的能量大于本征半导体的能隙时,就可能产生本征光吸收,价带上的电子获得能量跃迁至导带。下面简单分析半导体本征光吸收的条件。按第 4 章的讨论,$\hbar\boldsymbol{k}$ 是布洛赫电子的准动量,所以,电子从价带跃迁至导带要满足能量守恒和动量守恒两个条件:

$$\begin{cases} E_f - E_i = \hbar\omega \pm \hbar\omega_p \\ \hbar\boldsymbol{k}_f - \hbar\boldsymbol{k}_i = \pm\hbar\boldsymbol{q} + \hbar\boldsymbol{Q} \end{cases} \tag{6.1}$$

式中，E_i 和 E_f 分别是电子跃迁前后的能量；$\boldsymbol{k}_i$ 和 $\boldsymbol{k}_f$ 分别是电子跃迁前后的波矢；$\hbar\omega$ 和 $\hbar\boldsymbol{Q}$ 分别是光子的能量和动量；$\hbar\omega_p$ 和 $\hbar\boldsymbol{q}$ 分别是声子的能量和动量。

式(6.1)中之所以引入了声子的能量和动量，是因为在电子跃迁过程中可能涉及声子的产生或湮灭过程。

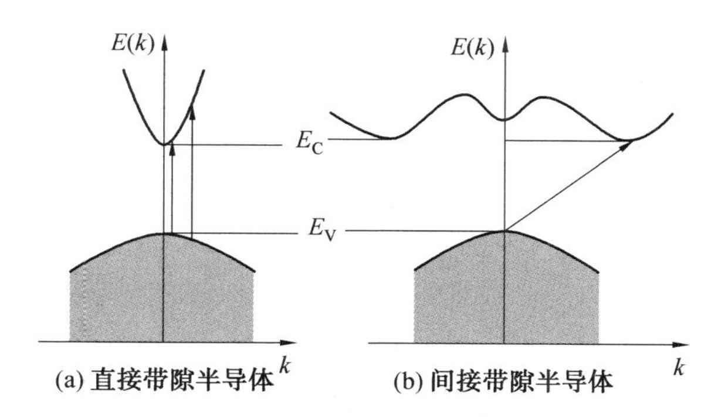

图 6.1　直接带隙半导体和间接带隙半导体及其光吸收示意图(箭头表示电子跃迁)

(1)直接跃迁。

如果在电子跃迁过程中没有声子参与，由于光子的动量很小可以忽略，电子跃迁前后的动量不发生变化($\boldsymbol{k}$ 保持不变)，这种跃迁称为直接跃迁，如图 6.1(a)所示。直接跃迁通常发生在直接带隙半导体中。直接跃迁的条件可以写作

$$\begin{cases} E_f - E_i = \hbar\omega \\ \boldsymbol{k}_f - \boldsymbol{k}_i = 0 \end{cases} \tag{6.2}$$

(2)间接跃迁。

在间接带隙半导体中，由于导带底与价带顶对应不同的 $\boldsymbol{k}$ 值，当电子从价带顶跃迁至导带底时，必须有声子参与，才能保证跃迁过程中动量守恒，这种跃迁称为间接跃迁，如图 6.1(b)所示。由于光子的动量同声子的动量相比很小，而声子的能量与光子比很小，间接跃迁的条件可以写作

$$\begin{cases} E_f - E_i = \hbar\omega \\ \boldsymbol{k}_f - \boldsymbol{k}_i = \pm \boldsymbol{q} \end{cases} \tag{6.3}$$

式中，声子波矢前的正负号表示产生或吸收一个声子。

由于，在间接跃迁过程中涉及声子的碰撞过程，发生概率要比直接跃迁低。所以，如果禁带宽度合适，基于本征跃迁的光电器件最好选择直接带隙半导体。

6.1.2　本征半导体的载流子

绝对零度下，半导体价带所有状态均被电子占据，满带不导电；导带为空带，不导电。所以 0 K 下半导体中没有载流子。当电子从价带跃迁至导带时，价带和导带均为未满带，都可以导电。

1. 导带中的电子

按第 4 章的讨论，电子准经典运动的有效质量 m_e^* 一般为二阶张量，见式(4.112)和式(4.113)，写成分量的形式为

$$\left(\frac{1}{m_e^*}\right)_{ij}=\frac{1}{\hbar^2}\frac{\partial^2 E(\boldsymbol{k})}{\partial k_i \partial k_j} \tag{6.4}$$

如果半导体能带在 $\boldsymbol{k}$ 空间是各向同性的，电子的有效质量就成为标量，

$$m_e^*=\frac{\hbar^2}{\mathrm{d}^2 E/dk^2} \tag{6.5}$$

由于导带底是极小值，在导带底附近，$d^2E/dk^2>0$，电子的有效质量大于零。

在 $\boldsymbol{k}$ 空间的主轴坐标系中，电子有效质量为对角张量。下面以 Si 为例说明电子有效质量的各向异性。Si 是金刚石立方，其倒格子是体心立方。Si 导带上的等能面如图 6.2 所示，从图中可见 Si 的等能面是关于倒格子<100>轴对称的回转椭球。

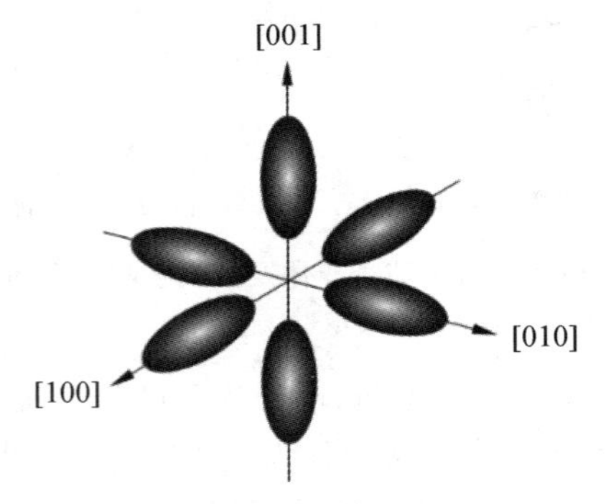

图 6.2 硅导带等能面示意图

以沿[001]方向的回转椭球为例，等能面方程为

$$E_l(\boldsymbol{k})=\frac{\hbar^2}{2}\left(\frac{k_1^2+k_2^2}{m_{\mathrm{T}}^*}+\frac{k_3^2}{m_{\mathrm{L}}^*}\right) \tag{6.6}$$

式中，m_{T}^* 和 m_{L}^* 分别代表回转椭球横向和纵向的有效质量。

所以，Si 中导带上电子的有效质量为

$$m_e^*=\begin{pmatrix} m_{\mathrm{T}}^* & 0 & 0 \\ 0 & m_{\mathrm{T}}^* & 0 \\ 0 & 0 & m_{\mathrm{L}}^* \end{pmatrix} \tag{6.7}$$

利用低温电子回旋共振方法可以测量电子的有效质量，测量结果表明，$m_{\mathrm{L}}^*/m_0=0.913\,6\pm0.000\,4$，$m_{\mathrm{L}}^*/m_0=0.190\,5\pm0.000\,1$，其中，$m_0$是电子的惯性质量。

2. 价带中的空穴

通常情况下，价带顶是能带的极大值，所以价带顶附近的电子有效质量为负值。利用空穴的概念分析缺失电子的导电行为，以克服电子有效质量为负值带来的不方便。设想一个在价带中速度为 $\boldsymbol{v}_e$、波矢为 $\boldsymbol{k}_e$的电子跃迁至导带，此时，价带变为未满带，可以导电。由于被电子填满的价带即便是存在电场的情况下也是不导电的，所以有

$$-e\boldsymbol{v}_e-\sum{}' ev=0 \tag{6.8}$$

式中，$\sum{}'$ 表示求和不包括速度为 $\boldsymbol{v}_e$ 原来填充在价带上的电子。

则缺失一个电子(速度为 $\boldsymbol{v}_e$)的价带在电场中的电流密度为

$$J = -\sum{}' e v = e\boldsymbol{v}_e \tag{6.9}$$

可见，缺失一个电子(速度为 $\boldsymbol{v}_e$)的价带的电流可以看作一个具有电荷为 e 的正电荷以同电子一样的速度 $\boldsymbol{v}_e$ 运动所产生的，称这个假想的正电荷为空穴。

对于电子填满的价带，电子的动量和为零，即

$$\boldsymbol{k}_e + \sum{}' \boldsymbol{k} = 0 \tag{6.10}$$

如果定义缺失了一个电子(速度为 $\boldsymbol{v}_e$)的价带的总动量为空穴的动量，则空穴的波矢量 $\boldsymbol{k}_h$ 为

$$\boldsymbol{k}_h = \sum{}' \boldsymbol{k} = -\boldsymbol{k}_e \tag{6.11}$$

价带失去一个电子能量升高，空穴的能量为失去一个电子的价带能量与满价带能量的差，所以，一个空穴的能量为

$$E_h(\boldsymbol{k}_h) = -E_e(\boldsymbol{k}_e)$$

式中，$E_h(\boldsymbol{k}_h)$是一个空穴的能量；$E_e(\boldsymbol{k}_e)$是价带失去的电子的能量。

考虑到能带的对称性，上式可以统一写作

$$E_h(\boldsymbol{k}_h) = -E_e(\boldsymbol{k}_e) = -E_e(-\boldsymbol{k}_e) \tag{6.12}$$

下面以各向同性的价带为例，分析空穴的有效质量。按粒子群速度的定义，空穴的速度为

$$\begin{aligned} v_h &= v_e = \frac{1}{\hbar}\frac{\partial E_e(k_e)}{\partial k_e} = \frac{1}{\hbar}\frac{\partial[-E_h(k_h)]}{\partial(-k_h)} \\ &= \frac{1}{\hbar}\frac{\partial E_h(k_h)}{\partial k_h} \end{aligned} \tag{6.13}$$

按准经典近似可得

$$\frac{\mathrm{d}v_h}{\mathrm{d}t} = \frac{1}{\hbar^2}\frac{\partial^2 E_h}{\partial k_h^2}\frac{\mathrm{d}\hbar k_h}{\mathrm{d}t} = \frac{1}{\hbar^2}\frac{\partial^2 E_h}{\partial k_h^2}F_h \tag{6.14}$$

式中，F_h是空穴所受的外场力。

由式(6.14)可以得到空穴的有效质量为

$$\frac{1}{m_h^*} = \frac{1}{\hbar^2}\frac{\partial^2 E_h}{\partial k_h^2} \tag{6.15}$$

利用式(6.11)、(6.12)、(6.15)可得

$$\frac{1}{m_h^*} = -\frac{1}{\hbar^2}\frac{\partial^2 E_e}{\partial(-k_e)^2} = -\frac{1}{m_e^*} \tag{6.16}$$

即

$$m_h^* = -m_e^* \tag{6.17}$$

对于各向同性的价带，价带顶附近的电子能量可以表示为 $E=E_V-Ak^2(A>0)$，如图 6.1 所示，电子的有效质量 $m_e^*<0$，而空穴的有效质量 $m_h^*=-m_e^*>0$。

3. 半导体的导电机制

当半导体的价带和导带都为不满带时，导带和价带均可以导电。所以，半导体中的载流子可以分为导带底附近的电子载流子和价带顶附近的空穴载流子。

导带的导电载流子是导带底附近的电子，电子具有负的电荷、正的有效质量。导带底

附近的电子在外电场的作用下，沿电场的反方向运动，形成沿电场方向的电流。

未满价带的导电性来自价带顶附近的空穴，空穴具有正的电荷、正的有效质量。在外电场的作用下，空穴沿电场方向运动，形成沿电场方向的电流。

上述分析表明，半导体的电导率是导带上电子电导率与价带上空穴电导率的和

$$\sigma=\sigma_e+\sigma_h \tag{6.18}$$

式中，σ 是半导体的电导率；σ_e 是导带上电子的电导率；σ_h 是价带上空穴的电导率。

6.1.3 半导体能带结构举例

半导体的能带结构通常都比较复杂，许多情况下，需要实验同理论计算相结合才能得到正确的能带结构。$\boldsymbol{k}$ 空间的对称性高的点或线上的能带计算的难度较低。第一布里渊区高对称点对能带的计算具有重要意义。第一布里渊区的形状和对称性由晶体结构决定。

常见的半导体的结构主要有金刚石结构(见图 1.25)、闪锌矿和纤锌矿结构。金刚石结构和闪锌矿结构同属面心立方，其倒格子为体心立方(见第 1 章)，第一布里渊区具有相同的形状和对称性。图 6.3 示出了具有立方结构半导体的室温晶格常数和能隙(禁带宽度)值。

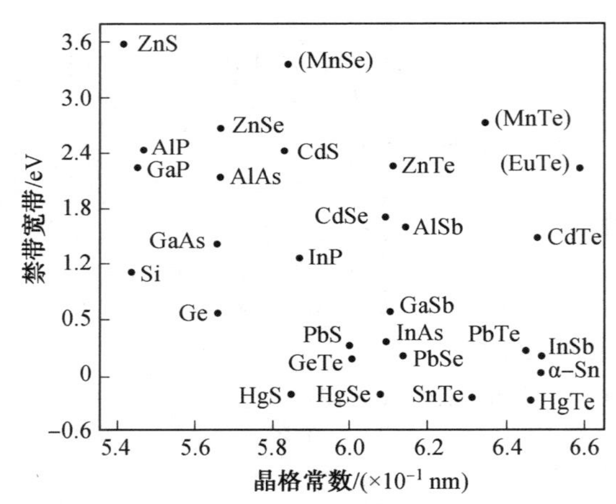

图 6.3 一些半导体的晶格常数和禁带宽度

(数据取自 JAROS M. Physics and applications of semiconductor microstructures[M]. Oxford: Oxford Univeresity Press,1989.)

图 6.4(a)和(b)示出了闪锌矿和纤锌矿晶体结构，图 6.4(c)和(d)给出了相应的第一布里渊区和高对称点。

闪锌矿为面心立方结构，其空间群为 $F\bar{4}3m$。闪锌矿结构晶体结构中，如图 6.4(a)所示，有两种不同的原子，一种原子位于晶胞的顶角和面心，而另一种原子则位于晶胞内部的其他位置，两种原子分别属于两套面心立方点阵。闪锌矿结构与金刚石结构的几何形态完全相同，不同之处仅在于最邻近原子不同。半导体硅和锗具有金刚石结构，GaAs 等大多数Ⅲ－Ⅴ族化合物半导体和一些Ⅱ－Ⅵ族化合物半导体都具有闪锌矿型的晶体结构。金刚石和闪锌矿的第一布里渊区如图 6.4(c)所示。其中，Γ:(0,0,0)是布里渊区中

心，高对称点在倒空间的坐标如下。

L:$(2\pi/a)(1/2,1/2,1/2)$是布里渊区边界与<111>轴的交点。

X:$(2\pi/a)(0,0,1)$是布里渊区边界与<100>轴的交点。

K:$(2\pi/a)(3/4,3/4,0)$是布里渊区边界与<110>轴的交点。

纤锌矿属于六方晶系，空间群为Pmc。以ZnS为例，在纤锌矿结构中，S原子作六方密堆积，而Zn原子则填充在四面体空隙中，如图6.4(b)所示。在纤锌矿结构中，Zn原子和S原子的配位数均为4。除了天然的纤锌矿(ZnS)外，还有一些化合物也具有纤锌矿型结构，如氧化锌(ZnO)、硒化镉(CdSe)、氮化镓(GaN)和氮化铝(AlN)等。纤锌矿结构的第一布里渊区和高对称点如图6.4(d)所示。其中，Γ:(0,0,0)是布里渊区中心，高对称点如下。

A:布里渊区边界与[0001]轴的交点。

M:$(\sqrt{2}\pi/a)(1/\sqrt{6},1/\sqrt{2},0)$是布里渊区边界与$[10\bar{1}0]$轴的交点。

K:$(\sqrt{2}\pi/a)(0,\sqrt{2/3},0)$是布里渊区边界与$[11\bar{2}0]$轴的交点。

L: 布里渊区边界与$[10\bar{1}1]$轴的交点。

H: 布里渊区边界与$[11\bar{2}3]$轴的交点。

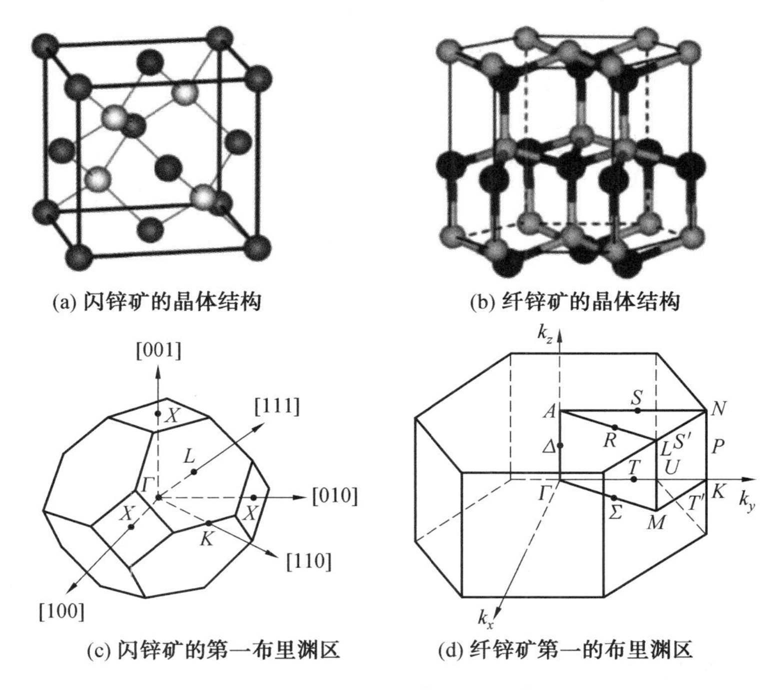

图6.4 闪锌矿和纤锌矿的基体结构和第一布里渊区

1. 硅和锗的能带结构

硅和锗同属第Ⅳ主族元素，具有金刚石结构。图6.5示出了硅和锗的能带结构。硅和锗都是间接带隙半导体。

(1)硅的能带结构。

硅的价带顶位于布里渊区中心(Γ 点)。不考虑自旋时,价带顶的能带是三度简并的,计入自旋后简并度为 6。当考虑自旋一轨道耦合时,一个价带能量降低,消除部分简并,价带顶附近的等能面可以近似为球面。价带顶附近则有一个轻空穴价带和一个重空穴价带,其有效质量分别为 $0.16m_0$ 和 $0.53m_0$(m_0 是电子的惯性质量)。

硅的导带底位于 Γ 点和 X 点的连线上,距 Γ 点约为 Γ 与 X 点距离的 0.85 处。由于对称性,硅的导带底具有六个等效能谷,导带底附近的等能面是旋转椭球面。带隙随温度变化可用式(6.19)描述

$$E_g(T)=E_g(0)-\frac{\alpha T^2}{T+\beta} \tag{6.19}$$

$T=0$ K 时,硅的带隙为 $E_g(0)=1.170$ eV;$\alpha=4.73\times10^{-4}$ eV/K,$\beta=636$ K。

(2)锗的能带结构。

锗的价带顶也位于 Γ 点,不考虑自旋,锗的价带顶是三度简并的。当考虑自旋一轨道耦合时,一个价带能量下降,消除部分简并。在价带顶附近,一般只考虑两支简并带(不计自旋)。价带顶等能面是扭曲的球面,但通常可以近似为一个球形来处理。

锗的导带底位于布里渊区 L 点(111),其等能面也是旋转椭球面,但与硅的等能面形状有所不同。$T=0$ K 时,锗的禁带宽度为 0.7437 eV。带隙随温度变化可用式(6.19)描述,$\alpha=4.774\times10^{-4}$ eV/K,$\beta=235$ K。

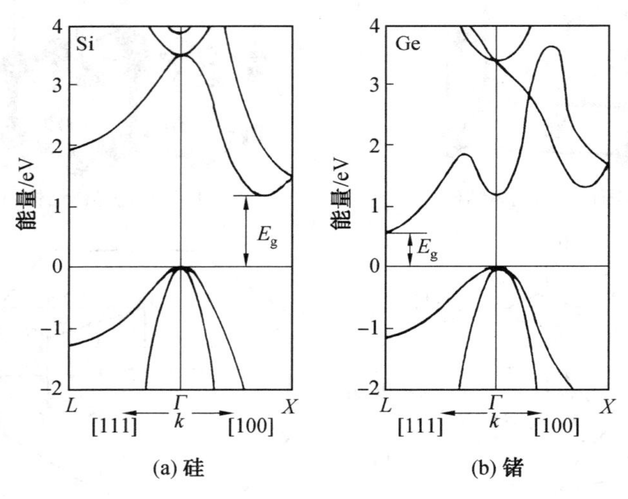

图 6.5 硅和锗的能带结构

2. 碳化硅的能带结构

碳化硅是Ⅳ族化合物,因密排面的堆垛次序不同而具有多种同素异构体,其密排面是由 Si 或 C 组成的六角结构平面。当密排面的堆垛次序为 *ABCABC*…时,形成立方闪锌矿结构,记为 3C−SiC。如果密排面的堆垛次序发生变化,形成其他结构,例如,当密排面的堆垛持续为 *ABCBABCB*…时,形成六方结构,记为 4H−SiC。目前已经发现 SiC 具有多达二百种同素异构体,这里仅简要介绍 3C−SiC 和 4H−SiC 的能带结构。

图 6.6 示出了 3C—SiC 的能带结构示意图。3C—SiC 是间接带隙半导体，且为宽禁带半导体。两种半导体的价带顶均位于布里渊区中心。价带因自旋—轨道相互作用发生劈裂（劈裂大小由 E_{SO} 表示）。3C—SiC 的导带在简约布里渊区中有三个能谷，如图 6.6 所示，三个能谷底与价带顶的带隙如图所示。

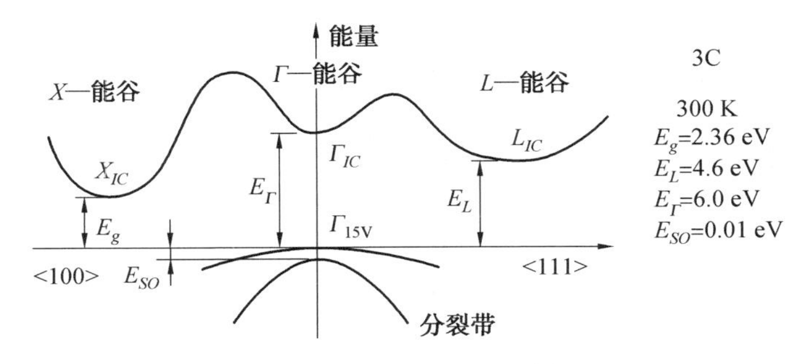

图 6.6 3C—SiC 的能带结构

图 6.7 示出了 4H—SiC 的能带结构示意图。4H—SiC 也是间接带隙半导体，且为宽禁带半导体。4H—SiC 价带顶均位于布里渊区中心。价带因自旋—轨道相互作用发生劈裂（劈裂大小由 E_{SO} 表示），4H—SiC 的价带还会因晶体场的作用而发生劈裂（劈裂大小用 E_{cr} 表示）。4H—SiC 在简约布里渊区中存在三个能谷，具体参数也如图 6.7 所示。

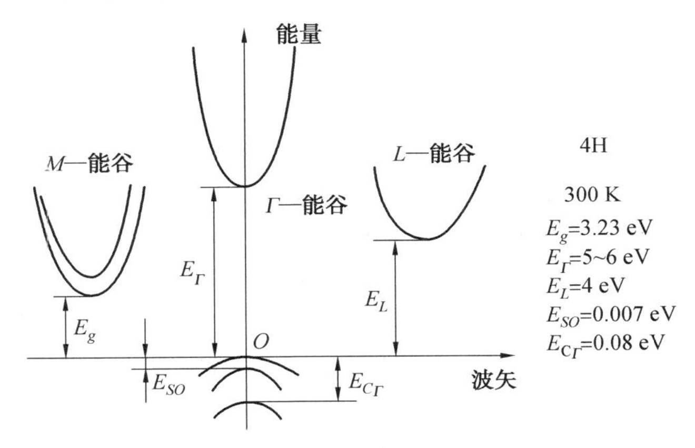

图 6.7 4H—SiC 的能带结构

3. 砷化镓和锑化铟的能带结构

砷化镓和锑化铟是典型的Ⅲ—Ⅴ族化合物半导体，具有闪锌矿结构。Ⅲ—Ⅴ族化合物半导体具有相似的价带结构，但导带的结构有较大差异，这里简要介绍砷化镓和锑化铟能带结构特点。

（1）砷化镓的能带结构。

图 6.8(a)示出了砷化镓的能带示意图。砷化镓的价带包含一个重空穴带（有效质量为 $0.50m_0$）和一个轻空穴带（有效质量为 $0.076m_0$），以及一个由于自旋—轨道耦合分裂产生的第三个能带（价带顶下降了 0.34 eV）。价带顶稍许偏离布里渊区的中心。

砷化镓的导带有三个能谷，最低的能谷位于布里渊区中心，导带底附近的等能面为球面，有效质量为 0.063 m_0. 在 L 和 X 处两个能谷的有效质量分别为 0.55 m_0和 0.85 m_0.

砷化镓 0 K 下的带隙为 1.519 eV，室温带隙为 1.424 eV，其带隙与温度的关系可用式(6.19)描述，其中，$\alpha=5.405\times10^{-4}$ eV/K，$\beta=204$ K。

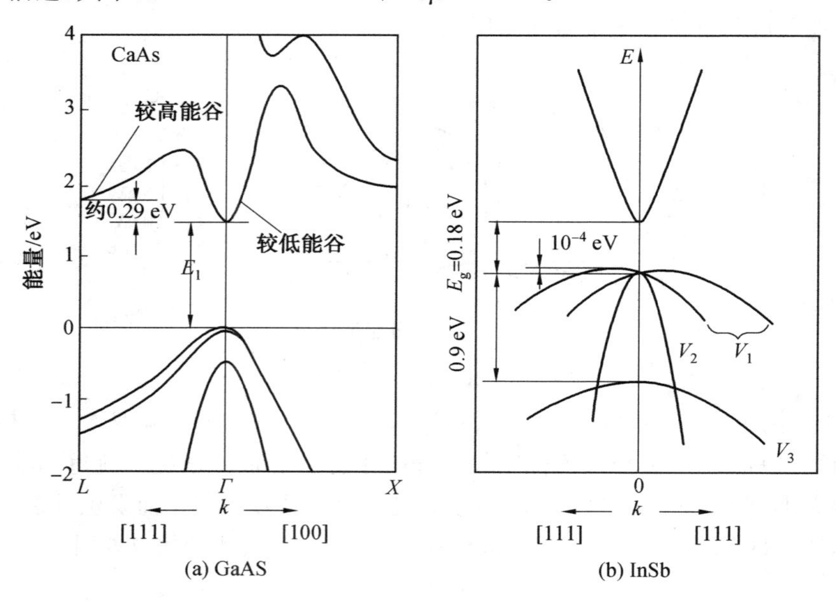

图 6.8 砷化镓和锑化铟的能带结构

(2)锑化铟的能带结构。

锑化铟的能带结构如图 6.8(b)所示。锑化铟的导带非常简单，导带底在布里渊区中心，导带底附近的等能面为球面，有效质量仅为 0.018m_0。

锑化铟的价带包括一个重空穴价带 V_1、一个轻空穴价带 V_2和一个因自旋－轨道耦合下降的能带 V_3。重空穴价带顶稍许偏离布里渊区中心。轻空穴的有效质量为 0.016m_0；20 K 下，重空穴价带沿[111]、[110]和[100]方向的有效质量分别为 0.44m_0、0.42m_0和 0.32m_0. 锑化铟 0 K 下的带隙为 0.235 eV，室温下的带隙为 0.18 eV。

4. 碲化镉和碲化汞的能带结构

碲化镉和碲化汞是典型Ⅱ－Ⅵ族化合物半导体，具有闪锌矿结构，其能带结构如图 6.9 所示。碲化镉和碲化汞都是直接带隙半导体，导带底和价带顶均位于布里渊区中心(Γ 点，$k=0$)。碲化镉的室温带隙为 1.49 eV。但碲化汞的导带极小值比价带的极大值还低，带隙为负值，室温时带隙约为－0.14 eV，一般称碲化汞为半金属。碲化镉和碲化汞电子的有效质量分别为 0.07m_0和 0.03m_0. 碲化镉重空穴的有效质量为 0.72m_0，轻空穴的有效质量为 0.12m_0；碲化汞空穴的有效质量为 0.42m_0。

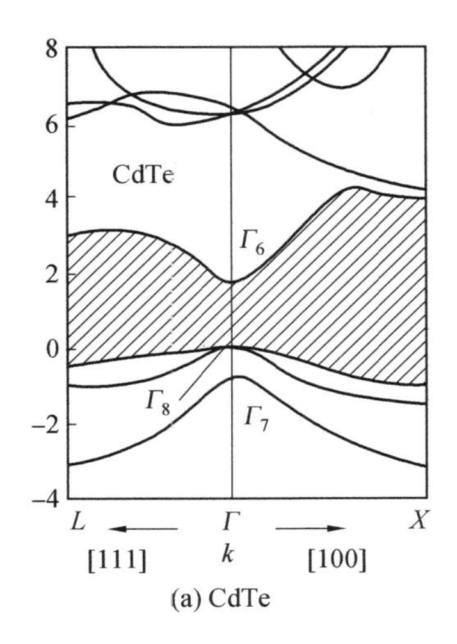

(a) CdTe

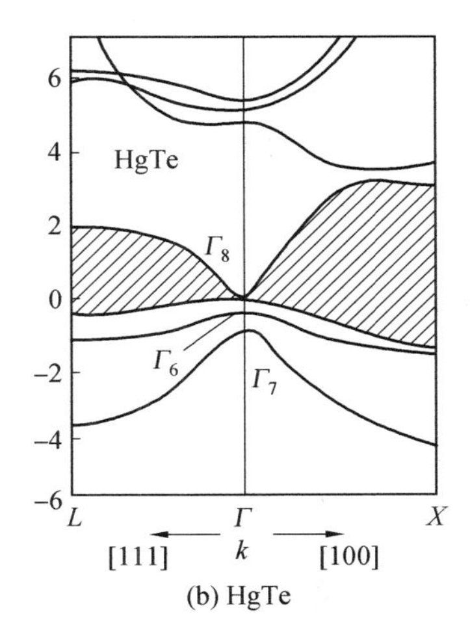

(b) HgTe

图 6.9 碲化镉和碲化汞的能带结构(斜线区为禁带)

6.2 掺杂半导体

掺杂是半导体的一种重要改性手段,通过向纯净半导体中加入某些杂质原子,在禁带中引入杂质能级,进而改变半导体材料的导电性质,以获得特定的电学或光学性能。按杂质原子在晶格中的位置可以将杂质分为置换型杂质和间隙型杂质,置换型杂质是指杂质原子取代主体半导体中的某些晶格原子,间隙型杂质是指杂质原子处于主体半导体的晶格空隙中。本节主要以置换型掺杂为例讨论掺杂半导体的杂质能级。

6.2.1 施主能级

如果掺杂原子提供电子,则称为施主掺杂(或 n 型掺杂)。例如,向Ⅳ族半导体硅和锗中掺杂Ⅴ族元素原子(磷、砷、碲、铋),由于Ⅴ族原子有 5 个价电子,4 个价电子与近邻硅原子成键以后还多出一个"额外电子",构成施主掺杂。下面以硅中掺磷为例说明施主能级。

图 6.10(a)给出了硅中掺磷的结构示意图,硅是 4 价元素,每个硅原子与近邻硅原子形成四对共价键。当磷原子的四个价电子与周围的四个硅原子形成共价键以后,多出一个额外电子。这个额外电子有以下两个状态。

①+5 价的磷原子与近邻四个硅原子成键以后,相当于一个正电中心(记为 P^+)。当温度足够低时,额外电子可以束缚在 P^+ 离子周围,形成束缚态。该束缚态是额外电子的基态。

②额外电子获得能量可以脱离 P^+ 离子束缚成为属于整个固体的布洛赫电子,这个过程称为杂质电离。电离的额外电子只能填充在导带,其最低能量是导带底。

以上分析表明,额外电子的束缚态能级位于导带底下方的禁带中,称为施主能级,用 E_D 表示,如图 6.10(b)所示。如果施主的电离能用ΔE_D 表示,则

$$\Delta E_D = E_C - E_D \tag{6.20}$$

施主电离以后，磷原子提供的多余电子进入导带而成为载流子，而电离后的施主则成为不能移动的正电中心。图 6.10(b)中，⊕表示带正电的电离施主。

如果 ΔE_D 很小，则称此种杂质为浅能级施主；若 ΔE_D 较大，相应的施主称为深能级施主。硅和锗中的磷、砷和碲等都是浅能级施主，而某些过渡族元素杂质则为深能级施主。

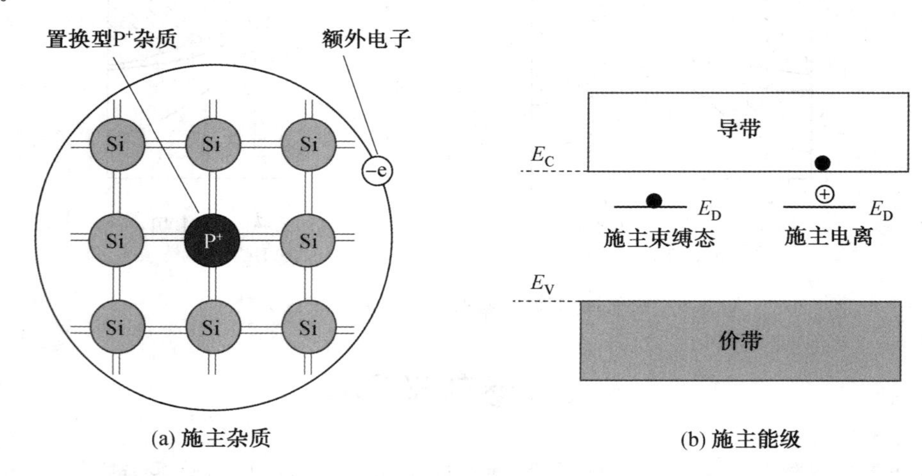

(a) 施主杂质　　(b) 施主能级

图 6.10　硅中的施主掺杂及施主能级示意图

对于浅能级施主，$\Delta E_D \ll E_g$，电子从施主能级跃迁至导带所需的能量很小，远比从价带跃迁至导带容易。纯净半导体中引入施主杂质以后，杂质电离可以在导带中引入更多的电子载流子，此时半导体中的多数载流子是导带上的电子，通常将多数载流子为导带上电子的半导体称为电子型或 n 型半导体。

6.2.2　受主能级

如果掺杂原子提供空穴，则称为受主掺杂(或 p 型掺杂)。例如，向Ⅳ族半导体硅和锗中掺杂Ⅲ族元素原子(硼、铝、镓、铟)，由于Ⅲ族原子有 3 个价电子，当与近邻 4 个硅原子成键时，将引入一个“额外空穴”，构成受主掺杂。下面以硅中掺硼为例说明受主能级。

图 6.11 示出了硅中掺硼原子成键示意图，图中硼原子与周围近邻 4 个硅原子形成四个共价键。由于硼只有三个价电子，当硼原子与近邻硅原子成键后，会引入一个额外空穴。与硅中掺磷中的“额外电子”相似，硅中掺硼引入的额外空穴也存在两种状态。

①硼原子与周围近邻四个硅原子成键以后，由于硼为+3 价，硼离子相当于一个负电中心，即相当于一个−1 价的离子，记为 B^-。很显然，B^- 离子可以吸引一个额外空穴，形成束缚态，束缚态能级称为受主能级。

②当额外空穴脱离 B^- 离子束缚，必然处在价带，称为受主电离。由于空穴的高能级在下方，所以，受主能级(额外空穴的束缚态能级)位于价带顶以上的禁带中，如图 6.11(b)所示，受主能级用 E_A 表示。

根据以上分析，受主的电离能ΔE_A 为

$$\Delta E_A = E_A - E_V \tag{6.21}$$

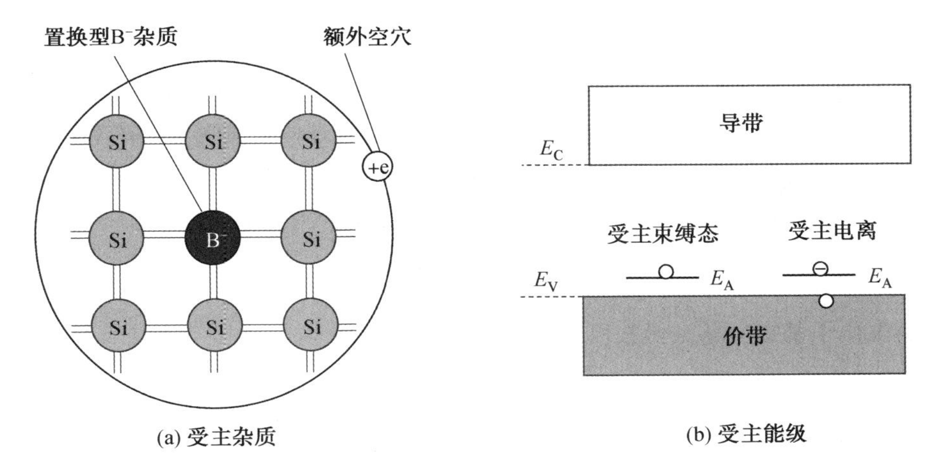

图 6.11 硅中的受主掺杂及施主能级示意图

束缚态空穴跃迁至价带，实际上是价带上的电子跃迁至受主能级与其上的空穴复合，形成孤立不可移动的负电中心（B^- 离子），并在价带顶引入空穴载流子。图 6.11 中符号"⊖"表示带负电的电离受主。

如果 ΔE_A 很小，则称此种杂质为浅能级受主，硅和锗中的硼、铝、镓和铟等都是浅能级受主。若 ΔE_A 较大，相应的受主称为深能级受主。对于浅能级受主，电子从价带顶附近跃迁至受主能级所需要的能量远远小于本征跃迁（从价带到导带）。受主电离后，受主掺杂的半导体的多数载流子为价带顶附近的空穴，称主要载流子为空穴的半导体为空穴型或 p 型半导体。

6.2.3 浅能级杂质的类氢原子模型

下面用类氢原子模型分析浅能级施主能级。为简化起见，假定导带是各向同性的，电子的有效质量是标量。在图 6.10(a)中，磷原子提供的额外电子绕正电中心 P^+ 运动所形成的束缚态，可以同氢原子做类比，称这个束缚态为"类氢原子"。在类氢原子中，额外电子绕 P^+ 运动受到 P^+ 离子周围价电子的屏蔽，额外电子与 P^+ 离子之间的库仑相互作用被大幅度削弱。为了表达上述屏蔽作用，将价电子对额外电子与 P^+ 离子之间库仑相互作用势函数写成

$$V_S = -\frac{e^2}{4\pi\varepsilon_0\varepsilon_r r} \tag{6.22}$$

式中，V_S 是额外电子与 P^+ 离子之间相互作用势函数；ε_r 是半导体的静态相对介电常数，以表达价电子的屏蔽效应。

根据类氢原子模型，浅能级施主束缚的额外电子满足式(6.23)所示的薛定谔方程。

$$\left(-\frac{\hbar^2}{2m_e^*}\nabla^2 - \frac{e^2}{4\pi\varepsilon_0\varepsilon_r r}\right)\varphi = E_I\varphi \tag{6.23}$$

式中，m_e^* 是导带中电子的有效质量；φ 是束缚态施主电子的波函数；E_I 是类氢原子能级。

利用氢原子能级可得

$$E_I=-\frac{m_e^* e^4}{2\,(4\pi\varepsilon_0\hbar)^2\varepsilon_r^2 n^2}=-\frac{1}{n^2}\left(\frac{m_e^*}{m_0\varepsilon_r^2}\right)E_H \tag{6.24}$$

式中，$n=1,2,3,\cdots$；m_0是电子的惯性质量；$E_H\approx 13.606\ \text{eV}$是氢原子基态电子电离能(基态能级的绝对值)。

对于浅能级施主，束缚态很弱，只有基态($n=1$)是稳定的。类氢原子从基态电离意味着额外电子脱离施主束缚态进入导带，所以浅能级施主的电离能为

$$\Delta E_D=-E_I=\frac{m_e^*}{m_0\varepsilon_r^2}E_H \tag{6.25}$$

由类氢原子基态电子波函数可得束缚态的有效半径为

$$a_D=\frac{\varepsilon_r m_0}{m_e^*}a_B \tag{6.26}$$

式中，a_B($\approx$52.917 7 pm)是玻尔半径。

以硅为例，$\varepsilon_r=11.7$，平均有效质量$m_e^*/m_0\approx 0.3$，由式(6.25)和式(6.26)可得，$E_D\approx 30\ \text{meV}$，$a_D\approx 40a_B$。对锗而言，$\varepsilon_r=16$，平均有效质量为$m_e^*/m_0\approx 0.2$，由式(6.25)和式(6.26)可得，$E_D\approx 10\ \text{meV}$，$a_D\approx 80a_B$。相对于能隙，硅和锗中浅能级施主的结合能较小，而有效半径相对于晶格相当大。图6.12给出了硅和锗若干浅能级施主和浅能级受主能级，可见类氢原子模型给出的浅能级施主能级与实验结果在同一数量级。

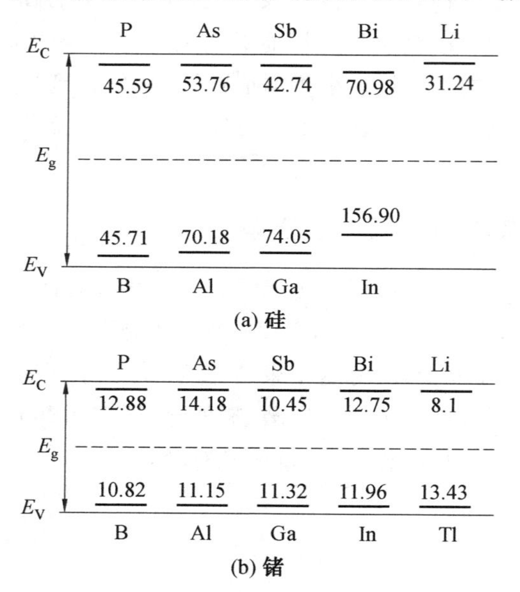

图6.12 硅和锗中的浅能级施主和受主能级示意图(单位为meV，数据取自RAMDAS A K，RODRIGUEZ S. Spectroscopy of the solid-state analogues of the hydrogen atom: donors and acceptors in semiconductors [J]. Reports on progress in physics，1981，44:1297.)

对于浅能级受主束缚态可以做与施主束缚态相似的分析。为了简单起见，假定半导体只有一个价带，而且价带是各向同性的，空穴的有效质量为标量。图6.11(a)所示的受

主束缚态可以看作一个带正电、具有价带顶附近空穴有效质量的粒子(空穴)绕 B^- 离子运动的"类氢原子"。仿照施主束缚态分析可得浅能级受主的电离能为

$$\Delta E_A = \frac{m_h^*}{m_0 \varepsilon_r^2} E_H \tag{6.27}$$

束缚态基态空穴的有效半径为

$$a_A = \frac{\varepsilon_r m_0}{m_h^*} a_B \tag{6.28}$$

图 6.12 示出了硅和锗若干浅能级受主能级,类氢原子模型计算值与实验数据在数量级上符合。

上述类氢原子模型只是处理杂质能级的简单模型,没有考虑杂质原子的影响,需要进一步细化以获得与实际更为符合的理论预测值。目前,已经有许多理论研究,感兴趣的读者可以参考相关文献资料。

6.2.4 杂质补偿

当半导体中同时存在施主杂质和受主杂质时,施主原子提供的额外电子会优先与受主原子提供的额外空穴复合,这个过程称为杂质补偿。现在就两个极端情况对杂质补偿效应进行简单分析。

1. 施主浓度远大于受主浓度

杂质补偿可以理解为束缚态施主的电子向能量较低的受主能级跃迁。在微观上,施主提供的额外电子刚好填充在受主引起的额外空穴位置上,即施主离子束缚电子与受主束缚的空穴复合。所以补偿过程没有增加额外的载流子。如果施主的浓度远远大于受主的浓度,少量的施主电子与受主空穴复合后,还有大量的没有参与补偿的施主,此时半导体仍然是 n 型半导体,如图 6.13(a)所示。如果用 N_D 表示施主掺杂浓度、N_A 表示受主掺杂浓度,当杂质全部电离,而本征跃迁很少的情况下,导带上电子浓度为 $n=N_D-N_A\approx N_D$。

2. 受主浓度远大于施主浓度

$N_A \gg N_D$ 时,少量施主能级上的电子与受主复合,半导体中还存在大量未被复合的受主,半导体仍然是 p 型半导体,如图 6.13(b)所示。在一定温度下,没有复合的受主全部电离,在不考虑本征跃迁的情况下,价带上空穴载流子的浓度为 $p=N_A-N_D\approx N_A$。

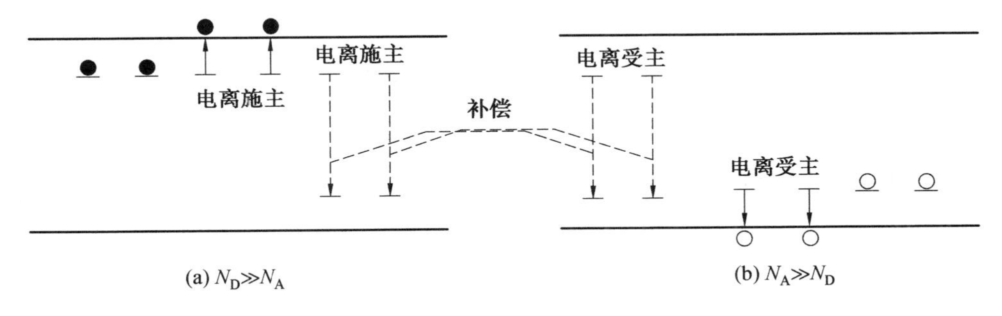

图 6.13 杂质的补偿作用

6.3　热平衡载流子的统计分布

半导体的热激发载流子来源于两个过程，一是电子从价带跃迁到导带，在价带中产生空穴，在导带上产生电子；二是杂质电离，施主杂质电离在导带产生电子，受主电离在价带产生空穴。与此同时，还存在电子从高能态向低能态的跃迁过程，即复合过程。在没有其他外场和光照的情况下，热激发过程和复合过程在某一温度下达到热平衡，此时半导体中的载流子称为热平衡载流子。热平衡的情况下，半导体中的热平衡载流子浓度维持稳定。温度升高载流子浓度增加，然后再重新达到平衡状态。

本节着重分析简单半导体的热平衡载流子的统计分布。为了读者阅读方便，这里强调指出，在半导体理论中，电子的化学势一般称为费米能，也用 E_F 表示。

6.3.1　电子和空穴的态密度

1. 能带结构的简化

正如6.1节所指出的那样，实际半导体的能带结构是非常复杂的，给出复杂能带结构的电子或空穴态密度并非易事。本章的主要目的是给出分析半导体热平衡载流子的方法，所以，对半导体的能带结构进行简化处理如下。

①如图6.14所示，半导体是直接带隙半导体，且价带顶和导带底都在布里渊区中心($k=0$)。

②导带和价带的等能面都是球面，即导带中电子和价带中空穴的有效质量为标量。

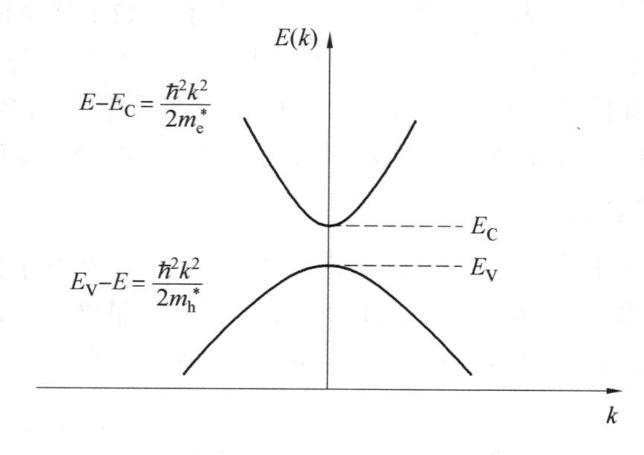

图6.14　半导体能带的简化模型

2. 态密度

先来分析导带的电子态密度。根据上述能带的简化模型，导带的色散关系(能量与波矢的关系)为

$$E-E_C=\frac{\hbar^2k^2}{2m_e^*} \tag{6.29}$$

式(6.29)表明，简化模型半导体导带的电子可以看作质量为有效质量 m_e^* 的自由电子。可以利用第3章中自由电子态密度公式，见式(3.11)，得到导带上电子的单位体积态

密度为

$$g_C(E)=\frac{1}{2\pi^2}\left(\frac{2m_e^*}{\hbar^2}\right)^{3/2}\sqrt{E-E_C} \tag{6.30}$$

下面分析价带空穴的态密度。对价带顶位于布里渊区中心各向同性的价带而言，价带上空穴的色散关系为

$$E_V-E=\frac{\hbar^2k^2}{2m_h^*} \tag{6.31}$$

式(6.31)表明，价带中的空穴可以看作质量为 m_h^* 的自由粒子，根据第3章式(3.11)所示的自由电子态密度，可得价带空穴的单位体积态密度为

$$g_V(E)=\frac{1}{2\pi^2}\left(\frac{2m_h^*}{\hbar^2}\right)^{3/2}\sqrt{E_V-E} \tag{6.32}$$

6.3.2 导带中的电子浓度和价带中的空穴浓度

导带中电子浓度和价带中的空穴浓度由态密度和费米—狄拉克分布函数共同决定。这里只分析掺杂浓度较低的非简并情况，为了在某些情况下获得载流子浓度和费米能(化学势)的解析表达式，首先分析在温度较低情况下费米—狄拉克分布的简化。如式(3.13)所示，费米—狄拉克分布函数为

$$f(E)=\frac{1}{e^{(E-E_F)/k_BT}+1}$$

如果，$E-E_F\gg k_BT$，费米—狄拉克分布函数可以简化为

$$f(E)=e^{-(E-E_F)/k_BT} \tag{6.33}$$

式(6.33)实际上就是玻尔兹曼分布。

1. 导带上的电子浓度

通常情况下，导带上的电子主要集中在导带底附近，这里采用图6.14所示的简化能带模型分析导带上的电子浓度。单位体积内 $E\sim E+dE$ 能量区间的电子数(dn)为

$$dn=f(E)g_C(E)dE \tag{6.34}$$

将费米—狄拉克分布函数和式(6.30)代入式(6.34)积分得

$$n=\frac{1}{2\pi^2}\left(\frac{2m_e^*}{\hbar^2}\right)^{3/2}\int_{E_C}^{E_C^t}\frac{(E-E_C)^{1/2}}{e^{(E-E_F)/k_BT}+1}dE \tag{6.35}$$

式中，E_C^t 是导带顶的能量。

如果 $E-E_F\gg k_BT$，式(6.35)可以简化为

$$n=\frac{1}{2\pi^2}\left(\frac{2m_e^*}{\hbar^2}\right)^{3/2}\int_{E_C}^{E_C^t}e^{-(E-E_F)/k_BT}(E-E_C)^{1/2}dE \tag{6.36}$$

如果令 $x=(E-E_C)/k_BT$，$x_t=(E_C^t-E_C)/k_BT$，式(6.36)可以改写为

$$n=\frac{1}{2\pi^2}\left(\frac{2m_e^*k_BT}{\hbar^2}\right)^{3/2}e^{-(E_C-E_F)/k_BT}\int_0^{x_t}e^{-x}x^{1/2}dx \tag{6.37}$$

由于函数 $e^{-x}x^{1/2}$ 当 x 很大时迅速趋于零，所以式(6.37)中积分上限可以近似为∞，利用

$$\int_0^{\infty} \mathrm{e}^{-x} x^{1/2} \mathrm{d}x = \frac{\sqrt{\pi}}{2} \tag{6.38}$$

可得

$$n = N_{\mathrm{C}} \mathrm{e}^{-(E_{\mathrm{C}} - E_{\mathrm{F}})/k_{\mathrm{B}} T} \tag{6.39}$$

式中，N_C称为导带有效态密度，

$$N_{\mathrm{C}} = 2\left(\frac{m_e^* k_{\mathrm{B}} T}{2\pi\hbar^2}\right)^{3/2} \tag{6.40}$$

可见，$N_{\mathrm{C}} \propto T^{3/2}$。

2. 价带上的空穴浓度

空穴就是未被电子占据的状态，所以空穴的费米－狄拉克分布函数为 $1-f(E)$。单位体积内 $E \sim E+\mathrm{d}E$ 能量区间的价带中的空穴数($\mathrm{d}p$)为

$$\mathrm{d}p = [1-f(E)] g_V(E) \mathrm{d}E \tag{6.41}$$

仿照导带上电子浓度的推导，将式(6.32)代入式(6.41)，并利用

$$E_{\mathrm{F}} - E \gg k_{\mathrm{B}} T$$

可得

$$p = \frac{1}{2\pi^2}\left(\frac{2m_h^*}{\hbar^2}\right)^{3/2} \int_{E_V^t}^{E_V} e^{(E-E_{\mathrm{F}})/k_{\mathrm{B}} T} (E_V - E)^{1/2} \mathrm{d}E \tag{6.42}$$

式中，E_V^t 是价带底的能量。

由于空穴仅分布在价带顶附近，式(6.42)积分下限可近似为$-\infty$。从而有

$$p = \frac{1}{2\pi^2}\left(\frac{2m_h^* k_{\mathrm{B}} T}{\hbar^2}\right)^{3/2} e^{(E_V - E_{\mathrm{F}})/k_{\mathrm{B}} T} \int_0^{\infty} e^{-x} x^{1/2} \mathrm{d}x \tag{6.43}$$

利用式(6.38)可得

$$p = N_V e^{(E_V - E_{\mathrm{F}})/k_{\mathrm{B}} T} \tag{6.44}$$

式中，N_V称为价带有效态密度，由下式给出：

$$N_V = 2\left(\frac{m_h^* k_{\mathrm{B}} T}{2\pi\hbar^2}\right)^{3/2} \tag{6.45}$$

可见，$N_V \propto T^{3/2}$是温度的函数。

上面的分析表明，只要确定了费米能级，就可以确定导带中的电子浓度和价带中的空穴浓度。另外，在推导过程中并没有区分本征半导体还是掺杂半导体，因此以上分析对本征半导体和掺杂半导体热平衡载流子的分析都是适用的。

3. 电子浓度和空穴浓度的乘积

由式(6.38)和式(6.44)可得

$$np = N_{\mathrm{C}} N_V \mathrm{e}^{-(E_{\mathrm{C}} - E_V)/k_{\mathrm{B}} T} = N_{\mathrm{C}} N_V \mathrm{e}^{-E_{\mathrm{g}}/k_{\mathrm{B}} T} \tag{6.46}$$

将 N_C的表达式(6.40)和 N_V的表达式(6.46)代入式(6.45)可得 np 的具体表达式。由于电子和空穴的有效质量经常以电子的惯性质量(m_0)为单位，可以将上式改写为

$$np = 4\left(\frac{m_0 k_{\mathrm{B}}}{2\pi\hbar^2}\right)^3 \left(\frac{m_e^*}{m_0}\frac{m_h^*}{m_0}\right)^{3/2} T^3 \mathrm{e}^{-E_{\mathrm{g}}/k_{\mathrm{B}} T} \tag{6.47}$$

导带中电子浓度与价带中的空穴浓度乘积与费米能级无关，对于给定的半导体，一定

温度下的 np 之积由禁带宽度 E_g 决定。式(6.46)或式(6.47)可用于载流子浓度的计算，例如，当已知导带中的电子浓度时，就可以确定价带中空穴的浓度。

由于 np 之积由禁带宽度 E_g 决定，所以，对给定半导体，提高电子浓度就会降低空穴浓度，提高空穴浓度会降低电子浓度。

6.3.3 本征半导体的费米能级和载流子浓度

前面已经得到了由费米能级表达的导带中的电子浓度和价带中的空穴浓度，只要能够得到载流子浓度的关系就可确定费米能级，进而确定载流子浓度。

1. 费米能级

对纯净无缺陷的本征半导体而言，导带上的电子全部来源于价带上电子的跃迁。所以，本征半导体导带中的电子浓度必然与价带中的空穴浓度相等，此为本征半导体的电中性条件，即

$$n=p \tag{6.48}$$

载流子浓度是由态密度和费米—狄拉克分布函数共同决定的。图 6.15(a)和(b)示出了本征半导体态密度和分布函数的示意图，图 6.15(c)示出了载流子对能量的变化率，可见态密度与分布函数的乘积最大值并不在导带底或价带顶。

将式(6.39)所示的导带中的电子浓度和式(6.44)所示的价带中的空穴浓度代入式(6.48)可得

$$N_C e^{-(E_C-E_F)/k_B T}=N_V e^{(E_V-E_F)/k_B T} \tag{6.49}$$

利用有效态密度 N_C 和 N_V 的表达式，很容易求得本征半导体的费米能级(E_i)的表达式：

$$E_i=E_F=\frac{E_C+E_V}{2}+\frac{3}{4}k_B T\ln\left(\frac{m_h^*}{m_e^*}\right) \tag{6.50}$$

式(6.50)表明，$T=0$ K 下，本征半导体的费米能级位于禁带中央，如图 6.15(b)和(c)所示。对硅、锗和砷化镓而言，$\ln(m_h^*/m_e^*)$ 的绝对值小于 2，所以，其本征半导体的费米能级偏离禁带中央的数值小于 $1.5k_B T$。室温下，$k_B T\approx 0.026$ eV，本征硅、锗和砷化镓的费米能级在禁带中央附近。

2. 载流子浓度

将费米能级的表达式(6.50)代入式(6.39)和式(6.44)，或将电中性条件式(6.48)代入式(6.46)，均可以得到本征半导体的载流子浓度(n_i)，

$$n_i=n=p=(N_C N_V)^{1/2} e^{-E_g/2k_B T} \tag{6.51}$$

利用霍尔效应可以测量载流子浓度，进而求得禁带宽度。

6.3.4 掺杂半导体的费米能和载流子浓度

6.3.2 节已经给出了导带中电子浓度及价带中空穴浓度与费米能的关系，通过电中性条件求得费米能级以后，就可以获得杂质半导体的载流子浓度。为了分析问题方便，假定掺杂半导体中只有一种杂质。本节主要以 n 型半导体为例，分析不同情况下杂质半导

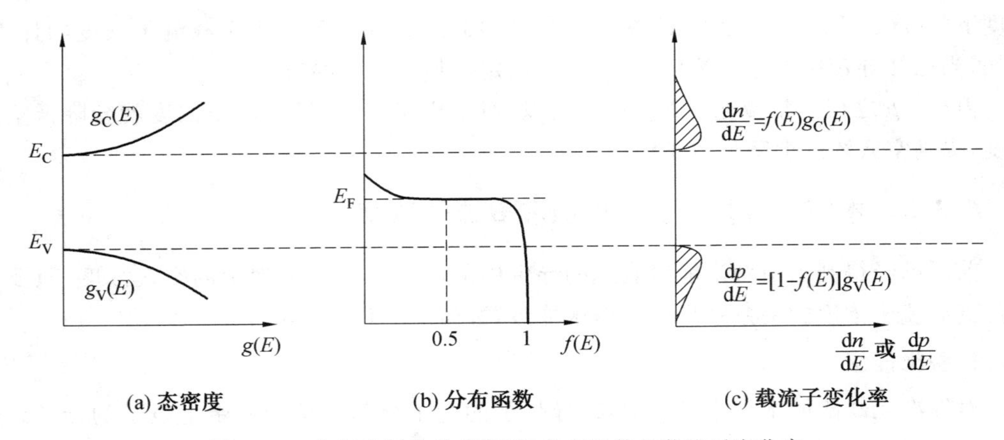

图 6.15 本征半导体的态密度、分布函数及载流子变化率

体费米能级和热平衡载流子。对于 p 型半导体可以做相似的分析。

1. n 型半导体的费米能级和载流子浓度

考虑只有一种施主杂质的 n 型半导体。导带上电子来源有两个，一是施主电离，二是价带到导带的电子跃迁。n 型半导体的电中性条件为

$$n=n_D^+ + p \tag{6.52}$$

式中，n_D^+ 是电离施主的浓度。

只需给出 n_D^+ 与费米能级的关系，即可由式(6.52)计算出费米能级。施主结合能很弱，由于电子之间的排斥作用，施主能级最多只允许一个电子(可以是任意自旋取向)占据。为了表达施主能级的这一特性，引进因子 β_D 修正费米－狄拉克分布，一个施主能级被电子占据的概率为

$$f_D(E)=\frac{1}{\frac{1}{\beta_D}e^{(E_D-E_F)/k_BT}+1} \tag{6.53}$$

则施主能级上的电子浓度(n_D)为

$$n_D=N_Df_D(E)=\frac{N_D}{\frac{1}{\beta_D}e\ (E_D-E_F)/k_BT+1} \tag{6.54}$$

式中，N_D 施主的掺杂浓度。

由此可得电离施主的浓度为

$$\begin{aligned} n_D^+ &=N_D-n_D=N_D[1-f_D(E)] \\ &=\frac{N_D}{\beta_D e^{-(E_D-E_F)/k_BT}+1} \end{aligned} \tag{6.55}$$

通常取 $\beta_D=2$。将式(6.38)、(6.43)和式(6.55)代入式(6.52)可得

$$N_Ce^{-(E_C-E_F)/k_BT}=N_Ve^{-(E_F-E_V)/k_BT}+\frac{N_D}{2e^{-(E_D-E_F)/k_BT}+1} \tag{6.56}$$

由式(6.56)可解出费米能级，再利用式(6.39)和式(6.44)就可以得到 n 型半导体的导带中的电子浓度和价带中的空穴浓度。图 6.16 示意性地给出了 n 型半导体的态密度、

分布函数和载流子变化率。式(6.56)只能数值求解，下面讨论几种特殊条件下的费米能级和载流子浓度。

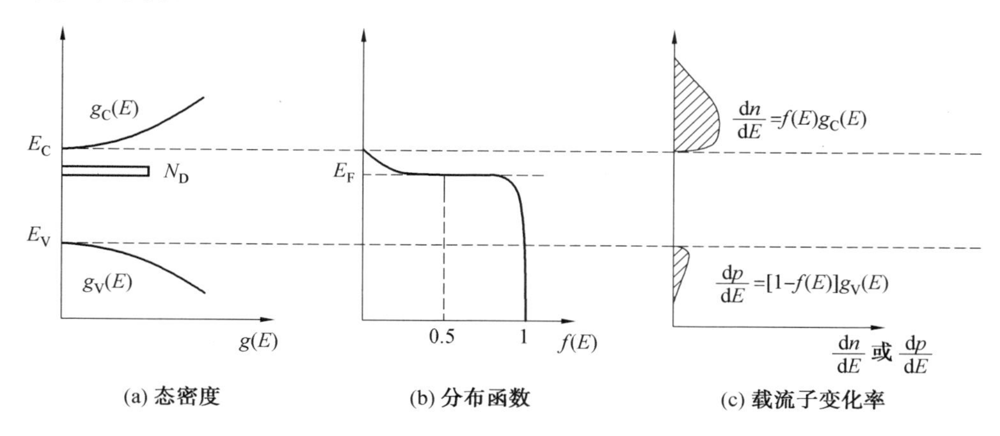

图 6.16 n 型半导体的能带、态密度、分布函数和载流子变化率

(1)低温弱电离区。

当温度很低时，少量施主电离的电子进入导带，而本征跃迁进入导带的电子可以忽略不计，这就是所谓的弱电离。忽略式(6.56)中等号右边的第一项可得

$$N_C e^{-(E_C-E_F)/k_B T}=\frac{N_D}{2e^{-(E_D-E_F)/k_B T}+1} \tag{6.57}$$

由于$-(E_D-E_F)/k_B T\gg 1$，可由式(6.57)得到

$$E_F=\frac{1}{2}(E_C+E_D)+\frac{1}{2}k_B T\ln\left(\frac{N_D}{2N_C}\right) \tag{6.58}$$

可见，当 $T=0$ K 时，n 型半导体的费米能级位于导带底和施主能级中央，如图 6.17(a)所示。对于 p 型半导体，经过类似的推导可以得出费米能级位于受主能级和价带顶中央，如图 6.17(b)所示。

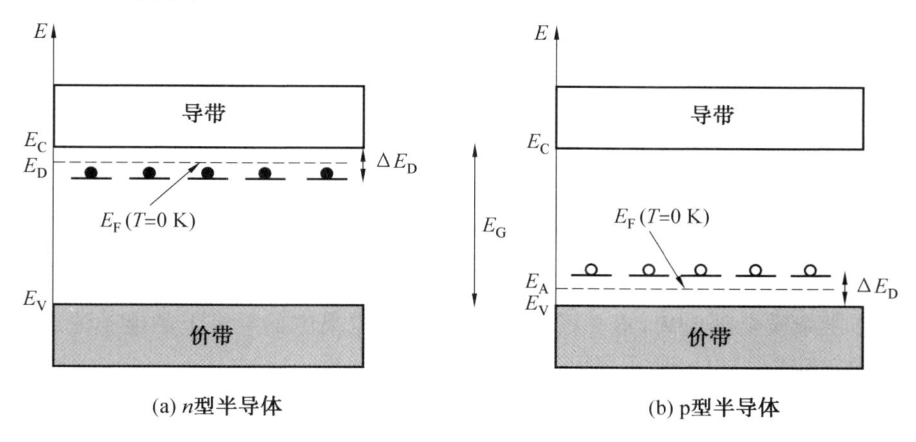

图 6.17 n 型半导体和 p 型半导体 $T=0$ K 时的费米能级

将费米能级表达式(6.58)代入式(6.39)可得弱电离情况下导带上电子浓度为

$$n=\left(\frac{N_{\mathrm{D}}N_{\mathrm{C}}}{2}\right)^{1/2}\mathrm{e}^{-(E_{\mathrm{C}}-E_{\mathrm{D}})/2k_{\mathrm{B}}T} \tag{6.59}$$

将 N_C的表达式(6.39)代入上式，并利用 $\Delta E_{\mathrm{D}}=E_{\mathrm{C}}-E_{\mathrm{D}}$，可得

$$n=\sqrt{N_{\mathrm{D}}}\left(\frac{m_e^* k_{\mathrm{B}}T}{2\pi\hbar^2}\right)^{3/4}\mathrm{e}^{-\Delta E_{\mathrm{D}}/2k_{\mathrm{B}}T} \tag{6.60}$$

如果温度足够低，$\ln n\sim 1/T$ 曲线近似为直线，斜率为 $\Delta E_{\mathrm{D}}/2k_{\mathrm{B}}$，如图 6.18(a)所示。因此可以在低温下借助 $\ln n\sim 1/T$ 曲线确定施主电离能或施主能级。

(2)强电离区(饱和区)。

当温度升高至绝大部分施主均已电离，但本征跃迁尚可忽略，称此种情况为强电离。强电离区也称饱和区。在强电离区，$n_{\mathrm{D}}^{+}\approx N_{\mathrm{D}}$，式(6.57)简化为

$$N_{\mathrm{C}}\mathrm{e}^{-(E_{\mathrm{C}}-E_{\mathrm{F}})/k_{\mathrm{B}}T}=N_{\mathrm{D}} \tag{6.61}$$

费米能级为

$$E_{\mathrm{F}}=E_{\mathrm{C}}+k_{\mathrm{B}}T\ln\left(\frac{N_{\mathrm{D}}}{N_{\mathrm{C}}}\right) \tag{6.62}$$

由于 $N_{\mathrm{D}}<N_{\mathrm{C}}$，$\ln(N_{\mathrm{D}}/N_{\mathrm{C}})<0$，所以费米能级随温度升高而下降，如图 6.18(b)所示。

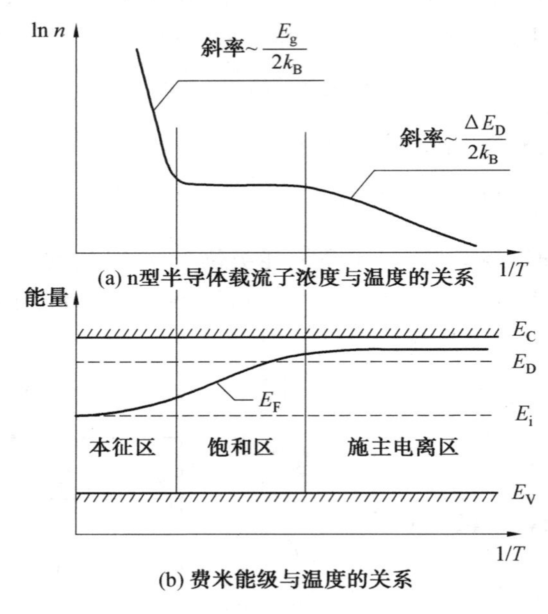

图 6.18 n 型半导体载流子浓度及费米能级与温度的关系

由于施主杂质全部电离，本征跃迁还不明显，强电离区的导带上的电子浓度与施主掺杂浓度相等，如图 6.18(a)所示，即

$$n=N_{\mathrm{D}} \tag{6.63}$$

(3)高温本征激发区。

当温度足够高时，本征跃迁十分明显，本征激发产生的载流子浓度远大于杂质电离产生的载流子浓度，此时称为高温本征激发区。高温本征激发区与本征半导体相似，费米能

级接近禁带中央，载流子浓度随温度升高急剧增加，如图 6.18 所示。以硅为例，只有温度高于 500 K 以后，本征激发才是重要的。室温下硅中的载流子基本上就是杂质全部电离引入的，所以室温下，硅的载流子浓度与浅能级杂质浓度接近。

2. p 型半导体的费米能级和载流子浓度

假定 p 型半导体中只有一种受主杂质。如果能确定受主能级被空穴占据的概率，就可以仿照 n 型半导体的分析方法给出 p 型半导体的费米能级和载流子浓度。图 6.19 示出了 p 型半导体态密度、分布函数及载流子随能量的变化率。

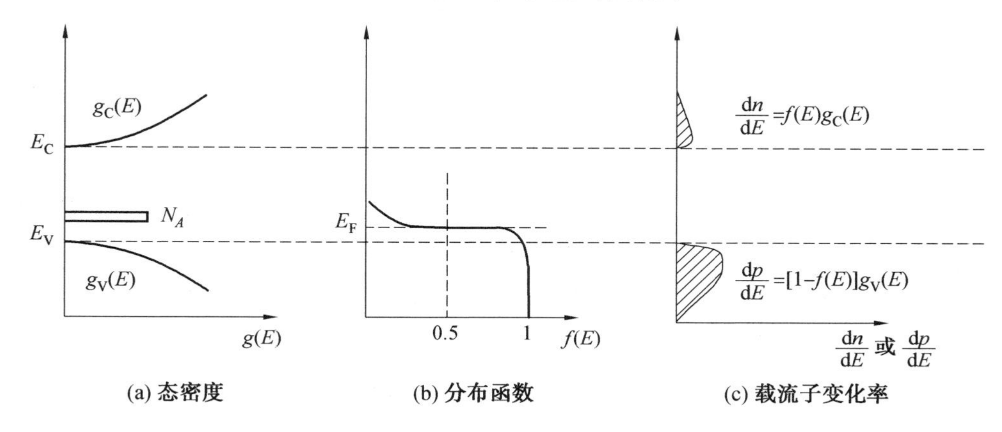

图 6.19 p 型半导体的能带、态密度、分布函数和载流子变化率

由于空穴之间的排斥作用，受主能级上最多被一个空穴占据，引进因子 β_A，施主能级被空穴占据的概率为

$$f_A(E)=\frac{1}{\frac{1}{\beta_A}e^{(E_F-E_A)/k_BT}+1} \tag{6.64}$$

β_A 的取值视半导体价带的具体情况取 2 或 4。对硅、锗和砷化镓，$\beta_A=4$。

电离受主的浓度 p_A^- 为

$$p_A^-=N_A[1-f_A(E)]=\frac{N_A}{\beta_A e^{-(E_F-E_A)/k_BT}+1} \tag{6.65}$$

式中，N_A 是受主的掺杂浓度。

p 型半导体中价带中的空穴有两个来源，一是价带电子跃迁到导带而在价带引入的空穴；二是受主杂质电离在价带中引入的空穴，所以，p 型半导体的电中性条件为

$$p=p_A^-+n \tag{6.66}$$

将导带中电子浓度表达式(6.39)、价带中空穴的浓度表达式(6.44)和式(6.65)代入式(6.66)得

$$N_V e^{-(E_F-E_V)/k_BT}=N_C e^{-(E_C-E_F)/k_BT}+\frac{N_A}{\beta_A e^{-(E_F-E_A)/k_BT}+1} \tag{6.67}$$

式(6.67)中只有费米能级是未知量，可以通过数值解法求得费米能级，而后，利用式(6.39)和式(6.44)求得价带中的空穴浓度及导带中的电子浓度。图 6.20 给出了 n 型和 p 型半导体硅的费米能级与温度及掺杂浓度的关系，可见当温度升高时，无论是 n 型还是

p 型半导体，费米能逐渐接近本征半导体的费米能级。

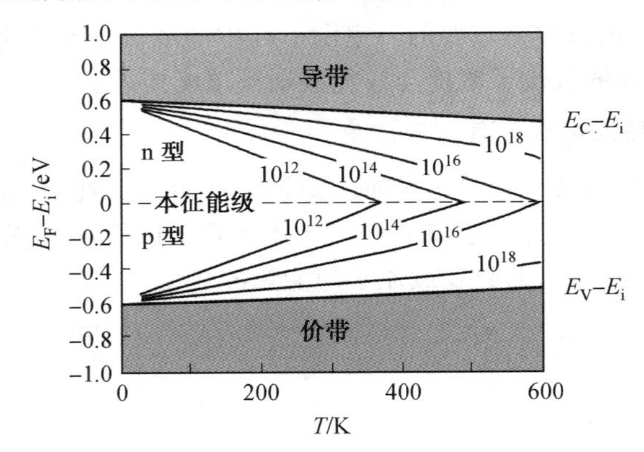

图 6.20 硅的 n 型和 p 型半导体费米能级与掺杂浓度及温度的关系

利用式(6.67)可以分析弱电离区和强电离区 p 型半导体的费米能级和载流子浓度。

(1)低温弱电离区。

低温弱电离区，只有受主电离，p 型半导体的载流子是价带中的空穴。如果取 $\beta_A=4$，p 型半导体低温弱电离区的费米能级为

$$E_F=\frac{1}{2}(E_V+E_A)-\frac{1}{2}k_B T\ln\left(\frac{N_A}{4N_V}\right) \tag{6.68}$$

可见，当温度为 0 K 时，p 型半导体的费米能级位于价带顶和受主能级中央。

弱电离区 p 型半导体价带中的空穴浓度为

$$p=\left(\frac{N_V N_A}{4}\right)^{1/2} e^{-\Delta E_A/2k_B T} \tag{6.69}$$

(2)强电离区(饱和区)。

饱和区受主全部电离，本征激发可以忽略，价带中的空穴浓度就是受主杂质的浓度，费米能级为

$$E_F=E_V-k_B T\ln\left(\frac{N_A}{N_V}\right) \tag{6.70}$$

前面分析了浅能级杂质半导体的载流子浓度，在室温附近浅能级 n 型半导体的多数载流子是导带底附近的电子，少数载流子是价带顶的空穴。而浅能级 p 型半导体的多数载流子是价带顶附近的空穴，少数载流子是导带底附近的电子。

6.3.5 电导率与霍尔效应

第 3 章讨论了金属中自由电子的电导率和霍尔效应。对半导体而言，载流子是具有有效质量的电子和空穴，仍然可以利用弛豫时间近似，借助金属电导率的处理方法分析半导体的电导率及霍尔效应。半导体的电导率与电场强度相关，高场强引起载流子过热等效应。这里只简单分析弱电场的情况，并认为电场不改变半导体的能带结构。

1. 电导率

如果电子和空穴在外电场中的漂移速度为 $\boldsymbol{v}_e$ 和 $\boldsymbol{v}_h$，电子迁移率(μ_e)和空穴的迁移率

(μ_h)由式(6.71)和式(6.72)定义,

$$\begin{cases} \boldsymbol{v}_e = -\mu_e \boldsymbol{E}_e = -\dfrac{e\tau_e}{m_e^*}\boldsymbol{E}_e \\ \boldsymbol{v}_h = \mu_h \boldsymbol{E}_e = -\dfrac{e\tau_h}{m_h^*}\boldsymbol{E}_e \end{cases} \tag{6.71}$$

式中,$\boldsymbol{E}_e$ 是外加电场,τ_e 和 τ_h 分别是电子和空穴的弛豫时间。

迁移率的物理意义是载流子在单位外电场强度作用下的平均漂移速度。电子和空穴的迁移率为

$$\begin{cases} \mu_e = \dfrac{e\tau_e}{m_e^*} \\ \mu_h = \dfrac{e\tau_h}{m_h^*} \end{cases} \tag{6.72}$$

根据弛豫时间近似,利用金属电导率公式,可以得到半导体中电子和空穴两种载流子的电导率

$$\begin{cases} \sigma_e = \dfrac{ne^2\tau_e}{m_e^*} = ne\mu_e \\ \sigma_h = \dfrac{pe^2\tau_h}{m_h^*} = pe\mu_h \end{cases} \tag{6.73}$$

式中,σ_e为导带中电子的电导率;σ_h为价带中空穴的电导率;n 和 p 分别是电子和空穴的浓度。

半导体电导率包括电子和空穴电导率两部分

$$\sigma = \sigma_e + \sigma_h = e(n\mu_e + p\mu_h) \tag{6.74}$$

以本征半导体为例,$n=p=n_i$,将式(6.51)代入式(6.74)得

$$\sigma = n_i e(\mu_e + \mu_h) = (N_C N_V)^{1/2} e(\mu_e + \mu_h) e^{-E_g/2k_B T} \tag{6.75}$$

对于杂质半导体,当温度很高时,半导体载流子浓度主要取决于由本征激发,则

$$\sigma = A(T) e^{-E_g/2k_B T} \tag{6.76}$$

温度很高时,$\ln\sigma \sim 1/T$ 近似为直线,早期用此方法测量半导体的禁带宽度 E_g。

2. 迁移率与温度的关系

由式(6.72)可知,载流子的迁移率正比于弛豫时间,而弛豫时间是由载流子的碰撞(散射)过程决定的。载流子所受到的散射概率越大,平均自由程越小,弛豫时间越小,迁移率也随之下降。分析载流子迁移率与温度的关系,就是分析载流子的散射机制和散射概率。若载流子受到多种散射过程,每种散射的概率为 P_i,那么,总散射概率为

$$P = \sum_i P_i \tag{6.77}$$

则弛豫时间 τ 由各种散射机制所对应的弛豫时间决定

$$\frac{1}{\tau} = \sum_i \frac{1}{\tau_i} \tag{6.78}$$

式中,τ_i为第 i 种散射的弛豫时间。

如果式(6.78)中,第 i 种散射机制对应的迁移率为 μ_i,总迁移率 μ 由下式确定:

$$\frac{1}{\mu}=\sum_i \frac{1}{\mu_i} \tag{6.79}$$

半导体中的载流子散射主要有声子散射和电离杂质散射机制两种。低温下，声子浓度较小，载流子的散射主要是载流子与电离杂质的碰撞。施主电离意味着在半导体中留下了正电中心；而受主电离相当于在半导体产生了负电中心。这些电荷中心对载流子有强烈的散射作用。电离杂质对载流子的散射概率与温度的关系为

$$P_I \propto T^{-3/2} \tag{6.80}$$

温度升高时，声子浓度逐渐增加，声子对载流子的散射作用越来越强，可以证明，温度较高时，声子对载流子的散射概率为

$$P_{\mathrm{L}} \propto T^{3/2} \tag{6.81}$$

综上分析，载流子迁移率与温度的关系为

$$\frac{1}{\mu}=\frac{1}{a_I}T^{-3/2}+\frac{1}{a_{\mathrm{L}}}T^{3/2} \tag{6.82}$$

式中，a_L 和 a_I 是与载流子有效质量有关的常数。

$1/\mu \sim T$ 的关系、载流子数目的倒数与 T 的关系以及电阻率与温度关系的定性规律如图 6.21 所示。低温弱电离区，随温度的增加，杂质的电离概率越来越大，但电子的热运动平均速度增加，散射概率随温度增加反而呈下降趋势，又因为载流子浓度随温度急剧增加，半导体电阻随温度增加而下降。

在饱和区，载流子数目几乎不变，但声子对载流子的散射概率随温度增加越来越大，半导体电阻随温度增加而下降。

在高温区虽然声子对载流子的散射概率增加，但本征激发使载流子数目快速增加，半导体的电阻率对温度增加再一次呈下降趋势。

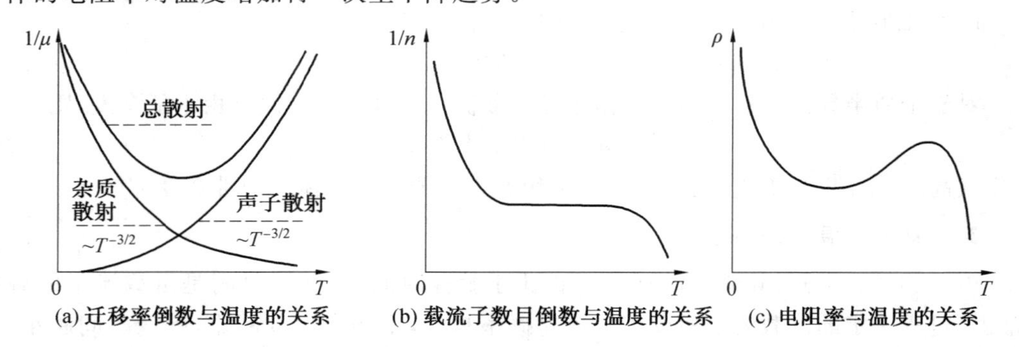

图 6.21　半导体的迁移率倒数、载流子数目倒数和电阻率与温度的关系

3. 霍尔系数

图 6.22 所示为半导体霍尔效应示意图，图中 v_x^e 和 v_x^h 分别代表电子和空穴在电场作用下的漂移速度，$\boldsymbol{F}$ 代表磁场力的方向。下面利用第 3 章关于金属霍尔效应的分析，讨论半导体的霍尔效应。

当半导体中只有电子载流子时，霍尔系数为

$$R_e=-\frac{1}{ne} \tag{6.83}$$

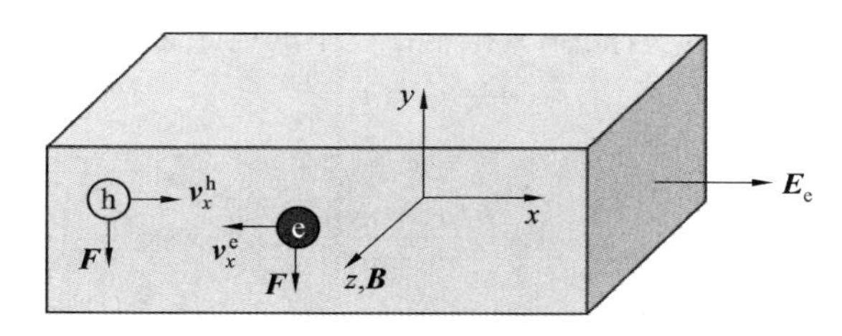

图 6.22 半导体霍尔效应示意图

当半导体中只有空穴为载流子时,霍尔系数为

$$R_h=\frac{1}{pe} \tag{6.84}$$

当半导体中载流子既包括电子也包括空穴时,霍尔效应要比导电性复杂。因外加电场使电子和空穴的定向漂移方向相反,而它们所受的洛仑兹力(见图 6.22)使电子和空穴向同一方向运动。电子和空穴有相互抵消霍尔效应的趋势。可以证明,当电子和空穴共存时,霍尔系数为

$$R_H=\frac{p\mu_h^2-n\mu_e^2}{e\,(p\mu_h+n\mu_e)^2} \tag{6.85}$$

霍尔效应可以用来测定载流子迁移率以及判定半导体的类型,霍尔系数测量是半导体领域重要实验技术。

6.4 多能谷散射与耿氏效应

耿氏效应是耿(Gunn)首先在 n 型砷化镓中发现的,当砷化镓两端的外加电场大于某一临界值(对于砷化镓,该临界值约 3 000 V/cm)时,砷化镓内部的电流出现频率为 GHz 量级的高频振荡。后来,在其他半导体材料(如磷化铟)中也发现了类似效应。耿氏效应与导带的多能谷散射(电子的能谷转移)和负微分电阻有关。本节以砷化镓为例分析耿氏效应的物理机制。

6.4.1 电子能谷转移与负微分电导

图 6.23(a)示出了 GaAs 导带两个能量较低的能谷,其中位于布里渊区中心能量最低的能谷 1 的电子有效质量约为 $0.067m_0$,位于[111]方向的能谷的能量稍高,能谷 2 的电子有效质量约为 $0.55m_0$ 由式(6.72)可知,电子的迁移率与电子的有效质量成反比,能谷 1 中电子的迁移率约为 6 000 ~ 8 000 $cm^2/(V\cdot s)$,而能谷 2 中电子迁移率仅为 980 $cm^2/(V\cdot s)$。能谷 2 和能谷 1 谷底之间的能量差约为 0.29 eV,如果温度较低,可以忽略电子通过热激活从能谷 1 跃迁至能谷 2。

当外加电场为零或电场较低时,n 型 GaAs 导带中的电子主要占据在导带中能量最低的能谷,即低能谷 1。当外加电场逐渐增加并达到一个临界值(例如,在砷化镓中约为 3 000 V/cm)时,导带中的电子开始从能谷 1 向能量较高的能谷 2 转移。由于能谷 2 中电子的迁移率低,当电子从能谷 1 转移至能谷 2 时,电子的平均漂移速度下降,如图 6.23(b)所示,出现负阻效应。

设导带上总的电子浓度为 n，能谷1和能谷2中的电子浓度 n_1 和 n_2，则有

$$n=n_1+n_2 \tag{6.86}$$

电子的平均迁移率($\bar{\mu}$)为

$$\bar{\mu}=\frac{n_1\mu_1+n_2\mu_2}{n_1+n_2} \tag{6.87}$$

电子的平均漂移速度(v_d)为

$$v_d=\bar{\mu}\boldsymbol{E}_e=\frac{n_1\mu_1+n_2\mu_2}{n_1+n_2}\boldsymbol{E}_e \tag{6.88}$$

式中，$\boldsymbol{E}_e$ 是外加电场。

电流密度 J 为

$$J=ne\bar{\mu}E_e=nev_d \tag{6.89}$$

由此可得微分导电(σ_d)为

$$\sigma_d=\frac{\mathrm{d}J}{\mathrm{d}E_e}=ne\frac{\mathrm{d}v_d}{\mathrm{d}E_e} \tag{6.90}$$

能谷2中的电子迁移率低于低能谷1中的电子迁移率，当电子从高能谷1转移至能谷2时，漂移速度变慢。随着电场强度的增加，虽然电子被加速，但由于电子从低能谷转移到高能谷，其平均迁移率实际上在下降，导致平均速度减小。如图6.23所示，当电场强度大于临界值 E_e^c 时，能谷2中的电子浓度足够大，伴随电场强度的增加，能谷2中的电子浓度继续增加，电子的平均漂移速度逐渐下降，微分电导为负值。

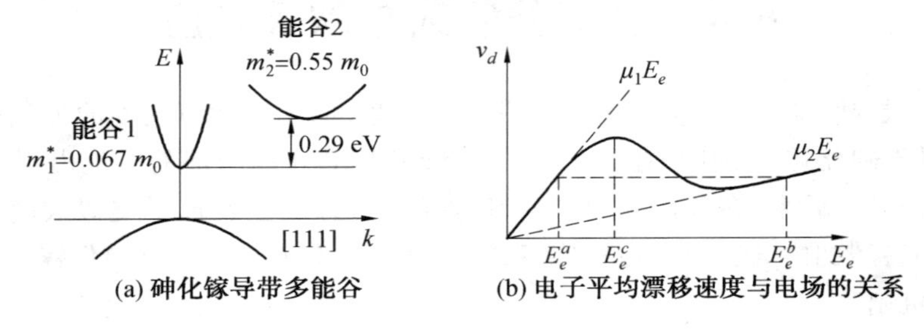

(a) 砷化镓导带多能谷 (b) 电子平均漂移速度与电场的关系

图6.23 砷化镓导带多能谷及电子平均漂移速度与电场的关系

6.4.2 耿氏效应

耿氏器件(有时也称耿氏二极管)如图6.24(a)所示。当器件内部因不均匀等而在某个局部区域引起微量空间电荷时，如果外场大于临界值，由于负微分电导效应，该空间电荷区迅速成长为偶极畴，如图6.24(a)和(b)所示。由于电子在外场作用下向 x 轴正向漂移，畴的前端为正电荷区(少电子区)，所以偶极畴中形成与外加电场方向平行的附加电场，偶极畴内部是高场区。

在高电场区域，位于能谷2的电子数量逐渐增加，电子迁移率逐渐降低，形成高阻区。在外加电场不变的情况下，畴外的电场因此而下降，位于能谷1中的电子越来越多。如图6.23(b)所示，当偶极畴外部的电场 E_e^a 与畴内的电场 E_e^b 相等时，偶极畴的电荷分布和宽度等不再发生变化。在外加电场的作用下，偶极畴向正极漂移，到达边界时消失；而后又有新的偶极畴形成，周而复始，形成高频振荡。

如果偶极畴的稳定漂移速度为 v_d，耿氏器件的长度为 l，耿氏振荡的频率 f 为

$$f=\frac{v_d}{l} \tag{6.91}$$

由于负微分电阻效应，半导体内的电流以很高的频率振荡，振荡频率随器件的长度减小而增加，耿氏振荡频率可以达到微波范围（例如，在砷化镓中，振荡频率可达 10^9 Hz）。这种高频电流振荡是制造体效应微波器件（如耿氏二极管）的基础。

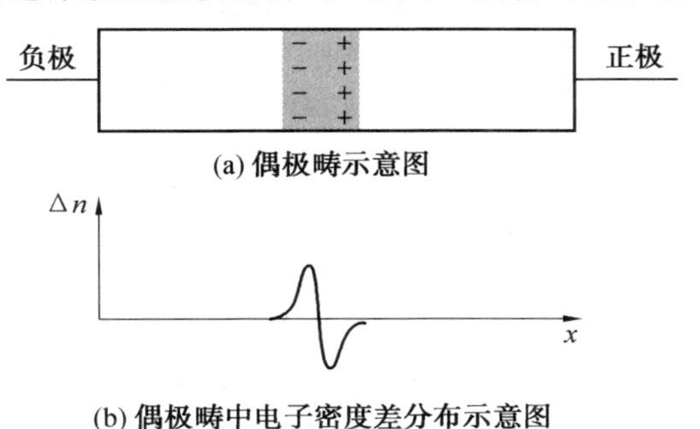

图 6.24 耿氏器件及偶极畴的电荷分布

综上所述，耿氏效应的具体机制涉及电子在能谷间的转移、负微分电阻效应，以及空间电荷效应和偶极畴的形成。这些机制共同作用，当外加电场超过临界值后，半导体能够产生微波范围内的电流振荡。

6.5 p—n 结

同种本征半导体形成的 p 型半导体和 n 型半导体相互接触便形成了 p—n 结。通常情况下，p—n 结是通过外延、掺杂剂扩散或离子注入等工艺，将 p 型半导体与 n 型半导体制作在同一块半导体（例如硅或锗）衬底上。p—n 结是半导体器件的基本组成单元之一，可以通过设计掺杂方案获得不同结构的半导体器件。本节主要分析浅能级 p 型半导体和 n 型半导体形成 p—n 结的平衡结构、整流特性和光生伏特效应等。

6.5.1 突变 p—n 结的平衡态性质

利用扩散等方法制备 p—n 结时，施主或受主会跨越 p—n 结发生互扩散，形成缓变 p—n结。为了简化问题的分析，本节只考虑突变结的情况，即认为施主和受主浓度在 p—n 结界面处突变，且施主在 n 型半导体一侧均匀分布，受主在 p 型半导体一侧也是均匀分布的。这里分析突变型 p—n 结的平衡态性质。

1. p—n 结的平衡势垒

接触前 p 型半导体和 n 型半导体的能带结构和费米能级如图 6.25(a)所示，可见，n 型半导体的费米能级高于 p 型半导体的费米能级。由于半导体的费米能级是电子的化学势，所以，当 p 型半导体和 n 型半导体相互接触时，电子必然由费米能级高的 n 型一侧向 p 型一侧扩散，而空穴的扩散方向则与之相反。费米能级差驱动的载流子扩散过程一直

进行到 p 型半导体和 n 型半导体的费米能级相等为止，如图 6.25(b)所示。

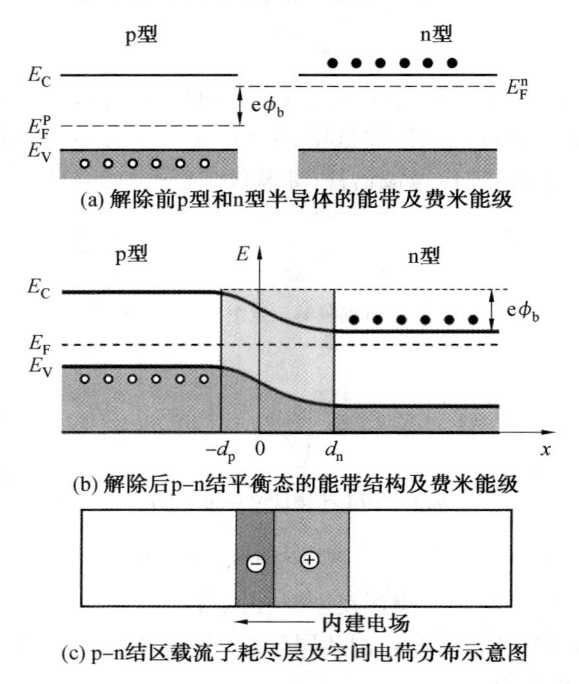

图 6.25 平衡态 p—n 结的能带结构示意图

伴随电子从 n 型半导体一侧向 p 型半导体一侧扩散、空穴从 p 型一侧向 n 型一侧扩散，在界面附近 n 型一侧出现裸露的施主，形成带正电的空间电荷区；在界面附近 p 型一侧出现裸露的受主，形成带负电的空间电荷区，如图 6.25(c)所示。空间电荷区中的载流子密度非常低，是高阻的载流子耗尽区，也称载流子耗尽层，p 型和 n 型一侧的耗尽区宽度分别为 d_p和 d_n。

空间电荷区在 p—n 结区形成由 n 指向 p 的内建电场($\boldsymbol{E}_{in}$)。在内建电场作用下，电子(p 型半导体的少数载流子)从 p 型半导体向 n 型半导体漂移，空穴(n 型半导体的少数载流子)则从 n 型半导体向 p 型半导体漂移。多数载流子的扩散运动与少数载流子的漂移运动方向相反，最终达到平衡，p 型半导体和 n 型半导体费米能级逐渐接近并达到一致，如图 6.25(b)所示。

p—n 结平衡后，费米能级处处相等，因此导带位置和价带位置会随之发生变化，能带在界面区发生弯曲。由于内建电场的存在，n 区导带上的电子想要进入 p 区需要翻过一个势垒，该势垒高度为内建电场在载流子耗尽区两端造成的电势差(常称为接触势差)，也就是 p—n 结的平衡势垒。由图 6.25(b)可知，p—n 结的平衡势垒高度就是两个半导体接触前费米能级的差，即

$$e\varphi_b = E_F^n - E_F^p \tag{6.92}$$

式中，φ_b 是 p—n 结两端电势差，E_F^n 和E_F^p 是接触前 n 型半导体和 p 型半导体的费米能级。按 6.3 节关于强电离情况下的费米能级的讨论可知，

$$\begin{cases} E_F^n = E_C + k_B T \ln\left(\dfrac{N_D}{N_C}\right) \\ E_F^p = E_V - k_B T \ln\left(\dfrac{N_A}{N_V}\right) \end{cases} \tag{6.93}$$

将式(6.93)代入式(6.92)可得

$$e\varphi = E_g + k_B T \ln\left(\frac{N_D N_A}{N_C N_V}\right) \tag{6.94}$$

可见，禁带宽度 E_g 增大，p—n 结的平衡势垒增加，提高 n 型半导体和 p 型半导体掺杂浓度也使 p—n 结的势垒提高。

2. 平衡态 p—n 结的电势分布与耗尽层宽度

设想在耗尽区（或称耗尽层）完全不存在载流子，如图 6.26(a)所示，而在耗尽区外的邻近区域保持完全中性，此时空间电荷分布 $\rho(x)$ 为

$$\rho(x) = \begin{cases} -eN_A & (-d_p < x < 0) \\ eN_D & (0 < x < d_n) \\ 0 & (x < -d_p \text{ 及 } x > d_n) \end{cases} \tag{6.95}$$

电势 $\varphi(x)$ 可由泊松方程给出：

$$-\frac{d^2\varphi}{dx^2} = \frac{\rho(x)}{\varepsilon} \tag{6.96}$$

式中，$\varepsilon = \varepsilon_r \varepsilon_0$ 是静态介电常数，ε_r 是相对介电常数。

现在分析式(6.96)的边界条件。在 p—n 结开路的情况下，耗尽区以外的电流为零，电场也为零，所以，电势的一阶倒数为零，电势为常数。如图 6.26(b)和(c)所示，若假定 p 型一侧耗尽区以外的电势为零，则可以将边界条件表达成如下的形式：

$$\begin{cases} \varphi(-d_p) = 0 \\ \varphi(d_n) = \varphi_b \\ \varphi'(-d_p) = \varphi'(d_n) = 0 \end{cases} \tag{6.97}$$

利用式(6.97)所示的边界条件，对式(6.96)积分，可得

$$\varphi(x) = \begin{cases} \dfrac{eN_A}{2\varepsilon}(x + d_p)^2 & (-d_p \leqslant x \leqslant 0) \\ \varphi_b - \dfrac{eN_D}{2\varepsilon}(x - d_n)^2 & (0 \leqslant x \leqslant d_n) \end{cases} \tag{6.98}$$

如图 6.26(b)和(c)所示，由于 $x=0$ 处内建电场连续（即电势的一阶导数连续）及电势的连续，由式(6.98)可得

$$N_A d_p = N_D d_n \tag{6.99}$$

$$\varphi_b = \frac{e}{2\varepsilon}\left[N_A d_p^2 + N_D d_n^2\right] \tag{6.100}$$

将式(6.99)和式(6.100)联立可得

$$\begin{cases} d_p = \left[\dfrac{N_D}{N_A}\dfrac{1}{N_A + N_D}\dfrac{2\varepsilon\varphi_b}{e}\right]^{1/2} \\ d_n = \left[\dfrac{N_A}{N_D}\dfrac{1}{N_A + N_D}\dfrac{2\varepsilon\varphi_b}{e}\right]^{1/2} \end{cases} \tag{6.101}$$

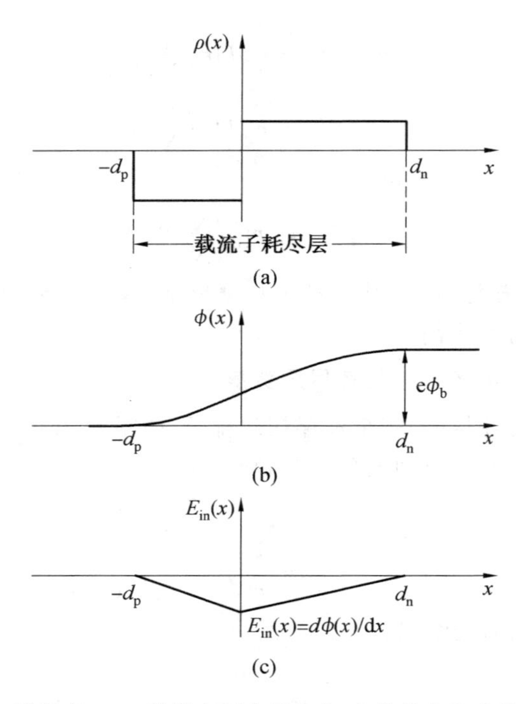

图 6.26 平衡态 p—n 结的空间电荷分布、电势分布和内建电场分布

由式(6.101)可得耗尽层的总宽度为

$$w=d_p+d_n=\left[\frac{N_A+N_D}{N_AN_D}\frac{2\varepsilon\varphi_b}{e}\right]^{1/2} \tag{6.102}$$

借助上面的分析，可以讨论重掺杂半导体 p—n 结。重掺杂半导体是指杂质浓度非常高的掺杂半导体，常常记为 n^+ 或 p^+。例如，由重掺杂 p 型半导体和 n 型半导体构成的 p^+—n 结。由于，$N_A \gg N_D$，式(6.102)简化为

$$w\approx d_n=\left[\frac{1}{N_D}\frac{2\varepsilon\varphi_b}{e}\right]^{1/2} \tag{6.103}$$

另外。对 n^+—n 结而言，电子是整个结构中的主要载流子。电子的浓度从 n^+ 侧的一个非常高的值逐渐变化到 n 侧的一个高值。与 p—n 结不同，n^+—n 结在 n 区呈现大多数载流子的积累而不是耗尽。因此，p—n 接触是具有整流特性的高电阻率区域，而 n^+—n 接触界面区是低电阻率区域。n^+—n 结常用于实现欧姆接触(见 6.7.1 节)。

6.5.2 p—n 结的整流效应

p—n 结处的情况可以描述为热平衡附近的稳态，如果在 p—n 结两端施加电压 V，则 p—n 结热平衡会被破坏，前面提到 p—n 结中结区载流子的耗尽层是高阻区，因此耗尽层几乎分担了全部的外部施加电压 V。正向偏压是指外 p 区为正，n 区为负；反之则称为反向偏压，如图 6.27 所示。

1. 正向偏压的情况

正向偏压的外加电场方向与 p—n 结的内建电场方向相反，p—n 结势垒被削弱，耗尽

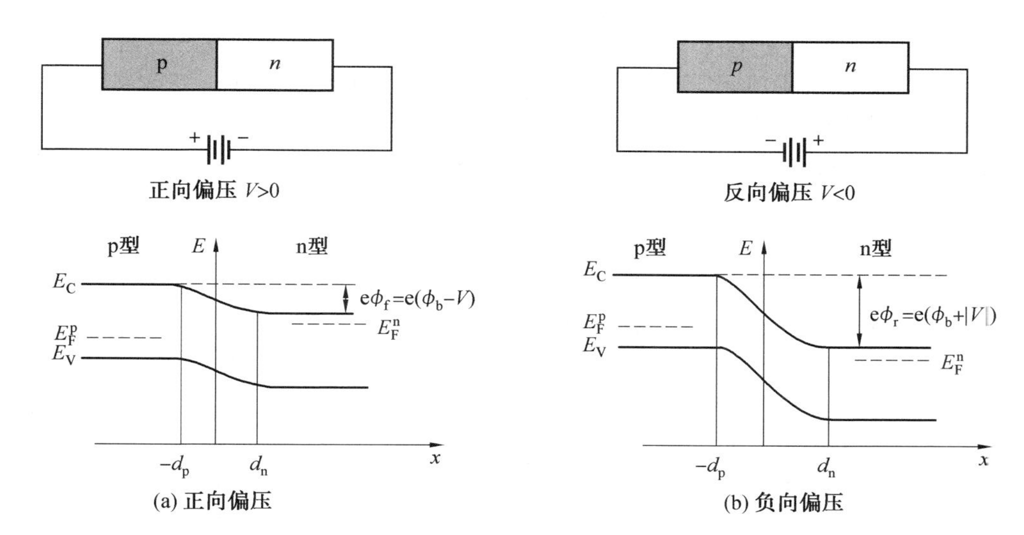

图 6.27　p—n 结势垒与偏压的关系

层的宽度减小，如图 6.27(a)所示。如果外加电压为 $V(>0)$，p—n 结的势垒($e\varphi_f$)下降为

$$e\varphi_f=e(\varphi_b-V) \tag{6.104}$$

由于势垒高度下降，n 型半导体的费米能级高于 p 型半导体的费米能级，p—n 结两端因为费米能级差驱动的扩散电流大于内建电场驱动的漂移电流，形成由 p 型一侧指向 n 型一侧的净正向电流。随偏压的增加，p—n 结势垒逐渐减小，n 型半导体的费米能级逐渐升高，越来越多的电子(n 型半导体的多数载流子)从 n 型半导体一侧向 p 型一侧注入；p 型半导体中的空穴多数载流子向 n 型一侧半导体注入，形成很大的正向电流。

与此同时，在内建电场的作用下，p 型半导体中热激发产生的电子被扫向 n 型一侧，而 n 型半导体中热激发产生的空穴被扫向 p 型一侧，形成反向电流。由于电子和空穴分别是 p 型半导体和 n 型半导体中的少数载流子，反向电流很小。由于少数载流子的浓度很小，所以反向电流很小且几乎不随外加偏压变化。

随外加电压的增加，正向电流急剧增加，称 p—n 结为正向导通。

2. 反向偏压的情况

当在 p—n 结两端施加反向偏压时，耗尽层的宽度增加，p—n 结的势垒($e\phi_r$)升高为

$$e\varphi_r=e(\varphi_b-V)=e(\varphi_b+|V|) \tag{6.105}$$

式中，反向偏压 $V<0$，由 n 指向 p，与内建电场平行。

反向偏压抬高了 p—n 结的势垒，在内建电场与外加电场共同作用下载流子的扩散运动被减弱，而漂移运动被加强。此时，p 区的电子(热激发产生的少数载流子)向 n 区漂移，n 区的空穴(热激发产生的少数载流子)向 p 区漂移，形成反向电流。由于少数载流子浓度非常小，少数载流子漂移运动形成的反向电流很小，且随反向偏压的增加迅速达到稳定值，一般称为 p—n 结的反向截止。

3. p—n 结的伏安特性

首先分析电子的流动特性。在 p—n 结中存在两种流动的电子，一种是克服 p—n 结

势垒由 n 向 p 扩散的多数载流子，这部分载流子也可以与由 p 向 n 扩散的多数空穴载流子发生复合，形成正向电流，其电流密度记为 J_{nf}；另一种是 p 型半导体一侧热激发的少数电子载流子，这部分电子在电场力的作用下发生漂移运动，被电场扫向 n 型半导体一侧，形成反向电流，其电流密度记为 J_{nd}。在外加偏压为零时，扩散电流密度和漂移电流密度分别为 $J_{nf}(0)$和 $J_{nd}(0)$。零偏压时 p—n 结处于平衡态，所以有

$$J_{nf}(0)+J_{nd}(0)=0 \tag{6.106}$$

p—n 结中同样存在两种空穴形成的电流。一种是多数空穴载流子形成的扩散电流(p→n)，相应的电流密度记为 J_{pf}；另外一种是少数空穴载流子的漂移电流(n→p)，相应的电流密度记为 J_{pd}。在外加偏压为零时，p—n 结处于平衡状态，所以有

$$J_{pf}(0)+J_{pd}(0)=0 \tag{6.107}$$

当对 p—n 结施加正向偏压时($V>0$)，p—n 结 n 型半导体一侧费米能级相对于 p 型半导体费米能级高度差为 eV，由 n 向 p 电子扩散的电流密度正比于玻尔兹曼因子 exp(eV/k_BT)，所以有

$$J_{nf}(V)=J_{nf}(0)e^{eV/k_BT} \tag{6.108}$$

电子的漂移电流几乎不随外加偏压变化，因此

$$J_{nd}(V)=J_{nd}(0)=-J_{nf}(0) \tag{6.109}$$

空穴的扩散电流为

$$J_{pf}(V)=J_{pf}(0)e^{eV/k_BT} \tag{6.110}$$

空穴的漂移电流几乎不随外加偏压变化，因此

$$J_{pd}(V)=J_{pd}(0)=-J_{pf}(0) \tag{6.111}$$

流经 $p-n$ 结的净电流为

$$J(V)=J_{nf}(V)+J_{nd}(V)+J_{pf}(V)+J_{pd}(V)$$

利用式(6.108)～(6.111)可得

$$J(V)=J_0(e^{eV/k_BT}-1) \tag{6.112}$$

式中，$J_0=J_{nf}(0)+J_{pf}(0)$，是反向饱和电流密度。

当对 p—n 结施加反向偏压时，可以做与正向偏压相似的分析，最终可以得到与式(6.109)一致的方程，只是偏压为负值。p—n 结的电流－电压($I\sim V$)特性曲线如图 6.27 所示。可见，p—n 结具有正向导通、反向截止的整流特性。

由图 6.28 可知，正向偏压下，电流随偏压增加而急剧增加。反向偏压下，式(6.112)中 $V<0$，p—n 结反向电流绝对值随反向偏压大小的增加迅速增加到饱和值。式(6.112)常被称作 p—n 结的肖克利二极管方程。应当指出，式(6.112)的推导不是严格的，没有给出 J_0的具体含义。详细的推导可参考本章的参考书目。

6.5.3 p—n 结的光生伏特效应

无光照平衡态 p—n 结的能带结构如图 6.29(a)所示，处于平衡态的 p—n 结费米能级处处相等，没有电流。当用光子能量($\hbar\omega>E_g$)大于禁带宽度的光辐照 p—n 结时，光子被吸收产生本征跃迁，在导带中产生一个电子、在价带中产生一个空穴，如图 6.29(b)所示。在内建电场作用下，光生电子会向 n 区移动，光生空穴则向 p 区移动，形成从 n 区到

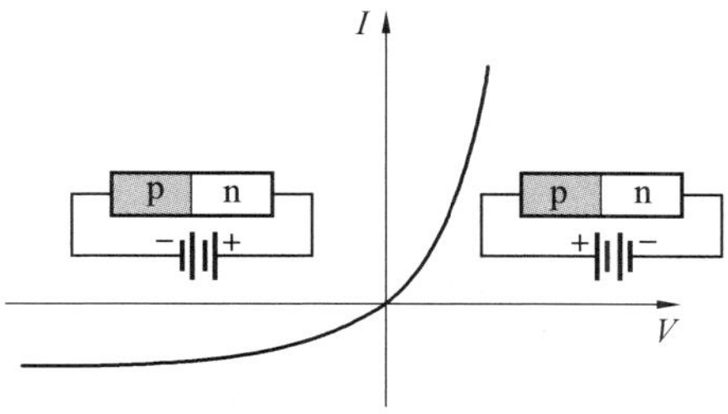

图 6.28 p—n 结 I — V 特性曲线示意图

p 区的光生电流。由于内建电场使带正电的空穴向 p 区运动、带负电的电子向 n 区运动，p 区电势升高，n 区电势降低，从而在 p—n 结两端形成了光生电动势，这种现象称为 p—n 结的光生伏特效应。

如图 6.29(b)所示，光生电动势相当于 p—n 结的两端被施加了正向偏压。由式(6.112)可知，在光生电压 V 的作用下，流经 p—n 结的正向电流为

$$I_F = I_0(e^{eV/k_BT} - 1) \tag{6.113}$$

式中，I_0是反向饱和电流。

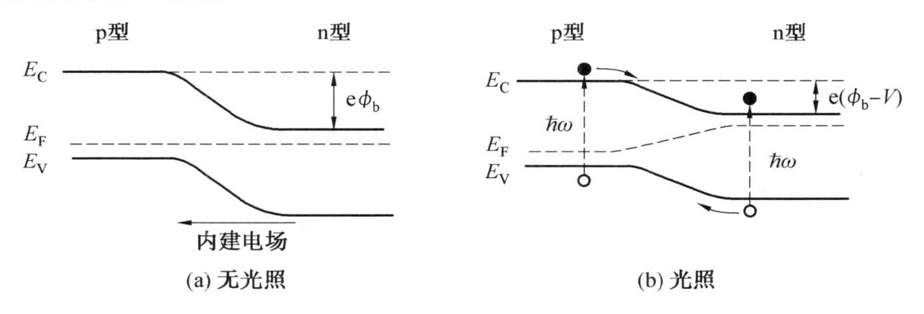

图 6.29 p—n 结的光生伏特效应原理图

如果将外电路与负载电阻构成回路，通过负载的电流为

$$I = I_L - I_F = I_L - I_0(e^{V/k_BT} - 1) \tag{6.114}$$

式中，I_L是光生电流。

光电池的伏安特性如图 6.30(a)所示。流经外电路的电流为零意味电阻为无穷大，相当于开路。令式(6.114)中电流 I 为零，可得开路电压 V_{OC}为

$$V_{OC} = \frac{k_B T}{e}\ln(\frac{I_L}{I_0} - 1) \tag{6.115}$$

短路电流相当于 $V=0$，容易由式(6.114)得到短路电流 I_{SC}为

$$I_{SC} = I_L \tag{6.116}$$

开路电压和短路电流是表征光电池的重要性能指标。图 6.30(b)示出了光强度对开路电压和短路电流的影响曲线，开路电压随光强度的增加以对数形式快速地增加到最大值。而短路电流则随光强增加而线性增加。理论上，开路电压的最大值与 p—n 结势垒高度对应，约为 φ_b，实际光电池的开路电压与带隙 E_g 相对应。

利用 p—n 结的光生伏特效应可以制作太阳能电池，通过使用抗反射涂层可以使能量转换最大化。选择带隙大小合适材料的也十分重要，因为能量小于带隙能量的光子不

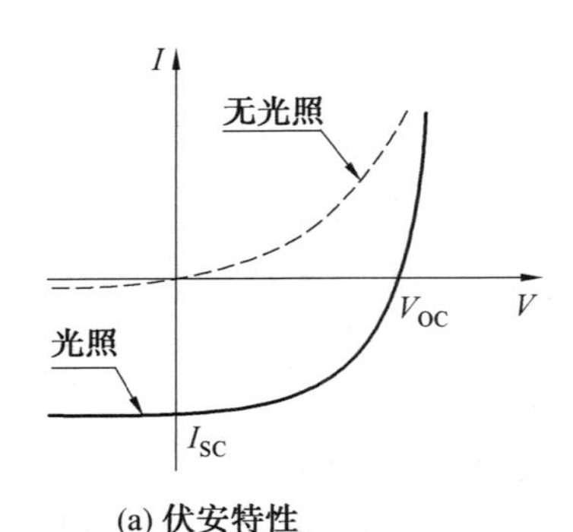

(a) 伏安特性

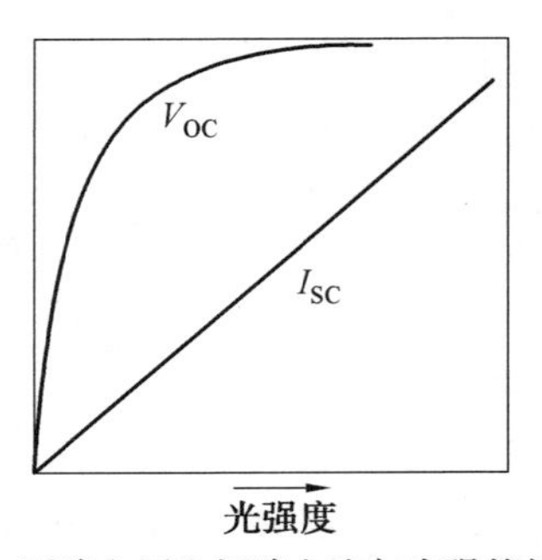

(b) 开路电压和短路电流与光强的关系

图 6.30　光电池的伏安特性及开路电压和短路电流与光强的关系

能产生电子一空穴对，因此不能贡献输出功率。另一方面，能量远远大于带隙能量的光子倾向于产生载流子，这些载流子通过产生热量消耗掉了大部分能量。目前广泛使用的是硅基太阳能电子。具有直接带隙的 GaAs 基太阳能电池在航天领域有重要应用。

除了可以应用在太阳能电池上之外，p—n 结的光伏效应还可以用来制作光电探测器件，由入射光激发出的载流子经过电流增益后形成端电流最终输出电信号。

6.6　半导体异质结

p—n 结中 p 型和 n 型半导体对应同种本征半导体，因此它们的导带、价带和禁带宽度是一致的。禁带宽度不同的 p 型半导体和 n 型半导体相互接触形成半导体异质结。以 GaAs—Al_xGa_{1-x}A 异质结为例，可以利用金属有机物化学气相沉积(metal—organic chemical—vapor deposition，MOCVD)技术生长近乎理想的异质结。半导体异质结在电子学和光子学器件中有重要应用。图 6.31(a)和(b)分别示出了具有窄带隙的 p 型半导体(记为 p_1)和具有宽带隙的 n 型半导体(记为 n_2)构成异质结前后的能带结构示意图，本节以该种异质结为例简要说明其平衡态的性质。

n_2半导体的费米能级(E_{F2})高于 p_1半导体的费米能级(E_{F1})，如图 6.31(a)所示。p_1和 n_2相互接触后，在费米能级差的驱动下载流子发生扩散运动，n_2一侧的电子载流子向 p_1一侧扩散，而空穴的扩散方向则相反，伴随载流子扩散运动，p_1和 n_2的费米能级逐渐接近，能带发生弯曲。与此同时，电子和空穴的互扩散在界面附近 n_2一侧留下裸露的施主，形成宽度为 d_n电子载流子的耗尽层；在 p_1一侧留下裸露的受主，形成宽度为 d_p的空穴载流子耗尽层；如图 6.31(b)所示。裸露的施主和受主形成由 n_2指向 p_1的内建电场，阻碍载流子扩散运动，倾向使载流子作于扩散运动方向相反的漂移运动。当 p_1和 n_2的费米能级相等时，异质结达到平衡，形成稳定的平衡势垒。异质结的上述特征与 p—n 结非常相似。平衡势垒高度为

$$e\varphi_b = E_{F2} - E_{F1} \tag{6.117}$$

半导体异质结与 p—n 结最大的不同是导带和价带在结区出现突变，这是由 p_1和 n_2的带隙不同造成的。以图 6.31 所示的异质结为例，导带在结区存在一个尖峰，其高度为 ΔE_C；在价带上出现突然下降，其高度为 ΔE_V。如图 6.31(b)所示，可得

$$\begin{cases}\Delta E_C = E_{C2} - E_{C1} \\ \Delta E_V = E_{V1} - E_{V2}\end{cases} \tag{6.118}$$

很显然，ΔE_C 和 ΔE_V 有下述关系

$$\Delta E_C + \Delta E_V = E_{g2} - E_{g1} \tag{6.119}$$

式中各物理量的意义如图 6.31 所示。

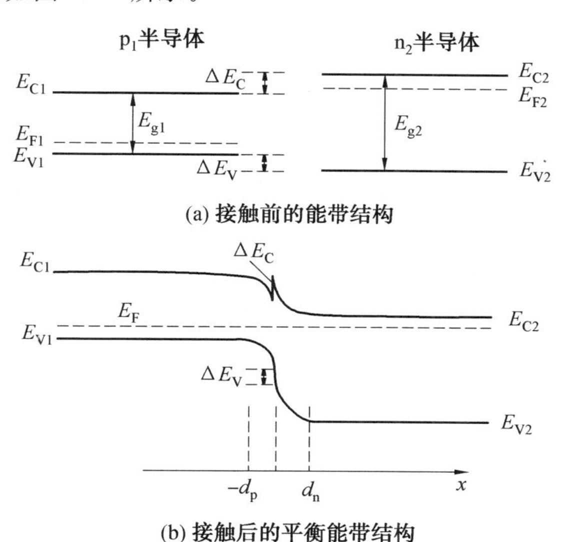

图 6.31　半导体异质结形成前后的能带结构示意图

可以仿照 p—n 结载流子耗尽层宽度的方法推导半导体异质结的耗尽层宽度。假设 p_1 和 n_2 的介电常数分别为 ε_1 和 ε_2，由泊松方程可得

$$\varphi(x) = \begin{cases}\dfrac{eN_A}{2\varepsilon_1}(x+d_p)^2 & (-d_p \leqslant x \leqslant 0) \\ \varphi_b - \dfrac{eN_D}{2\varepsilon_2}(x-d_n)^2 & (0 \leqslant x \leqslant d_n)\end{cases} \tag{6.120}$$

式中，N_A 和 N_D 分别是 p_1 和 n_2 半导体的受主和施主掺杂浓度。电势和电位移矢量在界面处的连续条件为

$$\begin{cases}\varphi(0^-) = \varphi(0^+) \\ \varepsilon_1 \varphi'(0^-) = \varepsilon_2 \varphi'(0^+)\end{cases} \tag{6.121}$$

结合式(6.117)、(6.120)、(6.121)可得载流子耗尽层的宽度为

$$\begin{cases}d_p = \left[\dfrac{N_D}{N_A}\dfrac{1}{\varepsilon_1 N_A + \varepsilon_2 N_D}\dfrac{2\varepsilon_1\varepsilon_2\varphi_b}{e}\right]^{1/2} \\ d_n = \left[\dfrac{N_A}{N_D}\dfrac{1}{\varepsilon_1 N_A + \varepsilon_2 N_D}\dfrac{2\varepsilon_1\varepsilon_2\varphi_b}{e}\right]^{1/2}\end{cases} \tag{6.122}$$

以上，只讨论了半导体异质结的一个特例，半导体异质结因 p 型和 n 型半导体能带结构的不同可以有相当大的不同，需要根据实际情况进行具体分析。

6.7 金属一半导体接触

前面分析了半导体一半导体接触的界面性质，包括p－n结和半导体异质结。本节分析金属和半导体接触的界面性质。金属与半导体接触可以分为金属一n型半导体及金属一p型半导体接触两类。这里只讨论金属一n型半导体接触的情况，对于金属与p型半导体接触可做相似的分析。

6.7.1 平衡态能带结构

金属和n型半导体接触可以分为两种情况，一种情况是金属的费米能级高于n型半导体的费米能级，另一种情况是金属的费米能级低于n型半导体的费米能级。通常参照真空能级(E_0)确定费米能级的相对位置。如图6.32(a)所示，真空能级与费米能级的差称为功函数，金属和n型半导体的功函数分别记为W_m和W_n，即

$$\begin{cases} W_{\mathrm{m}} = E_0 - E_F^{\mathrm{m}} \\ W_n = E_0 - E_F^{\mathrm{n}} \end{cases} \tag{6.123}$$

式中，E_F^{m} 和 $E_{\mathrm{F}}^{\mathrm{n}}$ 分别是金属和n型半导体的费米能级。

功函数表达了材料内部电子从费米能级跃迁至真空能级(逸出)所需要的最小能量。半导体中电子从导带跃迁至费米能级的最小能量称为电子亲和能，如果n型半导体的亲和能记为χ_n，则半导体的功函数可以表示为

$$W_n = \chi_n + E_{\mathrm{C}} - E_F^n \tag{6.124}$$

半导体的功函数受掺杂浓度的影响，n型半导体的功函数随掺杂浓度的增加而降低，p型半导体则相反。

1. 金属一半导体的欧姆接触

设想金属的费米能级高于n型半导体的费米能级，彼此接触前的能带结构如图6.32(a)所示，此时的界面称为欧姆接触。当具有高费米能级的金属与低费米能级的n型半导体相互接触后，金属中的电子向n型半导体一侧扩散，导致n型半导体费米能级提高，能带发生弯曲，如图6.32(b)所示。当金属和半导体的费米能级处处相等时，体系达到平衡，扩散不再进行。

由于n型半导体的导带在界面附近发生弯曲，在半导体一侧形成电子载流子的累积层，如图6.32(b)所示。电子累积层的电子浓度远高于n型半导体内部的电子浓度，相对n型半导体而言，电子累积层是一个高导低阻层。

当对金属一半导体接触结构两端施加偏压时，无论偏压方向如何，由于界面电子累积层的存在，电子导电电流总是存在。此时，伏安特性是线性的，与电阻的伏安特性相似。所以，$E_F^{\mathrm{m}} > E_{\mathrm{F}}^{\mathrm{n}}$ 的金属与半导体相互接触被称为欧姆接触。欧姆接触对半导体器件的电路构建非常重要。

2. 金属一半导体的肖脱基接触

当金属的费米能级低于n型半导体的费米能级，且 $E_{\mathrm{F}}^{\mathrm{n}} > E_{\mathrm{F}}^{\mathrm{m}} > E_{\mathrm{V}}$，金属一半导体形成

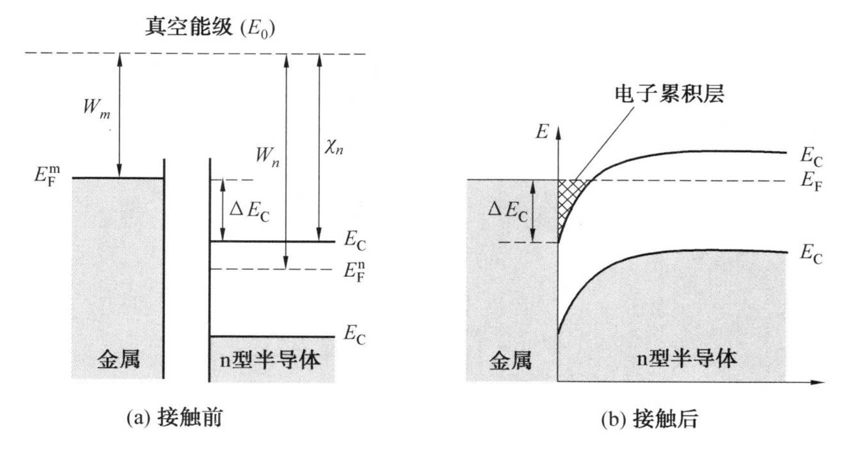

图 6.32　金属－n 型半导体欧姆接触前后的能带结构
（金属费米能级高于 n 型半导体费米能级）

肖脱基(Schottky)接触，也称肖脱基结或肖脱基势垒。下面分析肖脱基接触平衡态的性质。

金属和 n 型（费米能级高于金属）半导体接触前的能带结构如图 6.33(a)所示。由于 n 型半导体的费米能级高于金属，半导体中的电子（多数载流子）向金属扩散，直至半导体和金属中的费米能级处处相等，体系达到平衡态。如图 6.33(b)所示，电子扩散导致 n 型半导体的能带发生弯曲，并在界面附近形成电子耗尽层。电子耗尽层中留下了裸露的施主，形成带正电的空间电荷区。金属中的负电空间电荷区只存在于金属表面的几个原子层内。空间电荷区形成由 n 型半导体指向金属的内建电场，导致 n 型半导体的电势升高，形成肖脱基接触的平衡势垒。空间电荷区的载流子数量远远小于 n 型半导体内部，所以空间电荷区（电子耗尽层）是高阻区，也称阻挡层。

肖脱基接触的平衡势垒是 n 型半导体和金属的费米能级差，即

$$e\varphi_b = E_F^n - E_F^m \tag{6.125}$$

式中，$e\varphi_b$ 是肖脱基接触的平衡势垒。如果将金属的电势规定为零，则 φ_b 就是 n 型半导体相对于金属的电势。

界面处半导体的导带底与费米能级的差（ΔE_C），以及费米能级与半导体价带顶的差（ΔE_V）为：

$$\begin{cases} \Delta E_C = E_C - E_F^m \\ \Delta E_V = E_F^m - E_V \end{cases} \tag{6.126}$$

很显然，有

$$\Delta E_C + \Delta E_V = E_g$$

图 6.34(a)和(b)分别示出了肖脱基接触界面附近的空间电荷分布及电势分布。由于金属一侧的空间电荷仅仅分布在金属表面的几个原子层范围内，只需考虑 n 型半导体一侧的电荷分布和电势分布。半导体一侧空间电荷区的电荷分布为

$$\rho(x) = eN_D \quad (0 \leqslant x \leqslant d_n) \tag{6.127}$$

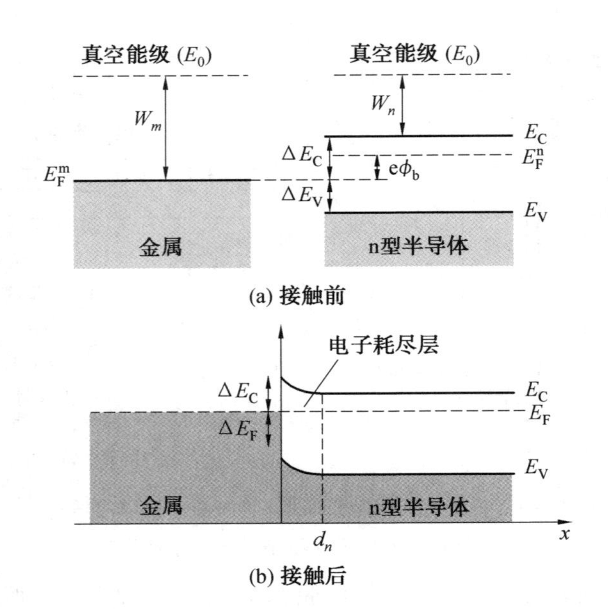

图 6.33 金属—n型半导体肖脱基接触前后的能带结构
(金属费米能级低于n型半导体费米能级)

式中,N_D 是n型半导体的掺杂浓度,d_n 是n型半导体的耗尽层宽度。在半导体耗尽层,泊松方程为

$$-\nabla^2 \varphi(x)=\frac{eN_D}{\varepsilon} \quad (0 \leqslant x \leqslant d_n) \tag{6.128}$$

式中,ε 是n型半导体的介电常数。

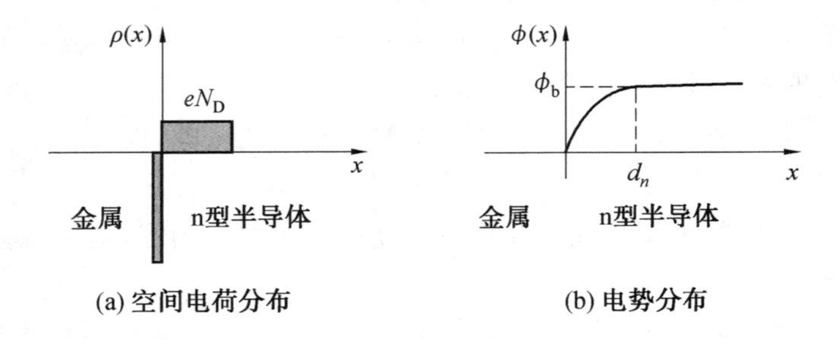

图 6.34 金属—n型半导体肖脱基接触平衡态空间电荷及电势分布
(金属费米能级低于n型半导体费米能级)

由边界条件

$$\begin{cases}\varphi(d_n)=\varphi_b \\ \varphi'(d_n)=0\end{cases} \tag{6.129}$$

可得

$$\varphi(x)=\varphi_b-\frac{eN_D}{2\varepsilon}(x-d_n)^2 \tag{6.130}$$

假设金属的电势为零,即 $\varphi(0)=0$,由式(6.130)可以得到位于n型半导体一侧的耗尽层的宽度为

$$d_{\mathrm{n}}=\left(\frac{1}{N_D}\frac{2\varepsilon\varphi_b}{e}\right)^{1/2} \tag{6.131}$$

6.7.2 肖脱基接触的整流效应

如果施加偏压使金属一侧电势高于 n 型半导体一侧,则称为正向偏压,反之则为负向偏压。由于肖脱基结(肖脱基接触)的半导体一侧存在载流子耗尽层,即阻挡层,肖脱基结同 p—n 结类似具有整流效应。

正向和反向偏压下肖脱基结的能带结构如图 6.35 所示。当对肖脱基结施加正向偏压时,外加电场方向与内建电场方向相反,内建电场被削弱,阻挡层宽度变小。与此同时,半导体的能带弯曲程度下降,半导体费米能级高于金属费米能级,如图 6.35(a)所示。此时,势垒高度($e\varphi_f$)减小为

$$e\varphi_f=e(\varphi_b-V) \tag{6.132}$$

式中,$V>0$ 是正向偏压。半导体的费米能级比金属费米能级提高 eV 在正向偏压下,n 型半导体中电子(多数载流子)不断向金属扩散,形成正向导通电流,而且随正向偏压的增加,正向电流迅速增加,肖脱基结处于正向导通状态。

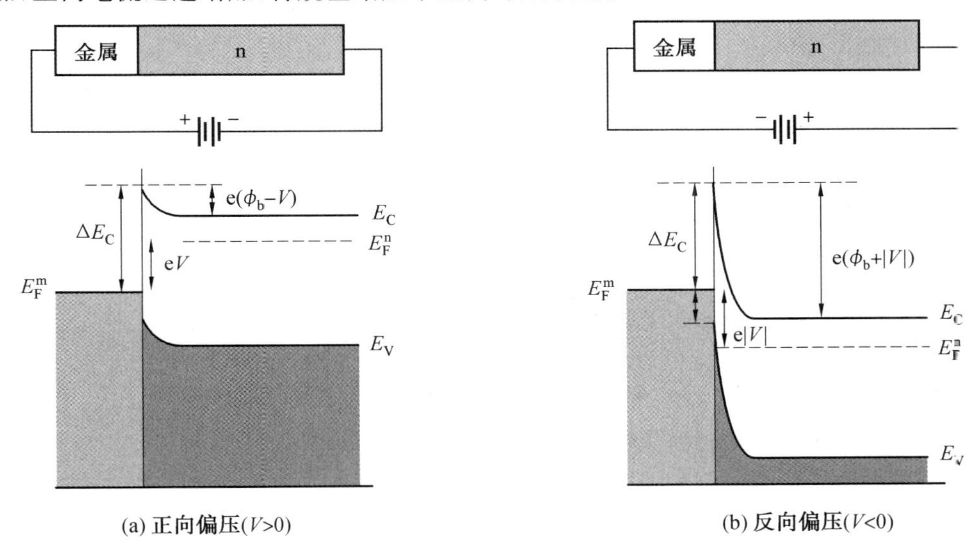

图 6.35 肖脱基接触正向和反向偏压下的能带结构示意图

当对肖脱基结施加反向偏压时,阻挡层宽度和势垒高度同时增加,势垒高度($e\varphi_r$)增加为

$$e\varphi_r=e(\varphi_b-V)=e(\varphi_b+|V|) \tag{6.133}$$

式中,反向偏压 $V<0$。而且,半导体的费米能级低于金属的费米能级,n 型半导体中的电子向金属的扩散被抑制。金属中的电子在外电场的作用下必须跨越势垒才能进入金属半导体,形成很小的反向电流。空穴是 n 型半导体的少数载流子,在电场作用下向金属一侧漂移,贡献微弱的反向电流。

下面简要分析肖脱基结的伏安特性。电子从金属一侧贯穿势垒注入 n 型半导体一侧

的反向电流密度(J_r)可以写成如下形式：

$$J_r = Ae^{-\Delta E_C/k_B T} = J_0 \tag{6.134}$$

从n型半导体扩散至金属的正向电流密度可以写为

$$J_r = Ae^{-(\Delta E_C - eV)/k_B T} = J_0 e^{eV/k_B T} \tag{6.135}$$

所以，流经肖脱基结的电流(J)是正向电流与反向电流的差，由式(6.135)和式(6.134)可以得到

$$J = J_0 (e^{eV/k_B T} - 1) \tag{6.136}$$

可见，肖脱基结的伏安特性与p—n结非常相似。肖脱基结具有正向导通反向截止的整流特性。

肖特基结因其独特的整流特性和优良的电性能，在微波器件、集成电路、低功耗和高频应用等领域有广泛应用。例如，肖特基结被广泛用于制作各种微波二极管。肖特基结具有低功耗和低噪声特性，适用于高频率和射频应用。由于肖特基结不涉及p—n结的热失效问题，因此可以在较高的工作温度下使用。

6.8 金属—氧化物—半导体结构

前面介绍了半导体—半导体，金属—半导体属相互接触形成的界面结构。这里简要介绍绝缘体(氧化物)—半导体接触界面的性质和应用。为了对氧化物—半导体界面施加电压，需要制作成图6.36所示的MOS(metal—oxide—semiconductor)结构。MOS结构中，金属层主要用来提供门电压(或称栅电压)。

6.8.1 MOS结构的界面特征

为清晰起见，这里以金属—氧化物—p型半导体构成的MOS结构进行分析。可以用金属—SiO_2—p—Si实现MOS结构。图6.36(a)和(b)分别示出了无栅极电压($V_G=0$)和$V_G<0$时氧化物与p型半导体界面附近的能带结构。金属一侧的费米能级与半导体在同一水平，此处没有画出。

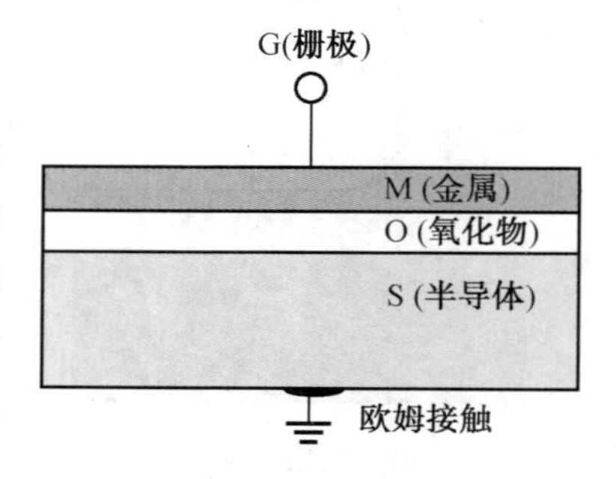

图6.36 MOS结构示意图

下面分析栅电压小于零的情况。当$V_G<0$时，由栅极电压提供的电场($E_e(G)$)由半导体指向氧化物，如图6.37(b)所示。在$E_e(G)$的作用下，半导体价带中的空穴向氧化物与半导体的界面处运动，在界面处形成空穴累积层，如图6.37(b)所示。

当栅电压大于零($V_G>0$)时，栅极提供的电场$E_e(G)$的方向由氧化物一侧指向p型半导体一侧，如图6.38所示。如果V_G不是很大，即$V_{th}>V_G>0$，在$E_e(G)$的作用下，p型半导体价带中的空穴向远离氧化物—半导体界面，在界面附件形成空穴耗尽层，如图6.38(a)所示。

当$V_G>V_{th}$时，p型半导体导带中的电子(少数载流子)在电场$E_e(G)$作用下，逐渐向氧化物与半导体界面处运动，最终形成电子累积层，如图6.38(b)所示。这个电子累积层

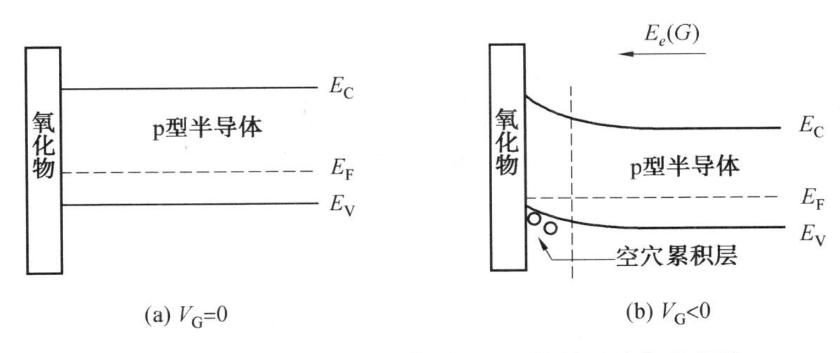

图 6.37 栅电压为零和为负时 MOS 的界面结构示意图

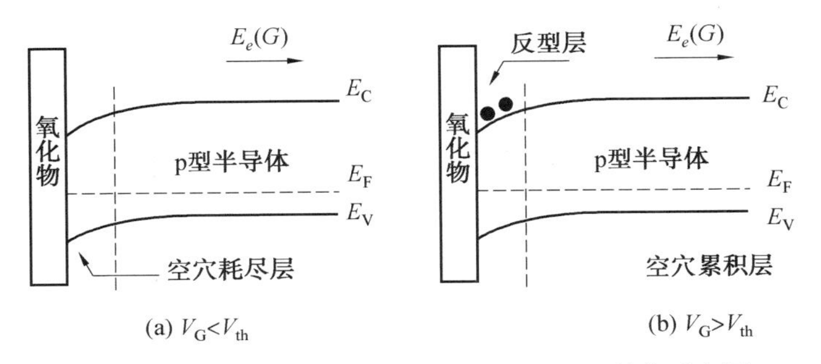

图 6.38 栅电压大于零时 MOS 的界面结构示意图

是 n 型的，所以也称这个电子累积层为反型层（由 p 反型为 n）。

6.8.2 MOS 场效应晶体管（MOSFET）

MOS 结构的重要应用之一是制备 MOS 场效应晶体管（mos field effect transistor，MOSFET）。MOSFET 的结构如图 6.38 所示，图中的半导体是 p 型半导体，在 MOS 两侧的 p 型半导体制备两个重掺杂（n^+）区。两个 n^+ 区中的一个为源极，或称 S（source）极，S 极接地；另外一个为漏极，或称 D（drain）极，漏极的电位为 V_D。下面简要分析 MOSFET 的工作原理。

当 $V_{th}>V_G>0$ 时，界面没有形成反型层，源和漏间可以看成是两个反向的 p－n^+ 结串联。此时，无论在漏极施加哪个方向的电压，两个 p－n^+ 结中至少有一个处于反向截止状态。此时，源－漏间电流（I_D）近乎为零。

当 $V_G>V_{th}$ 时，半导体和氧化物界面形成反型层，源和漏之间形成 n^+－n－n^+ 结构，此时源和漏之间处于导通状态，如图 6.39 所示。可见源和漏的通断是通过栅极电压调控的。

图 6.40 所示为 MOSFET 源－漏之间的伏安特性示意图。当 V_G 稍稍大于 V_{th} 时，电流 I_D 较小，随 V_G 增大，电流 I_D 逐渐增大。这是因为，提高 V_G 反型层厚度和电子浓度逐渐增加的缘故。当 V_G 一定时，I_D 从线性区逐渐过渡到饱和区。当 V_D 增大时，漏极附近的电子逐渐被漏极所吸引，栅极电压产生反型层的效果逐渐被削弱，漏极附近的反型层越来越薄。当 V_D 增大到一定数值以后，I_D 达到饱和。

MOSFET 输入电阻高可以减少电路的负载效应、提高电路的灵敏度和稳定性。另

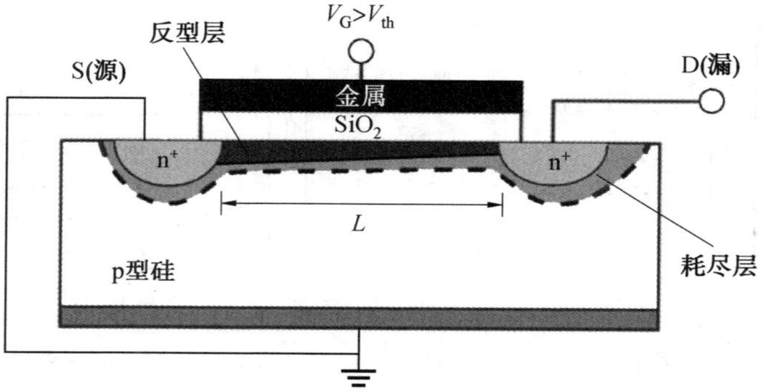

图 6.39 MOSFET 结构示意图(栅电压大于临界值)

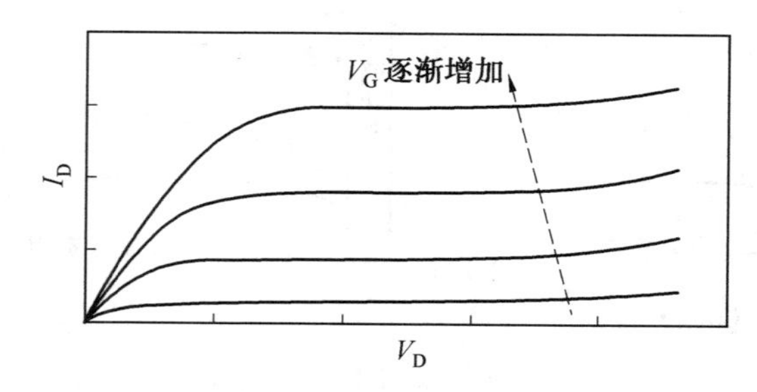

图 6.40 MOSFET 晶体管源漏间的伏安特性与 V_G 的关系示意图

外，MOSFET 噪声小，功耗低，易于集成等特点，广泛应用于通信、信息处理、存储和高性能计算机。在高频电源、电子开关等领域也有重要应用。

本章参考文献

[1] 刘恩科，朱秉升，罗晋生. 半导体物理学[M]. 7 版. 北京：电子工业出版社，2017.

[2] 黄昆. 固体物理学[M]. 韩汝琦，改编. 北京：高等教育出版社，1988.

[3] 方俊鑫，陆栋. 固体物理学(下册)[M]. 上海：上海科学技术出版社，1981.

[4] 吴代鸣. 固体物理基础[M]. 北京：高等 教育出版社，2007.

[5] 费维栋. 固体物理[M]. 3 版. 哈尔滨：哈尔滨工业大学出版社，2020.

[6] MISRA P K. Physics of condensed matter[M]. 北京：北京大学出版社，2014.

[7] IBACH H, LÜTH H. Solid－state physics: an introduction to theory and experiment[M]. Berlin: Springer，1991.

[8] IBACH H, LÜTH H. Solid－state physics: an introduction to principles of materials science[M]. Berlin: Springer，2009.

[9] GROSSO G, PARRAVICINI G P. Solid state physics[M]. 2nd Edit. NewYork: Academic Press, 2000.

[10] PATTERSON J D, BAILEY B C. Solid－state physics: introduction to the theory[M]. 3rd Edit. Berlin: Springer，2018.

第 7 章　固体的磁性

磁性是固体的重要性质之一，磁性材料具有十分广泛的应用。固体的磁性可按固体内部磁矩的分布及其对外磁场的响应特性分为抗磁性、顺磁性、铁磁性、反铁磁性和亚铁磁性。一般情况下，铁磁体和亚铁磁体属于强磁体，应用更为广泛，本章着重阐述固体磁性的物理基础。

7.1　孤立原子和离子的磁矩

原子核磁矩远小于核外电子磁矩，前者仅仅是后者的千分之一，可以认为原子（或离子）的磁矩由电子磁矩组成。电子磁矩包括轨道磁矩和自旋磁矩两部分。

7.1.1　电子的磁矩

1. 电子的轨道磁矩

原子中的电子绕核运动的磁矩称为电子的轨道磁矩。电子的轨道磁矩与轨道角动量的关系为

$$\boldsymbol{\mu}_l = -\frac{e}{2m}\boldsymbol{L} \tag{7.1}$$

式中，$\boldsymbol{\mu}_l$ 是电子的轨道磁矩；$\boldsymbol{L}$ 是电子的轨道角动量。

由量子力学可知，电子绕核运动轨道角动量的大小（L）及其在 z 方向的投影 L_z 为

$$\begin{cases} L^2 = l(l+1)\hbar^2 \\ L_z = m_l\hbar \end{cases} \tag{7.2}$$

式中，$l=0,1,2,\cdots$是轨道角动量量子数；$m_l=-l,-(l-1),\cdots,(l-1),l$；$m_l$ 是表达轨道角动量在 z 方向投影的量子数，称为磁量子数。

由此得到，轨道磁矩的大小为

$$\mu_l = \sqrt{l(l+1)}\,\frac{e\hbar}{2m} = \sqrt{l(l+1)}\,\mu_B \tag{7.3}$$

式中，m 是电子的质量；μ_B 是玻尔（Bore）磁子，

$$\mu_B = \frac{e\hbar}{2m}$$

2. 电子的自旋磁矩

与电子自旋角动量对应的磁矩就是电子的自旋磁矩。实验发现，电子的自旋磁矩与自旋角动量的关系为

$$\boldsymbol{\mu}_s = -g_s\,\frac{e}{2m}\boldsymbol{S} \tag{7.4}$$

式中，$\boldsymbol{S}$ 是电子的自旋角动量；$\boldsymbol{\mu}_s$ 是电子的自旋磁矩；g_s 为常数，实验表明，$g_s \approx 2.0003$。

通常取 $g_s \approx 2$ 不致有明显的误差。电子的自旋角动量大小及其在 z 方向的投影为

$$\begin{cases} S^2 = s(s+1)\hbar^2 \\ S_z = m_s \hbar \end{cases} \tag{7.5}$$

式中，$s=1/2$ 是电子的自旋量子数，$m_s = \pm 1/2$。

所以，μ_s 的大小及其在参考方向的投影（μ_{sz}）分别为

$$\begin{cases} \mu_s = 2\sqrt{s(s+1)}\,\mu_B = 2\sqrt{\dfrac{1}{2}\left(\dfrac{1}{2}+1\right)}\,\mu_B = \sqrt{3}\,\mu_B \\ \mu_z = 2s\mu_B = \mu_B \end{cases} \tag{7.6}$$

7.1.2 洪德定则与孤立原子（离子）的角动量

多电子孤立原子或离子的电子总角动量的计算有两种方案，一是 j－j 耦合，二是 L－S耦合。j－j 耦合方案是将每个电子的自旋角动量和轨道角动量相加，得到所有电子的总角动量；最后再将所有电子的总角动量相加得到原子的总角动量。

L－S 耦合方案是将所有电子的轨道角动量相加得到总的轨道角动量，再将所有电子的自旋角动量求和得到总的自旋角动量；最后将总轨道角动量和总自旋角动量相加得到原子的总角动量。这里只介绍 L－S 耦合。

所有未满支壳层中电子的轨道角动量相加得到总轨道角动量 $\boldsymbol{L}_t$，即

$$\begin{cases} \boldsymbol{L}_t = \sum\limits_i \boldsymbol{L}_i \\ L_t = \sqrt{L(L+1)}\,\hbar \end{cases} \tag{7.7}$$

式中，$\boldsymbol{L}_i$ 是未满支壳层中的第 i 个电子的轨道角动量；L 是总轨道角动量量子数。

原子的总自旋角动量是未满支壳层中所有电子自旋角动量的和，即

$$\begin{cases} \boldsymbol{S}_t = \sum\limits_i \boldsymbol{S}_i \\ S_t = \sqrt{S(S+1)}\,\hbar \end{cases} \tag{7.8}$$

式中，$\boldsymbol{S}_t$ 是总自旋角动量；$\boldsymbol{S}_i$ 是未满壳层中第 i 个电子的自旋角动量；S 为总自旋角动量量子数。

总自旋角动量和总轨道角动量耦合得到总角动量 J_t，即

$$\begin{cases} \boldsymbol{J}_t = \boldsymbol{L}_t + \boldsymbol{S}_t \\ J_t = \sqrt{J(J+1)}\,\hbar \\ J_{tz} = M_J \hbar \end{cases} \tag{7.9}$$

式中，J 是总角动量量子数，由洪德定则确定；J_{tz} 是总角动量在 z 方向的投影；M_J 称为总磁量子数（即总角动量在 z 方向投影的量子数），$M_J = -J, -(J-1), \cdots, J-1, J$。

由量子力学可知，原子核外电子轨道可以分为主壳层 $n(=1,2,3,\cdots)$ 和支壳层 $l(=0,1,\cdots,n-1$，依次命名为 $s,p,d,f,\cdots)$。电子填满的支壳层的总自旋角动量和总轨道角动量均为零，所以原子（或离子）的角动量由未满支壳层电子角动量决定。对于基态，两个电子应尽量不在一个轨道上以减小电子之间的库仑排斥能。洪德（Hund）在分析了原子

光谱数据以后，给出了确定原子或离子基态角动量的洪德定则：

(1)自旋角动量量子数 S 取最大值；

(2)在 S 取得最大值的条件下，L 也取泡利原理允许的最大值；

(3)确定了 S 和 L 以后，当支壳层电子少于半满时，取 $J=|L-S|$；当支壳层电子正好半满或超过半满时，取 $J=L+S$。

原子或离子的基态用符号 $^{2S+1}L_J$ 表示，其中 L 用字母表示，L 的取值和字母的对应关系如下。

L 的取值为：0，1，2，3，4，5，…

对应的字母为：$S,P,D,F,G,H,\cdots$

现在以 Fe^{3+} 离子为例说明应用洪德法则确定基态。Fe^{3+} 未满壳层为 $3d^5$，为满足 S 取值最大，电子在 $3d$ 轨道上的填充如表 7.1 所示。由表 7.1 中的数据可得，$S=5\times 1/2=5/2$，$M_L=0$，故 $L=0$。由于 d 支壳层电子填充数为半满，所以 $J=L+S=5/2$，基态为 $^6S_{5/2}$。

表 7.1 Fe^{3+} 的 $3d$ 壳层中电子填充情况

单电子轨道磁量子数 m_l	−2	−1	0	1	2
自旋取向	↑	↑	↑	↑	↑

7.1.3 孤立原子(离子)的有效磁矩

依据洪德定则可以得到孤立原子(或离子)基态的总自旋角动量和总轨道角动量，进而可以计算总自旋磁矩和总轨道磁矩。由式(7.1)和式(7.6)得总轨道磁矩为

$$\begin{cases}\boldsymbol{\mu}_L=-\dfrac{e}{2m}\boldsymbol{L}\\ \mu_L=\sqrt{L(L+1)}\,\mu_B\end{cases}\tag{7.10}$$

当取 $g_s=2$ 时，总的自旋磁矩为

$$\begin{cases}\boldsymbol{\mu}_S=-\dfrac{e}{m}\boldsymbol{S}\\ \mu_S=2\sqrt{S(S+1)}\,\mu_B\end{cases}\tag{7.11}$$

原子的总磁矩($\boldsymbol{\mu}$)为

$$\boldsymbol{\mu}=\boldsymbol{\mu}_L+\boldsymbol{\mu}_S=-\frac{e}{2m}(\boldsymbol{L}_t+2\boldsymbol{S}_t)=-\frac{e}{2m}(\boldsymbol{J}_t+\boldsymbol{S}_t)\tag{7.12}$$

式(7.12)表明，总磁矩与总角动量一般不平行，如图 7.1 所示。

由于自旋和轨道的相互作用，总轨道角动量($\boldsymbol{L}_t$)和总自旋角动量($\boldsymbol{S}_t$)一般不是守恒量，而只有总角动量 $\boldsymbol{J}_t$ 是守恒量。也就是说，$\boldsymbol{L}_t$、$\boldsymbol{S}_t$ 和 $\boldsymbol{\mu}$ 绕总角动量 $\boldsymbol{J}_t$ 可以旋转任意角度。如果将 $\boldsymbol{\mu}$ 分解成平行于 $\boldsymbol{J}_t$ 分量 $\boldsymbol{\mu}_J$ 和垂直于 $\boldsymbol{J}_t$ 分量 $\boldsymbol{\mu}_i$，由于 $\boldsymbol{\mu}$ 绕总角动量 $\boldsymbol{J}_t$ 可以旋转任意角度，$\boldsymbol{\mu}_i$ 的平均值为零，是测量不到的，只有平行于 $\boldsymbol{J}_t$ 分量 $\boldsymbol{\mu}_J$ 是可测量的。

$$\boldsymbol{\mu}_J=\frac{\boldsymbol{\mu}\cdot\boldsymbol{J}_t}{J_t^2}\boldsymbol{J}_t=-g_L\frac{e}{2m}\boldsymbol{J}_t\tag{7.13}$$

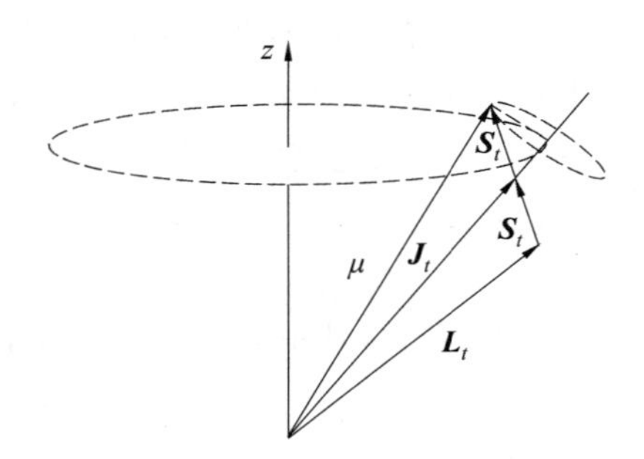

图 7.1 电子磁矩与角动量的几何关系

按图 7.1 所示的几何关系可得

$$g_{\mathrm{L}}=1+\frac{J(J+1)+S(S+1)-L(L+1)}{2J(J+1)} \tag{7.14}$$

式中，g_{L} 为朗德(Landé)g 因子。

若原子的总轨道角动量为 0，则原子磁矩全部来源于电子的自旋磁矩，$g_{\mathrm{L}}=2$。

7.2 磁化率与固体磁性分类

固体中的磁矩可以是前面介绍的电子的固有磁矩，也可以是固体中电子在外磁场中运动感生的磁矩。固体中的磁矩在外磁场的响应行为决定了固体的磁性能。本节主要介绍固体的磁化率和固体磁性的主要类型。

7.2.1 磁化率

定义磁化强度(矢量)为单位体积内的磁矩矢量和，记为 $\boldsymbol{M}$。对于均匀固体，如果体积 Ω 内的磁矩的矢量和为 $\boldsymbol{P}_m$，则磁化强度定义为

$$\boldsymbol{M}=\frac{\boldsymbol{P}_m}{\Omega} \tag{7.15}$$

对于非均匀固体，磁化率可定义为

$$\boldsymbol{M}=\frac{\mathrm{d}\boldsymbol{P}_m}{\mathrm{d}\Omega} \tag{7.16}$$

磁化强度与磁场的关系为

$$\boldsymbol{M}=\chi\boldsymbol{H} \tag{7.17}$$

式中，χ是无量纲量，称为磁化率。

磁性介质中的磁感应强度(矢量)$\boldsymbol{B}$ 为

$$\boldsymbol{B}=\mu_0(\boldsymbol{H}+\boldsymbol{M})=\mu_0(1+\chi)\boldsymbol{H}=\mu_r\mu_0\boldsymbol{H} \tag{7.18}$$

式中，μ_0是真空磁导率；$\mu_r=1+\chi$ 是介质的相对磁导率。

7.2.2 固体的磁性分类

由磁化率的定义可知，磁化率反映了磁介质对外磁场的响应特性，可以根据磁化率χ

和固体内部磁矩的分布特性对固体的磁性进行分类。

1. 抗磁性

若$\chi<0$,则称该物质具有抗磁性(或逆磁性)。一般情况下,固体的抗磁性非常弱(χ的值约为-10^{-5})。抗磁性不是电子固有磁矩(轨道磁矩和自旋磁矩)对外加磁场的直接响应,因为固有磁矩与外磁场平行时能量降低(对应$\chi>0$)。抗磁性来源于电子在外磁场中运动的感生磁矩,主要有自由电子(传导电子)的朗道(Landau)抗磁性和芯电子的郎之万(Langevin)抗磁性。

郎之万抗磁性来源于芯电子的轨道角动量在外磁场中进动,其经典图像是电子轨道角动量在外磁场中的拉莫尔(Larmor)进动感生出的一种弱抗磁性,如图 7.2 所示。考虑一个轨道角动量为 $\boldsymbol{L}$ 的电子,其轨道磁矩为 $\boldsymbol{\mu}_L$,外加磁场为 $\boldsymbol{B}_0$。由于电子在磁场中受到洛伦兹力的作用,所以该电子在磁场中做拉莫尔进动(如图 7.2 所示),其进动方程为

$$\frac{\mathrm{d}\boldsymbol{L}}{\mathrm{d}t}=\boldsymbol{\mu}_L\times\boldsymbol{B}_0 \tag{7.19}$$

式(7.19)也可写成如下形式:

$$\frac{\mathrm{d}\,\boldsymbol{\mu}_L}{\mathrm{d}t}=\frac{e}{2m}\boldsymbol{B}_0\times\boldsymbol{\mu}_L \tag{7.20}$$

电子进动的角频率为

$$\omega=\frac{eB_0}{2m} \tag{7.21}$$

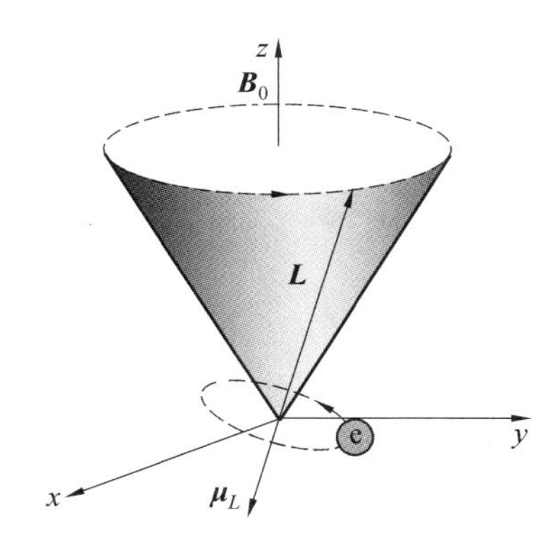

图 7.2 拉莫尔进动及其抗磁性

拉莫尔进动相当于在垂直于 $\boldsymbol{B}_0$ 的 $x-y$ 平面内形成等效“小电流环”。由于电子带负电,拉莫尔进动感生的磁矩与 $\boldsymbol{B}_0$ 反平行,形成抗磁性。如果单位体积内含有 N_a 个原子,每个原子含有 Z 个芯电子,则由电子拉莫尔进动所产生的总的磁化强度为

$$\boldsymbol{M}=-\frac{N_a e^2\boldsymbol{B}_0}{4m}\sum_{i=1}^{Z}(\overline{x_i^2+y_i^2}) \tag{7.22}$$

式中,$\overline{x_i^2+y_i^2}=\overline{r_i^2}$是第 i 个电子拉莫尔进动半径的方均值。

于是抗磁磁化率为

$$\chi_C = \frac{\mu_0 \boldsymbol{M}}{\boldsymbol{B}_0} = -\frac{N_a e^2 \mu_0}{4m} \sum_{i=1}^{Z} \overline{r_i^2} \tag{7.23}$$

若令 $r^2 = \frac{1}{Z}\sum_{i=1}^{Z} \overline{r_i^2}$，则有

$$\chi_C = -\frac{\mu_0 Z N_a e^2}{4m} r^2 \tag{7.24}$$

拉莫尔进动普遍存在于所有原子或离子，所以郎之万抗磁性是固体的普遍属性，只不过抗磁性比较弱而已。

2. 顺磁性

当固体中的电子存在固有磁矩时，电子固有磁矩倾向与外磁场平行排列，磁化率$\chi>0$。固有磁矩的空间分布可以分为两大类，一类是固有磁矩在空间无序分布，如图7.3(a)所示，称这类磁性为顺磁性，相应的固体称为顺磁体；另一类是固体中的固有磁矩取向有序分布，如图7.3(b)～(d)所示，称这类磁性为有序磁性，相应的固体称为有序磁体。有序磁体又可以分为铁磁体、反铁磁体和亚铁磁体。

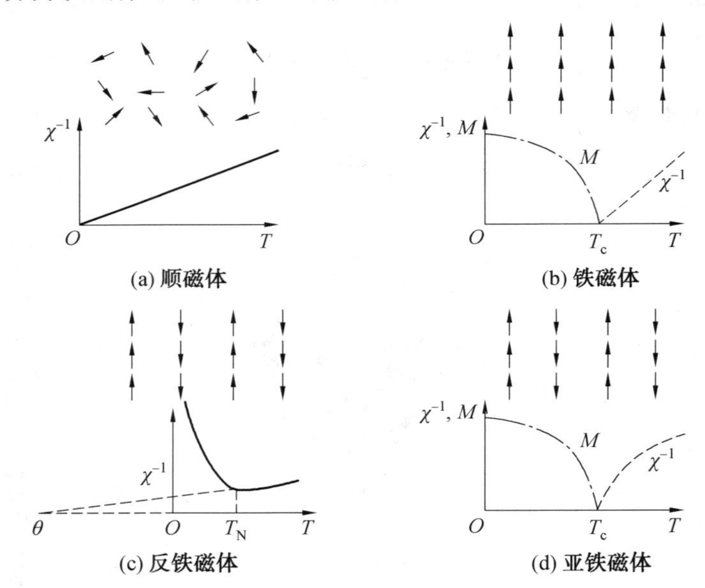

图7.3 顺磁体、铁磁体、反铁磁体和亚铁磁体中固有磁矩排列及磁化率倒数与温度关系示意图(铁磁体和亚铁磁体居里温度以下给出的是磁化强度与温度的关系)

顺磁体的磁化率虽大于零，但数值很小，约为$10^{-6}\sim10^{-4}$。在顺磁体中，固有磁矩之间没有明显的相互作用，因而紊乱分布，如图7.3(a)所示。顺磁性主要有两种，一种是自由电子(或传导电子)的顺磁性，这种顺磁性最先由泡利给出解释，所以常称自由电子的顺磁性为泡利顺磁性；另一种是固体中某些原子或离子(例如顺磁盐中的过渡族金属离子或稀土离子)具有固有磁矩而显现出的顺磁性，但固有磁矩之间的相互作用很弱，零磁场时磁矩取向紊乱分布，称这类顺磁性为普通顺磁性。

3. 铁磁性

铁磁体的磁化率$\chi>0$,且远大于1,一般为$10\sim10^6$。如图7.3(b)所示,铁磁体中的固有磁矩平行分布,表明磁矩之间存在强的相互作用。磁矩之间的强耦合作用使磁矩自发平行分布,即没有外加磁场时铁磁体内部就发生了自发磁化。当温度高于某一临界温度时,热运动会破坏磁矩间的耦合作用,称这个临界温度为居里(Curie)温度,通常用T_C表示。当$T>T_C$时,铁磁体转变为顺磁体。铁磁性属于强磁性,铁磁体具有非常广泛的应用,是非常重要的一类功能材料。

4. 反铁磁性

反铁磁体内部的固有磁矩取向自发有序分布,但是,两种大小相等的磁矩相互反平行分布,如图7.3(c)所示。当外加磁场为零时,反铁磁体的磁化强度为零,当对反铁磁体施加磁场时,固有磁矩逐渐向磁场方向转动,磁化率大于零。反铁磁体中磁矩反平行排列表明磁矩间存在强的耦合作用。反铁磁体的磁化率$\chi>0$,但数值较小。

当温度不断升高时,热运动开始逐渐破坏磁矩间的耦合作用,直至反铁磁体转变为顺磁体。反铁磁体的临界温度称为奈尔(Néel)温度,记为T_N。奈尔温度以下,反铁磁体表现为反铁磁性;当温度高于奈尔温度时,反铁磁体表现为顺磁性。

5. 亚铁磁性

与反铁磁体类似,亚铁磁体内部两种磁矩自发相互反平行排列,但是相互反平行的磁矩并不相等,如图7.3(d)所示。在无外磁场的情况下,固有磁矩就自发反平行排列,表明在亚铁磁体内的磁矩之间存在强耦合作用。亚铁磁体的磁化率$\chi>0$,数值较大。

当温度升高,热运动足以破坏磁矩间的耦合时,亚铁磁体转变为顺磁体。所以亚铁磁体也存在居里温度,当温度高于居里温度时,亚铁磁体表现为顺磁性;当温度低于居里温度时,亚铁磁体才表现为亚铁磁性。

铁磁体和亚铁磁体都属于强磁性材料,有重要的实际应用。而抗磁体、顺磁体和反铁磁体为弱磁性材料。

7.3 自由电子的抗磁性和顺磁性

金属中的自由电子在外磁场作用下感生出磁矩,而使固体具有抗磁性,由自由电子贡献的抗磁性称为朗道抗磁性。另外,自由电子本身具有自旋磁矩,自旋磁矩倾向与外场平行,从而产生泡利顺磁性。本节扼要介绍朗道抗磁性和泡利顺磁性。

7.3.1 朗道抗磁性

朗道抗磁性是指金属或半导体中传导电子在外磁场中做回旋轨道运动产生的抗磁性。以金属中的自由电子为例,当外加磁场平行于z轴时,自由电子在垂直于z方向的$x-y$平面内做回旋运动。根据磁场中电子的薛定谔方程可以得到外磁场(平行于z轴)中自由电子的能量为

$$E=\frac{\hbar^2 k_z^2}{2m^*}+\left(n+\frac{1}{2}\right)\hbar\omega_c \tag{7.25}$$

且

$$\omega_c=\frac{eB_0}{m^*} \tag{7.26}$$

式中，m^* 是电子的有效质量，ω_c 是电子回旋频率，B_0 是外加磁场。式(7.25)和式(7.26)表明，随磁场强度增加，电子能量升高，也就是说，电子在 $x-y$ 平面内的回旋运动所产生的磁矩与外加磁场反平行，从而产生抗磁性。量子力学计算表明，自由电子的朗道抗磁磁化率为

$$\chi_{\mathrm{L}}=-\frac{\mu_0 n\mu_{\mathrm{B}}^2}{2E_{\mathrm{F}}}\left(\frac{m}{m^*}\right)^2 \tag{7.27}$$

式中，n 为自由电子浓度；E_{F} 为自由电子体系的费米能级。

7.3.2 泡利顺磁性

金属中的传导电子可近似为自由电子，当外磁场为零时，自旋向上和向下两种自旋态的电子数相等，磁化强度为零。为方便起见，将自由电子分成自旋磁矩为正(自旋向下)和自旋磁矩为负(自旋向上)两个“子带”，如图7.4所示，左侧代表自旋磁矩为正的电子，右侧代表自旋磁矩为负的电子。当外加磁场强度为零时，两个子带上的电子数相等，平均磁矩为零。

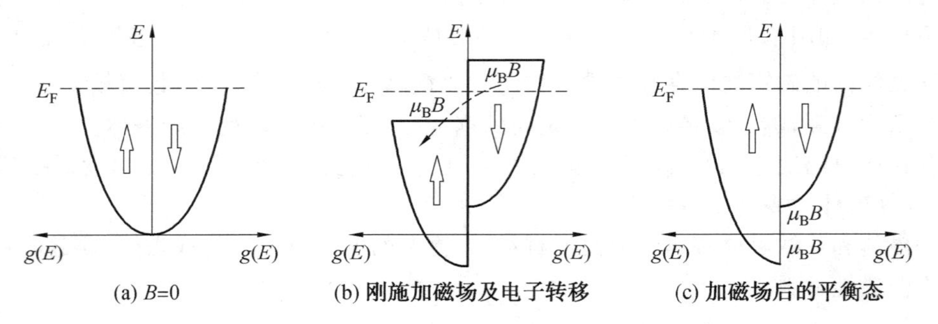

图7.4 自由电子泡利顺磁性示意图(箭头是自旋磁矩方向)

当在正方向(z 方向)上施加磁场 $\boldsymbol{B}_0$ 时，自旋磁矩为正的电子的能量降低，自旋磁矩为负的电子的能量会增加。由于电子自旋磁矩在 z 方向的投影为 $\pm\mu_{\mathrm{B}}$，自旋磁矩的子带电子能量为

$$E_+=\frac{\hbar^2 k^2}{2m}-\mu_{\mathrm{B}}B_0 \tag{7.28}$$

自旋磁矩向下的子带电子的能量为

$$E_-=\frac{\hbar^2 k^2}{2m}+\mu_{\mathrm{B}}B_0 \tag{7.29}$$

磁矩向下的子带中的电子必然会向磁矩向上的子带转移，如图7.4(b)所示，达到平衡时，两个子带的费米能级相等，如图7.4(c)所示。此时，自旋磁矩向上子带的电子数目大于自旋磁矩向下子带的电子数，产生平行于外磁场的磁化强度，从而表现出顺磁性。这

种顺磁性称为泡利顺磁性。

令单位体积自旋磁矩向上和向下的电子数分别为 n_+ 和 n_-，则有

$$\begin{cases} n_+ = \dfrac{1}{2}\displaystyle\int_{-\mu_B B_0}^{\infty} f(E)\bar{g}(E+\mu_B B_0)\mathrm{d}E \\ n_- = \dfrac{1}{2}\displaystyle\int_{\mu_B B_0}^{\infty} f(E)\bar{g}(E-\mu_B B_0)\mathrm{d}E \end{cases} \tag{7.30}$$

式中，$f(E)$是费米—狄拉克分布函数；$\bar{g}(E\pm\mu_B B_0)$是单位体积的自由电子的态密度，根据第 3 章关于自由电子态密度的分析，有

$$\bar{g}(E)=\frac{1}{2\pi^2}\left(\frac{2m}{\hbar^2}\right)^{3/2}E^{1/2} \tag{7.31}$$

因为态密度既包括自旋向上的电子也包括自旋向下的电子，所以当只计算自旋向上(或向下)的电子数时应乘因子 1/2，如式(7.30)所示。

由于 $\mu_B B_0 \ll E_F$，所以，忽略磁场对费米能级的影响。自由电子体系的磁矩为

$$\begin{aligned} M &= (n_+ - n_-)\mu_B \\ &= \frac{\mu_B}{2}\int_{-\mu_B B_0}^{\infty} f(E)\bar{g}(E+\mu_B B_0)\mathrm{d}E - \frac{\mu_B}{2}\int_{\mu_B B_0}^{\infty} f(E)\bar{g}(E-\mu_B B_0)\mathrm{d}E \\ &= \frac{\mu_B}{2}\int_0^{\infty}\bar{g}(E)[f(E-\mu_B B_0)-f(E+\mu_B B_0)]\mathrm{d}E \\ &= -\mu_B^2 B_0\int_0^{\infty}\bar{g}(E)\frac{\partial f}{\partial E}\mathrm{d}E \end{aligned} \tag{7.32}$$

由于费米—狄拉克分布函数只有在费米能级附近才有显著变化，且在费米能级附近是非常尖锐的峰值函数，可以近似用狄拉克—δ 函数表示，即

$$\frac{\partial f}{\partial E}\approx -\delta(E-E_F) \tag{7.33}$$

将式(7.33)代入式(7.32)可得

$$M=\mu_B^2 B_0\bar{g}(E_F) \tag{7.34}$$

利用费米能级及其与电子浓度(n)的关系：

$$\begin{cases} E_F=\dfrac{\hbar^2 k_F^2}{2m} \\ k_F=(3\pi^2 n)^{1/3} \end{cases}$$

可得泡利顺磁磁化率为

$$\chi_P=\frac{\mu_0 M}{B_0}=\frac{3n\mu_0\mu_B^2}{2E_F} \tag{7.35}$$

考虑到朗道抗磁性，金属自由电子体系的磁化率(χ_e)为

$$\chi_e=\chi_P-\chi_L=\frac{3n\mu_0\mu_B^2}{2E_F}\left[1-\frac{1}{3}\left(\frac{m}{m^*}\right)^2\right] \tag{7.36}$$

对一般金属而言，电子的有效质量与电子质量差别不大，所以自由电子体系的磁化率大于零，表现为顺磁性。

7.4 顺磁盐的磁性

前面介绍了自由电子的顺磁性,除此之外,固体的顺磁性还有以下两种情况:一种是普通顺磁性,普通顺磁体内部的固有磁矩之间没有明显的耦合作用,其典型代表是顺磁盐或合金;另一种是铁磁体、反铁磁体和亚铁磁体等有序磁体高温转变为顺磁体会表现为顺磁性。本节介绍顺磁盐的磁化率。

顺磁盐(如顺磁氯化物、氟化物和含氧酸盐等)的磁化率大于零,但数值较小。试验发现,顺磁盐的磁化率随温度的变化规律满足居里定律

$$\chi=\mu_0\,\frac{C}{T} \tag{7.37}$$

式中,C 称为居里常数。

7.4.1 顺磁性的布里渊理论

顺磁盐中的固有磁矩来自未满壳层的过渡族金属离子或稀土离子,过渡族金属离子的磁矩来自未满壳层的 d 电子,而稀土离子的磁矩是由未满壳层的 $4f$ 电子提供的。顺磁盐中的磁性离子相距较远,磁矩之间耦合作用非常弱,在没有外磁场的情况下,磁矩紊乱分布。施加磁场时,磁矩倾向于平行外磁场分布。

由 7.1 节可知,磁性离子的磁矩为

$$\boldsymbol{\mu}_J=-g_{\mathrm{L}}\,\frac{e}{2m}\boldsymbol{J}_t$$

式中,$\boldsymbol{J}_t=\sqrt{\boldsymbol{J}(\boldsymbol{J}+1)}\,\hbar$ 是离子的总角动量。

磁矩在磁场中的塞曼(Zeeman)能为

$$E_J=-\boldsymbol{\mu}_J\cdot\boldsymbol{B}_0=g_{\mathrm{L}}\mu_{\mathrm{B}}M_JB_0 \tag{7.38}$$

式中,M_J 是总角动量在外磁场 $\boldsymbol{B}_0$ 方向(z 方向)上投影的磁量子数,且 $M_J=-J,-(J-1),\cdots,J-1,J$。

式(7.38)表明,在磁场作用下,塞曼能使原本 $2J+1$ 重简并的能级劈裂成 $2J+1$ 个非简并能级,如图 7.5 所示。

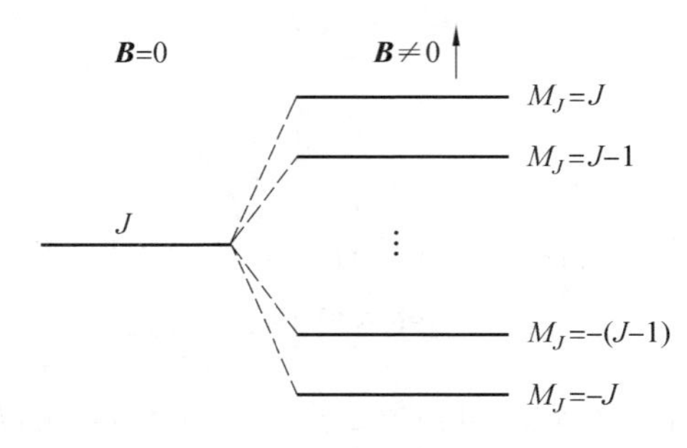

图 7.5 塞曼能使能级劈裂

按玻尔兹曼分布,可以得到平均到每个离子的磁矩为

$$\bar{\mu}=\frac{\sum\limits_{M_J=-J}^{J} g_L\mu_B M_J \exp\left(\frac{-g_L\mu_B M_J B_0}{k_B T}\right)}{\sum\limits_{M_J=-J}^{J} \exp\left(\frac{-g_L\mu_B M_J B_0}{k_B T}\right)} \tag{7.39}$$

令 $x=g_L\mu_B B_0/k_B T$，式(7.39)可以改写为

$$\bar{\mu}=g_L\mu_B \frac{\mathrm{d}}{\mathrm{d}x}\ln\left[\sum_{M_J=-J}^{J}\exp(-M_J x)\right] \tag{7.40}$$

式(7.40)右边求和部分刚好是一个等比级数求和。引进布里渊函数，

$$B_J(y)=\frac{2J+1}{2J}\coth\left(\frac{2J+1}{2J}y\right)-\frac{1}{2J}\coth\frac{y}{2J} \tag{7.41}$$

式中，$y=g_L\mu_B J B_0/k_B T=Jx$。

则式(7.40)可改写为

$$\bar{\mu}=g_L\mu_B J B_J(y) \tag{7.42}$$

若单位体积内具有磁矩的原子(或离子)数为 N_a，则磁化率为

$$\chi=\frac{N_a\bar{\mu}}{H}=\frac{N_a g_L\mu_B J}{H}B_J(y) \tag{7.43}$$

式中，H 是外加磁场强度。

图 7.6 给出了一些顺磁晶体中每个离子的平均磁化率与 H/T 的关系，图中实线为理论值，可见理论和实验的结果相符，表明半经典理论解释普通顺磁性是成功的。

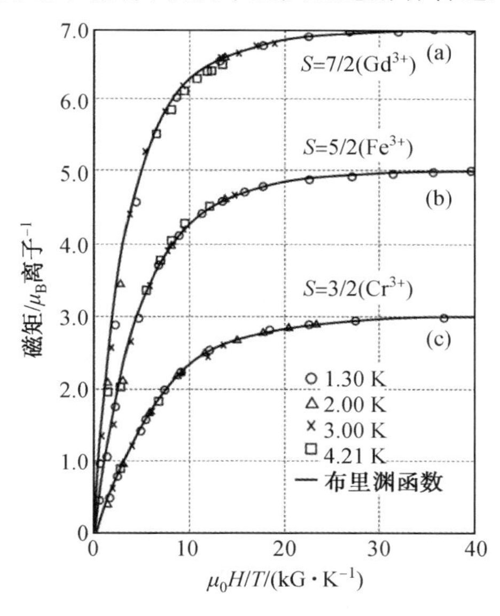

图 7.6 顺磁晶体磁化率与 H/T 的关系

当 $y\ll 1$(即 $g\mu_B J B_0\ll k_B T$)时，利用

$$\coth y=\frac{1}{y}+\frac{y}{3}-\frac{y^3}{45}+\cdots$$

可以得到

$$\chi=\mu_0\frac{N_aJ(J+1)g_L^2\mu_B^2}{3k_BT}=\mu_0\frac{N_ap^2\mu_B^2}{3k_BT}=\mu_0\frac{C}{T} \tag{7.44}$$

这就是居里定律。式中 $p=g_L\sqrt{J(J+1)}$ 称为有效玻尔磁子数，居里常数为

$$C=N_ap^2\mu_B^2/3k_B \tag{7.45}$$

布里渊理论在解释顺磁盐的磁性方面取得了很大成功，同时为处理有序磁性提供了有效方法。下面以镧系稀土顺磁盐为例说明布里渊理论的合理性。

表7.2示出了部分稀土顺磁盐中稀土离子的有效玻尔磁子数的布里渊理论计算结果与实验结果的比较。可见理论计算和实验结果相符。另外，研究发现 Sm^{3+} 和 Eu^{3+} 不能按基态计算有效玻尔磁子数，原因是 Sm^{3+} 和 Eu^{3+} 的激发态与基态很接近，部分处于激发态，其总角动量不能按洪德定则来确定。

对镧系稀土顺磁盐晶体而言，稀土离子的固有磁矩来源于未满的 $4f$ 壳层。由于 $4f$ 壳层在 $5p$、$5d$ 和 $6s$ 壳层内部，得到了很好的屏蔽，同时 $4f$ 电子与近邻的原子核和电子的相互作用很小，所以，可以将稀土离子的磁矩看成是相互独立的。

表7.2 三价稀土离子的有效玻尔磁子数

离子	基态	有效玻尔磁子数	
		理论值	实验值
La^{3+}	$^1S_0$	0	抗磁性
Pr^{3+}	$^3H_4$	3.58	3.6
Nd^{3+}	$^5I_{9/2}$	3.62	3.6
Dy^{3+}	$^6H_{5/2}$	10.6	10.6

数据引自 OMAR M A. Elementary solid state physics[M]. 北京：世界图书出版公司，2011：439.

7.4.2 过渡族离子轨道磁矩猝灭

布里渊顺磁理论在分析稀土离子的顺磁性时，理论结果与实验结果高度吻合。下面分析过渡金属顺磁盐的顺磁性。表7.3给出了过渡族顺磁盐晶体中磁性离子有效玻尔磁子数的理论值和实验值的比较。表中可见，过渡族金属离子的有效玻尔磁子数不能按 $p=g_L\sqrt{J(J+1)}$ 进行计算。而当只考虑自旋磁矩时，即 $g_L=2$，$p=2\sqrt{S(S+1)}$ 时，理论值与实验值就比较相符。上述结果表明，在过渡族离子中，离子的磁矩全部由离子未满壳层中 d 电子的自旋磁矩所贡献。这种现象称为轨道角动量的猝灭。

表7.3 过渡族离子的有效玻尔磁子数

离子	基态	有效玻尔磁子数(理论值)		有效玻尔磁子数(实验值)
		$p=g_L\sqrt{J(J+1)}$	$p=2\sqrt{S(S+1)}$	
Ti^{3+}、V^{4+}	$^2D_{3/2}$	1.55	1.73	1.7
V^{3+}	$^3F_2$	1.63	2.83	2.8
V^{2+}、Cr^{3+}、Mn^{4+}	$^4F_{3/2}$	0.77	3.87	3.8

续表7.3

离子	基态	有效玻尔磁子数(理论值)		有效玻尔磁子数(实验值)
		$p=g_L\sqrt{J(J+1)}$	$p=2\sqrt{S(S+1)}$	
Mn^{2+}、Fe^{3+}	$^6S_{5/2}$	5.92	5.92	5.9
Fe^{2+}	$^5D_4$	6.70	4.90	5.4

数据引自 OMAR M A. Elementary solid state physics[M]. 北京:世界图书出版公司,2011:440.

过渡族金属顺磁盐中,固有磁矩来自未满的 d 壳层的电子磁矩。但是,d 电子在离子晶体中位于离子的最外壳层,它们必然受到其他离子和电子的影响,不能将其视为孤立的。晶体场的作用破坏了 d 的轨道角动量守恒,其平均轨道磁矩为零,导致轨道磁矩猝灭。在有些情况下,轨道角动量可能发生部分猝灭,这是由 d 电子的部分局域化运动、部分共有化运动造成的。对稀土离子而言,由于 $4f$ 电子外层有其他壳层电子的屏蔽,晶体场对其作用很小,所以不产生轨道磁矩猝灭现象。

7.4.3 绝热去磁制冷

下面以稀土顺磁盐为例,分析顺磁绝热制冷的原理。当外磁场为零时,顺磁盐中磁性离子的能级是 $2J+1$ 重简并的,每个状态被离子随机占据。如果磁性离子数为 N_a,离子的组态数(W)为

$$W=(2J+1)^{N_a} \tag{7.46}$$

相应的磁熵为

$$S=k_B\ln W=k_BN_a\ln(2J+1) \tag{7.47}$$

施加磁场后,能级退简并并劈裂成 $2J+1$ 个能级,如图 7.5 所示。此时,离子倾向于占据能量较低的能级,能级的磁性离子占据概率 $P(M_J)$ 与玻尔兹曼因子成正比,即

$$P(M_J)\propto\exp(-g_L\mu_BM_JB/k_BT) \tag{7.48}$$

当温度为 0 K 时,所有离子均处在 $M_J=-J$ 的能级上,组态数为 1,磁熵为零。温度升高,系统吸热,离子开始逐渐占据更高的能级,磁熵增加。由于离子在不同能级的分布概率仅仅由玻尔兹曼因子决定,所以体系的熵是 B/T 单调递减函数。如图 7.7 中曲线 OD 所示。

利用上述熵与磁场、温度的关系可以实现绝热去磁制冷,通过该方法可将体系冷制 m K 温区。第一步将体系置于温度为 T_i 的介质(如液氦)中,此时体系的熵对应图 7.7 中 OA 曲线的 A 点。第二步,施加磁场 B_i 使体系等温至 OD 曲线的 D 点。第三步,抽空介质,将体系在绝热状态下移去磁场;由于绝热过程熵不变,而体系中的磁场为零,所以体系的熵对应图 7.7 中 OA 曲线的 C 点,从而实现了绝热去磁制冷。

由于磁熵仅是 B/T 的单调递减函数,而在绝热去磁过程中熵不变,所以有

$$\frac{B_i}{T_i}=\frac{B_f}{T_f} \tag{7.49}$$

由于磁矩之间存在一定的相互作用,去掉外磁场后,体系会残存一定的磁场(B_f)。残余磁场一般为毫特级,可以将体系通过绝热去磁的方法冷却至 m K 温区。

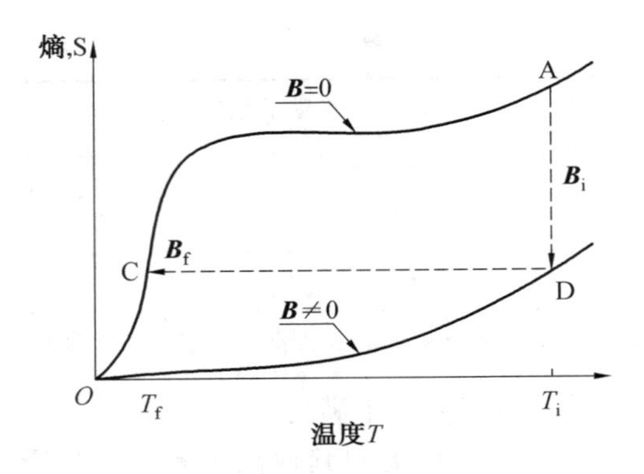

图 7.7 顺磁盐绝热去磁制冷原理示意图

7.5 有序磁性的分子场理论

抗磁性来源于外磁场作用下物质内部感生的磁矩,顺磁体内部的磁矩无规取向,一般称抗磁性和顺磁性为无序磁性。无序磁体一般呈弱磁性。有序磁性包括铁磁性、反铁磁性和亚铁磁性,它们都来源于固有磁矩的有序取向分布。本节主要阐述描述有序磁性的唯象分子场理论。

7.5.1 铁磁性的分子场理论

在居里温度(T_C)以下,铁磁体内部存在自发磁化,即磁矩自发定向排列。当铁磁体从高温冷却至居里温度以下($T<T_C$)时,铁磁体内部存在大量取向不同的磁畴。每个磁畴内部的磁矩趋于平行排列,如图 7.8 所示。磁畴内部磁矩的有序分布是磁矩之间耦合作用引起自发磁化造成的。如果不对铁磁体进行磁化,尽管每个磁畴内部的磁矩都定向排列,但由于磁畴的取向是无规的,宏观上不表现出剩余磁性。

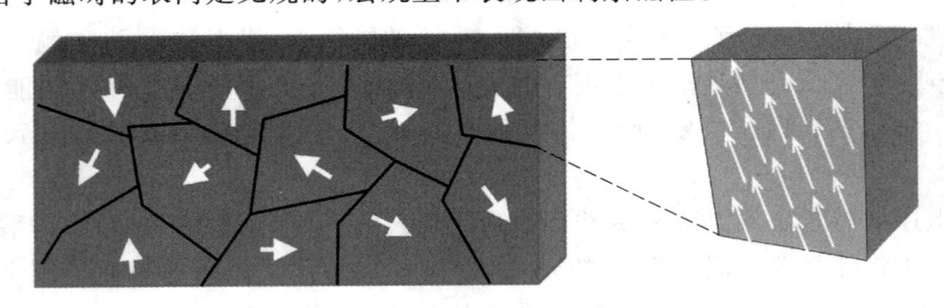

图 7.8 磁畴示意图(箭头为磁矩方向)

铁磁体的磁化率是很大的正数。当温度高于居里温度时,铁磁体转变为顺磁体,顺磁磁化率满足居里一外斯(Curie一Weiss)定律,即

$$\chi=\mu_0\frac{C}{T-\theta} \tag{7.50}$$

θ 一般略高于 T_C,常称为顺磁居里点,C 为居里常数。

$T<T_C$ 时,铁磁体表现为铁磁性,施加外磁场时,铁磁体内部的磁畴的磁矩方向趋于

同外磁场平行，该过程称为铁磁体的技术磁化或磁化。铁磁体的磁化过程是不可逆的，形成磁滞回线，如图 7.9 所示。

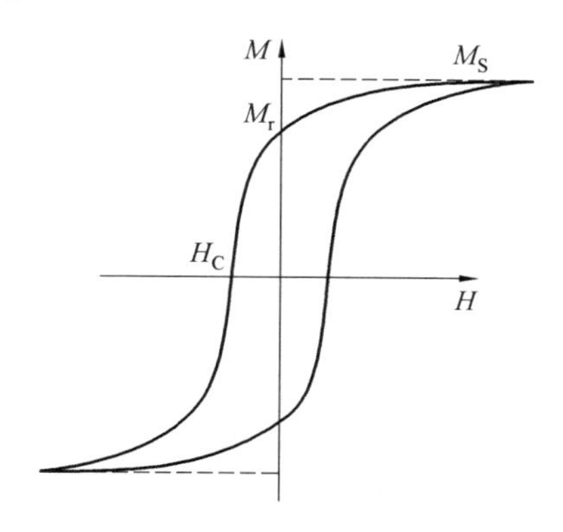

图 7.9 铁磁体磁磁滞回线示意图

1. 外斯分子场理论

在量子力学出现之前，外斯于 1906 年提出分子场理论，唯象地解释了铁磁体的自发磁化现象。外斯认为，在铁磁体内部存在“分子场”，分子场引起固有磁矩定向排列，进而产生自发极化。但是，外斯并没有给出分子场的物理本质。分子场理论也称平均场理论或唯象理论。外斯分子场理论的基本思想如下：

铁磁体内部存在一个强大的分子场，分子场使磁矩沿分子场方向定向排列，形成自发磁化；外斯分子场($\boldsymbol{B}_W$)的强度正比于磁化强度，

$$\boldsymbol{B}_W = \lambda \boldsymbol{M} \tag{7.51}$$

式中，$\boldsymbol{M}$ 是磁化强度，λ 是分子场系数。铁磁体内部存在各种取向的磁畴。当外磁场为零时，宏观上磁体没有剩余磁性。

磁畴内部的有效磁感应强度是外加磁场($\boldsymbol{B}_0$)与分子场的和，即

$$\boldsymbol{B}_{\text{eff}} = \boldsymbol{B}_0 + \lambda \boldsymbol{M} \tag{7.52}$$

式中，$\boldsymbol{B}_{\text{eff}}$是有效磁感应强度。

若原子的磁矩为

$$\boldsymbol{\mu}_J = -g\frac{e}{2m}\boldsymbol{J}$$

在有效磁场的作用下，塞曼能使角动量为 $\boldsymbol{J}$ 的简并能级劈裂为 $2J+1$ 个非简并能级，如图 7.5 所示。

$$E_J = -\boldsymbol{\mu}_J \cdot \boldsymbol{B}_{\text{eff}} = g_L \mu_B M_J B_{\text{eff}} \tag{7.53}$$

式中，$M_J = -J, -(J-1), \cdots, (J-1), J$。

若单位体积的磁性原子数为 N_a，则磁化强度为

$$M = N_a \frac{\sum_{M_J=-J}^{J} g_L \mu_B M_J \exp\left(\frac{-g_L \mu_B M_J B_0}{k_B T}\right)}{\sum_{M_J=-J}^{J} \exp\left(\frac{-g_L \mu_B M_J B_0}{k_B T}\right)} \tag{7.54}$$

仿照式(7.39)～(7.42)的推导可得

$$M = N_a g_L \mu_B J B_J(y) \tag{7.55}$$

式中，

$$y = \frac{g_L \mu_B J(B_0 + \lambda M)}{k_B T}$$

式中，$B_J(y)$是布里渊函数，如式(7.41)所示。

令 $B_0 = 0$，利用式(7.42)可得无外磁场时铁磁体的自发磁化强度 M_S，

$$M_S = N_a g_L \mu_B J B_J(x) \tag{7.56}$$

式中，

$$x = \frac{g_L \mu_B J \lambda M_S}{k_B T} \tag{7.57}$$

若令

$$M_0 = N_a g_L \mu_B J \tag{7.58}$$

则式(7.56)可以改写成

$$M_S = M_0 B_J(x) \tag{7.59}$$

当 $T = 0$ K 时，$\alpha \to \infty$，$B_J(\alpha) \to 1$，自发磁化达到饱和值，$M_S(T=0\ \text{K}) = M_0$。另外式(7.57)可以改写成

$$\frac{M_S}{M_0} = \frac{N_a k_B T}{\lambda M_0^2} x \tag{7.60}$$

求解式(7.56)或式(7.59)可以获得 M_S 和温度的关系。遗憾的是，式(7.56)没有解析解。图 7.10 示出了利用图解法求解式(7.56)的方法。

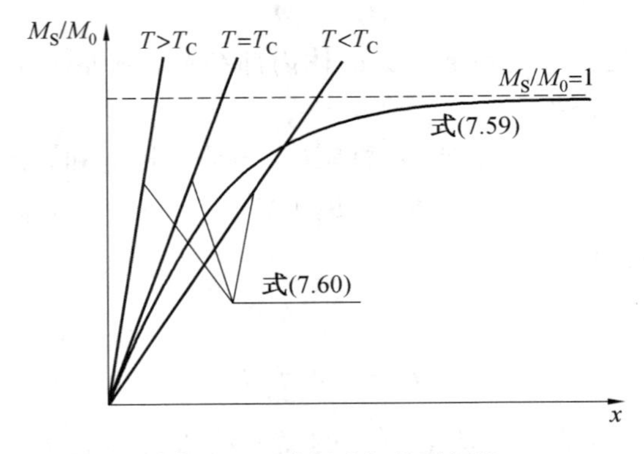

图 7.10 求解 M_S 的图解法

首先由式(7.59)作 $M_S/M_0 = B_J(x)$ 曲线。然后，选定一个温度 T，由式(7.60)作 $M_S/M_0 \sim x$ 直线。很显然，曲线和直线的交点就是该温度下的自发磁化强度。

选择不同的温度 T，重复上述操作，就可以得到 $M_S/M_0 \sim T/T_c$ 曲线，如图 7.11 所示，图中显示 Fe、Co 和 Ni 的磁化强度与温度的关系与外斯分子场理论相符。

由式(7.60)可知，随温度升高，直线 $M_S/M_0 \sim x$ 的斜率逐渐增加，当直线 $M_S/M_0 \sim x$ 的斜率大于 $B_J(x)$的切线的斜率时，直线 $M_S/M_0 \sim x$ 与曲线 $B_J(x)$的交点为 $M_S = 0$(即图 7.10 中的原点)，表明磁有序消失，铁磁性转变成顺磁性。

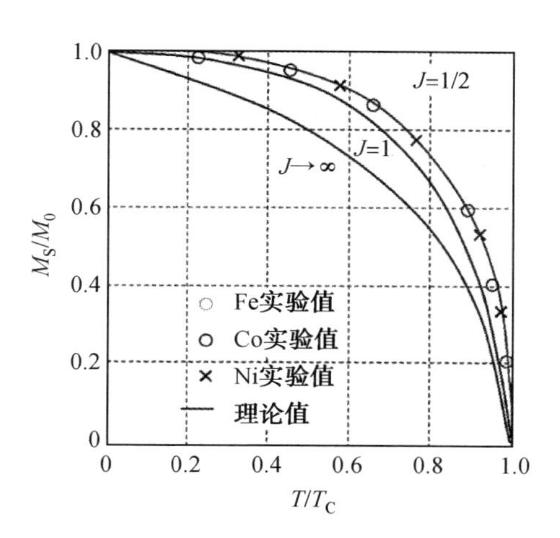

图 7.11 金属 Fe、Co 和 Ni 的 $M_S/M_0 \sim T/T_C$ 曲线

基于以上分析，图 7.10(a)中直线为曲线在 $x=0$ 的切点时对应于居里点，所以有

$$\frac{k_B T_C}{g_L J \mu_B \lambda} = N_a g_L J \mu_B \left.\frac{dB_J(x)}{d\alpha}\right|_{x=0} = \frac{N_a g_L \mu_B (J+1)}{3}$$

求解上述方程得

$$T_C = \frac{N_a g_L{}^2 \mu_B^2 J(J+1)\lambda}{3k_B} \tag{7.61}$$

可见，居里温度正比于分子场系数 λ，因此分子场越强，热运动破坏磁矩有序排列就越困难，居里温度就越高。表 7.4 给出了若干铁磁体的居里温度和绝对零度下的饱和磁化强度。

表 7.4 几种铁磁体的居里温度和绝对零度下的饱和磁化强度

物质	T_C/K	$\mu_0 M_0$ /(×10^{-4} T)	物质	T_C/K	$\mu_0 M_0$ /(×10^{-4} T)
Fe	1 043	1 752	Cu_2MnAl	630	726
Co	1 394	1 446	Cu_2MnIn	500	613
Ni	631	510	EuO	77	1 910
Gd	293	1 980	EuS	16.5	1 184
Dy	85	3 000	MnAs	318	870
$CrBr_3$	37	270	MnBi	670	675
Au_2MnAl	200	323	$GdCl_3$	2.2	550

图 7.11 给出了 $J\to\infty$、$J=1$ 和 $J=1/2$ 时的布里渊曲线 $B_J(x)$，同时给出了 Fe、Co 和 Ni 的实验值。从图中可以发现，只有当 $J=1/2$ 时，理论值和实验值才比较相符。这意味着 $L=0$，原子有效磁矩主要由 $3d$ 电子的自旋磁矩所贡献，轨道磁矩发生了猝灭。轨道磁矩猝灭的原因是由于 $3d$ 电子受到晶体场的作用，轨道角动量不是守恒量，与之对应的轨道磁矩平均值为零。

2. 铁磁体的高温顺磁磁化率

当温度高于居里温度时，热运动破坏了磁有序，铁磁体转变为顺磁体。下面用外斯分子场理论分析铁磁体的高温顺磁磁化率。

当温度高于居里温度 T_C 时，可以近似地认为$\frac{g_L\mu_B J(B_0+\lambda M)}{k_B T}\ll 1$，所以

$$B_J\approx\frac{g\mu_B(J+1)}{3k_B T}(B_0+\lambda M) \tag{7.62}$$

由式(7.55)可得

$$M=\frac{N_a g_L^2\mu_B^2 J(J+1)}{3k_B T}(B_0+\lambda M) \tag{7.63}$$

解式(7.63)并利用 T_C 的表达式(7.61)，可得

$$\chi=\frac{\mu_0 M}{B_0}=\mu_0\frac{C}{T-T_C} \tag{7.64}$$

式中，居里常数 $C=N_a g_L^2\mu_B J(J+1)/3k_B$，这就是居里一外斯定律。但是，外斯分子场理论不能解释居里温度 T_C 与顺磁居里点 θ 的差别。

7.5.2　反铁磁性的定域分子场理论

在奈尔温度(T_N)以下，反铁磁体存在两种大小相等反平行有序排列的磁矩。如果外磁场为零，两种反平行的磁矩刚好抵消，所以宏观不显示磁性。反铁磁体中的磁矩有序分布被子衍射等实验证明。以立方结构的 MnO 为例，在奈尔温度以下，每个(111)面上 M_n^{2+} 离子的自旋磁矩都是相同取向的，但相邻两个(111)面的自旋取向则是相反的，如图 7.12 所示。

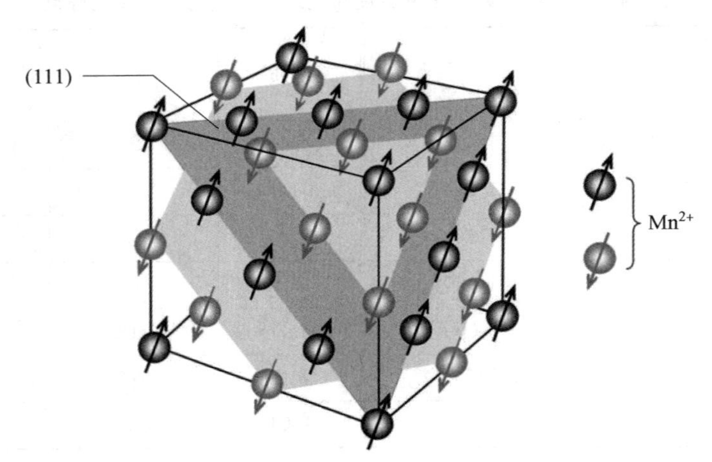

图 7.12　MnO 中 Mn^{2+} 磁矩的有序结构($T<T_N$)(未画出 O^{2-} 离子)

当温度高于奈尔温度时，反铁磁性转变为顺磁性，高温顺磁磁化率满足居里一外斯定律：

$$\chi=\mu_0\frac{C}{T+\theta} \tag{7.65}$$

温度低于奈尔温度的磁化率与外加磁场的方向有关，如图 7.13 所示。图中，$\chi_{/\!/}$代表外加磁场与磁矩所在平面(如 MnO 中的(111)面)平行时的磁化率，$\chi_{\perp}$代表外加磁场与磁矩所在平面垂直时的磁化率。在奈尔温度以下，$\chi_{/\!/}$、$\chi_{\perp}$与温度的关系存在很大不同，$\chi_{/\!/}$随温度下降而下降；$\chi_{\perp}$则保持不变，如图 7.13 所示。

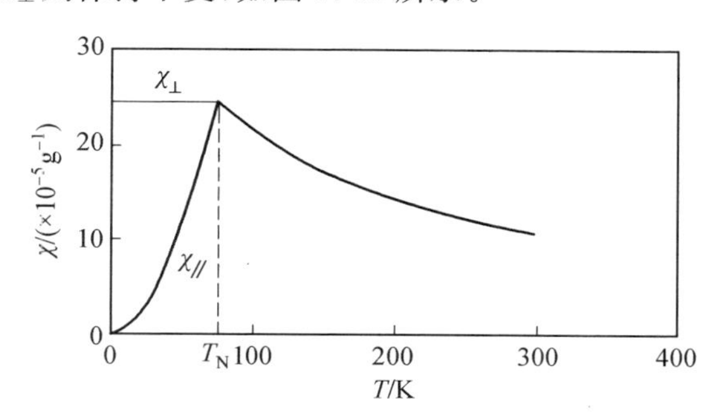

图 7.13 MnF_2的磁化率与温度的关系

1. 奈尔定域分子场理论的基本思想

受外斯分子场理论的启发，奈尔提出了处理反铁磁性的定域分子场理论。这里以立方 MnO 为例阐明奈尔的定域分子场理论。奈尔定域分子场主要思想如下。

(1)在反铁磁性晶体中，磁性离子(如 MnO 中的 Mn^{2+} 离子)可以分成两个磁性子晶格 A 和 B，如图 7.14 所示。

(2)在每个磁性子晶格中，存在一种定域分子场使子晶格中的自旋取向平行排列，分子场系数为 $\lambda_{ii}<0$。

(3)子晶格之间存在一种定域分子场，该分子场使两个子晶格的自旋反平行排列，分子场系数为 $\lambda_{AB}>0$

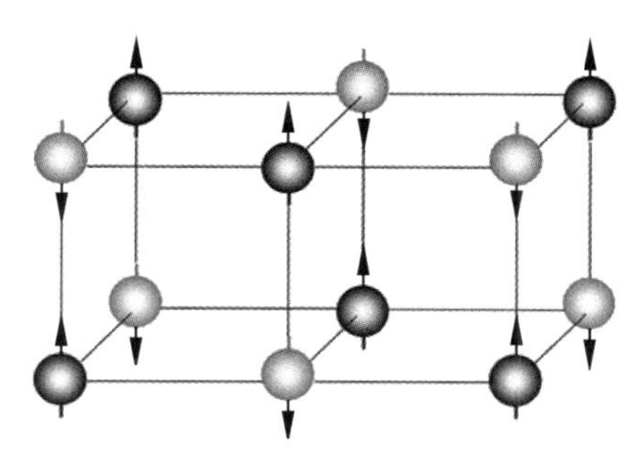

图 7.14 立方反铁磁氧化物中两个取向相反的磁性子晶格

作用在 A、B 两个子晶格上的有效磁感应强度为

$$\begin{cases}\boldsymbol{B}_{A}=\boldsymbol{B}_{0}-\lambda_{AB}\boldsymbol{M}_{B}-\lambda_{ii}\boldsymbol{M}_{A}\\ \boldsymbol{B}_{B}=\boldsymbol{B}_{0}-\lambda_{AB}\boldsymbol{M}_{A}-\lambda_{ii}\boldsymbol{M}_{B}\end{cases} \tag{7.66}$$

式中，$\boldsymbol{B}_0$是外加磁感应强度。

仿照式(7.55)的推导可以得到

$$\begin{cases} M_A = N_A g_L \mu_B J B_J(y_A) \\ M_B = N_B g_L \mu_B J B_J(y_B) \end{cases} \tag{7.67}$$

式中，N_A 和 N_B 分别是两个子晶格中对磁矩有贡献离子的浓度；B_J 是布里渊函数，且

$$\begin{cases} y_A = \dfrac{g_L \mu_B J B_A}{k_B T} \\ y_B = \dfrac{g_L \mu_B J B_B}{k_B T} \end{cases} \tag{7.68}$$

2. 奈尔温度

在反铁磁体中，必然有 $N_A = N_B = N/2$，N 是单位体积内磁性离子数。若温度较高，即 $y_A \ll 1$，$y_B \ll 1$，对布里渊函数做级数展开，并略去小量，可以得到

$$\begin{cases} M_A = \dfrac{N}{2} g_L J \mu_B \dfrac{J+1}{3J} y_A = \dfrac{N g_L^2 \mu_B^2 J(J+1)}{6 k_B T} B_A \\ M_B = \dfrac{N}{2} g_L J \mu_B \dfrac{J+1}{3J} y_B = \dfrac{N g_L^2 \mu_B^2 J(J+1)}{6 k_B T} B_B \end{cases} \tag{7.69}$$

令

$$C = \frac{N g_L^2 \mu_B^2 J(J+1)}{3 k_B} \tag{7.70}$$

当外场 $B_0 = 0$ 时，有

$$\begin{cases} M_A = \dfrac{C}{2T}(-\lambda_{AB} M_B - \lambda_{ii} M_A) \\ M_B = \dfrac{C}{2T}(-\lambda_{AB} M_A - \lambda_{ii} M_B) \end{cases} \tag{7.71}$$

式(7.71)是关于 M_A 和 M_B 的线性齐次方程组，有非零解的条件是

$$\begin{vmatrix} 1+\dfrac{C\lambda_{ii}}{2T} & \dfrac{C\lambda_{AB}}{2T} \\ \dfrac{C\lambda_{AB}}{2T} & 1+\dfrac{C\lambda_{ii}}{2T} \end{vmatrix} = 0 \tag{7.73}$$

由式(7.73)可解出奈尔温度 T_N

$$T_N = \frac{C}{2}(\lambda_{AB} - \lambda_{ii}) \tag{7.74}$$

可见，最近邻分子场系数 λ_{AB} 越大，T_N 越高。

3. 高温磁化率

当 $T > T_N$ 时，$y_A \ll 1$，$y_B \ll 1$，由上节关于布里渊函数的分析，可得晶体的磁化强度为

$$M = M_A + M_B = \frac{C}{2T}[2B_0 - (\lambda_{AB} + \lambda_{ii})M] \tag{7.75}$$

进而，可得高温磁化率为

$$\chi = \frac{\mu_0 M}{B_0} = \mu_0 \frac{C}{T+\theta} \tag{7.76}$$

式中，$\theta = C(\lambda_{AB} + \lambda_{ii})/2$。

式(7.76)表明，奈尔的定域分子场理论可以很好地说明反铁磁体的高温磁化行为。

7.5.3 亚铁磁性的分子场理论

一般称从亚铁磁性向顺磁性转变的临界温度为居里温度，用 T_C 表示。亚铁磁性可以看作反铁磁性的特例，亚铁磁体内部存在两种反平行排列的磁矩，但是二者不相等，所以在外场为零的情况下，磁畴内具有剩余磁性。由于磁畴有剩余磁矩，所以亚铁磁性的磁化行为与铁磁体类似，磁化过程的不可逆性导致磁滞回线的形成。

1. 亚铁磁体的性能特点

当 $T>T_C$ 时，热运动破坏了亚铁磁序，表现出顺磁性。顺磁磁化率满足以下形式的居里一外斯定律：

$$\chi=\mu_0 \frac{C}{T+\theta} \tag{7.77}$$

图 7.15 示出了亚铁磁体典型的 $1/\chi \sim T$ 曲线，图中可见，当温度接近居里温度时，顺磁磁化率偏离居里一外斯定律。

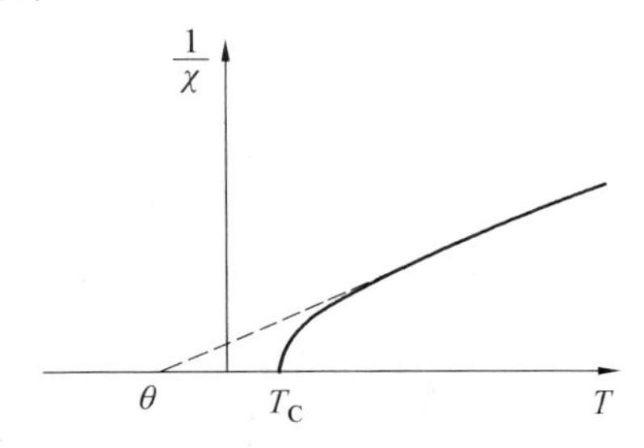

图 7.15　亚铁磁体典型的 $1/\chi \sim T$ 曲线

与反铁磁体相似，亚铁磁体内部也存在两种取向相反的子晶格，只不过两种子晶格的磁化强度不等。假定两种子晶格的磁化强度分别为 $M_A>0$ 和 $M_B<0$。则亚铁磁体总的饱和磁化强度为

$$M_S=M_A+M_B \tag{7.78}$$

下面定性分析磁化强度与温度的关系。由于在亚铁磁体中存在两种磁矩取向相反的磁性次晶格，且二者的磁矩不等，所以其磁化强度与温度的关系表现出多样性。

① $|M_A|$ 和 $|M_B|$ 均随温度升高而单调下降，$M_S=M_A+M_B$ 也随温度升高而单调下降，如图 7.16(a)所示。称此种类型的亚铁磁体为 Q 型亚铁磁体。Q 型亚铁磁体与铁磁体的情况相同。

②若 $|M_A|$ 随温度下降的速度比 $|M_B|$ 下降的速度快，在某个温度(T_d)下，$|M_A|=|M_B|$，导致磁化强度为零，形成如图 7.16(b)所示的 $M_S \sim T$ 曲线，称 T_d 为抵消点。称此种亚铁磁体为 N 型亚铁磁体。

③另外一种亚铁磁体的 $M_S \sim T$ 曲线，如图 7.16(c)所示，存在一个极值点，称此类亚铁磁体为 P 型亚铁磁体。

2. 铁氧体的结构特点及磁矩

为了从晶体结构层面说明亚铁磁体起源的微观机制，以立方尖晶石结构的铁氧体为

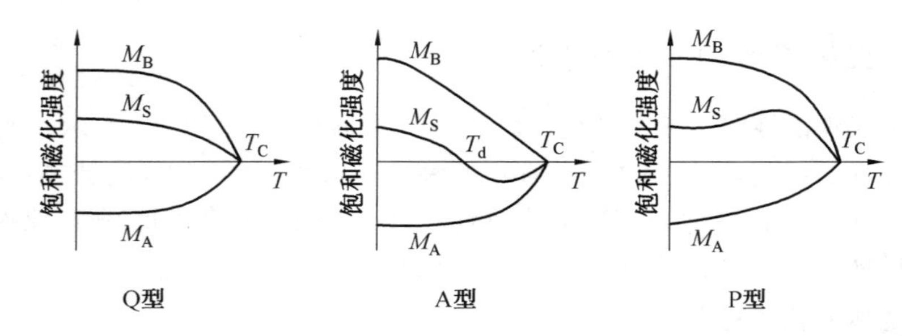

图 7.16 铁氧体自发饱和磁化强度的温度特性

例，分析子晶格结构与磁化强度的关系。立方尖晶石结构铁氧体的分子式为 $MeFe_2O_4$，式中 Me 是二价离子，如 Mg、Mn、Fe、Co、Ni、Cu、Zn 等二价金属离子，图 7.17 示出了立方尖晶石结构单胞原子在(001)面的投影。

尖晶石结构为复杂面心立方结构，每个晶胞中共有 32 个 O^{2+} 离子，16 个 Fe^{3+} 离子和 8 个 Me^{2+} 离子，其结构式为 $8Me^{2+}16Fe^{3+}32O^{2-}$。每个晶胞可以分成两种类型八个小立方体单元(子晶格)，如图 7.17(a)和(b)所示。

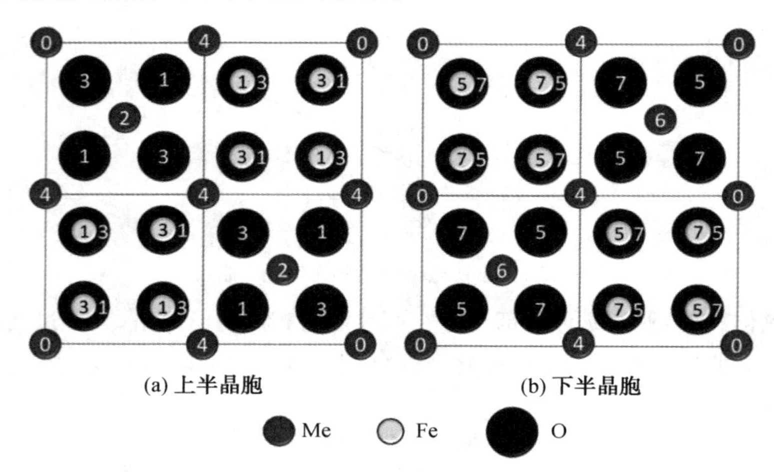

图 7.17 尖晶石结构在(001)面上的原子投影图(图中数字是原子高度，$c/8$ 为单位)

A 型子晶格如图 7.18(a)所示。在 A 型子晶格中，4 个氧原子位于四面体的顶角，二价金属离子处在氧离子形成的四面体中心，称为 A 位置。每个单胞共有 4 个 A 型子晶格，共有 8 个二价离子，如图 7.18(c)所示。

B 型子晶格如图 7.18(b)所示，三价金属离子处在 A 型立方子晶格的对角线上，并与氧离子(也在对角线上)对称分布，这种位置称为 B 位置，如图 7.18(b)所示。在尖晶石晶胞中，共有 4 个 B 型单胞，16 个三价离子(如 Fe^{3+})。

如果处在 A 位置上的 8 个二价金属离子同处在 B 位置上的 8 个三价金属离子对调(在正尖晶石结构中 B 位上的三价离子共有 16 个，此处仅有 8 个同二价离子对调)就形成了反尖晶石结构。

当 $T<T_C$ 时，每个次晶格内部(即上述 A 型立方体单元或 B 型立方体单元)的磁性离子的磁矩都是平行排列的，而 A、B 两种次晶格的磁矩取向则是反平行的。前已述及，

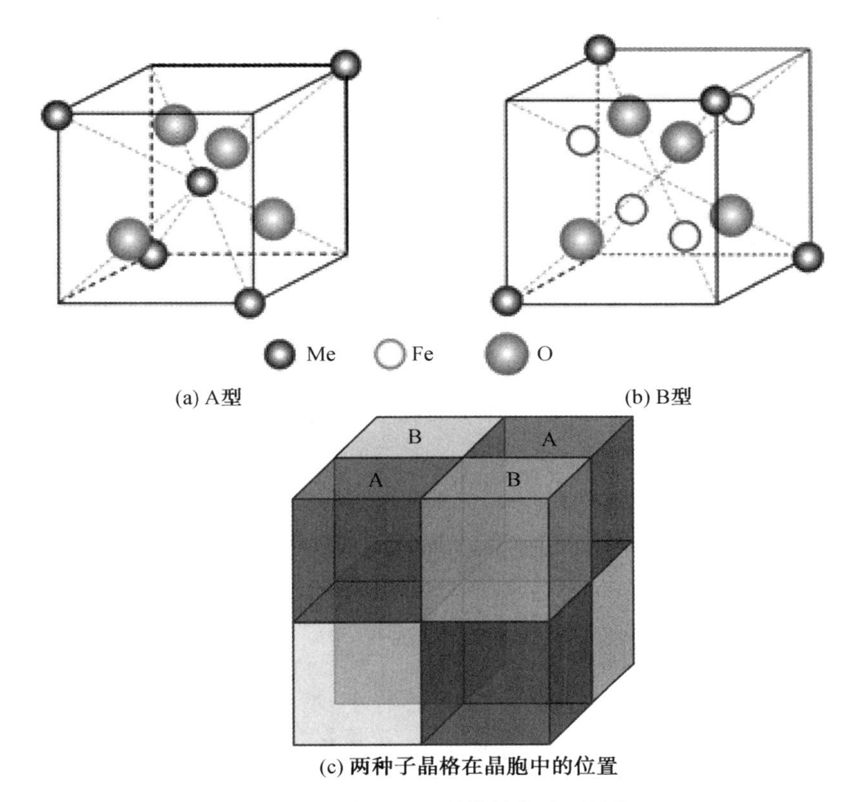

图 7.18 尖晶石的晶体结构中子晶格

对氧化物而言，由于 $3d$ 磁性离子轨道磁矩猝灭，只需考虑自旋磁矩。下面分析具有反尖晶石结构 Fe_3O_4（即 $FeFe_2O_4$）每个单胞和每个分子式的磁矩。

Fe^{3+} 离子共有 5 个 d 电子，依据洪德法则，Fe^{3+} 的自旋角动量在 z 方向的投影量子数为 5/2。Fe^{2+} 离子共有 6 个 d 电子，依据洪德法则，Fe^{3+} 的自旋角动量在 z 方向的投影量子数为 2。每个晶胞 4 个 A 型子晶格中共有 8 个 Fe^{3+} 离子，4 个 B 型子晶格中共有 8 个 Fe^{3+} 离子和 8 个 Fe^{2+} 离子，如图 7.19 所示。所以，每个反尖晶石晶胞的剩余磁矩为

$$\mu_{单胞}=g_L\mu_B\left(2\times8+\frac{5}{2}\times8-\frac{5}{2}\times8\right)=32\mu_B \tag{7.79}$$

式中，$g_L=2$（磁矩全部由自旋提供），由于一个单胞中相当于含有 8 个 $FeFe_2O_4$ 分子，所以一个分子的剩余磁矩为

$$\mu_{分子}=\frac{1}{8}\mu_{单胞}=4\mu_B \tag{7.80}$$

实验值为 $\mu_{分子}=4.2\mu_B$ 同计算值基本相符，表明以上分析是正确的。

3. 亚铁磁性的定域分子场理论

根据奈尔的定域分子场理论，考虑到两套子晶格不等同，做如下定义。

λ_{AA} 和 λ_{BB}：子晶格 A 和子晶格 B 内分子场系数。

λ_{AB}：两个子晶格之间相互作用的分子场系数。则作用在子晶格 A 位和子晶格 B 位上的有效的感应强度分别为

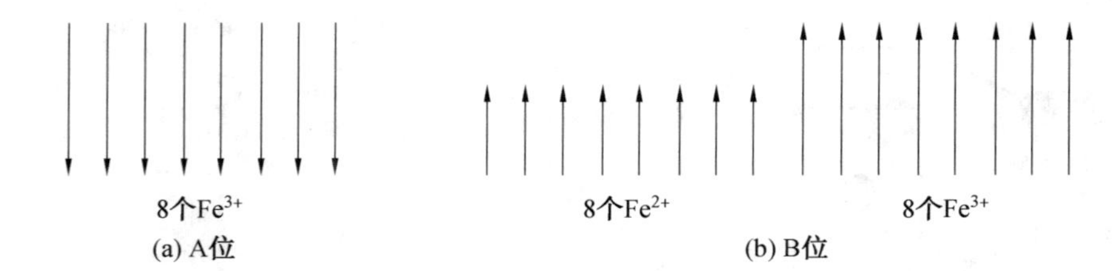

图 7.19 $Fe_3O_4(FeFe_2O_4)$中的铁离子磁矩

$$\begin{cases} \boldsymbol{B}_A = \boldsymbol{B}_0 - \lambda_{AA}\boldsymbol{M}_A - \lambda_{AB}\boldsymbol{M}_B \\ \boldsymbol{B}_B = \boldsymbol{B}_0 - \lambda_{AB}\boldsymbol{M}_A - \lambda_{BB}\boldsymbol{M}_B \end{cases} \tag{7.81}$$

在较高温度下，利用布里渊函数展开项的性质有

$$\begin{cases} M_A = \dfrac{C_A}{T}(B_0 - \lambda_{AA}M_A - \lambda_{AB}M_B) \\ M_B = \dfrac{C_B}{T}(B_0 - \lambda_{AB}M_A - \lambda_{BB}M_B) \end{cases} \tag{7.82}$$

式中，C_A 和 C_B 分别是子晶格 A 和子晶格 B 的居里常数，且

$$C_i = \frac{N_i g^2 \mu_B^2 J(J+1)}{3k_B} \tag{7.83}$$

式中，i=A 或 B。

N_A 或 N_B 分别是子晶格 A 和子晶格 B 的单位体积磁性离子数。当 $B_0=0$ 时，式(7.82)是关于 M_A 和 M_B 的线性齐次方程组。子晶格发生自极化的条件是无外场时方程式(7.82)有非零解，即是系数行列式为零，由此得到

$$T_C = \frac{1}{2}\left[\sqrt{(C_A\lambda_{AA} - C_B\lambda_{BB})^2 + 4C_AC_B\lambda_{AB}^2} - (C_A\lambda_{AA} + C_B\lambda_{BB})\right] \tag{7.84}$$

亚铁磁体的种类很多，不仅仅包括铁氧体，例如，石榴石结构的 RFe_5O_{12}（R 为三价稀土离子）也是亚铁磁体。表 7.5 给出了部分尖晶石结构铁氧体和石榴石结构铁氧体的内禀磁性能，以及离子磁矩的分子场理论计算值与试验值的比较，可见分子场理论是非常成功的。

表 7.5 几种铁氧体亚铁电体的内秉磁性

(a)尖晶石铁氧体

化合物	居里点 T_C/K	离子磁矩(μ_B)				饱和磁化强度 $\mu_0 M_S$/T
		A 位	B 位	净值		
				理论值	实验值	
$MnFe_2O_4$	575	−(1+4)	1+9	5	4.6～5	0.52
Fe_3O_4	860	−5	4+5	4	4.1	0.65
$CoFe_2O_4$	790	−5	3+5	3	3.7	0.58
$NiFe_2O_4$	865	−5	2+5	2	2.3	0.43
$CuFe_2O_4$	728	−5	1+5	1	1.3	
$Li_{0.5}Fe_{2.5}O_4$	943	−5	0+7.5	2.5	2.5～3	0.43
$MgFe_2O_4$	700	−5	0+5	0	1.1	0.12

(b)石榴石铁氧体

化合物	居里点 T_C/K	绝对零度下每分子式磁矩(μ_B)			室温饱和磁化强度 $\mu_0 M_S/T$
		理论值		实验值	
		$\lvert 3(2S)-5\rvert$	$\lvert 3(L+2S)-5\rvert$		
YFe_5O_{12}	560	5	5	4.96	0.18
$GdFe_5O_{12}$	564	16	16	15.2	0.013
$DyFe_5O_{12}$	563	10	25	17.2	0.042

7.6 有序磁体中的交换作用

有序磁体最重要特征是在没有外场的作用下，磁体内部固有磁矩自发有序排列。外斯分子场理论虽然在描述有序磁体的磁性方面取得了很大成功，但是它没有给出分子场的物理本质，更没有给出计算分子场的方法。自海森堡(Heisenberg)建立过渡族金属磁性的交换作用理论之后，针对不同体系的交换作用理论逐渐被建立起来。本节主要介绍交换作用的基本物理思想。

7.6.1 海森堡直接交换作用

海森堡直接交换作用是在其关于 He 原子光谱分析以及海特勒一伦敦(Heitler—London)关于 H_2 分子成键分析工作基础上提出的。为了理解海森堡交换作用模型的物理思想，下面从 H_2 分子出发介绍海森堡交换作用模型的提出过程及物理图像。

1. H_2 分子的海特勒一伦敦模型

图 7.20 所示为 H_2 分子中电子和原子核相对位置，H_2 分子的哈密顿算符为

$$\hat{H}=\hat{H}_a(1)+\hat{H}_b(2)+\hat{H}_{12} \tag{7.85}$$

式中，$\hat{H}_a(1)$ 和 $\hat{H}_b(2)$ 是两个氢原子的哈密顿算符

$$\begin{cases}\hat{H}_a(1)=-\dfrac{\hbar^2}{2m}\nabla_1^2+\dfrac{1}{4\pi\varepsilon_0}\dfrac{e^2}{r_{a1}}\\[2ex]\hat{H}_b(2)=-\dfrac{\hbar^2}{2m}\nabla_2^2+\dfrac{1}{4\pi\varepsilon_0}\dfrac{e^2}{r_{b2}}\end{cases} \tag{7.86}$$

$\hat{H}_{12}(1)$ 是两个氢原子相互作用势函数

$$\hat{H}_{12}(1,2)=\frac{e^2}{4\pi\varepsilon_0}\left(-\frac{1}{r_{b1}}-\frac{1}{r_{a2}}+\frac{1}{r_{12}}+\frac{1}{R}\right) \tag{7.87}$$

如果 φ_a 和 φ_b 分别是氢原子 a 和 b 的基态波函数，E_0 是原子的基态能量，则

$$\begin{cases}\hat{H}_a\varphi_a=E_0\varphi_a\\ \hat{H}_b\varphi_b=E_0\varphi_b\end{cases} \tag{7.88}$$

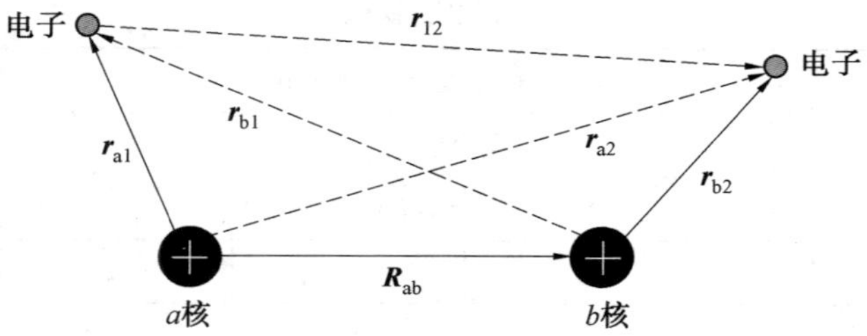

电子 $\boldsymbol{r}_{12}$ 电子 $\boldsymbol{r}_{b1}$ $\boldsymbol{r}_{a1}$ $\boldsymbol{r}_{a2}$ $\boldsymbol{r}_{b2}$ $\boldsymbol{R}_{ab}$ a核 b核

图 7.20 H_2分子中电子和原子核相对位置示意图

单电子的自旋波函数用 α 和 β 表示，α 表示自旋向上，β 表示自旋向下。例如，$\alpha(1)$表示电子 1 的自旋向上。H_2分子体系的波函数可以表达成空间波函数和自旋波函数的乘积。

海特勒一伦敦假设 H_2分子体系空间波函数是原子波函数（单电子波函数）乘积的线性组合（参见第 5 章哈特利一福克近似），即

$$\begin{cases}\psi_s = C[\varphi_a(1)\varphi_b(2)+\varphi_a(2)\varphi_b(1)]\chi_s \\ \psi_t = C[\varphi_a(1)\varphi_b(2)-\varphi_a(2)\varphi_b(1)]\chi_t\end{cases} \tag{7.89}$$

式中，χ_s 和χ_t 是归一化的自旋波函数，C 是归一化常数，即 ψ_s 和 ψ_t 是归一化的。由于费米子满足交换反对称性，所以式(7.89)第一式空间波函数是交换对称的，则要求自旋波函数部分χ_s 是反对称的。式(7.89)第二式的空间波函数是交换反对称的，则要求自旋波函数部分是交换对称的。所以，χ_s 和χ_t 可以写作

$$\chi_s = \frac{1}{\sqrt{2}}[\alpha(1)\beta(2)-\alpha(2)\beta(1)] \equiv \frac{1}{\sqrt{2}}[|\uparrow\downarrow\rangle - |\downarrow\uparrow\rangle] \tag{7.90}$$

及

$$\chi_t = \begin{cases}\alpha(1)\alpha(2) \equiv |\uparrow\uparrow\rangle \\ \frac{1}{\sqrt{2}}[\alpha(1)\beta(2)+\alpha(2)\beta(1)] \equiv \frac{1}{\sqrt{2}}[|\uparrow\downarrow\rangle + |\downarrow\uparrow\rangle] \\ \beta(1)\beta(2) \equiv |\downarrow\downarrow\rangle\end{cases} \tag{7.91}$$

式(7.90)和式(7.91)中狄拉克符号中的箭头表示自旋取向。由于 ψ_s 没有简并，称为单态；ψ_t 是三重简并的，故称三重态。

从式(7.90)和式(7.91)中还可以发现，单态的两个电子自旋反平行，所以单态的电子总自旋(S_s)为零。三重态中两个电子的自旋平行，总自旋量子数为 1，即 $S_t = s_1 + s_2 = 1$。总自旋角动量在 z 方向的投影量子数分别为，$M_s = -1, 0, 1$，分别对应于$|\downarrow\downarrow\rangle$，$\frac{1}{\sqrt{2}}[|\uparrow\downarrow\rangle + |\downarrow\uparrow\rangle]$，$|\uparrow\uparrow\rangle$三个自旋态。

由瑞利一利兹变分可得

$$\begin{cases}E_s = \langle\psi_s|\hat{H}|\psi_s\rangle = 2E_0 + \frac{K+X}{1+\Delta^2} \\ E_t = \langle\psi_t|\hat{H}|\psi_t\rangle = 2E_0 + \frac{K-X}{1-\Delta^2}\end{cases} \tag{7.92}$$

式中，

重叠积分：$\Delta=\langle\varphi_a(1)|\varphi_b(1)\rangle$

库仑积分：$K=\langle\varphi_a(1)\varphi_b(2)|\hat{H}_{12}|\varphi_a(1)\varphi_b(2)\rangle$

交换积分：$X=\langle\varphi_a(1)\varphi_b(2)|\hat{H}_{12}|\varphi_a(2)\varphi_b(1)\rangle$

利用式(7.89)波函数的正交归一性求出常数 C，由式(7.92)可得单态和三重态的能量差为

$$E_s-E_t=2\frac{X-K\Delta^2}{1-\Delta^4}\equiv 2J_{ex} \tag{7.93}$$

式中，J_{ex}称为交换作用常数。

如果波函数重叠积分(Δ)为零，$J_{ex}=X$，所以，也称 J_{ex}为交换积分。式(7.93)表明，单态和三重态的能量差为交换积分的 2 倍。则当 $A>0$ 时三重态稳定；当 $A<0$ 时单态稳定。对于 H_2分子的情况，$A<0$，两个自旋反平行时是基态(成键态)。这为后来共价键理论的建立奠定了基础。

2. H_2分子的海森堡模型

在海特勒一伦敦模型中，如果重叠积分可以忽略，则式(7.92)可以写成下面的近似形式

$$E=2E_0+K\pm X \tag{7.94}$$

式中，"+"对应于单态；"−"对应于三重态。

海森堡假设 H_2分子的哈密顿量可以写成如下形式：

$$\hat{H}_{eff}=2\hat{H}_a+\hat{H}_C+\hat{H}_{ex} \tag{7.95}$$

式中，$\hat{H}_a$ 是氢原子的哈密顿量，期望值是 E_0；$\hat{H}_C$ 代表库仑作用，期望值是 K；$\hat{H}_{ex}$是交换作用哈密顿量，其期望值依赖于单态或三重态。

原始的哈密顿算符中并不包含自旋，波函数的对称性使得自旋出现在波函数的最终表达式中。而在海森堡等效哈密顿量式(7.95)中，自旋成为显变量出现在哈密顿算符中，这是海森堡的创造。海森堡进一步假定交换作用哈密顿可以写成如下形式：

$$\hat{H}_{ex}=A_H\boldsymbol{s}_1\cdot\boldsymbol{s}_2 \tag{7.96}$$

式中，自旋 $\boldsymbol{s}_1$ 和 $\boldsymbol{s}_2$ 以 $\hbar$ 为单位。

现在计算式(7.96)所示哈密顿量三重态和单态期望值的差。式(7.97)所示的交换能(E_{ex})是 $\hat{H}_{ex}$的期望值，即

$$E_{ex}=\langle\hat{H}_{ex}\rangle=A_H\langle\boldsymbol{s}_1\cdot\boldsymbol{s}_2\rangle \tag{7.97}$$

式中，$\langle\rangle$表示期望值。

系统的总自旋(S)可以表示为两个电子自旋的和，即 $S=\boldsymbol{s}_1+\boldsymbol{s}_2$，则由 $S^2=s_1^2+s_2^2+2\boldsymbol{s}_1\cdot\boldsymbol{s}_2$ 可得

$$\boldsymbol{s}_1\cdot\boldsymbol{s}_2=\frac{S^2-(s_1^2+s_2^2)}{2} \tag{7.98}$$

由于单个电子自旋量子数为1/2，所以

$$\langle s_1^2\rangle=\langle s_2^2\rangle=s(s+1)=\frac{3}{4} \tag{7.99}$$

又因为$\langle S^2\rangle=S(S+1)$，单态$S=0$，三重态$S=1$，结合式(7.97)～(7.99)可以得到单态交换能(E_{ex}^S)和三重态交换能(E_{ex}^T)为

$$\begin{cases}E_{ex}^S=-\dfrac{3}{4}A_H\\ E_{ex}^T=\dfrac{1}{4}A_H\end{cases}$$

所以，三重态和单态的能量差为

$$E_{ex}^T-E_{ex}^S=A_H \tag{7.100}$$

比较式(7.93)和式(7.100)可知，$A_H=-2J_{ex}$。图7.21示出了海森堡H_2分子能级示意图，当外磁场为零时，三重态是三重简并的。当施加外磁场时，三重态退简并，劈裂成三个能级。对于H_2分子而言，$A_H>0$，表明单态是基态。

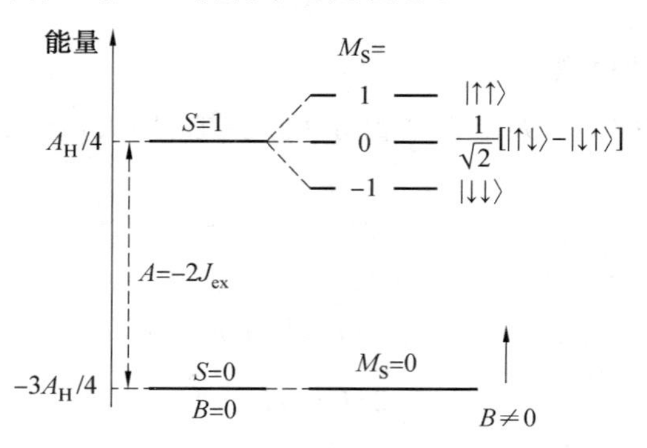

图7.21　海森堡H_2分子模型单态和三重态能级示意图

3. 铁磁过渡族金属的海森堡直接交换作用模型

海森堡将交换相互作用思想推广到晶体的多电子体系。海森堡假定过渡族金属d电子是局域的，束缚在各原子周围。相邻两个原子(假如每个原子自由一个d电子)的d电子的交换哈密顿量为

$$\hat{H}_{ex}=-2A_{12}\boldsymbol{S}_1\cdot\boldsymbol{S}_2 \tag{7.101}$$

式中，自旋以$\hbar$为单位，A_{12}称为交换积分，是两个原子间距的函数，具有下面的形式：

$$A_{12}=\iint\varphi_a^*(\boldsymbol{r}_1)\varphi_b^*(\boldsymbol{r}_2)\frac{e^2}{4\pi\varepsilon_0 r_{12}}\varphi_a(\boldsymbol{r}_2)\varphi_b(\boldsymbol{r}_1)d\boldsymbol{r}_1 d\boldsymbol{r}_2 \tag{7.102}$$

式中，r_{12}是两个电子之间的距离。

需要说明的是，严格推导海森堡交换积分是十分困难的。假定过渡族晶体中每个原子只有一个d电子，则总交换能为

$$\hat{H}_{ex}=-2\sum_{i>j}^{N}A_{ij}\boldsymbol{S}_i\cdot\boldsymbol{S}_j \tag{7.103}$$

如果交换积分$A_{ij}>0$，则$\boldsymbol{S}_i\cdot\boldsymbol{S}_j>0$体系能量最低，电子自旋平行取向，固体表现出

铁磁性。如果交换积分 $A_{ij}<0$，则 $\boldsymbol{S}_i\cdot\boldsymbol{S}_j<0$ 体系能量最低，电子自旋反平行取向，固体表现出反铁磁性。图 7.22 示出了贝特(Bate)和斯莱特(Slater)计算得到的交换作用常数与 R/r_d(原子间距与 d 轨道半径的比)之间的关系。图中可见，$\alpha-$Fe(BCC)、Co 和 Ni 的交换积分大于零，表现为铁磁性；$\gamma-$Fe(FCC)和 Mn 的交换积分小于零，表现为反铁磁性。

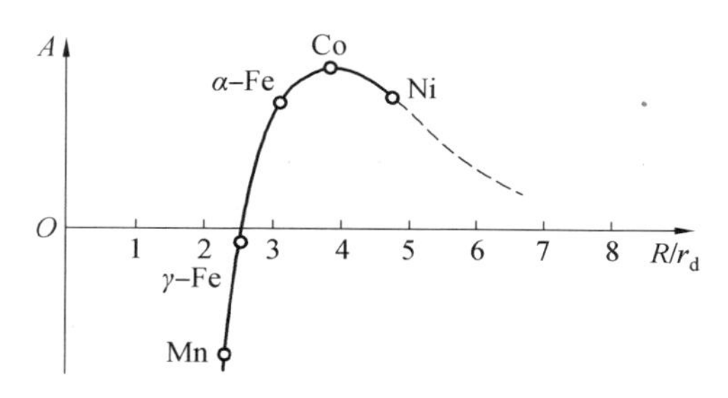

图 7.22 交换作用常数 A 与 R/r_d 之间的关系

可见，d 电子自旋取向相同是由交换积分的性质决定的，也就是说分子场的本质是电子之间的交换作用能。海森堡的交换模型在物理上阐明了外斯分子场的本质。下面分析铁磁体中分子场与海森堡交换积分的关系。

由于 d 电子波函数扩展程度有限，式(7.103)的求和只在最近邻原子进行。如果单位体积内磁性离子数为 N_a，最近邻原子间交换积分为 A，交换能是式(7.103)哈密顿量的期望值，即

$$E_{ex}=-N_aZA\langle S\rangle^2 \tag{7.104}$$

式中，Z 是最近邻配位数。

从分子场理论出发

$$\begin{cases}E_{ex}=-\dfrac{1}{2}\lambda M^2\\ M=-N_ag_L\mu_B\langle S\rangle\end{cases} \tag{7.105}$$

由式(7.104)和式(7.105)可得分子场系数(λ)与交换积分(A)的关系

$$\lambda=\frac{2ZA}{N_ag_L^2\mu_B^2} \tag{7.106}$$

将式(7.106)代入式(7.61)得居里温度与交换积分的关系为

$$T_C=\frac{2S(S+1)ZA}{3k_B} \tag{7.107}$$

在海森堡交换作用模型中，交换积分来自于相邻原子 d 电子的直接交换，故称这种交换作用为直接交换作用。海森堡直接交换作用模型具有图像清晰、易于理解等特点，在定性处理 Fe、Co 和 Ni 等的铁磁性方面取得了很大的成功，历史上首次说明了外斯分子场的物理本质。但是，海森堡模型依然不能解释过渡族金属磁性的全部实验规律。

首先，按海森堡的局域交换模型，由于电子自旋磁矩为一个玻尔磁子(μ_B)，每个原子对铁磁性有贡献的磁矩应当是玻尔磁子的整数倍。然而实验结果却并非如此，如 $T=0$ K 时，Fe 为 $2.22\mu_B$，Co_B、Ni 为 $0.606\mu_B$。

其次，试验测得的原子磁矩远小于海森堡直接交换模型的理论预测值。以 Fe 为例，每个 Fe 原子有 6 个 d 电子，由洪德定则可以知道，每个 Fe 原子有 4 个 $3d$ 电子未配对。按海森堡模型，每个 Fe 原子的磁矩应为 $4\mu_B$。然而实验发现，Fe(BCC)晶体中每个 Fe 原子磁矩仅为 2.22。这就是所谓的“玻尔磁子数缺损之谜”。

另外，海森堡模型给出的居里温度显著低于实验值。

7.6.2 自发磁化的能带模型

铁族金属原子磁矩非玻尔磁子整数倍及玻尔磁子缺损现象，表明 d 电子不可能是完全局域的。为了克服海森堡模型的困难，人们逐渐发展了巡游 d 电子模型。哈巴德(Hubbard)等人提出了基于巡游电子模型的哈巴德哈密顿量，哈巴德模型常用于第一性原理计算固体的磁性。斯托纳(Stoner)等人提出了铁磁性自发磁化的能带模型。这里简要介绍斯托纳的自发磁化的能带模型。

1. 斯托纳模型的基本思想

①自旋相反的电子之间存在正的“交换作用”，d 带中一对自旋相反电子之间的正的交换作用能为 U，它描述了两个自旋相反电子占据同一轨道的库仑排斥能，也称 U 为相互作用常数。

②交换作用使 d 能带分裂成两个子带，一个自旋向上，一个自旋向下，如图 7.23 所示。为了分析问题方便，规定“自旋向下”的方向为磁矩的正方向。将 d 电子能带分成自旋向上和向下两个子带，当不存在交换作用时，自旋向上和自旋向下电子数相等，故不显示磁性。两个子带的费米能级相同。

当自旋相反电子之间的交换作用足够强，自旋向下(磁矩向上为正)子带能量较低，自旋向上子带能量升高。能量升高的子带上的电子向能量降低的子带中转移，以保证二者的费米能级相等。其结果是 d 带总自旋磁矩不为零，形成自发磁化，导致铁磁性的形成。有时，为了讨论问题方便，将两个 d 电子的子带称为“多数自旋子带”和“少数自旋子带”。

自发磁化强度由自旋两种取向电子数的差决定。自旋向下或向上的电子数不仅取决于态密度，而且还取决于交换作用的大小(交换作用决定两个子带的“错开”程度)，平均到每个原子，磁矩不是整数是理所当然的。斯托纳能带模型可以较好地解释原子磁矩不是整数及玻尔磁子数缺损现象。

2. 斯托纳铁磁性判据

定义单位体积内平均到每个原子的自旋向上和向下的 d 带电子数为分别为 $n^{\uparrow}$ 和 $n^{\downarrow}$。则 d 带中自旋向上的单电子能量为

$$E^{\uparrow}(k)=E(k)+\mu_B B+Un^{\downarrow} \tag{7.108}$$

d 带中自旋向下的单电子能量为

$$E^{\downarrow}(k)=E(k)-\mu_B B+Un^{\uparrow} \tag{7.109}$$

则

$$n^{\uparrow}=\int_{+\mu_B B+Un^{\downarrow}}^{\infty} f(E)D(E)\mathrm{d}E=\int_0^{\infty} f(E+\mu_B B+Un^{\downarrow})D(E)\mathrm{d}E \tag{7.110}$$

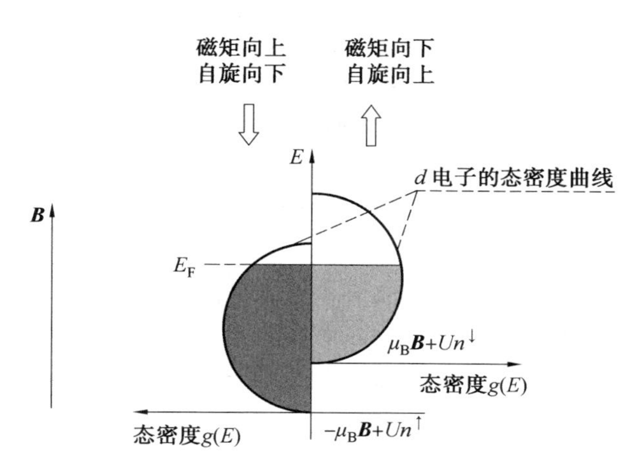

图 7.23 交换作用使 d 能带分裂成两个子带

式中 $D(E)$是平均到每个原子的自旋向上(或向下)的态密度,$f(E)$是费米-狄拉克分布函数。由于电子从少数自旋子带向多数自旋子带转移只发生在费米面附近,所以式(7.110)忽略了子带态密度与无交换相互作用时态密度的差异。

同样可得

$$n^{\downarrow}=\int_{-\mu_B B+Un^{\downarrow}}^{\infty} f(E)D(E)\mathrm{d}E=\int_0^{\infty} f(E-\mu_B B+Un^{\uparrow})D(E)\mathrm{d}E \tag{7.111}$$

固体的有效磁矩为

$$M=\mu_B(n^{\downarrow}-n^{\uparrow}) \tag{7.112}$$

将式(7.110)和式(7.111)代入式(7.112),当 $B\to 0, T\to 0$ 时有

$$\begin{aligned} M&=\mu_B\int_0^{\infty}[f(E-\mu_B B+Un^{\uparrow})-f(E+\mu_B B+Un^{\downarrow})]D(E)\mathrm{d}E \\ &=[\mu_B(Un^{\downarrow}-Un^{\uparrow})+2\mu_B^2 B]\int_0^{\infty}\left[-\frac{\partial f}{\partial E}D(E)\right]\mathrm{d}E \\ &=(MU+2\mu_B^2 B)\int_0^{\infty}\left[-\frac{\partial f}{\partial E}D(E)\right]\mathrm{d}E \end{aligned} \tag{7.113}$$

根据式(3.66)的讨论可知,当 $B\to 0$、$T\to 0$ 时,

$$-\frac{\partial f}{\partial E}\approx\delta(E-E_F) \tag{7.114}$$

所以,由式(7.113)和式(7.114)可得

$$M=\frac{2\mu_B^2 BD(E_F)}{1-UD(E_F)} \tag{7.115}$$

由式(7.115)可得磁化率为

$$\chi=\frac{\mu_0 M}{B}=\frac{2\mu_0\mu_B^2 D(E_F)}{1-UD(E_F)} \tag{7.116}$$

由式(7.115)和式(7.116)可知,当 $UD(E_F)=1$ 时磁化强度和磁化率发散,表明此时体系是不稳定的,对应于顺磁性向铁磁性的转变。$UD(E_F)<1$ 时,体系是顺磁性的。当交换作用常数和费米面处态密度足够大,以至于

$$UD(E_F)>1 \tag{7.117}$$

体系表现为铁磁性，式(7.117)就是著名的斯托纳铁磁性判据。由斯托纳判据可知巡游电子能否出现铁磁性取决于相互作用常数和费米能级处的态密度之积。某些碱金属和碱土金属的相互作用常数 U 很大，但由于 s 和 p 带较宽，费米面处的态密度很小，所以并不是铁磁体。Fe、Co 和 Ni 的 d 带很窄，费米能级处的态密度很大，满足斯托纳判据，故表现为铁磁性。

斯托纳模型在解释铁磁性的起源、$T=0$ K 时过渡族金属原子磁矩不是玻尔磁子的整数倍等多方面性质取得了成功。但是，斯托纳模型也有缺陷，例如，居里点和高温磁化率的计算与实际存在偏差。为了更为准确地理解金属的铁磁性，必须考虑金属能带的细节。

7.6.3 稀土金属 f 电子的间接交换作用

前面介绍的海森堡局域直接交换模型和斯托纳的巡游电子模型很难用来解释稀土金属的磁性。稀土金属的磁性源于稀土原子中不满壳层的 $4f$ 电子。$4f$ 电子距离原子核很近，其外层还有 $5p$、$5d$ 和 $6s$ 电子，所以 $4f$ 电子是高度局域的。一方面，$4f$ 电子的空间波函数不可能像 d 电子那样在空间有很大伸展，相邻两个 $4f$ 电子的波函数没有重叠，所以 d 电子的直接交换作用对 $4f$ 电子并不适用。另一方面，由于 $4f$ 电子是高度局域的，用巡游电子模型解释 $4f$ 电子的磁性是困难的，需要用间接交换作用模型来加以分析，依据 Ruderman 和 Kittel、Kasuya 和 Yosida 等在不同体系建立的间接交换的思想，人们逐渐建立了描述稀土金属磁性的间接交换理论，一般称为 RKKY 间接交换作用模型。$4f$ 电子间接交换作用的 RKKY 模型的主要思想如下：

稀土金属中的 $4f$ 电子是局域的，而 $6s$ 电子是巡游的。且具有很强的磁性的 $4f$ 电子与 $6s$ 电子发生交换作用，使 $6s$ 电子极化（自旋有确定取向）；极化的 s 电子对相邻 $4f$ 电子的自旋取向产生影响，形成以巡游 $6s$ 电子为媒介，近邻稀土原子（或离子）中局域 $4f$ 电子的间接交换作用。

如果两个 $4f$ 电子的自旋分别为 S_1 和 S_2，RKKY 交换作用哈密顿量为

$$H_{ex}=-\sum_{i\neq j}\Gamma(R_{ij})\boldsymbol{S}_i\cdot\boldsymbol{S}_j \tag{7.118}$$

式中，R_{ij} 是两个稀土原子间的距离，$\Gamma(R_{ij})$ 为交换积分，且

$$\Gamma(R_{ij})=\frac{9\pi}{2}\left(\frac{Av^2}{E_F}\right)^2\left[\frac{2k_F R_{ij}\cos(2k_F R_{ij})-\sin(2k_F R_{ij})}{(2k_F R_{ij})^4}\right] \tag{7.119}$$

式中，k_F 是费米波矢；A 是 $f-s$ 电子交换耦合强度；v 是每个原子 $6s$ 电子（传导电子）的数目。

上式也可以改写成

$$\Gamma=\frac{9\pi A^2\nu^2F(\xi)}{64E_F} \tag{7.120}$$

式中，$\xi=k_F r$，r 是原子间的距离，$F(\xi)$ 称为 $RKKY$ 函数，且

$$F(\xi)=\frac{\xi\cos\xi-\sin\xi}{\xi^4} \tag{7.121}$$

交换积分 $\Gamma(R_{ij})$ 随 R_{ij} 增加振荡衰减，如图 7.24 所示，其振荡周期依赖于费米波矢，而费米波矢是电子浓度的函数，所以费米波矢对稀土金属磁性有至关重要的影响。另外，周期振荡的交换积分导致稀土金属中原子的磁矩取向可能是周期变化的，这与实验吻合。由于 RKKY 间接交换作用比较弱，所以稀土金属的居里温度较低。

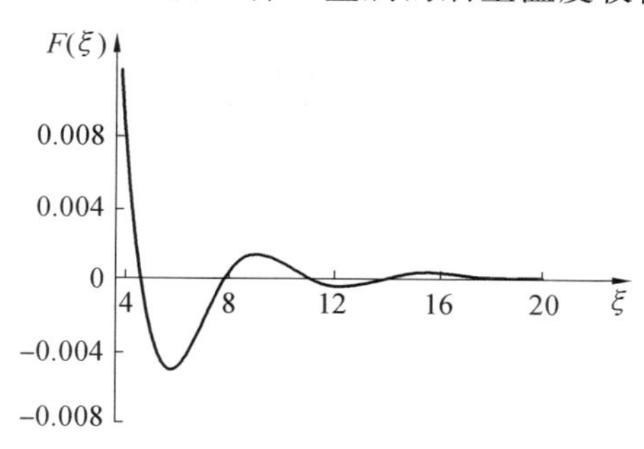

图 7.24 RKKY 函数振荡曲线

7.6.4 离子晶体中的超交换作用

离子晶体（如 MnO、NiO、FeF_2 等）内部具有磁性的阳离子一般相距较远，且被阴离子隔开，不能用直接交换作用模型说明其磁性的起源。为了阐明反铁磁体离子晶体的微观机制，科拉默斯（Kramers）首先提出解释反铁磁晶体离子晶体的超交换作用，后经安德森（Anderson）等人加以完善，逐步形成了超交换作用理论。有时，也将这种超交换模型称作安德森超交换作用。现在以 MnO 为例说明间接交换作用的物理图像。

MnO 具有 NaCl 型晶体结构，如图 7.12 所示。每个 Mn^{2+} 离子同六个 O^{2-} 离子配位。现在以 $Mn^{2+}-O^{2-}-Mn^{2+}$ 键合为例，说明超交换作用的物理图像。在 MnO 晶体中，Mn^{2+} 的基态最外层电子是 $3d^5$. 按洪德法则，5 个 $3d$ 电子的自旋平行排列，以保证总的自旋角动量为最大值，此时总的轨道角动量为零。很显然，Mn^{2+} 离子 d 轨道尚可再容纳 5 个电子。O^{2-} 离子最外层电子组态是 $2p^6$，p 轨道已经全部被电子占据。

图 7.25 示出了在 x 方向上 $Mn^{2+}-O^{2-}-Mn^{2+}$ 间接交换示意图。设想 O^{2-} 离子的 p_x 轨道上的两个自旋相反的电子分别位于哑铃型轨道的两侧，这两个 p 电子分别记为 p_1 和 p_2，其自旋分别向上和向下取向。两个 Mn^{2+} 离子各取一个 d 电子，分别记为 d_1 和 d_2，如图 7.25 所示。假设 O^{2-} 离子左侧的 p_1 电子跃迁至左侧的 Mn^{2+} 离子 d 轨道变成 d'_1，与 d_1 占据一个空间轨道。由于泡利不相容原理的限制，d'_1 和 d_1 必须自旋反平行。而 O^{2-} 离子的 p_2 电子与图中右侧 Mn^{2+} 的 d_2 电子发生海森堡直接交换作用，由于该交换积分小于零，所以 O^{2-} 离子 p_2 电子与 Mn^{2+} 离子的 d_2 电子的自旋反平行。由图 7.25 中所示的 Mn^{2+} 离子的填充情况可以发现，两个 Mn^{2+} 离子的自旋反平行，导致反铁磁性。上述两个 Mn^{2+} 离子借助 O^{2-} 离子发生交换称为超交换。

上述过程可以表示为

$$d_1^{\uparrow}+p_1^{\downarrow}\,p_2^{\uparrow}+d_2^{\downarrow}\rightarrow d_1^{\uparrow}\,d'^{\downarrow}_1+p_2^{\downarrow}\,d_2^{\downarrow} \tag{7.122}$$

如果将 Mn^{2+} 离子换成其他过渡族金属离子 M，可做如下讨论：

若 M 是 d 轨道半满或多于半满，由于泡利不相容原理的限制，d'_1 和 d_1 必须自旋反

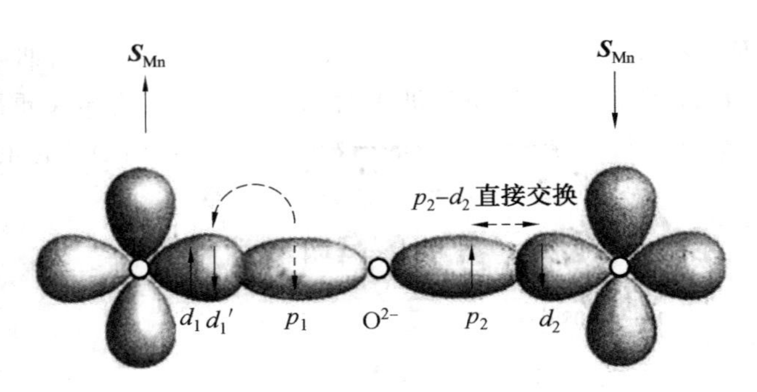

图 7.25　MnO 中 $Mn^{2+}-O^{2}-Mn^{2+}$ 超交换作用示意图

平行；而 O^{2-} 离子 p_2 电子与 d_2 的直接交换作用性质不变，此时对应反铁磁性。

若 M 是 d 轨道少于半满，由于 M 还有未被填充的 d 轨道，d'_1 和 d_1 可以自旋平行。若 $E_{\uparrow\uparrow}$ 表示 d'_1 和 d_1 自旋平行的能量，$E_{\uparrow\downarrow}$ 表示 d'_1 和 d_1 自旋反平行的能量，二者的相对大小决定了超交换引起的是反铁磁性还是铁磁性。

7.7　自旋波

当温度为绝对零度时，由于相邻原子磁矩之间存在交换作用，铁磁体的磁矩自发平行排列。当温度升高时，由于热运动的影响，原子自旋磁矩方向开始偏离原来的取向。假如某个原子的自旋磁矩因热激发而偏离原来与周围自旋磁矩的平行取向，由于相邻原子的交换作用，该磁矩倾向在周围原子交换作用下回到原来平行的取向。同时，其近邻原子的磁矩取向也因交换作用而偏离取向。这种相互影响使得自旋取向的变化像格波一样在晶体中传播，称这个波为自旋波。可以将自旋波与晶格振动的格波做类比，晶格振动因原子间的弹性恢复力而在晶体中形成格波；而自旋波是因为交换作用自旋取向偏转以波的形式在铁磁体中传播。

图 7.26 给出了一维自旋线列上自旋波示意图。本节采用处理晶格热振动的思路分析自旋波，即先用经典模型给出自旋波的色散关系，再将自旋波量子化，最后用统计方法分析自旋波对比热容和饱和磁化强度的贡献。

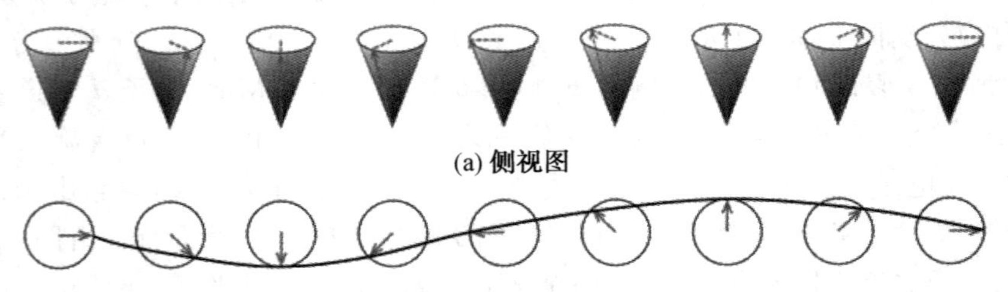

图 7.26　一维自旋线列上的自旋波

7.7.1　自旋波的色散关系及能量量子

下面用经典理论分析自旋波的色散关系。为了分析方便和物理图像清晰，以一维情况为例加以说明，并假定每个原子只有一个局域 d 电子参与最近邻原子的交换作用。由于交换作用只发生在最近邻原子之间，根据式(7.101)作用在一维晶体第 n 个原子自旋上的交换能为

$$E_{\mathrm{ex}}^{n}=-2A\boldsymbol{S}_{n}\cdot(\boldsymbol{S}_{n-1}+\boldsymbol{S}_{n+1}) \tag{7.123}$$

式中，A 是交换积分，$\boldsymbol{S}_n$ 是第 n 个原子的自旋角动量。

由于 A 一般采用能量单位，故 $\boldsymbol{S}_n$ 以 $\hbar$ 为单位。第 n 个原子的磁矩为

$$\boldsymbol{\mu}_{n}=-g_{\mathrm{L}}\mu_{\mathrm{B}}\boldsymbol{S}_{n}$$

则式(7.123)可以写成

$$E_{\mathrm{ex}}^{n}=-\frac{A}{g_{\mathrm{L}}\mu_{\mathrm{B}}}\boldsymbol{\mu}_{n}\cdot(\boldsymbol{S}_{n-1}+\boldsymbol{S}_{n+1}) \tag{7.124}$$

从分子场的角度看，若作用在第 n 个原子自旋上的分子场为 $\boldsymbol{B}_n$，则有

$$E_{\mathrm{ex}}^{n}=\mu_{n}\cdot\boldsymbol{B}_{n} \tag{7.125}$$

比较式(7.124)和式(7.125)，可以得到

$$\boldsymbol{B}_{n}=-\frac{A}{g_{\mathrm{L}}\mu_{\mathrm{B}}}(\boldsymbol{S}_{n-1}+\boldsymbol{S}_{n+1}) \tag{7.126}$$

1. 自旋波的色散关系

假定分子场的平行 z 轴。在分子场的作用下，自旋磁矩绕分子场进动，如图 7.27 所示。按经典力学定律，角动量 $\boldsymbol{S}_n$ 随时间的变化率等于作用在这个角动量上的力矩 $\boldsymbol{\mu}_n\times\boldsymbol{B}_n$，则有

$$\frac{\mathrm{d}\hbar\boldsymbol{S}_{n}}{\mathrm{d}t}=\boldsymbol{\mu}_{n}\times\boldsymbol{B}_{n} \tag{7.127}$$

即

$$\frac{\mathrm{d}\boldsymbol{S}_{n}}{\mathrm{d}t}=\frac{2A}{\hbar}(\boldsymbol{S}_{n}\times\boldsymbol{S}_{n-1}+\boldsymbol{S}_{n}\times\boldsymbol{S}_{n+1}) \tag{7.128}$$

将 $\boldsymbol{S}_n$ 写成如下的经典矢量形式：

$$\boldsymbol{S}_{n}=S_{n}^{x}\boldsymbol{i}+S_{n}^{y}\boldsymbol{j}+S_{n}^{z}\boldsymbol{k}$$

式中，$\boldsymbol{i}$、$\boldsymbol{j}$ 和 $\boldsymbol{k}$ 分别是 x、y 和 z 轴上的单位矢量。

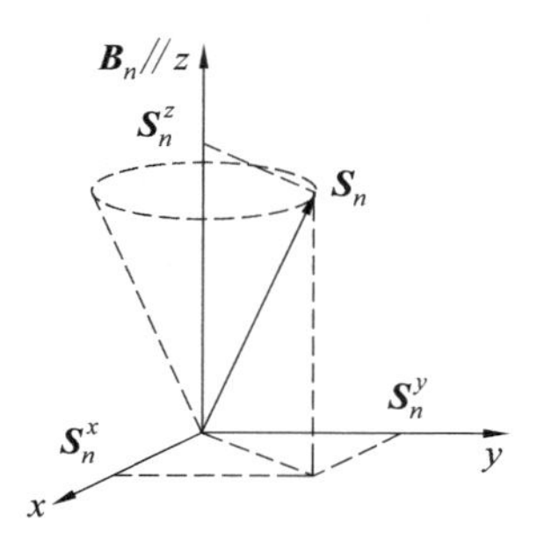

图 7.27　自旋磁矩绕分子场进动示意图

如果温度较低，热激发引起的自旋磁矩偏离 z 方向很小，则 $S_n^z\approx S$ 可视为常量，并略去式(7.76)中的乘积项，可以将式(7.128)改写成如下的分量形式：

$$\begin{cases}\dfrac{\mathrm{d}S_n^x}{\mathrm{d}t}=-\dfrac{2AS}{\hbar}(S_{n-1}^y+S_{n+1}^y-2S_n^y)\\ \dfrac{\mathrm{d}S_n^y}{\mathrm{d}t}=-\dfrac{2AS}{\hbar}(S_{n-1}^x+S_{n+1}^x-2S_n^x)\\ \dfrac{\mathrm{d}S_n^z}{\mathrm{d}t}=0\end{cases} \tag{7.129}$$

同处理晶格热振动的方法类似，令方程式(7.129)的试探解为

$$\begin{cases}S_n^x=u\mathrm{e}^{-\mathrm{i}(\omega t-nka)}\\ S_n^y=v\mathrm{e}^{-\mathrm{i}(\omega t-nka)}\end{cases} \tag{7.130}$$

式中，u 和 v 是常数；a 是晶格常数。

将式(7.130)代入式(7.129)，可以得到关于 u 和 v 的线性齐次方程组，u 和 v 有非零解的条件

$$\begin{vmatrix}\mathrm{i}\omega & \dfrac{2AS}{\hbar}(1-\cos ka)\\ -\dfrac{2AS}{\hbar}(1-\cos ka) & i\omega\end{vmatrix}=0 \tag{7.131}$$

可以解出

$$\omega=\frac{4AS}{\hbar}(1-\cos ka) \tag{7.132}$$

这就是一维自旋线列中自旋波的色散关系，式中 k 是自旋波的波矢。在长波条件下，$ka\ll 1$，有

$$\omega\approx\frac{2ASa^2k^2}{\hbar} \tag{7.133}$$

上述关于自旋波色散关系的分析可以推广至三维情况。对于具有最近邻相互作用的铁磁性立方点阵有

$$\hbar\omega=2AS\left[Z-\sum_{i=1}^{Z}\cos(\boldsymbol{k}\cdot\boldsymbol{\delta}_i)\right] \tag{7.134}$$

式中，δ_i 是连接中心原子到其第 i 个近邻原子的矢量；Z 是最近邻原子配位数。

在长波条件下，可以得到形式与式(7.133)相似的色散关系。

2. 自旋波的量子化

以上的分析表明，自旋波是一种集体振荡，其元激发所对应的准粒子称为磁波子或磁振子(magnon)，磁波子可以看作自旋波量子化的能量量子。在第 2 章和第 3 章曾讨论过固体中的多种元激发，例如，声子、电磁耦合子、等离体子等。固体元激发是处理集体振荡行为的重要方法。

可以参照格波量子化的方法对自旋波进行量子化。磁波子同声子一样是玻色子，其能量为 $\hbar\omega$。

磁波子同声子一样是一种准粒子，均为玻色子，因而满足玻色—爱因斯坦统计分布规律。温度为 T 时，频率为 ω 的平均磁波子数为

$$n_k=\frac{1}{\mathrm{e}^{\hbar\omega/k_\mathrm{B}T}-1} \tag{7.135}$$

7.7.2 自旋波对比热和自发磁化强度的影响

1. 自旋波对低温比热的影响

可以利用同晶格比热相似的方法讨论自旋波对比热的贡献。利用磁波子的统计分布规律可以得到温度为 T 时自旋波的总能量为

$$E_{\mathrm{SW}}=\int_{o}^{\omega_{\max}}\frac{\hbar\omega}{\mathrm{e}^{\hbar\omega/k_{\mathrm{B}}T}-1}D(\omega)\mathrm{d}\omega \tag{7.136}$$

式中,$D(\omega)$单位体积内自旋波的态密度。

如果温度较低,式(7.136)的积分上限可以取无穷大。仿照德拜模型中关于态密度的求法,可以得到单位体积铁磁样品中自旋波的态密度表达式为

$$D(\omega)=\frac{1}{(2\pi)^{3}}4\pi k^{2}\ \frac{\mathrm{d}k}{\mathrm{d}\omega}=\frac{1}{4\pi^{2}}\left(\frac{\hbar}{2ASa^{2}}\right)^{3/2}\omega^{1/2} \tag{7.137}$$

式中,a 为晶格常数。

可见,自旋波的态密度与频率的平方根成正比,这是由式(7.133)所示的抛物线色散关系决定的。将式(7.137)代入式(7.136)可得

$$E_{\mathrm{SW}}\approx\frac{(k_{\mathrm{B}}T)^{5/2}}{4\pi^{2}\ (\hbar ASa^{2})^{3/2}}\int_{0}^{\infty}\frac{x^{3/2}}{\mathrm{e}^{x}-1}\mathrm{d}x=CT^{5/2} \tag{7.138}$$

则单位体积铁磁晶体自旋波引起的比热为

$$C_{V}=\frac{\partial E_{\mathrm{SW}}}{\partial T}=\frac{5}{2}CT^{3/2}\propto T^{3/2} \tag{7.139}$$

式(7.139)常称为布洛赫 $T^{3/2}$定律。

2. 自旋波对自发磁化强度的影响

在温度为 T 时,自旋波在单位立方晶体中所激发的磁波子数为

$$N_{\mathrm{SW}}=\int_{0}^{\infty}\frac{1}{\mathrm{e}^{\hbar\omega/k_{\mathrm{B}}T}-1}D(\omega)\mathrm{d}\omega=\frac{1}{4\pi^{2}}\left(\frac{\hbar}{2ASa^{2}}\right)^{3/2}\int_{0}^{\infty}\frac{\omega^{1/2}}{\mathrm{e}^{\hbar\omega/k_{\mathrm{B}}T}-1}\mathrm{d}\omega \tag{7.140}$$

单位体积内原子数为 $N=Q/a^{3}$(对于简单立方 $Q=1$,体心立方 $Q=2$,面心立方 $Q=3$)。若用 ΔM 表示温度 T 时自发磁化强度对绝对零度下自发饱和磁化强度的偏离,即

$$\Delta M=M_{\mathrm{S}}(0)-M_{\mathrm{S}}(T)$$

由于磁振子的激发意味着对完全自旋平行的自发磁化的一种偏离,利用 $\int_{0}^{\infty}\sqrt{x}/(\mathrm{e}^{x}-1)\mathrm{d}x\approx 0.058\,7$,结合式(7.97)可以得到磁振子激发对自发磁化的影响为

$$\frac{\Delta M}{M_{\mathrm{S}}(0)}=\frac{N_{\mathrm{SW}}}{NS}=\frac{0.0587}{SQ}\left(\frac{k_{\mathrm{B}}T}{2AS}\right)^{3/2} \tag{7.141}$$

上式也称为布洛赫的 $T^{3/2}$定律,并得到实验验证。中子衍射实验表明,直至居里温度附近,都曾观察到自旋波的存在。

7.8 磁畴与技术磁化

铁磁固体和亚铁磁固体内部存在大量的磁畴,如果不对磁体施加磁场,这些磁畴混乱

取向，宏观上并不显示磁性。如果对铁磁体或亚铁磁体施加磁场，磁畴发生合并和再取向，表现出宏观磁性，这一过程称为技术磁化。有些强磁材料(一般指铁磁材料和亚铁磁材料)需要经过技术磁化以后才能使用。由于技术磁化与磁畴结构的关系密切，本节简要介绍磁畴的形成及技术磁化过程中磁畴的演化规律。

7.8.1 磁畴

图 7.28 所示为 Ni 单晶(110)表面磁畴的光学显微照片。从图中可以发现，磁畴的结构非常复杂，这是影响磁畴结构的各种能量因数综合作用的结果。首先，分析对磁畴的形成有重要影响的几种能量因素。

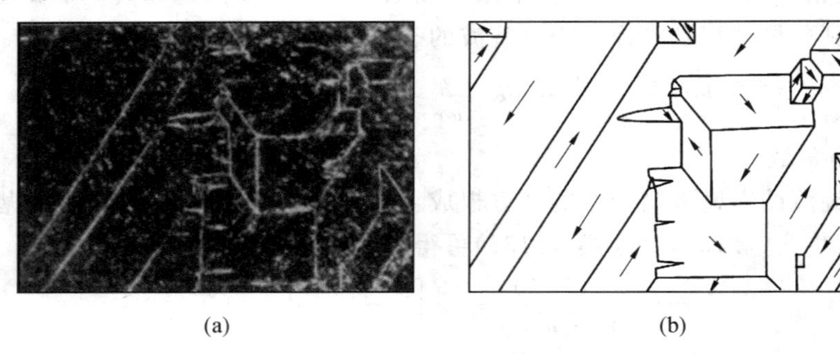

(a) (b)

图 7.28 Ni(110)面的磁畴结构

(取自 WILLIAM H J, WALKER J G. Domain patterns on nickel[J]. Physical review,1951,83(3):634.)

1. 静磁能

如果空间存在磁场 $H(\boldsymbol{r})$，磁场的能量(静磁能)可以表示为

$$U_{\mathrm{m}}=\frac{\mu_0}{2}\int H^2\,\mathrm{d}r \tag{7.142}$$

如果一个磁体是一个单畴，磁体周围的空间中就会存在磁场，相应的磁场能量可由式(7.142)计算。为了降低静磁能，可能形成多个反平行的磁畴以相互抵消它们各自在空间所产生的磁场，从而降低静磁能，如图 7.29 所示。然而，磁畴的分割不能无限进行下去，因为磁畴界面的过渡区域(称为畴壁)是一个高能量区。当磁畴尺寸很小时，畴壁的体积分数就会增加，体系能量反而升高。这样就形成了具有一定大小的磁畴结构。图 7.29 给出了不同取向的磁场将磁感应线封闭在磁体内部以降低静磁能的示意图。

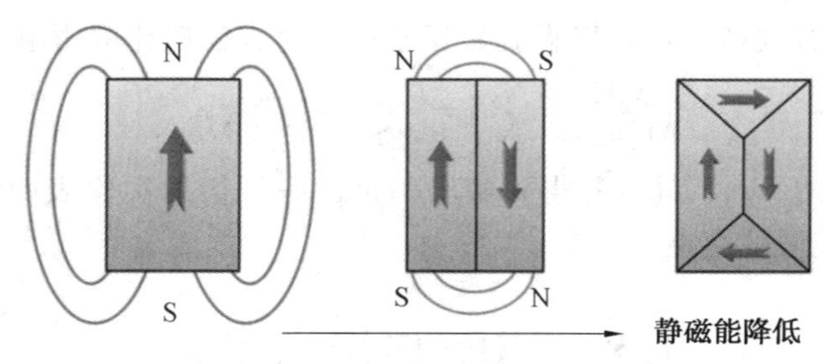

图 7.29 磁畴形成的示意图

2. 磁晶各向异性能

沿磁体不同晶体学方向磁化的难易程度不同称为晶体的磁晶各向异性。如图 7.30 所示，α－Fe(BCC 结构)的易磁化方向是[100]，Co 晶体(六方结构)的易磁化方向是[001]，而 Ni 具有 FCC 结构，其易磁化方向是[111]。磁晶各向异性导致不同方向的磁化能量不同，称这种能量对晶体学方向的依赖关系为磁晶各向异性能。磁体内自发磁化方向优先与易磁化方向平行，所以磁晶各向异性能对磁畴的形态有重要影响。图 7.28 表明。Ni 晶体中的磁畴多呈多边形形状。

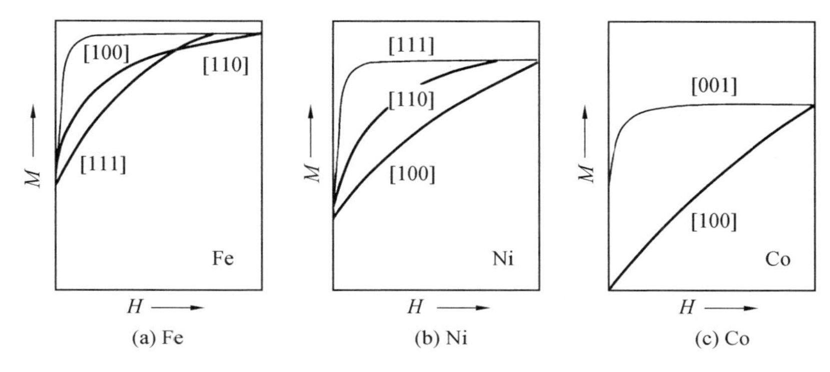

图 7.30　Fe、Ni 和 Co 单晶沿不同晶体学方向的化曲线

Co 是六方晶体，对称性较低，易磁化方向[0001]显著异于其他方向。若磁化方向与易磁化方向[0001]的夹角为 θ 时，其磁晶各向异性性能可表示为

$$U_k = K_1 \sin^2\theta + K_2 \sin^4\theta \tag{7.143}$$

Fe(BCC)和 Ni 都是立方晶体，对立方晶体的 Fe 和 Ni 而言，若磁化方向在布拉菲单胞中的晶体学坐标系中的方向余弦为 α_1，α_2 和 α_3，则磁晶各向异性性能为

$$U_k = K_1(\alpha_1^2\alpha_2^2 + \alpha_2^2\alpha_3^2 + \alpha_3^2\alpha_1^2) + K_2\alpha_1^2\alpha_2^2\alpha_3^2 \tag{7.144}$$

室温下，三种晶体的磁晶各向异性常数(K_1 和 K_2)如表 7.6 所示。

表 7.6　室温下 α－Fe、Ni 和 Co 的 K_1 和 K_2 值

	$K_1/(\mathrm{J \cdot m^{-3}})$	$K_2/(\mathrm{J \cdot m^{-3}})$
α－Fe	4.2×10^4	1.5×10^4
Ni	-4.5×10^3	2.34×10^3
Co	41×10^4	10×10^4

3. 畴壁能

两个不同取向磁畴间的过渡区域称为畴壁。现在以铁磁体的局域交换模型说明畴壁的结构。按海森堡直接交换作用模型，若所有近邻原子间交换积分常数均为 A，两个相邻原子的交换能为

$$E_{\mathrm{ex}} = -2A\boldsymbol{S}_1 \cdot \boldsymbol{S}_2 \tag{7.145}$$

若畴壁没有宽度，畴边界两侧的原子突然转向，两对原子之间的畴壁能为 $-2A\boldsymbol{S}_1 \cdot \boldsymbol{S}_2 = 2AS^2$，相对于两个原子磁矩平行交换能的能量增量为 $4AS^2$(假定 180 度畴，所有原

子的自旋都相等）。

事实上，为了降低畴壁的能量，两个不同取向磁畴的磁矩不是突然在界面处转向的，而是如图 7.31 所示的那样逐渐过渡。如果两个磁畴的夹角是 φ_0，畴壁是通过 N_b 个原子磁矩过渡的，垂直畴壁两个相邻原子的自旋夹角都是 φ_0/N_b，则整个畴壁的交换能 E_b

$$E_b=-2N_bAS^2\cos\frac{\varphi_0}{N_b}=-2N_bAS\left(1-\frac{\varphi_0^2}{2N_b^2}\right) \tag{7.146}$$

则畴壁相对于磁矩平行时的能量增量为

$$\Delta E_b=\frac{AS^2\varphi_0^2}{N_b} \tag{7.147}$$

可见，畴壁越厚（N_b 越大），所增加的交换能越少。由于畴壁中的原子磁矩不在易磁化方向上，根据磁晶各向异性能分析可知，其能量因磁晶各向异性而升高，所以畴壁的厚度不能过大，限制了畴壁的无限增厚。

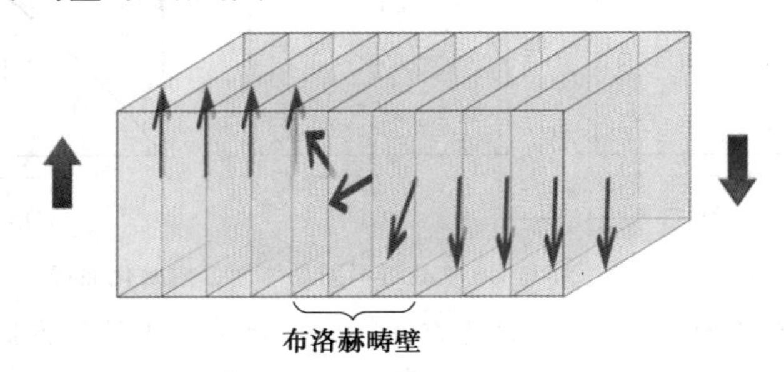

图 7.31　磁畴壁结构示意图

7.8.2　技术磁化

1. 技术磁化过程

当对一个铁磁材料进行技术磁化时，伴随着磁畴的演化，当达到饱和磁化以后，退磁过程是不可逆的，形成磁滞回线。现在简单分析在技术磁化过程中磁畴的演化规律。

铁磁体的技术磁化可以大致分成三个过程，如图 7.32 所示。下面以单晶多畴铁磁体为例说明技术磁化过程中磁畴的演化规律。

当开始施加磁场且磁场强度很弱时，取向最接近与外场平行的磁畴通过畴壁的可逆移动逐渐长大。此时，由于畴壁的移动是可逆的，磁化曲线是线性的。

当进一步增加磁场时，畴壁发生不可逆移动。如果此时减小磁场，畴壁很难回到原来的位置，退磁曲线与磁化曲线不重合，形成小的未饱和的磁滞回线。

继续加大磁场，能量上最有利的磁畴逐渐发展成单畴，通常情况下，该单畴的取向是单晶体的易磁化方向。如果磁场与易磁化轴不重合，这种长大的单畴与外场方向并不严格平行。所以，当进一步提高外磁场强度时，单畴开始转向外磁场方向，当磁畴达到与外磁场平行时，技术磁化达到饱和。对技术磁化的铁磁体反向施加磁场，由于磁化过程不可逆，形成磁滞回线，如图 7.32 所示。

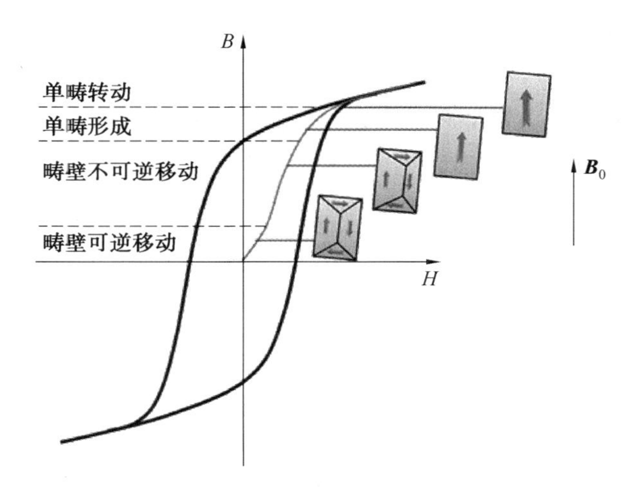

图 7.32　磁化曲线和磁滞回线示意图

2. 强磁材料的基本性能参数

这里的强磁材料指的是铁磁和亚铁磁材料，由于铁磁和亚铁磁材料的磁化率都是较大的正数，饱和磁化强度也比较大，它们具有非常广泛的应用。这里借助磁滞回线简要介绍表征强磁材料的性能参数。

(1)起始磁导率。

对没有技术磁化的强磁材料施加很小的磁场，此时的磁导率通常称为起始磁导率，其定义为

$$\mu_i=\left(\frac{B}{\mu_0 H}\right)_{H\to 0} \tag{7.148}$$

(2)饱和磁化强度。

当磁场强度足够大时，磁化强度达到饱和，称为饱和磁化强度，记为 M_S。由于 $B=\mu_0(H+M)$，当磁化强度达到饱和($M=M_S$)时，磁感应强度 B 仍然随磁场强度 H 线性增加，与 M_S 对应的磁感应强度称为饱和磁感应强度(B_S)。

(3)剩余磁化强度。

如图 7.32 所示，将强磁体沿饱和磁化以后，减小外磁场，磁感应强度并不是可逆地沿磁化曲线下降。当外加磁场减小到零时($H=0$)，铁磁体仍具有 B_r 大小的剩余磁感应强度，所对应的磁化强度称为剩余磁化强度。也就是说，铁磁体(或亚铁磁体)磁化后，撤去外磁场，铁磁体仍可在空间中产生一定大小的磁场。

(4)矫顽力。

在 $M-H$ 磁滞回线中，当对磁体进行反向磁化使铁磁体中磁化强度为零的反向磁场称为矫顽力($-H_C$)。矫顽力表达了一个磁体被退磁化的难易程度。矫顽力越大，磁体就越难以被退磁化。所以，大矫顽力的磁体也称永磁体，或硬磁体。而将矫顽力很小的磁体称为软磁体。

(5)最大磁能积。

由于磁感应线是闭合曲线，所以，去掉外磁场以后，永磁体内部存在退磁场，磁体实际

上处于退磁曲线的某一点，如图 7.33(a)所示。磁体中的磁能密度为$(BH)/2$，通常定义BH为磁体的磁能积，磁能积与退磁曲线的关系如图 7.33(b)所示。BH的最大值称为最大磁能积，记为$(BH)_m$，最大磁能积是永磁材料的重要性能指标，它反映了永磁体作为磁场源所能提供磁场的强弱。

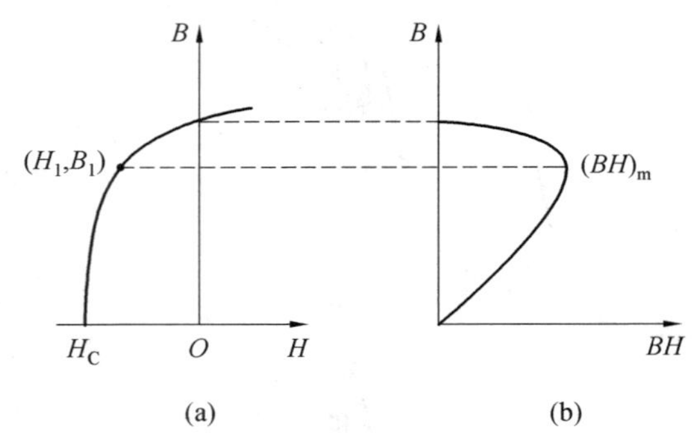

图 7.33　退磁曲线和磁能积曲线

2. 强磁材料的分类

根据强磁材料磁滞回线的特点可以将强磁材料分为软磁材料、硬磁材料和矩磁材料三大类。

(1)软磁材料。

软磁材料的矫顽力小，其特点是易磁化，也易去磁，磁滞回线较窄。由于其高导磁率和低矫顽力的特点，软磁材料常被用来制作电机、变压器、电感线圈的铁芯，以及电磁铁极头、继电器和扬声器磁导体、磁屏蔽罩等。它们能够有效地增强磁场，提高电磁设备的效率。

(2)硬磁材料。

硬磁材料的矫顽力很大，其特点是不易磁化，也不易去磁，磁滞回线宽，剩磁和矫顽力都很大。硬磁材料是制造永磁体的主要材料。永磁体作为磁场源，无须外部能量即可维持其磁场。硬磁材料被广泛应用于各种仪表、电声、电机、磁力机械等领域，如扬声器磁钢、磁电式仪表的磁钢环等。

(3)矩磁材料。

矩磁材料的磁滞回线接近矩形，其特点是在很小的外磁作用下就能磁化，一经磁化便达到饱和，去掉外磁场后，磁性仍能保持在饱和值，磁滞回线呈矩形。矩磁材料主要用于制造存储元件的磁芯，例如计算机中存储器的磁芯。这些材料可以记录并保存信息，是计算机存储技术的重要组成部分。

本章参考文献

[1] 方俊鑫，陆栋. 固体物理学(下册)[M]. 上海：上海科学技术出版社，1981.
[2] 陆栋，蒋平，徐至中. 固体物理学[M]. 2版. 上海：上海科学技术出版社，2010.
[3] 戴道生. 物质磁性基础[M]. 北京：北京大学出版社，2016.

[4] STÖHR J,SIEGMANN H C. 磁学:从基础知识到纳米尺度超快动力学[M]. 姬扬,译. 北京:高等教育出版社,2012.
[5] COEY J M D. 磁学与磁性材料[M]. 韩秀峰,姬扬,余天,等,译. 合肥:中国科学技术大学出版社,2024.
[6] 黄昆. 固体物理学[M]. 韩汝琦,改编. 北京:高等教育出版社,1988.
[7] 费维栋. 固体物理[M]. 3 版. 哈尔滨:哈尔滨工业大学出版社,2020.
[8] 吴代鸣. 固体物理基础[M]. 北京:高等教育出版社,2007.
[9] MISRA P K. Physics of condensed matter[M]. 北京:北京大学出版社,2014.
[10] KITTEL C. Introduction to solid state physics[M]. Singapore: Wiley,2018.
[11] 冯端,金国钧. 凝聚态物理学(上卷)[M]. 北京:高等教育出版社,2003.
[12] BLAKEMORE J S. Solid state physics[M]. 2nd Edit. Cambridge[Cambridgeshire]: Cambridge University Press,1985.